国家出版基金项目
NATIONAL PUBLICATION FOUNDATION

"十三五"国家重点出版物出版规划项目

光电技术及其军事应用丛书

光电图像处理技术及其应用

Opto-Electronic Image Processing Technology and Applications

周浦城 王勇 吴令夏 薛模根◇著

国防工业出版社
·北京·

内 容 简 介

本书是在作者多年从事光电成像探测技术和光电图像处理教学、科研工作的基础上，针对光电处理主要技术与方法以及典型应用需求，整理、精选课题组取得的科研学术成果，同时参考近年来国内外相关领域的最新研究成果撰写而成的。全书共6章，包括绪论、雾霾天气光学图像增强与复原、降水天气光学视频图像去雨、基于实测数据的红外图像仿真生成、红外与微光夜视图像融合、伪装目标光谱偏振成像检测。

本书可供信号与信息处理、通信与信息系统、电子科学与技术、计算机科学与技术、光学工程等学科中从事图像处理与分析技术的研究人员和工程技术人员使用，也可作为高等院校相关专业研究生或高年级本科生的学习参考书。

图书在版编目（CIP）数据

光电图像处理技术及其应用/周浦城等著．—北京：国防工业出版社，2021.5

（光电技术及其军事应用丛书）

ISBN 978－7－118－12306－7

Ⅰ.①光…　Ⅱ.①周…　Ⅲ.①光电子技术—应用—图像处理　Ⅳ.①TP391.41　②TN2

中国版本图书馆CIP数据核字（2021）第042357号

※

国防工業出版社出版发行

（北京市海淀区紫竹院南路23号　邮政编码100048）

雅迪云印（天津）科技有限公司印刷

新华书店经售

*

开本 710×1000　1/16　**印张** 22　**字数** 405千字

2021年5月第1版第1次印刷　**印数** 1—2000册　**定价** 154.00元

国防书店：（010）88540777　　书店传真：（010）88540776

发行业务：（010）88540717　　发行传真：（010）88540762

光电技术及其军事应用丛书
编委会

序

新时代陆军正从区域防卫型向全域作战型转型发展，加速形成适应“机动作战、立体攻防”战略要求的作战能力，对体系对抗日益复杂下的部队防御能力建设提出了更高的要求。陆军炮兵防空兵学院长期从事目标防御的理论、技术与装备研究，取得了丰硕的成果。为进一步推动目标防御研究发展，现对前期研究成果进行归纳总结，形成了本套丛书。

丛书以目标防御研究为主线，以光电技术及应用为支点，由 7 分册构成，各分册的设置和内容如下：

《光电制导技术》介绍了精确制导原理和主要技术。精确制导武器作为目标防御的主要对象，了解其制导原理是实现有效干扰对抗的关键，也是防御技术研究与验证的必要条件。

《稀疏和低秩表示目标检测与跟踪及其军事应用》《光电图像处理技术及其应用》是防御系统目标侦察预警方面研究成果的总结。防御作战要具备全空域警戒能力，尽早发现和确定威胁目标可有效提高防御作战效能。

《偏振光成像探测技术及军事应用》针对不良天候、伪装隐身干扰等特殊环境下的目标探测难题，开展偏振光成像机理与探测技术研究，将偏振信息用于目标检测与跟踪，可有效提升复杂战场环境下防御系统侦察预警能力。

《光电防御系统与技术》系统介绍了目标防御的理论体系、技术体系和装备体系，是对目标防御技术的概括总结。

《末端综合光电防御技术与应用》《军用光电系统及其应用》研究了特定应用场景下的防御装备发展问题，给出了作战需求分析、方案论证、关键技术解决途径、系统研制及试验验证的装备研发流程。

丛书聚焦目标防御问题，立足光电技术领域，分别介绍了威胁对象分析、目标探测跟踪、防御理论、防御技术、防御装备等内容，各分册虽独立成书，但也有密切的关联。期望本套丛书能帮助读者加深对目标防御技术的了解，促进我国光电防御事业向更高的目标迈进。

2020 年 10 月

前言

随着光电子技术的飞速发展，光学系统设计加工水平的不断提高，大规模光电探测器件制作工艺的日益成熟以及高性能光电信息处理软硬件能力的大幅度增强，高性能光电成像系统在空间分辨率、时间分辨率、光谱分辨率、辐射分辨率、覆盖范围等性能指标方面有了显著的提升。光电成像系统大多采用被动工作方式，具有隐蔽性好、抗电磁干扰能力强、信息量大、数据直观等优点，成为人们认识客观世界、改造客观世界的重要利器。目前，各类光电成像系统已经在战场侦察监视、成像制导、光电搜索跟踪、机器视觉测量、天文观测、交通监控、医学影像等军事和民用领域得到了广泛应用。

光电图像处理作为光电成像系统信息处理的主要内容，是光电成像技术与图像处理技术的有机结合。光电图像处理借助于数字图像处理的相关技术与方法，对光电成像系统产生的初级图像进行各种加工与处理，主要包括图像降噪与平滑、图像增强与锐化、图像复原与修复、图像压缩编码、图像分割与描述、多源图像配准与融合、图像目标探测与识别、视频跟踪等，以克服光电成像过程中的各种干扰和能量损失，改善光电成像系统的性能指标。从前端的图像获取和采集，到目标识别和跟踪，再到后端的图像传输与显示，利用先进的光电图像处理技术对现有的光电成像系统进行升级改造，不仅能够有效提升光电成像系统的威力、精度、自动化和智能化程度，而且能够不断拓宽光电成像系统的应用领域，极大增强信息化时代的数据获取和战场感知能力，从而达到“看得更清、看得更远、看得更准”的目的。

本书是在作者多年从事光电成像探测技术和光电图像处理教学、科研工作的基础上，针对光电处理主要技术与方法以及典型应用需求，整理、精选课题组取得的科研学术成果，同时参考近年来国内外相关领域的最新研究成果撰写而成的。

本书内容的研究得到了国家“863”计划（No. 2014AA8091075B）、国家自然科学基金（No. 61379105）、中国博士后科学基金（No. 2013M532208）、安徽省自然科学基金（No. 12080850F115，No. 1908085MF208）以及原中国人民解放军总装备部装备技术预研和军内科研等课题的资助，本书的出版获得国家出版基金的资助，在此表示衷心的感谢。借此机会还要感谢中原电子技术研究所张志正研究员、张兵高工、欧阳春林高工、杨清海高工、石林高工等在相关课题合作过程提供无私帮助，以及中国科学院安徽光学精密机械研究所、北京环境特性研究所提供部分试验数据。本书的撰写参考和引用了一些文献的观点和素材，在此向这些文献的作者表示衷心的感谢。在本书撰写过程中，柴金华教授、韩裕生教授、李从利副教授、葛传文副教授、徐国明博士、袁宏武博士、张磊博士等提出了许多宝贵意见，研究生张杰、张春、周远、崔怀超、刘存超、张谦、王小龙、刘晓、杨钒、邢伟宁、张洪坤、尹璋堃、张延厚、贾镕、虞梦溪、任远中等在相关材料整理方面提供了无私帮助，在此一并表示感谢。

由于作者水平有限，书中内容难免会有不准确之处，恳请读者和同行专家不吝指正，提出宝贵意见，并欢迎与作者直接沟通交流（E-mail：zhoupc@hit. edu. cn）。

作者

2020 年 8 月

目录

第1章 绪论

1.1 光电成像与光电图像处理 …001

1.1.1 电磁波与光电成像 …001

1.1.2 光电图像处理的概念与系统组成 …004

1.2 光电图像处理的典型对象 …006

1.2.1 可见光成像系统 …006

1.2.2 微光成像系统 …007

1.2.3 红外成像系统 …009

1.2.4 多光谱/高光谱成像系统 …010

1.2.5 偏振成像系统 …012

1.3 光电图像处理的特点与要求 …013

1.4 本书内容结构 …014

参考文献 …015

第2章 雾霾天气光学图像增强与复原

2.1 概述 …018

2.2 雾霾天气对光学成像的影响 …020

2.2.1 雾霾天气中的光传播 …021

2.2.2 雾霾天气光电成像退化模型 …024

2.2.3 雾霾天气降质图像特性分析 …026

2.3 单幅雾天图像增强 ... 029
2.3.1 基于直方图修正的雾天灰度图像增强 ... 029
2.3.2 基于 Retinex 方法的雾天彩色图像增强 ... 037
2.4 基于颜色先验的单幅雾天图像复原 ... 045
2.4.1 基于暗原色先验的单幅图像去雾 ... 045
2.4.2 基于方向延伸专家场的单幅图像去雾 ... 053
2.4.3 基于专家场模型的单幅图像快速去雾 ... 063
2.5 基于偏振的多幅雾天图像复原 ... 066
2.5.1 雾霾天气偏振图像去雾原理 ... 067
2.5.2 基于偏振滤波的自适应图像去雾 ... 073
参考文献 ... 078

第3章 降水天气光学视频图像去雨

3.1 概述 ... 083
3.2 降水天气对光学成像的影响 ... 085
3.2.1 降水天气特征 ... 085
3.2.2 雨天视频图像样本库构建 ... 088
3.2.3 雨滴的物理特性 ... 089
3.2.4 雨滴的光学特性 ... 091
3.2.5 雨天图像频域特性 ... 098
3.3 基于混合特性约束的视频去雨 ... 099
3.3.1 基于相位一致性的雨线初检测 ... 099
3.3.2 基于时空混合特性的雨滴优化检测 ... 103
3.3.3 基于高斯滤波权值的雨线去除 ... 109
3.3.4 基于时频混合特性约束的视频去雨方法 ... 110
3.3.5 试验结果与分析 ... 111
3.4 基于稀疏分解的单幅图像去雨 ... 113
3.4.1 图像稀疏分解 ... 114
3.4.2 基于 IGM 与形态分量分析的单幅图像去雨 ... 117
3.4.3 基于区分性稀疏编码的单幅图像去雨 ... 126

3.4.4 基于联合卷积稀疏表示的单幅图像去雨 … 129
3.5 基于暗原色先验的远景雨场去除 … 135
3.5.1 基于暗原色先验的远景雨场分析 … 135
3.5.2 基于暗原色先验的远景雨场检测与去除 … 137
3.5.3 试验结果与分析 … 139
参考文献 … 140

第4章 基于实测数据的红外图像仿真生成

4.1 概述 … 146
4.2 实测红外图像预处理 … 147
4.2.1 实测红外图像特性分析 … 147
4.2.2 基于稀疏表示的红外图像去噪 … 148
4.2.3 基于改进 CV 模型的水平集红外图像分割 … 151
4.2.4 基于局部复杂度过渡区提取的诱饵弹分割 … 159
4.3 基于真实纹理映射的目标红外图像生成 … 162
4.3.1 目标几何与运动建模 … 162
4.3.2 基于学习的实测目标图像超分辨率重建 … 163
4.3.3 大气辐射传输建模 … 168
4.3.4 目标红外图像生成 … 170
4.4 基于实测数据建模的诱饵弹红外图像生成 … 172
4.4.1 诱饵弹的工作原理及特性分析 … 172
4.4.2 诱饵弹的运动建模 … 173
4.4.3 诱饵弹红外成像寿命分析 … 174
4.4.4 基于实测图像的诱饵弹建模 … 175
4.4.5 诱饵弹红外图像生成 … 180
4.5 基于数字微镜阵列的红外图像仿真 … 181
4.5.1 基于数字微镜阵列的红外图像仿真系统 … 181
4.5.2 红外仿真图像质量分析 … 183
4.5.3 红外仿真图像质量改善措施 … 189

4.6 基于调制传递函数的红外仿真图像自适应校正 …191
4.6.1 基于刀刃法的调制传递函数自动检测 …191
4.6.2 基于多尺度分解的联合去噪 …196
4.6.3 基于图像调制传递函数检测的自适应校正方法 …200
参考文献 …204

第 5 章 红外与微光夜视图像融合

5.1 概述 …208
5.2 红外与微光图像融合理论基础 …211
5.2.1 红外与微光成像 …211
5.2.2 图像融合技术简介 …215
5.2.3 图像融合质量评价 …218
5.3 基于颜色通道映射的红外与微光图像伪彩色融合 …228
5.3.1 颜色通道映射法的基本原理 …228
5.3.2 荷兰 TNO 方法 …229
5.3.3 基于感受野模型的伪彩色融合 …232
5.4 基于颜色迁移的红外与微光图像自然色彩融合 …236
5.4.1 颜色迁移技术 …236
5.4.2 基于颜色迁移的近自然彩色融合方法 …238
5.4.3 基于颜色迁移和对比度增强的彩色融合方法 …241
5.5 红外与微光图像局部自动彩色融合 …254
5.5.1 基于核模糊均值聚类的图像分割 …254
5.5.2 结合 LBP 和 Gabor 滤波的参考图像自适应选取 …255
5.5.3 红外图像与微光图像局部自动彩色融合方法 …259
5.5.4 试验结果与分析 …260
参考文献 …264

第 6 章 伪装目标光谱偏振成像检测

6.1 概述 …268

6.2　光谱偏振成像探测基础 …269
6.2.1　偏振光及其表征 …269
6.2.2　目标反射的偏振特性模型 …271
6.2.3　目标偏振特性的成像解析 …275
6.3　光谱偏振图像配准与融合 …279
6.3.1　光谱偏振图像自动配准 …279
6.3.2　基于金字塔变换的偏振参量图像融合 …286
6.3.3　基于五株采样提升小波的多波段偏振图像融合 …294
6.3.4　光谱偏振图像伪彩色融合 …299
6.4　基于成像机理的光谱偏振特征提取 …307
6.4.1　光谱偏振图像特征分析 …308
6.4.2　光谱偏振图像分形特征 …312
6.4.3　光谱偏振图像植被指数特征 …315
6.5　基于光谱偏振特征融合的目标检测 …319
6.5.1　伪装目标光谱偏振图像分割的特点 …319
6.5.2　基于分形维数和模糊聚类的伪装目标分割 …320
6.5.3　基于谱聚类的伪装目标分割 …323
6.5.4　基于商空间粒度计算的谱聚类分割融合检测 …327
参考文献 …332

第1章 绪论

1.1 光电成像与光电图像处理

人类从外界获取的信息中，有60%～80%是通过视觉系统以图像的形式呈现的。图像是指利用各种观测系统观测客观世界而获得的可以直接或间接作用于人眼进而产生视知觉的实体[1]。

1.1.1 电磁波与光电成像

1.1.1.1 光和电磁波

由于人眼视觉性能的限制，通过直接观察获得的信息非常有限，原因主要有[2]：灵敏度的限制，夜间低照度条件下人的视觉能力很差；分辨力的限制，没有足够的视角和对比度就难以辨识；时间上的限制，逝去的影像无法存留在视觉上；空间上的限制，人眼无法观察隔开的空间；电磁波谱上的限制，人眼仅能对电磁辐射波中很窄的可见光谱段（380～760nm）敏感。实际上，电磁辐射的波谱范围很广，包括无线电波、微波、红外线、可见光、紫外线、X射线及γ射线。其中：无线电波的波长最长，是可见光的数十亿倍；γ射线的波长最短，只有可见光的几百万分之一。总之，人类的直观视觉只能有条件地获取外界信息，为弥补人眼视觉功能缺陷，光电成像技术应运而生。

1.1.1.2 光电成像技术

光电成像技术是在人类探索和研究光电效应的进程中产生和发展的。

1873 年，史密斯（Smith）发现了光电导现象；1900 年，普朗克（Planck）提出了光的量子属性；1916 年，爱因斯坦完善了光与物质内部电子能态相互作用的量子理论，人类从此揭示了光电效应的本质。1929 年，科勒（Koller）制成了第一个实用的光电发射体——银氧铯光阴极，随后利用这一技术研制成功红外变像管，实现了将不可见的红外图像转换成可见光图像。此后，相继出现了紫外变像管和 X 射线变像管，使人类的视见光谱范围获得扩展。1936 年，Gorlich 研制出锑铯光阴极；1963 年，埃文斯（Evans）等成功研制负电子亲和势镓砷光阴极。这些高量子效率光阴极的出现，使微光成像技术达到了实用阶段。利用像增强器，人类更进一步突破了视见灵敏阈的限制。1969 年，博伊尔（Boyle）和史密斯（Smith）发明了电荷耦合器件（CCD），由此诞生了固体摄像器件。随着光电子技术的飞速发展，各种特殊用途的成像器件不断涌现和发展，尤其是各种红外探测器件的出现和快速发展，将人类的视见能力提高到了一个新的阶段。目前，各种光电成像系统已经在光学遥感、战场侦察、光电搜索跟踪、机器视觉测量等军用和民用领域得到广泛应用。

光电成像系统的工作波段主要涵盖电磁辐射波谱的紫外至红外区域。从系统涉及的信号传递过程看，现代光电成像系统通常是采样成像系统，其成像本质可视为：在时刻 t 从空间任意位置（x，y，z），沿着方向（θ，φ），获取到的波长为 λ、偏振态为 p、辐射强度为 $|f(x, y, z, \theta, \varphi, \lambda, p, t)|$ 的携带有场景信息的光信号，即它是场景光场描述函数 $f(x, y, z, \theta, \varphi, \lambda, p, t)$ 在空间维、角度维、时间维、辐射维、光谱维和偏振维的采样、量化、分解，形成的不同维度的采样数字图像信号 I，可以用图 1-1 来表示[3]。

$$I = f(x,y,z,\theta,\varphi,\lambda,p,t) \tag{1-1}$$

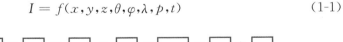

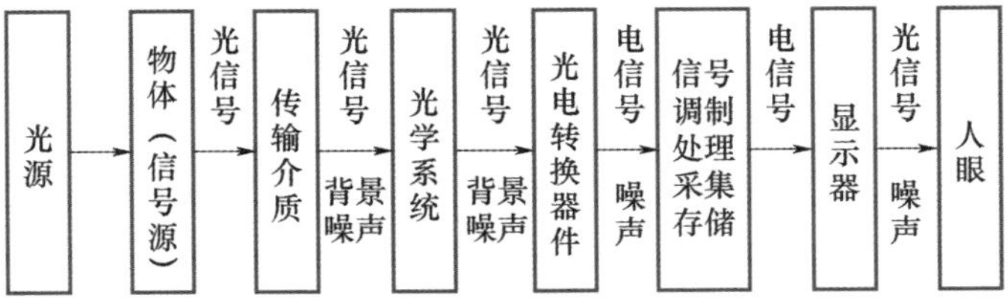

图 1-1　光电成像基本原理

1.1.1.3　光电成像质量影响因素

根据光电成像基本原理可知，光电成像系统的成像质量与成像过程中的每一个环节均密切相关，这些因素共同影响着感知图像的质量及综合性能，如图 1-2 所示[3]。

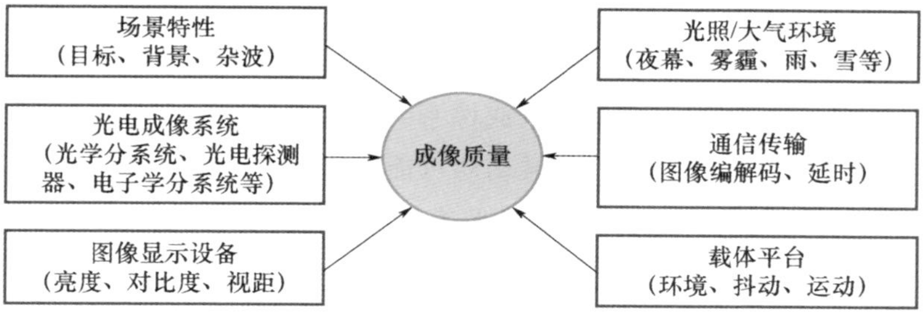

图 1-2　影响光电成像质量的主要因素分析

1. 场景特性

处于环境中的目标（如飞机、车辆等）和背景（如林地、天空等）组成了光电成像系统的辐射源。目标和背景主要是以空间参数（位置、几何尺寸等）和能量参数（辐射率、温度）表征的。

2. 光照/大气环境

大气是辐射源和光电成像系统之间的中间介质。由于大气气溶胶粒子的吸收和散射作用，目标与背景的辐射会发生改变；而大气的扰动也会使图像变得模糊不清。同时，大气也成为辐射接收器的一部分辐射源而参与成像，成为光电图像的干扰源之一。

3. 光电成像系统

光电成像系统通常由光学分系统、光电探测器以及电子学分系统组成。其中，光学分系统在会聚场景辐射能量的同时往往起着带通滤波的作用，光电探测器的作用是将辐射光信号转换为电信号，电子学分系统主要对光电探测器输出的电信号进行采集与处理。光电成像系统在工作过程中，不可避免会引入噪声，因此克服噪声干扰、提高成像信噪比是光电成像系统需要重点解决的问题。

4. 通信传输

根据不同的任务应用需求，远距离载体平台所装备的光电成像载荷获取的图像数据通常需要经压缩处理后传输给地面控制中心，这就会导致图像信息的损失和图像质量的下降。

5. 图像显示设备

图像显示设备的作用是将瞬时的视频电信号转换成与观察平面内能量分

布相对应的屏幕亮度的空间分布。图像显示设备质量是影响光电成像系统观察者后续解译的因素。

6. 载体平台

不同载体平台（如弹载、舰载、车载平台）姿态调整及外界环境的干扰都可能产生振动，使得目标与光电成像系统产生相对运动，导致在成像过程中发生图像错位和模糊。此外，振动还可能使光电成像系统中的各元器件产生相对运动，从而产生离轴、离焦、瞄准线指向不稳定等现象。

1.1.2 光电图像处理的概念与系统组成

随着光电成像技术的不断发展，光电成像系统在作用威力和精度指标等方面有了显著的提高，但在实际应用中也存在不少的问题[4-5]。例如，载体平台的抖动会引起光电成像的不稳定；单一光电传感器在目标探测方面存在一定的局限性；长时间的画面注视会引起人眼视觉疲劳而出现误判；等等。为了改善光电成像系统的性能，既要从硬件上不断优化光电探测器件、光学分系统和电子学分系统等的指标参数，还应当从信号处理角度对光电成像系统的输出数据进行处理，以提高其质量。

1.1.2.1 光电图像处理的基本概念

光电图像处理是指利用数字图像处理技术与方法，对光电成像系统产生的初级图像数据进行各种加工与处理，包括图像降噪、图像增强与复原、图像配准与融合、图像分割、目标识别与跟踪等，以克服光电成像过程中的各种干扰和能量损失，改善光电成像系统的性能指标。例如，利用先进的光电图像处理技术改进现有光电系统，不仅能提高系统的探测距离，而且能提高系统的可靠性，降低系统成本，缩短武器系统的反应时间，提高打击精度和自身武器装备的战场生存能力[4-5]。

光电图像处理与传统意义上所讲的光学图像处理以及光电混合图像处理有着本质的区别。其中，光学图像处理也叫模拟图像处理，是基于信息光学原理，借助于各种光学元器件（例如光学透镜、偏振分析器、编码板等）或是采用光学照相方法对模拟图像进行光学滤波、相关运算、频谱分析等，从而实现对图像的处理工作。虽然光学图像处理具有处理速度快、信息容量大的优点，但处理精度不够高，对环境要求较为苛刻[6]。光电混合图像处理是利用光学方法完成运算量巨大的处理（如频谱变换等），利用计算机等数字化设备对光学处理结果（如频谱信号）进行分析判断等[7]。所以，光电混合图像处理方法兼有光学系统高速并行运算及计算机系统复杂灵活运算的优点[8]。随着光电子技术的快速发展和量子计算机[9-10]的出现，光电混合图像处理技术必将有全新的巨大突破。

1.1.2.2 光电图像处理系统的一般组成

为了实现光电图像处理的主要功能，典型的光电图像处理系统一般由图像输入模块、图像处理与分析模块、图像存储模块、图像输出模块以及图像通信模块等 5 个部分组成，如图 1-3 所示。

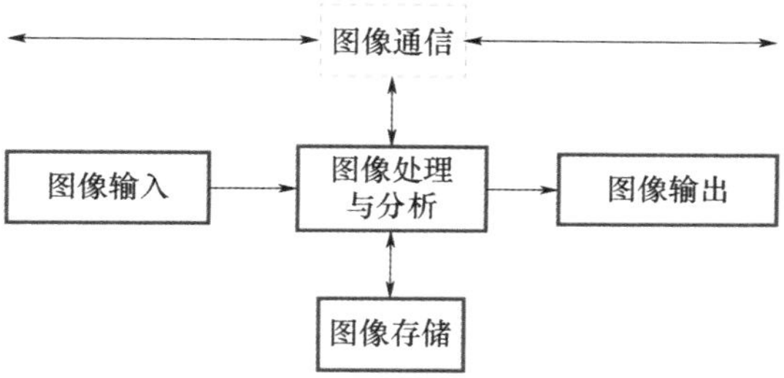

图 1-3 光电图像处理系统的一般组成示意图

1. 图像输入模块

图像输入主要有两种方式：一种是输入光电成像系统直接输出的数字图像；另一种是输入通过数字化设备（例如视频图像采集卡、图像扫描仪等）将光电成像系统输出的模拟图像转换成数字图像的形式。

2. 图像处理与分析模块

图像处理与分析模块主要包括处理算法、软件和硬件平台，它是光电图像处理系统的核心模块。根据对光电图像处理的对象、目的和要求的不同，应当采取不同的图像处理技术，并选择合适的硬件和软件系统。

3. 图像存储模块

由于图像所包含的数据量非常大，因此在光电图像处理系统中通常需要大容量和快速的存储器。例如，计算机内存和图像采集卡的帧缓存是典型的快速存储器，硬盘（包括机械硬盘和固态电子盘）、U 盘和各种存储卡是常见的联机存储器，磁盘阵列和光盘塔通常作为图像数据库存储器。

4. 图像输出模块

光电图像输出主要有两种形式[11]：一种是将光电图像通过液晶显示器、投影仪等设备暂时性显示的软拷贝形式；另一种是通过照相机、打印机等将图像输出到物理介质上的永久性硬拷贝形式。

5. 图像通信模块

图像通信可分为近程和远程通信两种。其中，近程图像通信主要指在不同设备间交换图像数据。远程图像通信主要指将光电成像系统得到的图像远程传输给后方控制中心进行处理。远程图像通信遇到的首要问题是图像数据量大而传输信道通常比较窄，必须借助于图像压缩与编码技术来完成；其次，远程图像通信可能存在延时，从而影响到对时间敏感目标探测与处理的时效性。

1.2 光电图像处理的典型对象

光电图像处理系统的典型输入是光电系统产生的图像数据，亦即光电图像处理的对象是各类光电成像系统。光电成像系统有多种分类方式，例如，根据光场信息感知的采样维度，可分为强度成像系统、光谱成像系统、偏振成像系统和相位成像系统；根据光谱分光或波段范围，可分为紫外成像系统、可见光成像系统、红外成像系统、多光谱系统和高光谱成像系统。下面简要介绍几种典型的光电成像系统。

1.2.1 可见光成像系统

可见光成像系统一般由可见光学系统、成像探测器以及光机扫描部件（对于非凝视型）等组成，其工作波段主要覆盖 0.4～0.76μm。

1. 可见光成像器件

可见光成像系统的核心部件是成像探测器，主要包括面阵图像传感器和线阵图像传感器。以可见光面阵图像传感器为例，主要有面阵 CCD 和面阵互补金属氧化物半导体图像传感器（CMOS）。面阵 CCD 又包括两种基本类型：一是电荷包存储在半导体与绝缘体之间的界面，并沿界面传输，这类器件称为表面沟道 CCD（简称 SCCD）；二是电荷包存储在离半导体表面一定深度的体内，并在半导体体内沿一定方向传输，这类器件称为体沟道或埋沟道器件（简称 BCCD）。以 SCCD 为例，其基本成像工作原理是：成像光学系统将景物成像在 CCD 光敏面上，光敏面上的光敏单元将接收到的空间分布图像照度信号进行转换，变为少数载流子数密度信号存储于光敏单元中，然后转移到

CCD的移位寄存器中，在驱动脉冲的作用下顺序移出器件，再合成为视频信号。

2. 可见光成像系统信号响应

如果不考虑可见光成像系统中各链路对光的传递和转换作用，则可见光成像系统输出的图像灰度值可以简单表示为

$$C_t = \frac{2^n - 1}{V_{max} - V_{min}} \left(\int_{\lambda_1}^{\lambda_2} L(\lambda) R(\lambda) S(\lambda) d\lambda - V_{min} \right) \tag{1-2}$$

式中：n为可见光成像系统的A/D量化位数；$[V_{min}, V_{max}]$为成像探测器输出电压的量化范围；$L(\lambda)$为光源的光谱功率分布函数；$R(\lambda)$为物体表面的光谱反射率；$S(\lambda)$为探测器的光谱响应率。

1.2.2 微光成像系统

微光成像系统是指能够在夜天微弱光照条件下，被物体反射的自然光经过大气传输，再通过光电转换器件和电子倍增管对夜天光照亮的微弱目标像进行增强，转化为人眼可见图像的系统[5]。

1. 工作原理

微光成像系统的工作原理为[12]：当夜天自然照明光源照射目标时，目标与背景发出的辐射，经大气传输进入光学系统，光学系统将这些辐射能量会聚在微光光电阴极的光敏面上，通过光电阴极外光电效应将入射的光子转化为光电子，光电子经过高压电场加速和微通道板（MCP）电子倍增器件作用进行电子倍增，经过增强的电子图像轰击荧光屏，激发荧光屏产生可见光图像供人眼观测或者经微光图像传感器进行耦合成像。

2. 系统组成

微光成像系统的核心部件是光电阴极、微通道板（MCP）、荧光屏及微光图像传感器。

（1）光电阴极。光电阴极表面涂有感光材料，主要用于将辐射能量转换为电子信号。光电阴极的光电转换过程分为：①价带中的电子吸收光子能量，跃迁进入导带；②激发的光电子向表面运动，运动过程中发生各种弹性和非弹性碰撞；③到达表面的电子跃过表面势垒逸入真空。

（2）MCP。MCP主要用于对光电阴极产生的光电子进行加速和倍增。MCP两个端面电极上施加有电压，当高速光电子入射到通道壁表面时与通道壁表面表层内电子碰撞，使通道壁表面表层内电子受到激发而逸出表面，从

而产生二次电子倍增。倍增后的电子在电场加速的作用下与通道壁再次发生碰撞，重复上述碰撞过程，直到电子从通道输出端射出。

(3) 荧光屏。荧光屏是涂有荧光粉的薄层，它位于 MCP 的输出端，当电子碰撞荧光粉时，荧光粉吸收的一部分电子能量以可见光谱辐射的形式实现发光。

(4) 微光图像传感器。目前广泛应用的微光图像传感器包括像增强电荷耦合器件（ICCD）、电子轰击电荷耦合器件（EBCCD）和电子倍增耦合器件（EMCCD）。其中，ICCD 是通过中继光学元件（如光纤或光学透镜）将像增强器荧光屏上的图像传递到 CCD/CMOS 的光敏面上；与 ICCD 相比，EBCCD 仅有光阴极和 CCD 两个元件，图像传输链路短，既减小了体积和重量，又提高了信噪比和调制传递函数（MTF）；EMCCD 在继承 CCD 器件优点的同时，还增加了一种称为“片上增益”的技术。EMCCD 的电子倍增过程并不是直接对其进行放大，而是先经过内部增益寄存器的半导体电子雪崩放大后再进行读出，再加上制冷措施，极大地减小了器件的噪声，提高了系统的性能[13]。

3. 微光成像系统信号响应

依据辐射能量的传输特性及微光成像系统各链路对辐射能量的传递和转换，微光成像系统荧光屏输出亮度 L_{screen} 与目标表面辐射亮度 $L_t(\lambda)$ 之间的关系可表示为[13]

$$L_{\text{screen}} = \frac{K_p V G_{\text{MCP}} A_o}{m^2 f_{\text{sys}}^2} \int_{\lambda_1}^{\lambda_2} S_L(\lambda) \tau_o(\lambda) L_t(\lambda) \tau_{\text{atm}}(\lambda) \mathrm{d}\lambda \tag{1-3}$$

式中：K_p 为荧光屏光视效能；$\tau_{\text{atm}}(\lambda)$ 为目标表面与成像系统之间大气的透过率；f_{sys} 为光学系统焦距；A_o 为光学系统孔径面积；$S_L(\lambda)$ 为光电阴极的灵敏度；$\tau_o(\lambda)$ 为光学系统透过率；G_{MCP} 为 MCP 的增益，与施加在 MCP 两端的工作电压 V 有关；m 为系统的电子光学放大倍数。

若微光成像器件为 ICCD，那么经过光电-电光转换后，由于微光成像系统 CCD 的响应作用，电信号在放大电路和视频电路中得到一定的传递，最后得到的微光图像灰度值可表示为

$$C_t = \frac{2^n - 1}{V_{\max} - V_{\min}} (L_{\text{screen}} \tau_e A_d R_d G_v - V_{\min}) \tag{1-4}$$

式中：τ_e 为耦合效率；R_d 为探测器响应率；A_d 为探测器光敏面积；G_v 为视频信号放大倍数。

1.2.3 红外成像系统

红外成像系统可以将物体发射的红外辐射变为人眼可见的光电图像，从而使人眼视觉范围扩展到红外波段。按照工作波段，红外成像系统可以分为近红外、短波红外、中波红外和长波红外成像系统；按照成像方式，红外成像系统可分为光机扫描型和凝视型两种系统。

1. 工作原理

红外成像系统的主要工作原理为：目标及其背景辐射能量经大气传输后，通过红外光学系统会聚至红外探测器光敏面上，并利用红外探测器件的光电效应或热电（敏）效应将接收到的辐射信号转换为电荷信号，而后电荷信号经电荷耦合转移读出电路（或移出寄存读出电路）传输、检测后转化为电压信号，电压信号输出至信号处理系统，经过采样、信号放大、去噪、非均匀性校正、自动增益、A/D转换和量化后输出视频信号。整个信号传递链路如图1-4所示[3]。

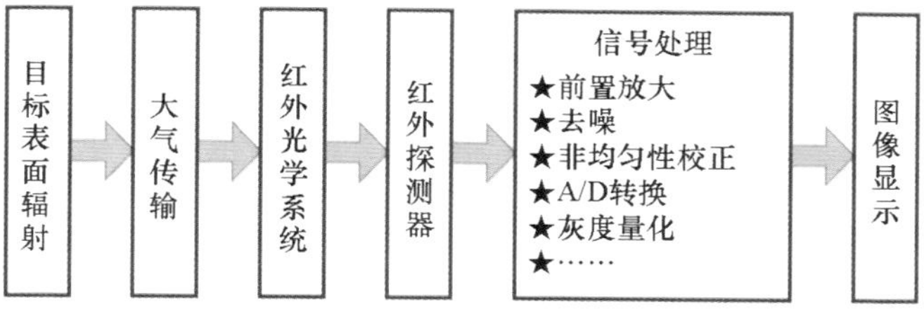

图1-4 红外成像系统信号传递链路示意图

红外探测器是红外成像系统的核心部件。在光机扫描型红外成像系统中，多采用多元探测器来提高信号幅值或减低扫描速度，但系统结构较为复杂、可靠性降低。凝视型红外探测器利用焦平面探测器阵列（focus plane array，FPA），使得探测器中的每个像元与景物中的一个微面元对应。近年来，凝视型焦平面成像技术的发展非常迅速，呈现出超大阵列集成规模、超小像元尺寸、超长波响应谱段的发展趋势。并且基于InGaAs探测器的近红外成像系统也获得快速发展，表现出在夜间低照度环境下成像、穿透雾霾等方面具有独特的优势[14]。

2. 红外成像系统信号响应

依据辐射能量的传输特性及红外成像系统各链路对辐射能量的传递和转换，红外成像系统输出的图像灰度值C_t与目标表面辐射亮度$L_t(\lambda)$之间的关

系可表示为[12]

$$C_t = \frac{2^n - 1}{V_{max} - V_{min}}\left(G_{cir}\int_{\lambda_1}^{\lambda_2} S(\lambda)\frac{\tau_o(\lambda)A_oA_d[L_t(\lambda,T)\tau_{atm}(\lambda) + L_{atm}(\lambda)]}{(1+M)^2 f_{sys}^2}d\lambda - V_{min}\right) \tag{1-5}$$

式中：G_{cir}为信号处理电路的放大倍率；M为系统光学放大率；$L_t(\lambda, T)$为目标表面在观测方向产生的辐射亮度；$L_{atm}(\lambda)$为目标表面与成像系统之间的大气辐射亮度。

1.2.4 多光谱/高光谱成像系统

光谱成像技术是光谱技术与成像技术的有机结合。按照光谱分辨率的不同，成像技术可以区分为多光谱（multispectral）、高光谱（hyperspectral）和超光谱（ultraspectral）成像系统。其中，多光谱成像系统的光谱分辨率一般在100nm左右，波段数一般为3～12个；高光谱成像系统的光谱分辨率一般在10nm左右，波段数通常为100～200个；超光谱成像系统的光谱分辨率可控制在1nm以下，波段数为1000～10000个[15]。超光谱成像系统由于具有极高的光谱分辨率和较多的波段数，主要用于气体化学成分测定、大气微粒探测等实验室科研领域[16]；多光谱、高光谱成像系统应用范围较广，主要用于环境遥感、地质勘探、目标识别等民用和军用领域[17-18]。图1-5为光谱成像探测原理示意图。

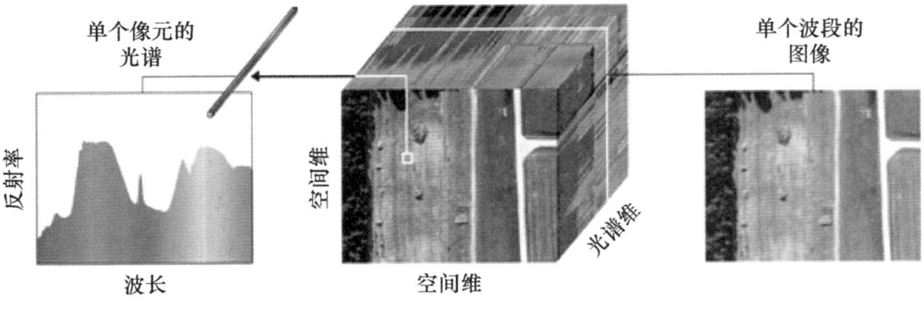

图1-5 光谱成像探测原理示意图

1. 高光谱成像系统

根据光谱测量方式的不同，可以将高光谱成像系统的分光技术分为四种：①色散型分光，即先采用棱镜或光栅等分光元件将目标不同波长的光离散开，再通过会聚系统将不同波长的光聚焦在探测器的不同位置，随着全息光学元件制造技术的发展，还出现了棱镜-光栅-棱镜分光技术[19]；②傅里叶干涉型分光，首先利用探测器得到目标辐射的干涉图，再通过对该干涉图的傅里叶变换获取目标的光谱信息；③滤光片分光，主要包括声光可调谐滤光片（acousto-optic tunable filter，AOTF)、电光可调谐滤光片、液晶可调谐滤光片（liquid crystal tunable filter，LCTF）等；④衍射光学分光，即首先利用衍射光学元件沿着光轴方向色散，再用探测器沿着光轴扫描来获取不同波长的图像数据，最后对图像进行解卷积处理来获得目标的数据立方体。

以高光谱成像遥感为例，太阳辐射能量在真空中传播到地球大气层附近，一部分被大气上表面反射回太空，另一部分入射到大气层，并与大气气溶胶粒子等发生相互作用，最终传播到地表。入射到地面的这部分能量经过地表反射后，最终被传感器接收并转换为数字图像。因此，对高光谱成像链路进行数学化描述，可以得到如下表达式[20]：

$$C_t = \iiint l_R(x,y,\lambda)\tau(x,y,\lambda)r(x,y,\lambda)s(x,y,\lambda)\mathrm{d}x\mathrm{d}y\mathrm{d}\lambda \tag{1-6}$$

式中：$l_R(x, y, \lambda)$、$\tau(x, y, \lambda)$、$r(x, y, \lambda)$、$s(x, y, \lambda)$ 分别为被观测的目标辐射亮度、大气模型、地表反射模型和传感器模型。

2. 多光谱成像系统

多光谱成像系统既保持了高光谱成像系统光谱分辨率高、识别地物能力强的优点，又具有单一波段面阵相机空间分辨率高、畸变小的特点，因此在实际使用中对观测目标的针对性较强[21]。

多光谱成像探测一般的系统模型如图 1-6 所示。首先确定探测目标，如果已知目标的光谱特性，则选择若干个有针对性的光谱波段获取场景的光谱图像数据集，利用成像透镜、滤光片、分光镜等光学元器件将目标场景的光谱辐射能量会聚在光电探测器件的感应区，从而将光谱辐射能量分布转换成电信号，电子系统对电信号进行滤波放大等处理后，再经 A/D 转换输出数字信号到控制及存储中心，最后通过适当的图像处理算法精确分析目标的光谱特性。

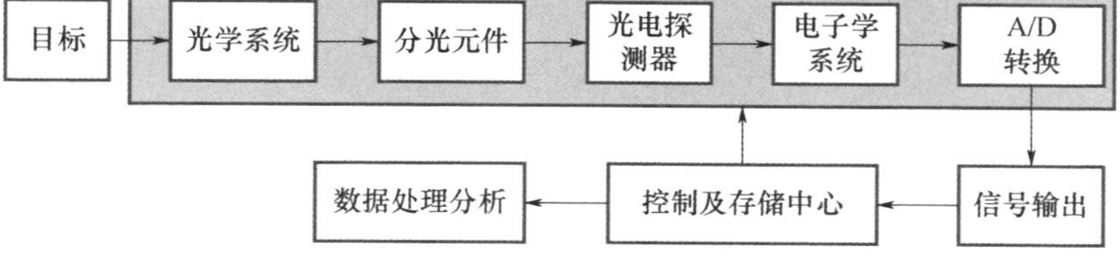

图 1-6 多光谱成像探测一般的系统模型

假设多光谱成像系统是线性的，设多光谱成像的波段数为 N，$l(\lambda)$ 为目标辐射的光谱功率分布函数，$r(\lambda)$ 为物体光谱反射率，$o(\lambda)$ 为光学系统的光谱传递函数，$f_i(\lambda)$ 为系统中第 i 个通道的光谱透过率，$s(\lambda)$ 为成像设备的光谱敏感函数，则多光谱成像系统第 i 个通道的成像响应值为[21]

$$V_i = \frac{2^n - 1}{V_{\max} - V_{\min}}\left(\int_{\lambda_{\min}}^{\lambda_{\max}} l(\lambda) f_i(\lambda) r(\lambda) s(\lambda) o(\lambda) \mathrm{d}\lambda - V_{\min}\right) \tag{1-7}$$

1.2.5 偏振成像系统

光波的信息量非常丰富，包括振幅（光强）、频率（波长）、相位和偏振态。传统的光电成像系统主要是探测目标的光强或波长信息，当有主动光源（如激光）照射的情况下，也能够探测到光波的相位信息。地球表面和大气中的所有目标，在发射和反射电磁辐射的过程中，都会表现出由它们自身性质和辐射基本定律决定的偏振特性。采用成像方式探测景物光波偏振态的成像技术就是偏振成像。偏振成像探测能够提供目标的表面粗糙度、纹理走向、表面取向、导电率、材料理化特性、含水量等信息，具有广泛的军用和民用前景[22]。

1. 偏振成像技术方案

偏振成像技术方案与偏振成像分类密切相关，典型的偏振成像技术方案分类如下[23]：按照光源照明方式划分，有被动式偏振成像和主动式偏振成像；按照工作波段划分，有紫外偏振成像、可见光偏振成像、短波红外偏振成像、中波红外偏振成像、长波红外偏振成像等；按照与光谱信息的复合方式划分，有双色偏振成像、多波段偏振成像、多光谱偏振成像、高光谱偏振成像；按照偏振光学元件的伺服控制方式划分，有步进扫描偏振成像、连续旋转偏振成像、快照（snapshot）偏振成像等[24]。

2. 光谱偏振成像系统

光谱偏振成像系统把二维成像、光谱分析技术和偏振分析技术完美结合在一起，可同时获得空间被测目标四维数据立方体 $I(x, y, \lambda, P)$，即空间目标的二维强度信息 I_{xy}、目标每一点的光谱信息 $I_{xy}(\lambda)$ 以及每点每个光谱波段所对应的偏振信息 $I_{xy\lambda}(P)$，如图 1-7 所示[25]。光谱偏振成像作为强度成像和光谱成像的有效补充，不仅可以对目标的空间位置、形状、物质的组成成分等进行分析，而且能够对物质表面理化结构进行精细分析，这就为实现更为复杂的目标状态特征反演奠定了基础。

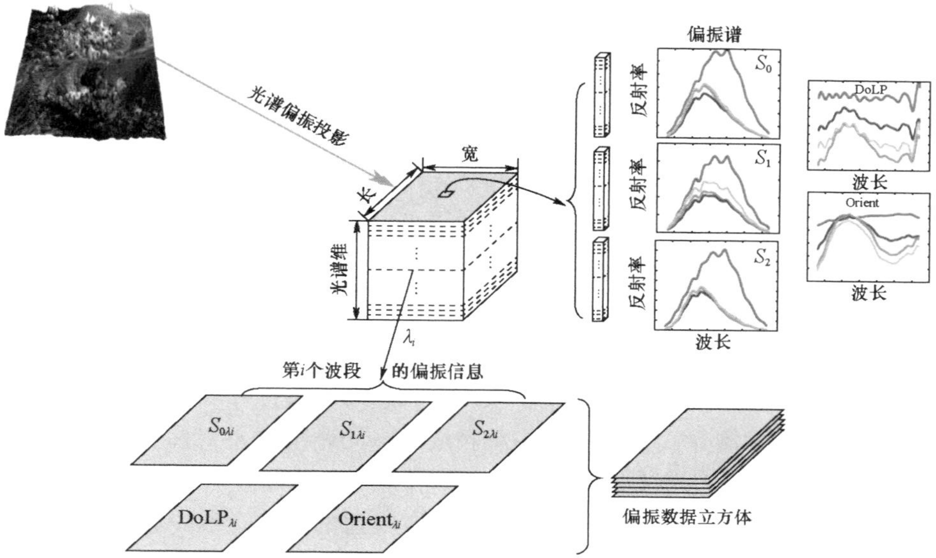

图 1-7 光谱偏振成像原理示意图

1.3 光电图像处理的特点与要求

从本质上说，光电图像处理是利用计算机等数字化设备对工作在光频段的光电系统所获取的图像数据进行的加工处理，因此光电图像处理首先具有数字图像处理的一般特点，主要有[1,7,11]：①处理精度高。利用计算机对图像数据进行各种运算，计算精度和准确性毋庸置疑。②处理效果可控。通过设计不同的图像处理软件，可以实现各种不同的处理目的，还可变更各种参数来达到预期处理效果。③数据处理量大。例如，对于空间分辨率为 512×512 的 8 位灰度图像，若按帧频 30Hz 录制 1h 视频，数据量将达到 27000MB。如此庞大的数据量，给图像存储、传输和处理都带来很大困难。④数据冗余量大。图像信号在同一帧（幅）内各相邻像素间以及运动图像的相邻帧之间相关性很大，通过减少或消除这些冗余，可以进行图像压缩，也可以利用这些冗余进行图像复原（如非局部均值滤波）等处理。⑤视觉效果的主观性强。对于同一幅图像，不同人对不同目标物的感兴趣程度不同，会给出不同的视觉效果评价结果，有时甚至会做出截然相反的结论。

除此之外，由于光电图像处理技术与光电成像系统密切相关，因此光电图像处理还具有区别于通用数字图像处理的一些特点和处理要求：

（1）不同的光电成像系统由于各自不同的成像方式和应用场景，得到的图像类型有很多种，主要包括电视图像、红外图像、微光图像、紫外图像、激光图像等。由于成像传感器类型的差异，所获取的图像质量也大相径庭，导致对于光电图像处理技术有着不同的要求。只有针对不同类型的图像，按照其图像特性采取针对性的图像处理方法，才能满足实际工程应用需求[5]。例如，对于可见光成像系统，由于容易受到雾、霾、雨、雪等不良天气的影响，因此需要重点实现不良气象条件下光学成像增强、解决系统全天候工作的问题；而对用于光电跟踪的红外成像系统，光电图像处理的目的是有效地提高火控系统和制导武器系统的跟踪精度、探测距离以及目标识别能力，因此重点需要解决热红外图像分辨率不高、信噪比低等问题。

（2）光电成像系统本质上是基于电磁波辐射的成像，不同成像方式下所得到的光电图像具有不同的物理含义。例如，热红外图像反映的是场景辐射的温度场分布，光谱图像反映的是场景中的不同物质组分，偏振图像反映的是场景中不同物体的反射或辐射起偏能力。因此，在进行光电图像分析与特征提取时，必须结合光电成像系统的具体工作机理，这有别于传统数字图像处理在特征提取时往往只需要考虑图像的强度特征、几何结构特征或者纹理特征。

（3）在实际应用中，由于采用单一光电成像探测手段获取的信息往往十分有限，因此必须采用多波段、多维度、多模式的光电成像系统，例如多光谱成像探测、电视与红外复合成像制导、微光与红外夜视复合探测等，这就使得多源光电图像配准与融合成为光电图像处理需要重点研究的课题之一。

（4）根据应用领域的不同，光电成像系统可以分为军用光电成像系统和民用光电成像系统。应用场合的不同使得对于光电图像处理的要求存在较大的区别。例如，军用光电成像系统往往应用在车载、舰载、机载、弹载和星载等机动平台上，不仅需要克服平台运动带来的成像模糊与抖动等问题，而且需要解决对抗环境下非合作弱信号目标的探测与识别问题。

1.4 本书内容结构

根据典型光电成像系统的工作特点，结合光电图像处理技术的研究前沿与发展动态，本书以不同的工程应用需求为牵引，对光电图像处理中所涉及的主要内容、共性关键技术与典型处理方法进行了较为系统的阐述。具体内容安排如下：

第1章绪论。本章主要阐述了光电图像处理的基本概念和内涵，包括光电成像与光电图像处理的关系、光电图像处理的典型对象、光电图像处理的特点与要求等。

第2章雾霾天气光学图像增强与复原。本章以实现雾霾天气条件下的降质图像清晰化为目的，首先分析了雾霾天气对光学成像的影响，然后从单幅雾天图像增强、基于颜色先验的单幅雾天图像复原、基于偏振的多幅雾天图像复原三个方面，对雾霾天气下光学图像增强与复原技术进行了阐述。

第3章降水天气光学视频图像去雨。本章首先分析了降水天气对光学成像的影响，详细介绍了雨滴的特性和雨天视频图像的特点；其次，基于图像的相位一致特性并结合雨滴的时空混合特性，研究了雨天视频去雨方法；再次，根据图像稀疏分解有关理论，研究了单幅图像去雨方法；最后，针对远景雨场的雾化效应，介绍了一种基于暗原色先验的远景雨场去除方法。

第4章基于实测数据的红外图像仿真生成。本章以空战背景下的红外成像导引头抗干扰仿真测试问题为牵引，首先论述了实测红外图像的去噪和热目标分割提取方法；其次介绍了基于真实纹理映射的目标红外图像快速生成方法；再次针对红外诱饵弹这类时变目标的红外仿真问题，研究了基于实测数据的诱饵弹红外图像仿真方法；最后介绍了一种基于调制传递函数的红外图像自适应校正方法。

第5章红外与微光夜视图像融合。本章首先分析了红外与微光图像的特性；其次研究了基于颜色通道映射的红外与微光图像伪彩色融合方法；再次介绍了一种基于颜色传递和对比度增强的红外与微光图像彩色融合方法；最后介绍了一种红外与微光图像局部自动彩色融合方法。

第6章伪装目标光谱偏振成像检测。本章首先介绍了光谱偏振成像探测的相关基础理论；其次，研究了多波段偏振图像的配准与融合；再次，基于光谱偏振成像探测机理，研究了光谱偏振图像的特征提取；最后，介绍了一种基于光谱偏振特征融合的伪装目标检测方法。

参考文献

[1] 章毓晋．图像处理［M］．北京：清华大学出版社，2007.

[2] 白廷柱，金伟其．光电成像原理与技术［M］．北京：北京理工大学出版社，2006.
[3] 王晓蕊．光电成像系统——建模、仿真、测试与评估［M］．西安：西安电子科技大学出版社，2017.
[4] 向世明，高教波，焦明印，等．现代光电子成像技术概论［M］．北京：北京理工大学出版社，2010.
[5] 王小鹏，梁燕熙，纪明．军用光电技术与系统概论［M］．北京：国防工业出版社，2011.
[6] MARIA P，ERIC P，NIKOLAY Z. All-optical pattern recognition and image processing on a metamaterial beam splitter［J］. ACS Photonics，2017，4（2）：217-222.
[7] 许录平．数字图像处理［M］．北京：科学出版社，2007.
[8] QIAN Y X，HU F R，CHENG X W，et al. Real-time image deblurring by optoelectronic hybrid processing［J］. Applied Optics，2011，50（33）：6184-6188.
[9] HARROW A W，MONTANARO A M. Quantum computational supremacy［J］. Nature，2017，549：203-209.
[10] ARTUE F，ARYA K，et al. Quantum supremacy using a programmable superconducting processor［J］. Nature，2019，574：505-510.
[11] 彭真明，雍杨，杨先明．光电图像处理及应用［M］．成都：电子科技大学出版社，2013.
[12] 郭冰涛．强辐射源作用光电成像系统成像特性建模及性能评估［D］．西安：西安电子科技大学，2015.
[13] 张青文．强光作用 ICCD 和 EMCCD 微光成像系统建模与仿真［D］．西安：西安电子科技大学，2014.
[14] NAOKI O，MASAHIKO S，SOTA K，et al. Performance estimation for SWIR cameras under OH night airglow illumination［C］. Proc of SPIE，2017，10177.
[15] 方煜．成像光谱仪光学系统设计与像质评价研究［D］．西安：中国科学院西安光学精密机械研究所，2013.
[16] KRAVETS V，KONDRASHOW P，et al. Compressive ultraspectral imaging using multiscale structured illumination［J］. Applied Optics，2019，58（22）：F32-F39.
[17] EVA T，RAKA J，MILAN T. Multispectral satellite image classification based on bare bone fireworks algorithm［J］. Advances in Intelligent Systems and Computing，2020，933：305-313.
[18] LI J，LIANG B，WANG Y. A hybrid neural network for hyperspectral image classification［J］. Remote Sensing Letters，2020，11（1）：96-105.
[19] ZHANG H M，WU T X，ZHANG L F，et al. Development of a portable field imaging spectrometer：Application for the identification of sun-dried and sulfur-fumigated Chi-

nese herbals [J]. Applied Spectroscopy，2016，70(5)：879-887.

[20] 魏然. 基于成像机理分析的高光谱图像信息恢复研究[D]. 哈尔滨：哈尔滨工业大学，2015.

[21] 张艳超. 多光谱成像系统图像处理关键技术研究[D]. 北京：中国科学院大学，2015.

[22] TYO J S，GOLDSTEIN D L，CHENAULT D B，et al. Review of passive imaging polarimetry for remote sensing applications [J]. Applied Optics，2006，45(22)：5453-5469.

[23] 赵劲松. 偏振成像技术的进展[J]. 红外技术，2013，35(2)：743-750.

[24] SHINODA K，OHTERA Y，HASEGAWA M. Snapshot multispectral polarization imaging using a photonic crystal filter array [J]. Optics Express，2018，26(12)：15948-15961.

[25] ZHAO Y Q，GONG P，PAN Q. Object detection by spectropolarimetric imagery fusion [J]. IEEE Trans on Geoscience and Remote Sensing，2008，46(10)：3337-3345.

第2章 雾霾天气光学图像增强与复原

2.1 概述

随着光电子技术、计算机视觉以及数字图像处理技术的迅猛发展，各种光电成像系统已广泛应用于交通运输、户外监控、对地遥感等民用领域以及战场目标侦察、光电成像制导等军事领域。然而，光电图像在获取、传送及转换的过程中，总会产生不同程度的退化，引起图像质量的降低。图像退化的原因有很多，如光学系统的失真、光电转换的非线性、噪声的干扰、相对运动、光照条件的变化以及光传输媒介的影响等。此外，各种复杂气象条件，例如雾霾、降水、沙尘暴等，也会使光电成像系统得到的图像产生严重的退化，尤其雾霾天气影响更为频繁。

在雾霾天气下，由于雾霾粒子对光线的吸收与散射作用，使得光电成像系统获得的图像质量产生严重退化，分辨率和对比度降低，远处景物变得模糊不清，给实际应用产生很大影响。例如：当遇到大雾等恶劣天气时，由于道路环境系统的可视性变差，使得驾驶员通过视觉获得的道路环境信息不足，极易发生车辆碰撞等恶性交通事故；现有的视频监控系统对天气条件也极为敏感，往往只有在晴好天气下才能可靠、正常工作，雾天时监控系统获得的图像不仅会变得模糊不清、对比度降低，彩色图像甚至还会出现严重的颜色偏移与失真，导致无法正常使用。

在军事领域，从最初的侦察兵目测和依托各种光电观测器材，到现代各种先进的高分辨率光学侦察卫星，成像侦察一直是获得战场情报的主要手段。其中可见光波段的光学成像侦察，由于信息符合人的视觉习惯，成为最为常用的战场信息获取手段，然而雾霾天气会使这些光学成像侦察装备的探测距离缩短，得到的图像对比度大幅下降、目标细节特征变得模糊甚至丢失，严重影响到后续的图像情报判读与分析，使得对战场情报的掌握变得困难。未来战争是发现者的胜利，谁先发现，谁就将是胜利者。因此，提高雾霾天气下的目标侦察能力，已经成为情报侦察、战场监视、精确制导以及自动目标识别等领域的一项重要研究课题[1]。

从图像处理角度来看，对雾天降质图像的清晰化处理主要有两种解决途径[2]：一种是从图像增强处理角度出发，提高景物的对比度；另一种是从物理成因的角度对雾天成像进行建模分析，实现雾天场景复原，即转化为基于物理模型的雾天图像复原问题。其中，雾天图像增强技术可以大致分为三类：基于直方图修正的雾天灰度图像增强[3-4]，基于 Retinex 理论的雾天彩色图像增强[5-7]，以及其他雾天图像增强方法，例如同态滤波[8]、小波变换方法[9-10]等。

基于物理模型的雾天图像复原技术首先建立适合的物理模型来描述雾天图像的退化过程，然后根据物理模型来恢复图像中的景物信息。从本质上说，雾天图像复原是一个病态的反问题，必须增加一定的约束条件方可有效求解。为此，已有的雾天图像复原方法大致可以划分为以下 5 类。

（1）利用不同天气下的多幅图像进行雾天图像复原。即根据同一场景中不同时间大气粒子的散射特性，采用两幅或多幅图像联立获取到更多的有用信息，通过求解方程组来恢复场景[11-13]。

（2）基于不同偏振方向的多幅图像进行雾天图像复原。该方法利用雾天图像场景与大气偏振光的差异来抑制大气光的干扰，从而恢复清晰的场景信息[14-16]，具有计算复杂度低和即时去雾的能力，但是该类方法的稳定性严重依赖于环境光的偏振特性[17]。

（3）基于辅助信息的单幅雾天图像复原。这类方法借助于特定的传感器或者通过人工交互方式来获取雾天图像复原模型所需要的相关参数[18-21]，虽然能够较好地实现单幅雾天景物图像的清晰化，但是难以应用于未知场景的雾天图像复原。

（4）基于先验信息的单幅雾天图像复原。近年来，源于图像自身的先验信息或假设陆续被发现，促使单幅雾天图像复原技术得以迅猛发展。Tan 等[22]基于马尔可夫随机场（Markov random fields，MRF）模型，通过改善局部景物对比度来消除景物中雾气的影响，但是会出现场景颜色失真；Fattal[23]认为景物表面反照率与场景透视图局部相互独立，采用独立成分分析估计场景反照率，利用MRF模型推断景物的颜色；Kratz等[24]认为场景深度与反照率相互独立，采用重拖尾分布函数来表示反照率的梯度项，通过最大后验概率联合解算得到场景景深信息和反照率；He等[25]发现晴朗的自然场景图像通常存在暗原色先验（dark channel prior，DCP），它与雾气分布存在关联性，由此可实现场景透视图的粗略估计，进而通过软抠图（soft matting）方法就可获到精细的场景透视图，最终恢复出清晰的景物信息，但抠图方法在细化场景透视图时易受参数设置不当影响而产生误差，造成复原后图像景深突变区域的颜色失真[26]。Tarel等[27]采用变形的中值滤波器来估计大气光传输图，但中值滤波容易导致景深边缘处模糊；为此，禹晶等[28]使用双边滤波器来估计大气散耗函数；Zhang等[29]采用改进的均值漂移滤波器来进行估计。Kaur等[30]提出一种梯度通道先验来避免场景透视图估计错误，并采用引导L_0滤波来优化透视图估计。此外，刘海波等[31]提出基于区间估计的单幅图像快速去雾方法，Berman等[32]提出一种非局部去雾方法，Ju等[33]基于伽马校正先验提出一种高效图像去雾方法，Mandal等[34]提出一种基于局部邻域块相似性的图像去雾方法。

（5）基于深度学习的雾天图像复原。由于实际场景和具体应用场合多样，人为提出的各种图像去雾先验信息必然存在局限性，导致去雾结果存在颜色偏移与所提先验信息制约方法适用范围等问题。近年来，借助于深度学习（deep learning，DL）技术，通过构建基于分布式表示的多层机器学习模型训练海量数据，实现雾天图像复原，已逐渐引起人们的关注。例如，Cai等[35]提出了利用卷积神经网络（convolutional neural networks，CNN）训练的方法，寻找最优的透视率；Li等[36]基于CNN提出一种图像去雾模型，实现了有雾图像到清晰图像的端对端处理；Golts等[37]基于暗通道先验构造损失函数，提出一种无监督深度神经网络的图像去雾方法；Dudhane等[38]提出一种基于CNN架构和深度融合网络的单幅雾天复原方法。

2.2 雾霾天气对光学成像的影响

近年来，伴随着我国社会经济的高速发展，工业污染排放导致大气环境污染，进而造成雾霾天气发生频率日益增加。霾雾天气的出现，不仅会使得大气能见度降低，给人们的生产生活带来了极大的不便，而且会使光电成像系统获取的图像质量下降，景物细节特征模糊或丢失。

2.2.1 雾霾天气中的光传播

光波是一种电磁波，具有波动性和粒子性。在雾霾天气中，大气分子及大气中的悬浮微粒都会对光波的传播产生吸收与散射影响。

2.2.1.1 雾与霾

大气中的悬浮微粒可以分为两大类型：一类是水汽凝集物，如雾、霭、雨、雪等；另一类被称为大气气溶胶粒子，它是指大气中悬浮着的各种固态、液态和固液混合的微粒，粒径一般为 0.001～100μm，当它们对大气能见度造成一定影响时常被称为霾。

1. 气溶胶、霾[39]

大气气溶胶粒子的来源很多，既有海洋溅沫、土壤和矿物质、生物圈以及火山活动自然形成的，也有化石燃烧和生物质燃烧、工农业生产生活等人类活动产生的，还有从宇宙中来的宇宙尘埃。它们既有通过物理过程由大块物质破碎成粉末形成的，也有通过气-固化学过程形成的。

大气气溶胶粒子的成分很繁杂，基本物质成分可分为不可溶性物质、水溶性物质、烟灰、海盐、矿物质、硫酸盐等六种。按照气溶胶粒子本身的特性，又可区分为吸湿性粒子和非吸湿性粒子，前者可以吸收空气中的水分而生成扩大，逐步形成液滴。对于吸湿性粒子，形状与相对湿度有关，相对湿度越高，气溶胶粒子的形状越接近球形。非吸湿性粒子的形状则很不规则。

实际大气气溶胶粒子是具有不同粒径大小的多分散系统，其尺度跨越 5 个数量级。依据粒径的大小，大气气溶胶粒子可以分为爱根核（Aitken nuclei，粒子半径 $r<0.1\mu$m）、大粒子（$0.1\mu\text{m}\leqslant r\leqslant 1.0\mu$m）和巨粒子（$r>1.0\mu$m）。其中，除了可见光波段和紫外线会受爱根核的少量影响外，爱根核对光传播的影响是可以忽略的。对光传播影响最大的是直径从 0.1～10μm 的大粒子和巨粒子。由于粒子的沉降作用，一般情况下，粒子的数密度或质量浓度随高度而下降。气溶胶粒子的浓度有着巨大的范围，浓度变化范围高达 12 个数量级。大气气溶胶粒子的驻留寿命很短，并且与粒子的大小有关。总之，大气气溶胶粒子的各种微粒物理参数具有高度的可变性。

2. 水汽凝集物——雾[40]

地球大气是由多种气体分子和一些固体、液体颗粒组成的，其中气体是大气的主要成分。干空气主要由体积比约78%的氮分子和21%的氧分子组成，其次有约1%的惰性气体氩分子。对光辐射吸收起主要作用的气体分子的总质量不到整个大气质量的1%，它们包括水汽、二氧化碳、臭氧、甲烷及其他一些微量气体。当大气中水汽含量达到过饱和状态时，水汽就有可能在气溶胶粒子上凝聚成水滴或冰晶，这种凝聚过程有时在水汽接近饱和时就开始发生。凝聚后的水滴漂浮在近地面空气中，使得能见度变小，当能见度距离小于1km时称为雾。雾粒子的半径范围一般为1～15μm，有时最大半径可达40～50μm，当超过100μm后，就开始形成降水粒子，降落到地面。雾粒子数密度一般在1～100个/cm^3，在浓雾中可以高达500个/cm^{3}左右。在城市及工业区，因空气中污染物的影响可导致雾呈土黄色或灰色。通常因空气温度降低而产生的雾称为辐射雾、平流雾，因空气中水汽增加而产生的雾称为蒸发雾、锋面雾，因大气污染导致的雾称为都市雾[41]。

3. 雾霾与能见度

由于大气中尺度与光学波段接近的雾和大气气溶胶粒子的存在，造成了可视距离的改变。可视距离直观地表达了大气的洁净（混浊）程度，因此气象上通常使用气象视距或通常所说的能见度来描述大气的混浊状态。根据气象状态的不同，气象学上将能见度分为10个等级，具体如表2-1所列。由于雾和霾对光电成像系统所造成的影响非常相似，两者都会导致能见度下降、视频图像产生退化，因此在去雾方法中通常不加以区分雾和霾，下面将雾和大气气溶胶粒子统称为雾霾粒子。

表2-1　气象学上的能见度等级

能见度等级	气象状态	能见距离
0	浓雾	＜50m
1	大雾	50～200m
2	中雾	200～500m
3	轻雾	500m～1km
4	薄雾	1～2km
5	霾	2～4km
6	轻霾	4～10km
7	晴朗	10～20km
8	很晴朗	20～50km
9	非常晴朗	＞50km

2.2.1.2 大气的光吸收

在紫外光、可见光和红外光区域，主要的大气吸收分子是水汽、二氧化碳、臭氧、氧以及少数微量气体（如一氧化碳、甲烷和氧化氮等）。此外，在局部地区还有工业排放的各种废气，它们也会吸收光辐射。光辐射被大气分子吸收的主要特征是吸收随频率迅速变化，而且在某些频率处有极大值。

在仅考虑大气分子吸收时，可以定义光谱吸收率 $\Lambda(\nu)$ 和光谱透射率 $\tau(\nu)$ 为

$$\begin{cases} \Lambda(\nu) = \dfrac{[I_0(\nu) - I(\nu)]}{I_0(\nu)} \\ \tau(\nu) = \dfrac{I(\nu)}{I_0(\nu)} \end{cases} \tag{2-1}$$

大气气体分子的总吸收通常用谱带表征，这些谱带由大量重叠与不重叠的谱线组成。大气分子的大量吸收谱线组成了谱带群，当谱线十分密集时，可以对光辐射产生近似连续的吸收，仅在少数几个波长区中不存在吸收或吸收较弱，形成大气窗口。对于光电成像系统而言，最重要的窗口有可见光波段、中波红外波段（3～5μm）和长波红外波段（8～14μm）。

2.2.1.3 大气的光散射

当光在大气中传播时，大气中的雾、霾、雨、雪、冰晶等大气悬浮微粒，都会对光线的传播产生散射作用。大体来说，如果气溶胶粒子的直径远小于波长，散射并不显著；气溶胶粒子越大，散射作用越明显，使沿原来方向行进的光波的强度有所减弱；当气溶胶粒子的直径远大于波长时，可以把气溶胶粒子当作一个大的障碍物来处理，改为研究波动的反射、折射和绕射。在雾霾天气下，由于入射光和折射光的频率没有发生变化，因此雾霾天气下的大气散射属于弹性散射，其类型主要有瑞利（Rayleigh）散射和米（Mie）散射。

1. 瑞利散射

瑞利散射实质是光波在传输中遇到大气悬浮微粒而产生的一种衍射现象。1871 年瑞利提出蓝色天空是由比可见光波长小的球形粒子引起的，1899 年他又引用麦克斯韦的电磁波理论推导出瑞利散射定律。瑞利散射主要由大气中的原子和分子，如氮、二氧化碳、臭氧和氧分子引起。对于瑞利散射来说，散射光的光强分布函数满足：

$$I(\lambda)_{\text{scattering}} \propto \frac{I(\lambda)_{\text{incident}}}{\lambda^4} \tag{2-2}$$

由式（2-2）可以看出，瑞利散射光的强度和入射光波长 λ 的 4 次方成反比，因此，波长越长，散射越弱，当散射光线较弱时，传播方向上的透过率便越强。在瑞利散射里，电磁辐射（包括光波）被一个小圆球散射。为了符合瑞利模型的要求，圆球的直径必须远小于入射波的波长，通常上界大约是波长的 1/10，在这个尺寸范围内，散射体通常可以视为一个同体积的圆球。

2. 米散射

大于瑞利尺寸的圆球的散射称为米散射，这是德国物理学家 Gustav Mie 于 1908 年在总结前人研究基础上提出的。米散射理论利用经典波动光学理论的麦克斯韦方程组，加上适当的边界条件，解出了任意直径、任意成分的均匀球型粒子的散射光强角分布的严格数学解。

在散射中定义尺度系数 $\alpha=2\pi r/\lambda$，其中 r 为粒子半径。根据前人大量的实验总结，一般在 $0.3<\alpha<1$ 时，散射遵守瑞利散射模型；在 $1<\alpha<20$ 时，改为米散射模型来描述。

干洁空气中的主要粒子为气体分子和分子团等，半径在 $10^{-4}\mu m$ 左右，远小于可见光波段的波长，因此光的散射可以用瑞利散射来解释，此时大气浑浊度较小，可以认为在此种大气条件下拍摄的图像是由原始景物光线以及极少部分的天空散射光汇聚而成的；在轻雾和雾的天气条件下，大气中主要粒子为小水滴、气溶胶等悬浮物，半径约 $10^{-2}\sim1\mu m$，与可见光的波长接近，因此大气的光散射为米散射，此时大气浑浊，在米散射的作用下，散射光强与波长没有显著的关系，从而使天空呈现灰白色，这种天气条件下所拍摄的图像是由原始的景物光线以及周围天空所散射的光线两部分组成；而在大雾条件下，大气粒子半径与可见光波长相差较大，米散射模型只能部分适用。对于前两种天气条件对成像的影响，可以用大气退化模型来描述。

2.2.2 雾霾天气光电成像退化模型

雾霾天气对于光电成像的影响过程极为复杂，因素也很多，很难建立一个完整而精确的数学模型来描述，目前主要是采用一些经过简化、可以实际应用的数学模型来描述大气的退化过程，其中最为常见的是大气散射模型。

大气散射模型基于大气光学原理，从散射的角度描述图像退化的过程，认为图像由大气光及经正透射衰减的景物辐射构成，并对这两种信息进行数学描述。其中，大气光定义为光源发出的光线经大气粒子散射而到达探测器的那部分光线。如图 2-1 所示为大气光中某光路的散射过程。光路中存在大量悬浮微粒。这些微粒对大气光有两方面的作用：①散射光源发出的光线，其中属于此光路的散射光线对此光路大气光强有所增强；②光路上经过此微粒的大气光发生散射且被衰减。

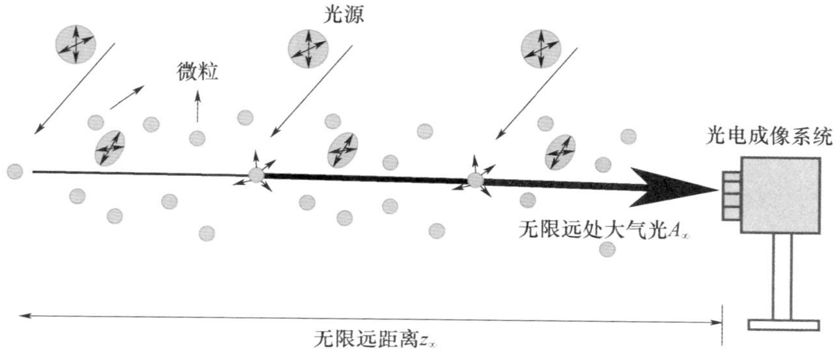

图 2-1 大气中某光路的散射过程

1. 大气衰减模型

假设雾是均匀分布的，则可以用式（2-3）来描述光线从场景传播到观测点之间的消弱过程。若 L^{object} 表示场景辐射，D 表示观测点接收到的场景光强，x 是空间坐标位置，则有

$$D(\boldsymbol{x}) = L^{\text{object}}(\boldsymbol{x})\mathrm{e}^{-\beta(\lambda)d(\boldsymbol{x})} \tag{2-3}$$

式中：$\beta(\lambda)$ 为大气散射系数。

2. 大气光模型

在光电成像过程中，周围光路上的自然光与悬浮微粒相互作用发生散射后，会偏离原来的传播方向而参与成像。若用 A 表示光电成像系统接收到的大气光强，A_∞ 表示无穷远处的大气光强度，则大气光模型可以描述为

$$A(\boldsymbol{x}) = A_\infty(1 - \mathrm{e}^{-\beta(\lambda)d(\boldsymbol{x})}) \tag{2-4}$$

3. 雾霾天气降质图像的成像模型

雾霾天气对图像的退化过程由两方面构成：①场景反射的光线在到达光电成像系统之前，受大气中的雾霾粒子影响而发生散射，导致场景辐射能量衰减；②非成像的大气光线由于雾霾粒子的散射作用，也同时进入了光电成像系统。因此，光电成像系统接收到的光强 $I(\boldsymbol{x})$ 是两者之和：

$$I(\boldsymbol{x}) = A(\boldsymbol{x}) + D(\boldsymbol{x}) \tag{2-5}$$

4. 雾天成像仿真

为验证上述大气散射模型的有效性，这里利用调节式（2-5）中扰动参数的方法，对薄雾图像和浓雾图像分别进行了仿真，并选用周期性较强的正弦和余弦函数来模拟雾团聚合和飘散状态，得到的雾天图像仿真结果如图 2-2 所示。从主观效果来看，这里仿真出的雾天图像可以在同一场景中表现出景物不同的衰减关系，这也与真实的雾天场景表现相似，从而可以间接说明前面所建立的成像物理模型的有效性。

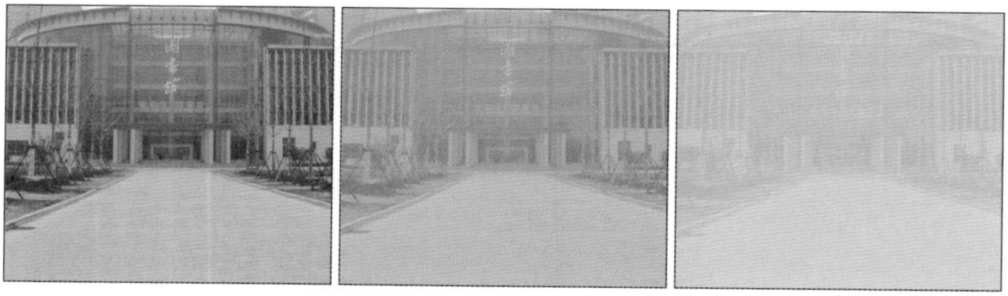

(a) (b) (c)

图 2-2 雾天成像仿真结果

（a）无雾图像；（b）薄雾图像；（c）浓雾图像。

2.2.3 雾霾天气降质图像特性分析

由雾霾天气降质图像的物理成像模型式（2-5）可知，雾霾天气对于景物光电成像的影响主要体现在对景物反射或辐射光线的吸收与散射作用中，而这一影响过程往往通过图像的场景不清晰来表现。下面从图像处理角度来分析雾霾天气降质图像的若干典型特性。

1. 目标信息的衰减

在雾霾天气条件下，目标成像主要是来自目标反射的光线，即场景辐射 L^{object}，它是景物图像形成的关键信息。根据大气衰减模型可知，在场景辐射穿过雾霾成像时，将会被雾霾粒子衰减，造成场景辐射能量呈指数下降，在图像上的表现就是目标景物对比度和清晰度的降低，目标的细节变得模糊不清，发生图像质量整体退化，从而影响到图像的后续分析与处理。

2. 大气光的影响

我们能从周围环境中识别出一个目标物体，主要是因为视场部分之间的光亮度与色度有差别，这种差别可用对比度来表示。若 L_o 和 L_b 分别表示目标

和背景的光亮度，则目标与背景对比度 C 定义为

$$C=\left|\frac{L_o-L_b}{L_b}\right| \tag{2-6}$$

在户外天气条件下，大气光使对比度减少是常见的现象。在距离 R 处，一个以地平天空为背景的理想黑体目标物的对比度可由式（2-6）求出，若用 A_∞ 代替 L_b，并用式（2-4）代替 L_o，则可得

$$C=\exp(-\beta R) \tag{2-7}$$

图 2-3 为同一场景下不同天气的图像，分别选取距离不同的区域 A 和 B，并计算区域内目标与背景对比度 C，结果表明：晴天图像中，A 区 $C=0.49$、B 区 $C=0.71$；雾天图像中，A 区 $C=0.05$、B 区 $C=0.21$。可以看出，无论是有雾还是晴朗天气，远景 A 区的对比度均低于近景 B 区。场景对比度服从由近及远逐渐衰减变弱的规律。由式（2-4）可以得出，大气光对图像的影响是逐渐变强的。

(a)　　(b)

图 2-3　同一场景下雾天与晴天成像结果

(a) 晴天；(b) 雾天。

3. 雾天图像的统计特性

图像中景物一般含有特殊的统计规律性，可以通过不同的图像处理手段予以表现。例如，图像中景物成分含有高峰度重拖尾的边缘信息，因而可以利用其对图像中不同区域进行划分。首先利用拉普拉斯算子计算图 2-4（a）的梯度先验分布，结果如图 2-4（b）所示，其次在图中远近位置分别选取两个大小均为 $w\times h$ 的局部窗口 A 和 B，最后计算景物梯度比 r：

$$r=\frac{\text{card}(A)}{w\times h} \tag{2-8}$$

式中：card 为统计窗口数据大于 0 的像素个数。结果表明：A 区 $r=0.75$，B 区 $r=0.115$，这说明在景物梯度图中，景物区域的梯度变化明显高于其他区域（如天空区域）。

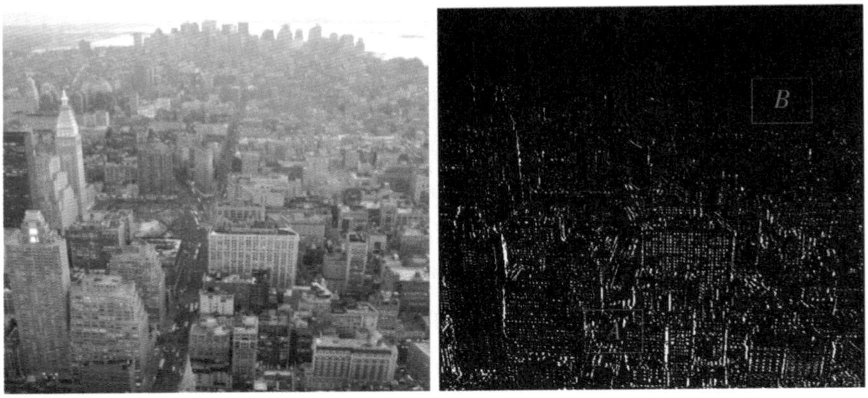

(a) (b)

图 2-4　场景的梯度特性

(a) 雾天图像；(b) 梯度先验分布。

4. 目标成像的散射模糊

由于大气中的粒子是以群体的形式出现的，所以目标的成像光线在经过多次散射之后，可能会通过不同的光路，最终仍然到达探测器成像，但是成像点可能已经偏离了原目标点，因此可能对图像中的目标造成模糊。从实际拍摄的图像（图 2-5）来看，雾霾粒子的浓度越高，散射的次数就越多，成像光线的能量就越分散，散射模糊就越明显。

(a) (b)

图 2-5　霾雾天气场景的散射模糊

(a) 霾天气场景图像；(b) 大雾天气场景图像。

2.3 单幅雾天图像增强

2.3.1 基于直方图修正的雾天灰度图像增强

在基于直方图修正的雾天灰度图像增强方法中，直方图均衡化以较好的增强效果和易于实现等优点，得到了较为广泛的应用。由于全局直方图均衡化很难反映出局部景深随距离的变化关系，因而目前主要采用局部直方图均衡化方法。例如，Stark[42]将直方图变换压缩到图像的局部区域后通过指定步长的移动来遍历整幅图像，虽然使图像局部对比度得到改善，但会产生明显的块状效应；Kim 等[43]提出一种非重叠子块直方图均衡化方法，其基本思想是子块直方图均衡化只在少量并不重叠的固定子块上进行，所以计算量显著减少。但是，上述方法均涉及对图像全局进行局部直方图均衡化处理，并未考虑到图像中景物自身的分布特性，导致易发生图像的误增强处理。

2.3.1.1 基于局部直方图均衡的雾天图像增强

1. 块重叠直方图均衡化方法

块重叠直方图均衡化能够克服全局直方图均衡化难以适应局部灰度分布的缺陷，可以获得较好的对比度增强效果。其示意图如图 2-6 所示，子图块 1 为块重叠直方图均衡化的第一个处理子图块，而后以步长为 1 向右移动模板，直到与子图块 2 重合并对其进行处理，然后转入下一行，如此反复，子图块 3 为最后一个处理子块。块重叠直方图均衡化方法可以通过以下步骤实现：首先定义一个大小合适的滑动的子图块，其次在以每个像素点为中心的子图块上进行直方图均衡化处理，最后将处理结果代替相应子块中心点的灰度值。算法具体描述如下：

设图像 $f(x, y)$ 的大小为 $M\times N$，输出图像为 $g(x, y)$，移动模板（子图块）B 的大小为 $m\times n$，如果不考虑边界情况，块重叠直方图均衡化算法可以总结如下：

（1）对图像的第 1 行进行处理，令 $x=m/2$。

（2）如果 $x>M-m/2$，程序结束；否则，转入下一步。

（3）对第 1 列进行处理，令 $y=n/2$。

（4）若 $y>N-n/2$，令 $x\leftarrow x+1$，转（2）；否则，按照移动模板 B 大小

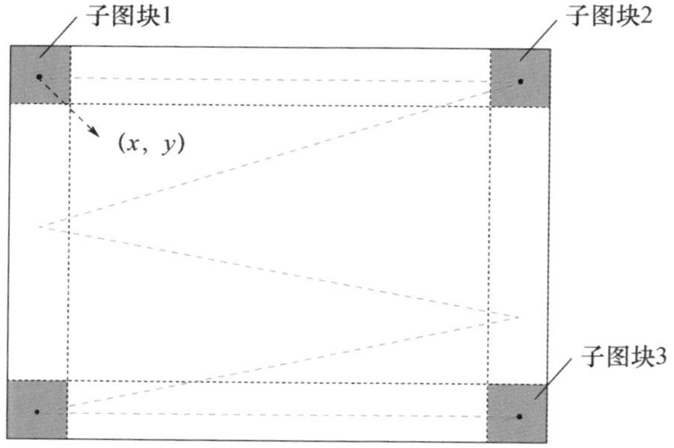

图 2-6　块重叠直方图均衡化示意图

取图像 f 中的子块 f_B：

$$f_B(i,j)=\left\{f(i,j)\mid i=\left[x-\frac{m}{2},x-\frac{m}{2}+1,\cdots,x+\frac{m}{2}\right],j=\left[y-\frac{n}{2},y-\frac{n}{2}+1,\cdots,y+\frac{n}{2}\right]\right\}$$

（2-9）

（5）对子块 f_B进行直方图均衡化：$g_B=\text{Histeq}\ (f_B)$。

（6）将上述所得的子图块 g_B中心点代替输出图像 g 的中心点，即

$$g\left(x+\frac{m}{2},y+\frac{n}{2}\right)=g_B\left(x+\frac{m}{2},y+\frac{n}{2}\right) \tag{2-10}$$

（7）令 $y\leftarrow y+1$，返回（4）。

（8）令 $x\leftarrow x+1$，返回（2）。

图 2-7 显示了块重叠直方图均衡化方法应用在雾天低对比度图像上的结果。其中，图 2-7（a）为原输入图像，图 2-7（b）、（c）分别是利用尺寸为 81×81、121×121 的移动子块进行块重叠直方图均衡化的结果。可以看出，采用块重叠直方图均衡化方法可以获得较为清晰的雾天图像增强结果。

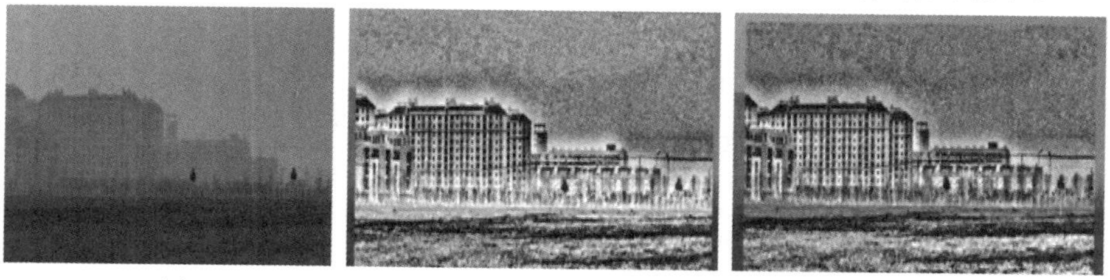

(a)　　(b)　　(c)

图 2-7　块重叠直方图均衡化处理结果

（a）原始图像；（b）尺寸 81×81 模板处理结果；（c）尺寸 121×121 模板处理结果。

2. 块不重叠直方图均衡化方法

虽然块重叠直方图均衡化方法在增强雾天图像局部细节信息方面可以获得明显效果，但由于计算量过于庞大而难以满足实时处理的要求。与块重叠方法相比，块不重叠直方图均衡化方法不但保留了对局部信息的增强能力，大大降低了计算复杂度。该方法的基本思想是利用移动子块对局部区域进行直方图均衡处理，但子块直方图的计算不需要在每个像素上进行，而只是在少量并不重叠的固定子块上进行，因此计算量显著减少。然而，块不重叠直方图均衡化方法将不可避免会产生块状效应，这是由于相邻子图块之间的灰度分布不同而造成直方图均衡化变换上的差异，导致子块的边界出现突变的现象。具体来说，原本图像中相邻子块边界上像素点的灰度值是连续渐变的，但是经过块不重叠直方图均衡化处理后，这些边界点的灰度值就会由属于各自子块的直方图均衡变换函数所决定，不同子块得到的变换函数在通常情况下并不相同，从而致使子块间的边界两侧像素得到明显不同的变换值，因此导致了变换后的图像在视觉上出现块状效应。

3. 部分块重叠直方图均衡化方法

块重叠直方图均衡化方法因计算量大而难以满足实时处理要求，块不重叠直方图均衡化方法虽然能够减少计算量，但是会带来块状效应。部分块重叠直方图均衡化方法将相邻区域的子块变换函数通过加权求解和计算得到当前子块的变换函数，以消除子块直方图均衡化变换之间的差异。

如图 2-8（a）所示，模板以步长大于 1 从左往右、自上而下移动，对产生的子图块进行直方图均衡化。将 3 个相邻模板重叠部分的子块放大后如图 2-8（b）所示。不难看出，相邻两子块间重叠部分将受到多次直方图均衡化，这样由于变换函数的不同会导致块状效应。为减弱块状效应，可以将每个像素在不同子块间的不同灰度级进行累加后，再除以直方图均衡化处理的次数。具体算法描述如下：

（1）将输出图像 $g(x, y)$ 初始化为零，运算次数变量 count 置零，循环变量 i、j 置零；

（2）定义一个 $m \times n$ 的模板，以 i、j 为顶点，从输入图像 $f(x, y)$ 中取出相应的子图块 f_B；

（3）对子图块 f_B 中的所有像素进行直方图均衡化，并将处理结果累加到输出图像中，同时记录坐标（x, y）处的每个像素的运算次数：

$$g_B = g_B + T(f_B), \text{count}(x,y) = \text{count}(x,y) + 1 \tag{2-11}$$

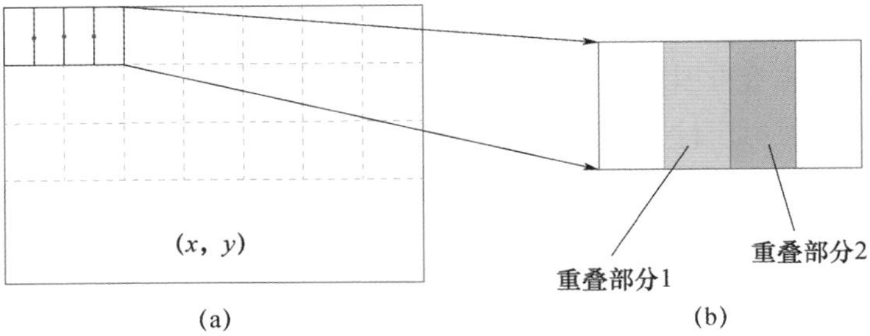

图 2-8　部分块重叠直方图均衡化示意图

(a) 模板以步长大于 1 移动；(b) 3 个相邻模板重叠部分的子块放大。

(4) 若 $j<N-n$，以步长 h_{step} 水平移动子图块，即令 $j=j+h_{\text{step}}$，返回(3)，否则转下一步；

(5) 若 $i<M-m$，以步长 v_{step} 垂直移动子图块，即令 $i=i+v_{\text{step}}$，返回(3)，否则转下一步；

(6) 将输出图像中每个像素的灰度值除以相应的运算次数得到输出结果：

$$g(x,y)=g_B(x,y)/\text{count}(x,y) \tag{2-12}$$

图 2-9 所示为采用部分块重叠直方图均衡化方法对一组雾天图像处理的结果。可以发现，步长较大时块状效应更为明显，而当增大模板时效果略显模糊。

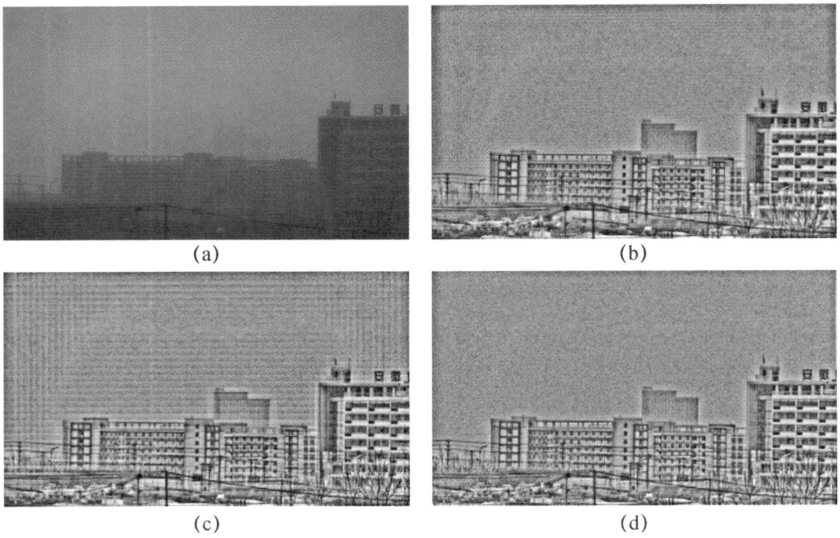

图 2-9　部分块重叠直方图均衡化处理结果

(a) 原始图像；(b) 模板大小 80×80、步长为 1/4 的处理结果；(c) 模板大小 80×80、步长为 1/2 的处理结果；(d) 模板大小 60×60、步长为 1/4 的处理结果。

2.3.1.2 基于天空区域分割和直方图匹配的雾天图像增强

通过前面的实验可以看出，采用局部直方图均衡化方法虽然能够获得较为清晰的雾天图像增强结果，但是增强后的景物图像信息容易受到图像中高亮度区域（如图像中的天空区域）影响而表现得不够自然，使景物细节信息损失严重。为此，祝培等[44]提出一种基于天空区域分割的局部直方图均衡化方法，但是当图像中天空区域分布过小时易出现天空区域误分割现象，并且采用块重叠直方图均衡化方法也使得算法存在耗时过长的不足。针对这一问题，下面通过引入图像的暗原色直方图来搜索并分割图像的天空区域，然后利用非重叠的子块直方图匹配变换方法对非天空区域进行处理，有效提高了雾天图像中景物的清晰度[45]。

1. 基于暗原色直方图的天空区域分割

假设雾在图像上是均匀分布的，那么雾分布最浓的地方应该是无穷远处的天空区域。根据 He 等发现的暗原色先验统计规律，在没有雾的情况下，绝大多数户外图像的每个局部区域都存在某些至少一个颜色通道的强度值很低的像素，由这些暗像素所构成的图像即为暗原色通道；而在有雾的条件下，景物被雾干扰之后往往要比其本身亮度更大，所以被浓雾覆盖的天空区域在暗原色通道上往往具有较高的强度值。由此可见，利用暗原色先验可以直接估算雾的浓度并找到天空区域。

对于尺寸为 $M\times N$ 的灰度图像 F，暗原色通道为

$$D_F(x,y)=\min_{(s,t)\in W(x,y)}(F(s,t)) \tag{2-13}$$

式中：$W(x, y)$ 代表以像素 (x, y) 为中心的局部区域。

为便于分析暗通道中各灰度级的分布特性，定义暗原色直方图如下：

$$P(k)=\frac{n_k}{M\times N}\quad (k=0,1,\cdots,L-1) \tag{2-14}$$

式中：k 为 $D_F(x, y)$ 中的第 k 级灰度值；n_k 为 $D_F(x, y)$ 中灰度值为 k 的像素个数；L 为灰度级数。

根据暗原色先验信息可知，天空区域对应于暗通道中灰度值比较亮的像素，并且受景深等影响，整个天空区域的暗原色强度值并非恒定不变，而是在一定的范围内变化。因此，这里假设天空区域的像素灰度值 k 在暗原色直方图上近似服从幅度为 R_k、均值为 μ、方差为 σ 的正态分布，即

$$f(k,\mu,\sigma)=R_k\exp\left(\frac{k-\mu}{2\sigma}\right)^2 \tag{2-15}$$

为了确定参数 R_k、μ 和 δ，这里借鉴祝培等提出的方法，即首先在由式（2-14）确定的暗原色直方图上从右向左在一定灰度级范围内 $[T, L-1]$ 进行搜索（这里 T 为搜索起始灰度级，满足 $0 \leqslant T < L-1$），将找到的最高峰值点记为（$h_{\max}$，$p_{\max}$），并且令

$$R_k = p_{\max}, \quad \mu = h_{\max} \tag{2-16}$$

然后，寻找满足下列条件的最佳近似正态分布方差 σ^*

$$J(\sigma^*) = \arg\min_{\sigma \in \Re^+} \left\{ \sum_{k=T}^{L-1} \left| f(k, h_{\max}, \sigma) - P(k) \right| \right\} \tag{2-17}$$

根据正态分布的性质，当 $\mu - 2\sigma^* \leqslant k \leqslant \mu + 2\sigma^*$ 时，其概率分布占总分布的95%左右，因此令 $k_1 = \mu - 2\sigma^*$，$k_2 = \mu + 2\sigma^*$ 作为分割阈值，可以将天空区域 Ω 分割为

$$\Omega(x,y) = \{(x,y) \mid k_1 \leqslant D_F(x,y) \leqslant k_2\} \tag{2-18}$$

从而图像中的非天空区域 J 为

$$J(x,y) = \{(x,y) \mid (x,y) \in F(x,y), (x,y) \notin \Omega(x,y)\} \tag{2-19}$$

分割出天空区域之后，接下来对图像中的非天空区域 J 进行局部自适应增强处理。

2. 基于插值直方图匹配的雾天图像增强

局部直方图均衡化虽然能够增强图像的局部对比度，但是增强效果不易控制，特别是当选取的局部窗口比较小时，由于灰度级合并现象，容易导致明显的过增强和伪轮廓效应。为此，这里采用基于局部插值的直方图匹配方法。该方法的原理为：对原始图像中的每个像素进行判断，凡属于天空区域的像素不做任何处理，其余的像素进行固定子块间的线性加权直方图匹配计算。具体算法如下：

（1）定义 $W \times H$ 的窗口，将输入图像 F 均匀划分成非重叠的 K 个固定子块 F_m（$m=1, \cdots, K$）；

（2）对每个局部子块 F_m 进行局部直方图匹配。

①统计子块 F_m 的累积直方图 P_i：

$$P_i = \sum_{i=0}^{k} P_m(r_i) \tag{2-20}$$

②采用归一化双峰高斯函数作为指定的直方图，计算累积直方图 P_j：

$$P_j = \sum_{i=0}^{k} P_m(v_j) \tag{2-21}$$

③采用组映射规则将子块 F_m 的直方图映射到规定的直方图，即使

$$\left|\sum_{i=0}^{I(l)} P_m(r_i) - \sum_{j=0}^{l} P_m(v_j)\right| \quad (l=0,1,\cdots,L-1) \tag{2-22}$$

最小的直方图变换函数 $I(l) = T(i)$。

（3）对于待处理图像 F 中的每个像素 $F(x, y)$，若 $(x, y) \in \Omega$ 则不做任何处理；否则以 (x, y) 为中心，从 F 中取出大小为 $imW \times imH$（$imW < W$，$imH < H$）的模板 U，然后计算处理后像素 $F(x, y)$ 的灰度值：

$$O(x,y) = \sum_{F_i \in \Phi} \frac{\mathrm{card}(F_i \cap U)}{\mathrm{card}(U)} T_i(F(x,y)) \tag{2-23}$$

式中：card(•)为集合的基数；Φ 为与模板 U 相邻的固定子块的集合，即

$$\Phi = \left\{F_m \mid \| F_m(cx,cy) - U(cx,cy) \| \leqslant \min\left(\frac{W+imW}{2}, \frac{H+imH}{2}\right)\right\} \tag{2-24}$$

式中：(cx, cy) 为相应子块的中心点坐标。

3. 增强结果融合

对雾天图像的非天空区域采用前面的局部插值直方图匹配处理之后，虽然能够改善局部对比度，提高景物的清晰度，但同时也会出现过增强现象，特别是在对近处景物进行局部处理时可能会带来一定的噪声；与此同时，尽管原始图像的远处景物由于雾的干扰而变得模糊不清，但近处景物由于雾的浓度不大仍将保留较多的细节信息。由此可见，处理前后的雾天图像之间存在互补性。为此，这里采用主成分分析技术对处理前后的图像进行融合，得到最终的增强结果。方法描述如下：

（1）对 $F(x, y)$ 和 $O(x, y)$ 进行协方差矩阵转换计算，转换结果记为 $\boldsymbol{L}$；

（2）计算 $\boldsymbol{L}$ 的特征值集合 D 和特征矢量 $\mathbf{V}$；

（3）根据集合 D 中特征值的大小，分别计算其对应特征矢量 $\mathbf{V}$ 的主成分贡献率 a_1、a_2；

（4）利用主成分贡献率 a_1、a_2，对 $F(x, y)$ 和 $O(x, y)$ 进行融合，得到最终处理结果 $I(x, y)$，即

$$I(x,y) = a_1 F(x,y) + a_2 O(x,y) \tag{2-25}$$

为验证所提出方法的可行性和有效性，利用拍摄的多组户外雾天图像进行了试验。图 2-10 给出了对其中一组雾天图像进行天空区域分割的试验结果。

可以看出，文献［44］方法在对图像中天空区域划分时会产生错误，把景物区域误当成天空提取（红色为天空区域）；而在图 2-10（b）中，其累积直方图上反映出该方法只将像素数最多的灰度级所在集合划分为天空范围，如果图像中天空区域受景物遮挡或分布面积较小，就会误把景物的部分信息当作天空来提取，如图 2-10（c）所示。而对于一幅暗原色图像，如图 2-10（d）所示，利用天空区域的暗原色先验规律，通过搜索图像暗通道中强度值比较高的区域，可以有效减小天空提取误差，得到的天空区域分割结果如图 2-10（f）所示。

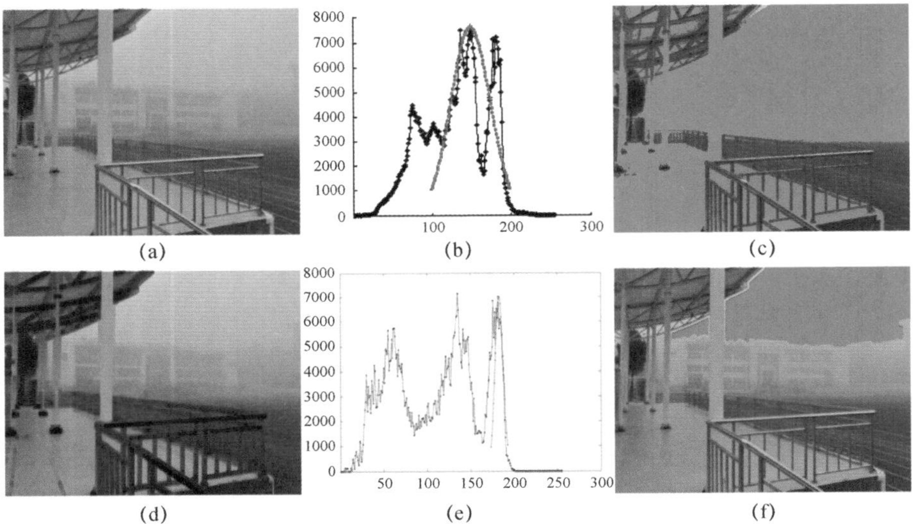

图 2-10　天空区域分割结果

（a）原始图像；（b）文献［44］灰度统计；（c）文献［44］的天空区域；（d）暗原色图像；（e）暗原色直方图统计；（f）本节提出的方法的天空区域。

对上述图像分别采用文献［25］和［44］的去雾方法以及提出的方法进行对比实验，结果如图 2-11 所示。可以看出，虽然图 2-11（a）对比度有一定提高，但处于视线深处的景物轮廓信息丢失严重，且图像整体亮度保持较差，清晰度很低；图 2-11（b）则由于在天空区域提取时误把部分景物信息当成天空，导致在对非天空区域增强处理时效果并不明显，整幅图像的清晰度和对比度依然很低；而提出的方法得到的结果无论是亮度方面还是图像对比度均得到了明显的提高，像球门、跑道线等的景物轮廓信息体现得更加突出；此外，采用插值直方图匹配方法处理非天空区域时也没有出现明显的块状效应。

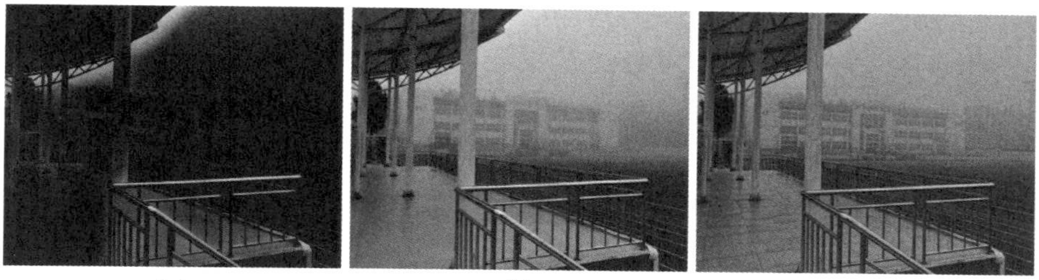

(a) (b) (c)

图 2-11 不同方法的雾天图像增强对比效果

(a) 文献 [25]; (b) 文献 [44]; (c) 本节提出的方法。

2.3.2 基于 Retinex 方法的雾天彩色图像增强

Retinex 方法凭借其处理后的景物具有色彩恒常等特性，在雾天彩色图像增强中得到了广泛应用。其中最具代表性的是中心环绕 Retinex 方法[46]，但是这类方法普遍存在自适应差、色彩失真以及运算时间长等不足。为此，Wang 等[47]提出了一种基于多尺度 Retinex 的加速算法；Wang 等[48]对小波变换得到的图像低频部分采用大气散射简化模型进行高通滤波，利用非线性变换对高频部分进行处理，最后重构图像并采用色彩恢复技术来改善亮度和颜色。下面针对中心环绕 Retinex 算法处理后出现色彩失真的不足，介绍几种改进的 Retinex 雾天彩色图像增强方法。

2.3.2.1 Retinex 理论与方法

同一个物体的表面在不同的光照条件下会产生不同的反射谱分布，虽然人眼能够分辨出这种由于光照变化而导致物体表面反射谱的变化，但是人对该物体表面颜色的认知在一定范围内却保持恒定，即认为物体表面的颜色未发生变化，表现出某种色彩恒常性（color constancy）[49]。事实上，不仅仅是人类，在自然界中有许多动物的视觉系统都具有色彩恒常性，如猴子、金鱼、蜜蜂[50]等。

为了解释人眼视觉的色彩恒常性，美国物理学家 Edwin Land 于 1977 年提出了 Retinex 理论，该理论认为人类知觉到的物体表观颜色与物体表面的反射性质有着密切的关系，而与投射到人眼的光谱特性关系不大，由此提出可以将一幅图像 I 分解为照度分量 E 与反射分量 R 的乘积。通过分辨这两种变化形式，人们就能将图像的照度变化和物体表面变化做出区分，使对物体表观色彩的知觉保持恒常。由于 Retinex 理论能够较好地描述人脑对色彩的认知过程，因而在彩色图像处理领域得到广泛的应用。

根据 Retinex 理论，照度分量 E 决定了图像的动态范围，反射分量 R 才是图像的内在属性，这就需要从 I 中提取 R 以还原出物体的本来面貌，具体的 Retinex 实现方法主要有全局 Retinex 方法、基于迭代计算的 McCann 方法以及中心环绕 Retinex 方法等。其中，Jobson 等[51]在中心环绕空间对立学说基础上提出了单尺度 Retinex（single-scale retinex，SSR）算法：

$$V(x,y)=\log I(x,y)-\log[F(x,y)*I(x,y)] \tag{2-26}$$

式中："$*$"为卷积操作；$F(x,\ y)$ 为高斯函数，其表达示为

$$F(x,y)=\frac{1}{2\pi\sigma^2}\exp\left\{-\frac{(x^2+y^2)}{2\sigma^2}\right\} \tag{2-27}$$

Jobson 又进一步提出了带有权重 W_k 的多尺度 Retinex（multi-scale retinex，MSR）算法[52]：

$$V(x,y)=\sum_{k=1}^{N}w_k\{\log I(x,y)-\log[F_k(x,y)*I(x,y)]\} \tag{2-28}$$

这里选取不同尺度参数来获取同一图像的不同处理结果，如图 2-12 所示。不难发现，虽然中心环绕 Retinex 方法有效增强了雾天图像中的景物信息，但景物颜色却失真严重。

(a)　　(b)　　(c)

图 2-12　不同尺度下的 Retinex 方法增强效果比较

(a) 原图；(b) SSR（$\sigma=15$）；(c) MSR。

2.3.2.2　基于颜色补偿的 Retinex 雾天图像增强方法

为克服传统 Retinex 方法的不足，下面介绍一种具有颜色不变性的中心环绕 Retinex 去雾方法[53]。根据 Retinex 理论，一幅雾天图像 I 主要由入射光照和反射分量两部分构成，公式表达为

$$I(x,y)=R(x,y)\times L(x,y) \tag{2-29}$$

式中：$(x,\ y)$ 为图像 I 中的像素坐标；$R(x,\ y)$ 为景物反射分量；$L(x,\ y)$

为光源入射分量。

为了获取物体的反射信息，需要估算图像的入射光照 $L(x, y)$，通常采用式（2-27）所示的高斯函数对原始分量进行低通滤波来获取，然后将反射分量运算转换到对数域空间，表达式为

$$R(x,y) = \log I(x,y) - \log I_{\text{low}}(x,y) \tag{2-30}$$

可以看出，要获得好的雾天图像增强效果，关键在于入射光照的估计。鉴于 HSI 色彩模型是一种和人眼视觉颜色感知相吻合的色彩空间，下面将雾天图像转换到该颜色空间进行反射分量估计。

1. 基于金字塔模型的景物增强

由于金字塔模型具有良好的图像局部分析功能，所以下面在原始图像 HSI 彩色空间提取 I 分量并构建金字塔模型。首先，借助亚采样亮度分量 I 进行采样分解，获取 I 分量的缩略图。根据亚采样定理，对缩略图像平滑处理与亚采样重复进行处理，得到构成金字塔的一系列图像，公式表达为

$$I^{(k+1)} = C_{(\downarrow 2)} I^{(k)} \tag{2-31}$$

式中：下标中“↓”后的数字表示亚采样率；C 为用于压缩平滑的卷积模板。

从金字塔构造过程中可以看出，不同层次的图像具有较大的差异，接近于底层的图像可以得到图像中许多小尺度的细节，接近顶层的图像则可以表达图像中主要目标的特点，表达式为

$$O^k = I^{(k)} - (T_{(\uparrow 2)} I^{(k+1)}) * F(x,y) \tag{2-32}$$

式中：O^k 为搭建的新金字塔模型图像；$T_{(\uparrow 2)}$ 为扩展插值算子；下标“↑”后数字表示扩展程度。

为更好地实现算法自适应性，这里利用亚采样中图像的尺寸 m 与 n 来确定合适的尺度参数 δ：

$$\delta = 0.093 \times \max\{m,n\} \tag{2-33}$$

最后，通过反复扩展将结果叠加起来进行图像重建，其公式表达为

$$I^{(k-1)} = O^{(k-1)} + T_{(\uparrow 2)} I^{(k)} \tag{2-34}$$

运用重构后的 I 分量，结合式（2-30）进行反射分量计算，得到物体的亮度反射信息 R_{out}。

2. 亮度分量校正

上述处理虽然可以有效增加图像中景物的细节信息，但处理后的图像整体亮度值仍然明显低于原始亮度值，造成部分景物信息不能被辨别出来。为此，对 R_{out} 的亮度信息进行如下极值校正：

（1）计算图像中原始亮度分量 I 的最大值 $I_{\max}$、最小值 $I_{\min}$ 及平均值 I_{average} 和输出分量的平均值 R_{average}；

（2）将（1）得到的结果代入下式，对指数函数 t 进行计算：

$$t=\frac{\log[(I_{\text{average}}-I_{\min})/(I_{\max}-I_{\min})]}{\log R_{\text{average}}} \tag{2-35}$$

（3）利用原始亮度分量中的最大值和最小值及指数关系，对输出分量 R_{out} 进行校正：

$$W=(I_{\max}-I_{\min})(R_{\text{out}})^{t}+I_{\min} \tag{2-36}$$

（4）通过对（3）中的亮度分量进行 γ 校正，来达到调节输出亮度 W_{final} 的目的：

$$W_{\text{final}}=\gamma W+(1-\gamma)R_{\text{out}} \tag{2-37}$$

3. 色饱和分量拉伸

随着景物细节信息的增多和部分像素亮度值的提高，将使产生的图像出现颜色欠饱和状态。为此，下面利用非线性拉伸函数对色饱和分量 S 进行拉伸：

$$S_{\text{new}}=\left[\frac{S_{\text{original}}-\min(S_{\text{original}})}{\max(S_{\text{original}})-\min(S_{\text{original}})}\right]^{\alpha} \tag{2-38}$$

式中：S_{original} 为原始饱和度；S_{new} 为饱和度输出值；α 为指数拉伸函数，一般取值 0～1。

为验证所提出方法的可行性，选取了一组雾天图像进行实验，结果如图 2-13所示。可以看出，MSR 方法虽然提高了景物的对比度，但处理后的图像景物明显偏暗，且颜色损失严重，而本节提出的方法可以有效克服颜色失真现象，并通过饱和度的调整使其更加利于人眼感知。

(a)　　　　(b)　　　　(c)

图 2-13　改进前后的雾天图像增强效果对比

（a）原始雾天彩色图像；（b）MSR 方法；（c）本节提出的方法。

2.3.2.3 基于局部非线性扩散均值漂移的 Retinex 雾天图像增强

在中心环绕 Retinex 方法中，采用高斯函数估算入射光照分量时并未考虑到其与图像中其他像素之间的相互关系，因此容易在高对比边缘区域由于计算不准确而产生光晕现象，且由于原始光照能量的完全消失，造成整幅图像的动态范围过小，加上在对数域进行计算，必然导致景物周边区域出现阴影。为此，下面给出一种基于非线性扩散均值漂移（mean shift）的雾天图像增强方法[54]。

1. 基于局部非线性扩散均值漂移的入射光照估算

首先采用具有很强细节表达能力的哈尔（Harr）小波对待增强的图像进行预处理，以便丰富和增强图像景物的细节信息。设 I 为原始图像，则经小波分解后的图像重构表达式为

$$I(x,y)=\sum_{n}C_{j-1}\Phi_{n,j-1}(x,y)+\sum_{j=0}^{L-1}\sum_{n}D_{n,j}\varphi_{n,j}(x,y) \tag{2-39}$$

为了突出代表景物反射光照信息的高频成分，对式（2-39）引入权重系数 a 和 b 后可以得到

$$I(x,y)=a\sum_{n}C_{j-1}\Phi_{n,j-1}(x,y)+b\sum_{j=0}^{L-1}\sum_{n}D_{n,j}\varphi_{n,j}(x,y) \tag{2-40}$$

得到经小波预处理的图像之后，通过构造局部非线性扩散均值漂移滤波器对图像进行平滑来估计入射光照。均值漂移是一种多维空间下的无参密度估计方法，利用它对图像进行平滑操作是对图像上每一点在定义的空间域和值域带宽内进行线性加权求平均的过程，且每步迭代均使用原始图像数据，并通过核中心移动的方式，不会改变图像自身的结构信息，具体计算如下：[55]

$$m(\boldsymbol{x})=\frac{\sum_{j=1}^{n}\boldsymbol{x}_j\exp\left(-\frac{(\boldsymbol{z}-\boldsymbol{z}_j)^2}{2\delta_S^2}\right)\exp\left(-\frac{(\boldsymbol{c}-\boldsymbol{c}_j)^2}{2\delta_C^2}\right)}{\sum_{j=1}^{n}\exp\left(-\frac{(\boldsymbol{z}-\boldsymbol{z}_j)^2}{2\delta_S^2}\right)\exp\left(-\frac{(\boldsymbol{c}-\boldsymbol{c}_j)^2}{2\delta_C^2}\right)} \tag{2-41}$$

将原始图像 $I(x, y)$ 用数据点 $\boldsymbol{x}_j$ 表示，则其空间特征信息表示为 $\boldsymbol{z}=(z_1, z_2)^{\mathrm{T}}$，颜色特征信息为 $\boldsymbol{c}$，参数 δ_S^2、δ_C^2 分别表示空间特征带宽和颜色特征带宽，而数据点 $\boldsymbol{x}_j$（$j=1, 2, \cdots, n$）是在边长为 $2\delta_C^2$ 的正方形区域内的数据项，其表达式为

$$\boldsymbol{x}_j=[\boldsymbol{z}^{\mathrm{T}},\boldsymbol{c}_j^{\mathrm{T}}]^{\mathrm{T}} \tag{2-42}$$

由于受光源明暗变化、色彩及方向等因素的影响，会使得到的图像光照存在不连续分布的现象，而通过均值漂移迭代逐个像素移动的平滑方式容易造成一些景物边缘和轮廓细节成分的丢失，导致处理后的图像表现为景物亮

度分布不均匀和边缘区域景物的对比度降低。为此，下面基于非线性扩散框架[56]来实现均值漂移方法采样函数的自适应平滑，当空间特征带宽 $\delta_S^2=5$ 时，其表达式为

$$\frac{\partial \boldsymbol{I}}{\partial t}=\nabla_1(w_1(\boldsymbol{x}_1,\boldsymbol{x}_2)\nabla_1\boldsymbol{I})+\nabla_2(w_2(\boldsymbol{x}_1,\boldsymbol{x}_2)\nabla_2\boldsymbol{I}) \tag{2-43}$$

式中：$w_1(\boldsymbol{x}_1,\boldsymbol{x}_2)$ 和 $w_2(\boldsymbol{x}_1,\boldsymbol{x}_2)$ 分别为环绕中心数据点最近邻域网格点和第二邻域网格点的非线性扩散系数，其计算表达式为

$$w_{1,2}(\boldsymbol{x}_1,\boldsymbol{x}_2)=g(\|\nabla_{1,2}\boldsymbol{I}(\boldsymbol{x}_1,\boldsymbol{x}_2)\|) \tag{2-44}$$

其中，$\|\nabla_{1,2}\boldsymbol{I}\|$ 表示最近邻域网格或第二邻域网格的最大梯度值，而 $g(\cdot)$ 表示边缘停止函数，即满足当 $x\rightarrow\infty$ 时 $g(x)\rightarrow 0$，从而使计算得到的非线性扩散系数 w 映射到对应的权重带宽上。

理论上说，值域带宽越大，图像平滑程度越高，但是过度平滑也会使图像出现模糊失真的现象。为此，需要对图像进行局部化处理，以达到进一步增强景物轮廓信息和克服边界区域模糊的现象。因此，这里采用如下入射光照估计算法，对于图像上的每一个像素：

（1）初始化 $\boldsymbol{x}_i=(\boldsymbol{z}_i^{\mathrm{T}},\boldsymbol{c}_i^{\mathrm{T}})^{\mathrm{T}}$（$i=1,\cdots,n$）和计数数组 count；

（2）计算 $m(\boldsymbol{x}_i)$ 直到收敛，并记为 $\boldsymbol{x}_i=(\boldsymbol{z}_{i-\mathrm{conv}}^{\mathrm{T}},\boldsymbol{c}_{i-\mathrm{conv}}^{\mathrm{T}})^{\mathrm{T}}$，否则，返回（1）；

（3）将（2）得到的结果赋值给模板子块 mask：

$$\mathrm{mask}_i=(\boldsymbol{z}_i^{\mathrm{T}},\boldsymbol{m}_{i-\mathrm{conv}}^{\mathrm{T}})^{\mathrm{T}} \tag{2-45}$$

（4）移动和记录 mask 模板中每个像素的运算次数，将输出的灰度值正比于相应的运算次数，结合中值滤波器对噪点进行抑制，得到图像的入射光照信息：

$$L(x,y)=\mathrm{mask}(I(x,y))/\mathrm{count}(x,y) \tag{2-46}$$

2. 基于主成分分析的反射分量校正

根据 Retinex 理论，反射分量 r 可以表示为

$$\begin{cases}r(x,y)=\log(I(x,y))-\log(E(x,y))\\E(x,y)=L(x,y)\end{cases} \tag{2-47}$$

在此基础上，基于主成分分析技术，将得到的反射分量 r 分解为一系列向量稀疏的线性组合，并把包含图像信息最多的向量方向作为其主成分方向进行校正，具体步骤如下：

（1）对 I 和 r 进行协方差矩阵转换，转换结果记为矩阵 $\boldsymbol{L}$，并分别计算图

像 I 的最大值 $I_{\max}$、最小值 $I_{\min}$ 及平均值 I_{average} 和 r 分量的平均值 R_{average}；

（2）分别计算 $\boldsymbol{L}$ 的特征值集合 D、特征矢量 $\boldsymbol{V}$ 及图像特征指数 t，其中 t 为

$$t=\frac{\log((I_{\text{average}}-I_{\min})/(I_{\max}-I_{\min}))}{\log(R_{\text{average}})} \tag{2-48}$$

（3）计算特征矢量 $\boldsymbol{V}$ 的主成分贡献率 a_1、a_2，初步得到景物的主成分反射分量 W

$$W(x,y)=a_1 I(x,y)+a_2 r(x,y) \tag{2-49}$$

（4）对主成分补偿后的反射分量 W 进行校正

$$\begin{cases} W_{\text{out}}=(I_{\max}-I_{\min})W^t+I_{\min} \\ W_{\text{final}}=\gamma W_{\text{out}}+(1-\gamma)W \end{cases} \tag{2-50}$$

3. *颜色补偿*

平滑处理往往会造成图像的色饱和度偏低，反映在图像上表现为景物色彩不够鲜艳、生动。为此，选择颜色通道去相关性较强的 $l\alpha\beta$ 颜色空间对图像进行颜色补偿，具体步骤如下：

（1）将增强后的图像从 RGB 颜色空间变换到 $l\alpha\beta$ 颜色空间。首先转换到 LMS 空间：

$$\begin{bmatrix} L \\ M \\ S \end{bmatrix}=\begin{bmatrix} 0.3897 & 0.6890 & -0.0787 \\ -0.2298 & 1.1834 & 0.0464 \\ 0.0000 & 0.0000 & 1.0000 \end{bmatrix}\begin{bmatrix} 0.5141 & 0.3239 & 0.1604 \\ 0.2651 & 0.6702 & 0.0641 \\ 0.0241 & 0.1228 & 0.8444 \end{bmatrix}\begin{bmatrix} R \\ G \\ B \end{bmatrix} \tag{2-51}$$

为减少颜色空间转换引起的数据歪斜，将 LMS 空间数据引入对数域，即

$$L'=\log L,\ M'=\log M,\ S'=\log S \tag{2-52}$$

最后转换到三轴互相独立的 $l\alpha\beta$ 颜色空间来计算图像的亮度和颜色分量：

$$\begin{bmatrix} l \\ \alpha \\ \beta \end{bmatrix}=\begin{bmatrix} 0.5774 & 0.5774 & 0.5774 \\ 0.4082 & 0.4082 & -0.8165 \\ 1.4142 & -1.4142 & 0 \end{bmatrix}\begin{bmatrix} L' \\ M' \\ S' \end{bmatrix} \tag{2-53}$$

（2）通过计算增强前后图像的颜色差异，对调整后的色饱和度进行线性补偿：

$$\begin{cases} S^*=\sqrt{\alpha^2+\beta^2} \\ S_{\alpha\beta}^*=S_{\alpha\beta}^{*W_{\text{final}}}+\dfrac{C_{L,\max}}{C_{I,\max}}\left(S_{\alpha\beta}^{*I}-S_{\alpha\beta}^{*W_{\text{final}}}\right) \end{cases} \tag{2-54}$$

式中：$C_{L,\max}$ 为平滑后图像的亮度分量最大值；$C_{I,\max}$ 为平滑前图像的亮度分量最大值。

（3）将增强后结果从 $l\alpha\beta$ 颜色空间变换回 RGB 颜色空间。

为验证提出的基于局部非线性扩散均值漂移平滑在雾天图像入射光照估算中的可行性，选取了一组具有典型高对比度边缘区域的图像进行对比分析，采用不同滤波器来估计入射光照，并从中选取矩形区域（大小为 60×60）建立三维效果，具体结果如图 2-14 所示。可以看出，尽管高斯滤波器和双边滤波器可以有效对图像区域进行平滑，但是景物部分也会因过度平滑而变得模糊不清，而采用均值漂移滤波器其保边性能要明显优于高斯滤波器和双边滤波器，像树木枝叶、大楼轮廓等细节信息得到较好的保留，并有效克服景物与天空交界处等高对比度边缘区域的过增强现象发生。

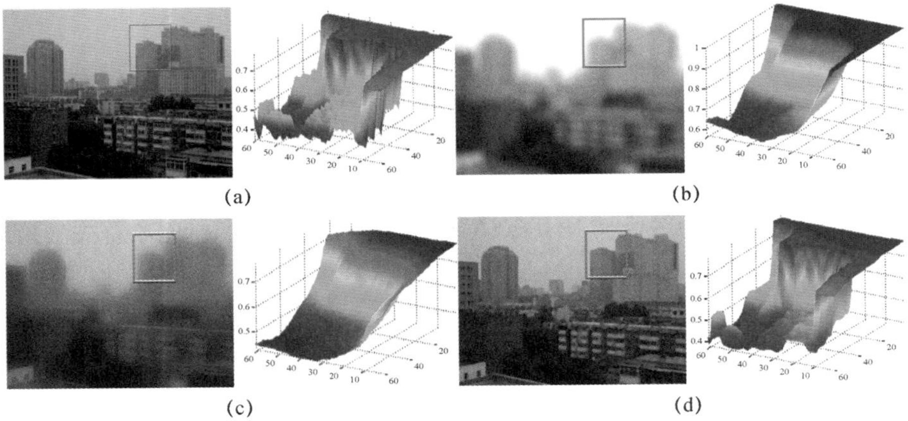

图 2-14　不同平滑方法的对比效果

（a）原始图像；（b）高斯滤波；（c）双边滤波；（d）本节提出的方法。

下面给出同态滤波、多尺度 Retinex（MSR）以及提出的方法对该组图像进行增强处理后的结果，如图 2-15 所示。可以看出，同态滤波处理后图像对比度虽有所提升，但景物受雾的影响依然很大，树木等景物信息仍被雾所包围，而 MSR 和提出的方法在处理图像中景物的纹理信息和整体的人眼直观感受上要更好一些。但是 MSR 处理结果中颜色失真现象比较严重，影响了人们对图像中景物的识别和判断，而提出的方法在颜色保持和细节成分提取方面效果优于前者。另外，从图 2-15（c）中还可以看到，MSR 处理后建筑物与天空交界处的高对比边缘区域存在一定的光晕现象发生，利用提出的方法可以有效避免这一现象，并通过对颜色分量的调整，使得结果更加有利于人眼的视觉感知。

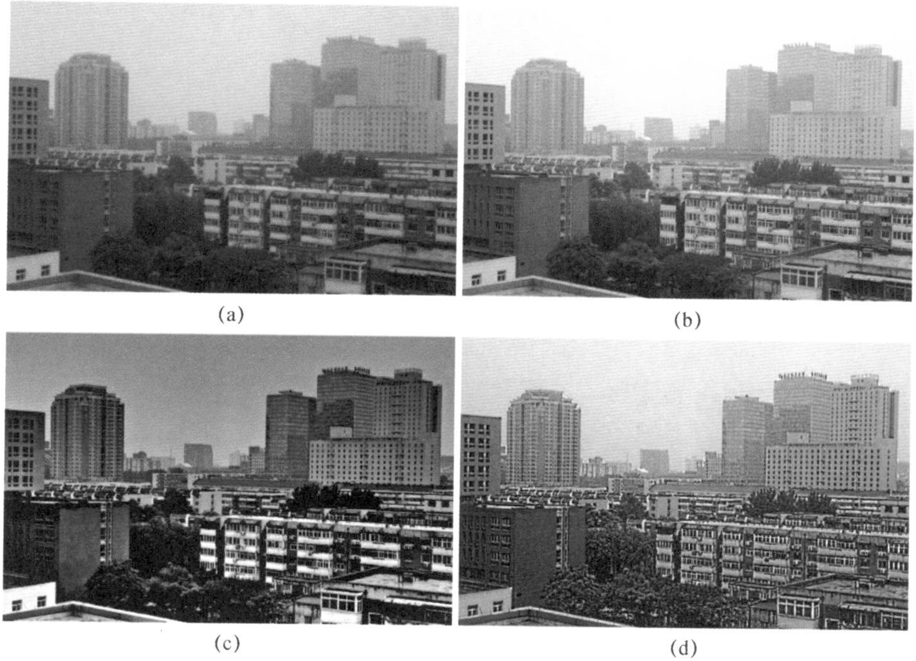

图 2-15　雾天图像增强对比效果

(a) 雾天原始图像；(b) 同态滤波；(c) MSR；(d) 本节提出的方法。

2.4　基于颜色先验的单幅雾天图像复原

2009 年，He 等[57]发现对于无雾晴朗天气的自然图像，绝大多数图像的局部区域中都存在一些于某个色彩通道亮度很小的值，在此基础上提出了暗原色先验统计规律，并基于此构造出场景的大气光的约束条件，实现了场景透视图的粗略估计，进而采用软抠图方法进行细化操作获取到精细的场景透视图，最终从雾天图像中恢复出清晰的景物信息。近年来，基于暗原色先验的图像去雾技术受到国内外广泛关注，并由此衍生出一系列改进方法。

2.4.1　基于暗原色先验的单幅图像去雾

2.4.1.1　暗原色先验信息

暗原色（dark channel），就是通过计算整幅图像的暗像素后得到的一个新的颜色通道，是图像本身所具有的特征信息。对于一幅图像 J，暗原色 J^{dark} 定义如下：

$$J^{\text{dark}}(\boldsymbol{x}) = \min_{c\in\{r,g,b\}}\left(\min_{\boldsymbol{y}\in\boldsymbol{\Omega}(\boldsymbol{x})}(J^{c}(\boldsymbol{y}))\right) \tag{2-55}$$

式中：J^{c} 为图像 J 的 RGB 三原色中的某一颜色通道；$\boldsymbol{\Omega}(\boldsymbol{x})$ 为以像素 $\boldsymbol{x}$ 为中心的一块方形局部区域。

如图 2-16 所示，对于晴好天气的图像，除去天空区域，J^{dark} 的均值总是很低并且趋近于 0，这种规律称为暗原色先验，用数学语言描述即

$$J^{\text{dark}}(\boldsymbol{x}) = \min_{c}\left(\min_{\boldsymbol{y}\in\boldsymbol{\Omega}(\boldsymbol{x})}(J^{c}(\boldsymbol{y}))\right)\to 0 \tag{2-56}$$

图 2-16　晴好天气图像及其对应的暗原色图像

如图 2-17 所示是雾天拍摄的图像及其暗原色图像，可以发现雾天图像的暗原色信息不再灰暗。由于受到大气光的影响，雾天图像往往比其本身亮度要大，被雾覆盖的图像的暗原色具有较高的强度值。从视觉效果上看来，暗原色图像就像附在场景中的雾一样，暗原色强度值也是雾浓度的粗略近似值。因此，可以利用暗原色的这个特性来减少大气退化模型中需要估算的参数个数。

图 2-17　雾天图像及其暗原色图像

记同一场景下晴好天气和雾天图像分别为 I_{ori} 和 I_{haze}，根据大气散射模型，两幅图像分别为

$$\begin{cases} I_{\text{ori}} = Jt_1 + A_\infty(1-t_1) \\ I_{\text{haze}} = Jt_2 + A_\infty(1-t_2) \end{cases} \tag{2-57}$$

在晴好天气下，由于图像受到大气光的影响微乎其微，可以认为 $A_\infty(1-t_1)\approx 0$，则有 $I_{\text{ori}}\approx Jt_1$，根据暗原色的概念和暗原色先验规律，则有

$$J_{\text{ori}}^{\text{dark}}(\boldsymbol{x}) = \min_c(\min_{\boldsymbol{y}\in\boldsymbol{\Omega}(\boldsymbol{x})}(I_{\text{ori}}^c(\boldsymbol{y}))) = \min_c(\min_{\boldsymbol{y}\in\boldsymbol{\Omega}(\boldsymbol{x})}(J^c t_1(\boldsymbol{y})))\rightarrow 0 \tag{2-58}$$

雾天拍摄的图像 J_{haze} 的暗原色为

$$J_{\text{haze}}^{\text{dark}}(\boldsymbol{x}) = \min_c(\min_{\boldsymbol{y}\in\boldsymbol{\Omega}(\boldsymbol{x})}(I_{\text{haze}}^c(\boldsymbol{y}))) = \min_c(\min_{\boldsymbol{y}\in\boldsymbol{\Omega}(\boldsymbol{x})}(J^c t_2(\boldsymbol{y}) + A_\infty^c(1-t_2(\boldsymbol{y})))) \tag{2-59}$$

由于图像中场景光强 J、大气光强 A_∞、透视率 t 均为非负数，故式（2-59）可写为

$$J_{\text{haze}}^{\text{dark}}(\boldsymbol{x}) = \min_c(\min_{\boldsymbol{y}\in\boldsymbol{\Omega}(\boldsymbol{x})}(J^c t_2(\boldsymbol{y}))) + \min_c(\min_{\boldsymbol{y}\in\boldsymbol{\Omega}(\boldsymbol{x})}(A_\infty^c(1-t_2(\boldsymbol{y}))))$$

在雾天，景物光线由于受雾霾粒子的散射作用而发生衰减，故有 $Jt_2 < Jt_1$，根据式（2-58）有

$$\min_c(\min_{\boldsymbol{y}\in\boldsymbol{\Omega}(\boldsymbol{x})}(J^c t_2(\boldsymbol{y}))) < \min_c(\min_{\boldsymbol{y}\in\boldsymbol{\Omega}(\boldsymbol{x})}(J^c t_1(\boldsymbol{y})))\rightarrow 0$$

$$\begin{aligned} J_{\text{haze}}^{\text{dark}}(\boldsymbol{x}) &= \min_c(\min_{\boldsymbol{y}\in\boldsymbol{\Omega}(\boldsymbol{x})}(J^c t_2(\boldsymbol{y}))) + \min_c(\min_{\boldsymbol{y}\in\boldsymbol{\Omega}(\boldsymbol{x})}(A_\infty^c(1-t_2(\boldsymbol{y})))) \\ &\approx \min_c(\min_{\boldsymbol{y}\in\boldsymbol{\Omega}(\boldsymbol{x})}(A_\infty^c(1-t_2(\boldsymbol{y})))) \end{aligned}$$

由于无穷远处的大气光强 A_∞ 为正数，则有

$$t_2(\boldsymbol{y}) \approx 1 - \min_c\left(\min_{\boldsymbol{y}\in\boldsymbol{\Omega}(\boldsymbol{x})}\left(\frac{J_{\text{haze}}^{\text{dark}}(\boldsymbol{y})}{A_\infty^c}\right)\right) \tag{2-60}$$

2.4.1.2 场景透视率的估算

假设无穷远处的大气光强 A_∞ 已知，并且在局部区域 $\boldsymbol{\Omega}(\boldsymbol{x})$ 中的透视率是常数，将该区域的透视率记为 $\tilde{t}(\boldsymbol{x})$。下面通过在大气退化模型中局部区域内取最小值来获得 $\tilde{t}(\boldsymbol{x})$：

$$\min_{\boldsymbol{y}\in\boldsymbol{\Omega}(\boldsymbol{x})}(I^c(\boldsymbol{y})) = \tilde{t}(\boldsymbol{x})\min_{\boldsymbol{y}\in\boldsymbol{\Omega}(\boldsymbol{x})}(J^c(\boldsymbol{y})) + (1-\tilde{t}(\boldsymbol{x}))A_\infty^c \tag{2-61}$$

在图像的 R、G、B 三个颜色通道分别执行取最小值操作。因此，式（2-61）等价于

$$\min_{\boldsymbol{y}\in\boldsymbol{\Omega}(\boldsymbol{x})}\left(\frac{I^c(\boldsymbol{y})}{A_\infty^c}\right) = \tilde{t}(\boldsymbol{x})\min_{\boldsymbol{y}\in\boldsymbol{\Omega}(\boldsymbol{x})}\left(\frac{J^c(\boldsymbol{y})}{A_\infty^c}\right) + (1-\tilde{t}(\boldsymbol{x})) \tag{2-62}$$

然后，对上述方程在三个颜色通道之间再取最小值操作，可得

$$\min_c\left(\min_{\boldsymbol{y}\in\boldsymbol{\Omega}(\boldsymbol{x})}\left(\frac{I^c(\boldsymbol{y})}{A_\infty^c}\right)\right) = \tilde{t}(\boldsymbol{x})\min_c\left(\min_{\boldsymbol{y}\in\boldsymbol{\Omega}(\boldsymbol{x})}\left(\frac{J^c(\boldsymbol{y})}{A_\infty^c}\right)\right) + (1-\tilde{t}(\boldsymbol{x})) \tag{2-63}$$

根据暗原色先验信息，对于无雾图像 J 的暗通道信息 J^{dark} 应趋向于零，即

$$J^{\text{dark}}(\boldsymbol{x})=\min_{c}\left(\min_{\boldsymbol{y}\in\boldsymbol{\Omega}(\boldsymbol{x})}\left(J^{c}(\boldsymbol{y})\right)\right)\rightarrow 0 \tag{2-64}$$

由于 A_{∞} 始终是正的，可得

$$\min_{c}\left(\min_{\boldsymbol{y}\in\boldsymbol{\Omega}(\boldsymbol{x})}\left(\frac{J^{c}(\boldsymbol{y})}{A_{\infty}^{c}}\right)\right)\rightarrow 0 \tag{2-65}$$

把式（2-65）代入式（2-63）中，可得透视率 t 的估计值为

$$\tilde{t}(\boldsymbol{x})=1-\min_{c}\left(\min_{\boldsymbol{y}\in\boldsymbol{\Omega}(\boldsymbol{x})}\left(\frac{I^{c}(\boldsymbol{y})}{A_{\infty}^{c}}\right)\right) \tag{2-66}$$

在现实中，即使是晴好天气下，空气中也会不可避免地包含一些悬浮微粒，所以人们在观察远处的物体时雾依然是存在的。此外，雾是人们感知深度的一个重要依据，如果彻底从图像中移除雾，图像就会看起来很不真实，丢失景深信息反而会使图像缺乏深度感。因此在式（2-66）中引入一个容忍度参数 ω（$0<\omega\leqslant 1$），以便有针对性地保留一部分远处的雾：

$$\tilde{t}(\boldsymbol{x})=1-\omega\times\min_{c}\left(\min_{\boldsymbol{y}\in\boldsymbol{\Omega}(\boldsymbol{x})}\left(\frac{I^{c}(\boldsymbol{y})}{A_{\infty}^{c}}\right)\right) \tag{2-67}$$

此时得到的透视率 t 能大致反映景深信息，称为粗略估算的透视率信息，结合大气光强 A_{∞}，就可以复原场景，结果如图 2-18 所示。可以看出，复原的场景中存在明显的块状效应。这是因为，在建立雾天图像的暗原色时假设了局部区域 $\boldsymbol{\Omega}$（$\boldsymbol{x}$）的透视率是常数，而透视率在局部区域并不总是大小不变的，由此造成后续处理存在块状效应，必须进行修正。

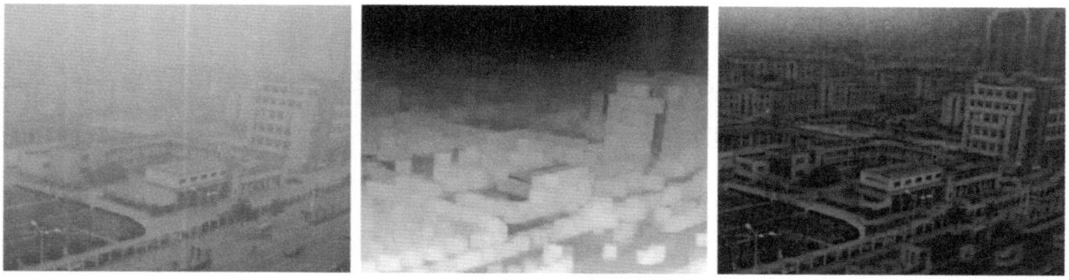

(a) (b) (c)

图 2-18 雾天图像的透视率计算及初步去雾结果

(a) 雾天图像；(b) 透视率估计；(c) 初步去雾结果。

对透视率修正实质上就是如何通过少数的可信值和原始图像推断剩余点的准确值。鉴于抠图（image matting）模型在形式上与雾天成像模型相似，He 等采用软抠图技术[58]来实现透视率图像的校正。记校正后的透视率函数为 t（$\boldsymbol{x}$），把 t（$\boldsymbol{x}$）和 $\tilde{t}(\boldsymbol{x})$ 用向量的形式记做 $\boldsymbol{t}$ 和 $\tilde{\boldsymbol{t}}$。可以将 $\boldsymbol{t}$ 表示为图像 I

的线性方程。由于 A_∞ 始终是正的，可得

$$t_i \approx aI_i + b \quad \left(\forall\, i \in w;\ \text{s.t.}\ a = \frac{1}{J - A_\infty}, b = -\frac{A_\infty}{J - A_\infty}\right) \tag{2-68}$$

式中：w 为以像素 i 为中心的局部邻域窗口。

为求解一幅图像 I 的正透视 J 在大气光 A 中的透视率 $\boldsymbol{t}$，定义如下代价函数：

$$E(\boldsymbol{t}, a, b) = \sum_{j \in I}\left(\sum_{i \in w_j}(\boldsymbol{t}_i - a_j I_i - b_j)^2 + \varepsilon a_j^2\right) \tag{2-69}$$

通过最小化该代价函数，最终求解透视率 $\boldsymbol{t}$ 即转化为求解该代价函数的二次优化问题：

$$E(\boldsymbol{t}) = \boldsymbol{t}^{\mathrm{T}}\boldsymbol{L}\boldsymbol{t} + \lambda(\boldsymbol{t} - \tilde{\boldsymbol{t}})^{\mathrm{T}}(\boldsymbol{t} - \tilde{\boldsymbol{t}}) \tag{2-70}$$

式中：$\boldsymbol{t}$ 为待求解目标；$\boldsymbol{L}$ 为正则化拉普拉斯矩阵；λ 为一个调整参数。公式的第一项为数据项，第二项为约束项。$\boldsymbol{t}$ 的最优解可通过解如下线性方程获得

$$(\boldsymbol{L} + \lambda\boldsymbol{U})\boldsymbol{t} = \lambda\tilde{\boldsymbol{t}} \tag{2-71}$$

式中：$\boldsymbol{U}$ 为一个规模大小与 $\boldsymbol{L}$ 相同的单位矩阵。

2.4.1.3 大气光强 A_∞ 的自动估计

由于雾天图像的暗原色能够提供比较理想雾浓度的近似值，可以利用暗原色信息来提高估算大气光的准确性。首先选取暗原色信息中最亮的 0.1%的像素，这些像素大多是雾浓厚处。在以上像素当中，输入图像 I 中强度最大的像素被选定为大气光。需要注意的是，这些像素在整幅图像中并不一定是最亮的点，例如，输入图像中的最亮的像素是位于图 2-19（a）三角形内的路灯中。

(a)

(b)

图 2-19 大气光的自动获取

（a）原始图像；（b）暗原色图像。

2.4.1.4 场景复原

根据雾天成像退化模型可得

$$I(\boldsymbol{x}) = A(\boldsymbol{x}) + D(\boldsymbol{x}) = A_\infty(1 - \mathrm{e}^{-\beta(\lambda)d(\boldsymbol{x})}) + L^{\text{object}}(\boldsymbol{x})\mathrm{e}^{-\beta(\lambda)d(\boldsymbol{x})}$$
$$= A_\infty(1 - t(\boldsymbol{x})) + J(\boldsymbol{x})t(\boldsymbol{x})$$

结合式（2-67），即可得到场景复原模型：

$$J^c(\boldsymbol{x}) = \frac{I^c(\boldsymbol{x}) - A_\infty^c}{1 - \omega \times \min\limits_c\left(\min\limits_{\boldsymbol{y}\in\boldsymbol{\Omega}(\boldsymbol{x})}\left(\frac{I^c(\boldsymbol{y})}{A_\infty^c}\right)\right)} + A_\infty^c \tag{2-72}$$

图 2-20 给出了不同容忍度参数 ω 的去雾结果。可以看出，当 $\omega=0.80$ 时，复原后的图像中雾移除得不够彻底；当 $\omega=1.0$ 时，由于去雾力度过大，导致图像存在天空区域失真和复原图像偏暗的问题。

(a) (b) (c)

图 2-20 雾天图像及其复原结果

(a) 原始图像；(b) 复原结果（$\omega=0.80$）；(c) 复原结果（$\omega=1.0$）。

造成天空区域失真的原因是，当 $t(\boldsymbol{x})$ 接近 0 的时候，正透射光 $J(\boldsymbol{x})t(\boldsymbol{x})$ 部分也趋近于 0，而天空颜色差异较大时直接复原场景易于引起噪声。因此，可以给 $t(\boldsymbol{x})$ 设定一个下限 t_0，以在雾浓厚的区域适当保留一些雾，这里把 t_0 定义为容差。粗略估算的场景图像通过如下公式得到

$$J(\boldsymbol{x}) = \frac{I(\boldsymbol{x}) - A_\infty}{\max(t(\boldsymbol{x}), t_0)} + A_\infty \tag{2-73}$$

图 2-21（b）是 He 方法的处理结果，也可理解为容差 $t_0=0$ 时处理的结果，而图 2-21（c）是 $t_0=0.35$ 改进后的处理结果，可以明显看到，引入容差后消除了天空区域的失真问题。

由于复原后的图像整体偏暗，因此需要增强图像亮度，同时还需保持原始场景的颜色信息。通常保持图像色调不变性的一种思路是将彩色图像变换到 HSI 空间后，将灰度图像的增强方法应用到亮度分量。这样虽然能够使图像的亮度提高，但由于忽略了彩色图像的色彩信息，致使图像颜色分布显得

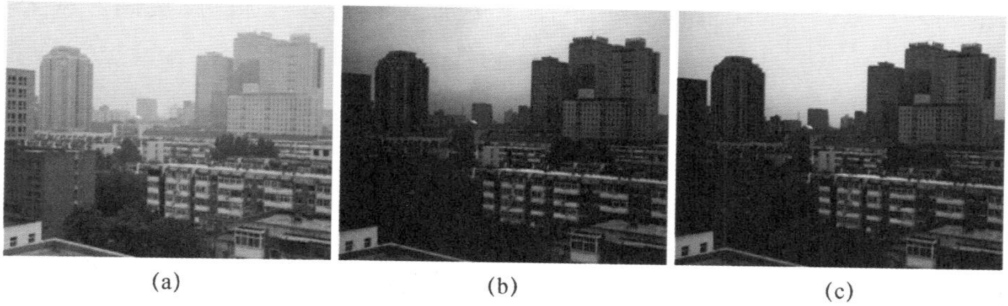

图 2-21　引入容差前后对比

(a) 输入图像；(b) He 方法；(c) 改进的方法。

比较单调，且这样的做法无异于再次给图像覆盖上一层雾。下面利用暗原色信息提供的景深信息，根据景物的远近对彩色图像的亮度分量和颜色分量分别进行增强。具体实现步骤如下：

(1) 根据下式将粗略估算的场景图像从 RGB 空间变换到 HSI 空间：

$$\begin{cases} V=(R+G+B)/3 \\ S=1-\dfrac{3}{R+G+B}[\min(R,G,B)] \\ H=\arccos\left(\dfrac{[(R-G)+(R-B)]/2}{[(R-G)^2+(R-B)(G-B)]^{1/2}}\right) \end{cases} \tag{2-74}$$

(2) 直接对亮度分量 V 进行增强处理，增强幅度为 ΔV：

$$V'=V+\Delta V \tag{2-75}$$

(3) 使用景深信息对色饱和度分量 S 进行增强处理。

由于景物能见度随着距离的增加而下降，因此，针对饱和度的增强程度应随着景深信息而变化。暗原色信息直接提供了透视率信息 t，则景深信息为 $(1-t)$，因此对色饱和度的增强程度为

$$S'=S+(1-t)\cdot\alpha \tag{2-76}$$

(4) 对饱和度和亮度分量进行归一化处理，并将处理结果从 HSI 空间转换回 RGB 空间。

由于在复原图像中为了符合人的视觉效果，保留了极少部分的雾，而通过上述图像亮度增强后，雾的成分也同时被放大了，因此，还需要再次扣除这部分雾。最终复原的图像为

$$J'=J-(1-t)\cdot\alpha \tag{2-77}$$

如图 2-22 (b) 所示为 He 方法的处理结果，图 2-22 (c) 所示为色彩增强

后的结果。可以看到，由此得到的结果更加清晰明亮，对比度更高，且去雾更加彻底。

(a) (b) (c)

图 2-22 色彩增强前后的去雾效果对比

(a) 输入图像；(b) He 方法；(c) 改进的方法。

2.4.1.5 试验结果分析

图 2-23 是采用富士 FinePix S9600 数码相机、曝光时间为 1/40s 拍摄得到的雾天图像及其处理结果。图 2-23（a）拍摄地点为一幢建筑物走廊的窗户前，这扇窗户的玻璃上布满了灰尘，图像的右下角是窗户的大理石窗台。经过处理后甚至连窗户上的灰尘都复原了出来。其中，图像上方发亮的几个类圆形区域是玻璃轻微擦拭后的结果，与周围未经擦拭的地方形成了鲜明对比，而这在原始输入图像中根本无法辨识出。此外，对于远处建筑工地的三角架及右上方的楼房等均得到较好恢复。

(a) (b)

图 2-23 近景雾天图像的处理结果

(a) 输入图像；(b) 处理结果。

当然，上述方法也有不足之处，如图 2-24 是针对航拍图片的试验结果。可以看到，图 2-24（b）的右边建筑物在处理后严重失真，几乎全变成了黑影。这是因为在图 2-24（a）中几乎不包含天空区域，造成对大气光强 A_∞ 的估计错误，最终导致处理失败。

(a) (b)

图 2-24　无天空区域雾天图像的处理结果

(a) 输入图像；(b) 处理结果。

2.4.2 基于方向延伸专家场的单幅图像去雾

基于暗原色先验的单幅图像去雾方法并未考虑图像空间数据的方向性统计结构信息，导致去雾效果不够彻底。为描述图像数据的这类空间上下文信息，可以使用马尔科夫随机场（Markov random field，MRF）建模方法来进一步优化估计大气光传输图，而专家场模型的建模分析能力要明显强于其他类型的 MRF 方法。因此，下面介绍一种基于专家场模型框架的单幅雾天图像复原方法[59]。

2.4.2.1 专家场模型

专家场模型建立在专家乘积模型（product of experts，PoE）[60]基础上。PoE 将图像数据用一系列专家函数的乘积形式来描述，而所涉及的每一个专家函数均作用于低维子空间，通常为一维图像的线性子空间，可等价于稀疏编码方法中的基向量，而对于投射在子空间中的线性成分，则可用线性滤波器组来表示。观察发现，作用于自然图像的线性滤波器响应存在类似于 student-t 分布的高峰度重拖尾的边缘分布函数形式，Welling 据此提出使用 student-t 分布的专家对标记图像进行建模：

$$p_{\mathrm{PoE}}(\boldsymbol{x}) = \frac{1}{Z(\Theta)} \prod_{i=1}^{N} \Phi_i(\boldsymbol{f}_i^{\mathrm{T}}\boldsymbol{x};\alpha_i) \quad (\Theta = \{\theta_1,\cdots,\theta_N\}) \tag{2-78}$$

式中：$Z(\Theta)$ 为归一化函数；$\boldsymbol{f}_i$ 为滤波器组；α_i 为专家系数；$\theta_i = \{\alpha_i,\boldsymbol{f}_i\}$；$\Phi_i$ 为专家函数，可以表示为

$$\Phi_i(\boldsymbol{f}_i^{\mathrm{T}}\boldsymbol{x};\alpha_i) = \left(1+\frac{1}{2}(\boldsymbol{f}_i^{\mathrm{T}}\boldsymbol{x})^2\right)^{-\alpha_i} \tag{2-79}$$

根据 Hammersley-Clifford 定理，令 PoE 模型数据服从吉布斯分布，则

PoE 模型重构为

$$p_{\mathrm{PoE}}(\boldsymbol{x}) = \frac{1}{Z(\Theta)} \exp(-E_{\mathrm{PoE}}(\boldsymbol{x},\Theta)) \tag{2-80}$$

联立式（2-78）和式（2-80）可得

$$-E_{\mathrm{PoE}}(\boldsymbol{x},\Theta) = \log\left(\prod_{i=1}^{N} \Phi_i(\boldsymbol{f}_i^{\mathrm{T}}\boldsymbol{x};\alpha_i)\right) \tag{2-81}$$

则 PoE 模型的势能函数可以表示为

$$E_{\mathrm{PoE}}(\boldsymbol{x},\Theta) = -\sum_{i=1}^{N} \log\Phi_i(\boldsymbol{f}_i^{\mathrm{T}}\boldsymbol{x};\alpha_i) \tag{2-82}$$

鉴于 PoE 模型并不具备平移不变性，无法直接对整幅图像进行建模，所以 Roth 等[61]提出了专家场模型（fields of experts，FoE），该模型凭借其滤波器组中具有不同属性的专家子滤波器，在更广的图像范围上和到更多的专家场中学习的先验信息。图像中的数据可表示为图 $G=(V,E)$，其中，V 是节点，E 为边界。定义一个大小为 $m\times m$ 的邻域系统，将每一个中心节点为 $k=1,\cdots,K$ 的邻域系统定义为图中最大的基团，根据 Hammersley-Clifford 定理，令模型中的概率密度服从吉布斯分布

$$p(\boldsymbol{x}) = \frac{1}{Z(\Theta)} \exp\left(-\sum_{k} V_k(\boldsymbol{x}_{(k)})\right) \tag{2-83}$$

式中：$V_k(\boldsymbol{x}_{(k)})$ 为基团 $\boldsymbol{x}_{(k)}$ 的势能函数，这里令 $V_k(\boldsymbol{x}_{(k)})=V(\boldsymbol{x}_{(k)})$，从而使建立在图像上的 MRF 模型具有平移不变性，而这也正是 PoE 模型所不具备的。为便于在图像中直接获取势能函数 V，直接用专家乘积模型描述势能函数 $V_k(\boldsymbol{x}_{(k)})=E_{\mathrm{PoE}}(\boldsymbol{x}_{(k)},\Theta)$，根据式（2-82），FoE 场模型的概率密度可以写为

$$p_{\mathrm{FoE}}(\boldsymbol{x};\Theta) = \frac{1}{Z(\Theta)} \exp\{-E_{\mathrm{FoE}}(\boldsymbol{x};\Theta)\} = \frac{1}{Z(\Theta)} \exp\left(\sum_{k}\sum_{i=1}^{N} \log\Phi_i(\boldsymbol{f}_i^{\mathrm{T}}\boldsymbol{x}_{(k)};\alpha_i)\right) \tag{2-84}$$

或者

$$p_{\mathrm{FoE}}(\boldsymbol{x}) = \frac{1}{Z(\Theta)} \prod_{k}\prod_{i=1}^{N} \Phi_i(\boldsymbol{f}_i^{\mathrm{T}}\boldsymbol{x}_{(k)};\alpha_i) \tag{2-85}$$

2.4.2.2 大气光传输图粗估计

根据前面介绍的大气散射物理模型，成像系统得到的图像强度信息 $I(x)$ 可以表达为

$$I(\boldsymbol{x}) = L^{\mathrm{object}}(\boldsymbol{x})\mathrm{e}^{-\beta(\lambda)d(\boldsymbol{x})} + A_{\infty}(1-\mathrm{e}^{-\beta(\lambda)d(\boldsymbol{x})}) \tag{2-86}$$

为便于描述，定义大气光传输图 $E(\boldsymbol{x})$ 和场景透视图 $t(\boldsymbol{x})$ 为

$$\begin{cases} E(\boldsymbol{x}) = 1 - t(\boldsymbol{x}) \\ t(\boldsymbol{x}) = e^{-\beta(\lambda) d(\boldsymbol{x})} \end{cases} \tag{2-87}$$

联立式(2-86)和式(2-87)，进而可以从雾天图像中恢复出场景信息，即

$$L^{\text{object}}(\boldsymbol{x}) = \frac{I(\boldsymbol{x}) - A_\infty E(\boldsymbol{x})}{t(\boldsymbol{x})} \tag{2-88}$$

可以看出，雾天图像复原关键在于求解大气光传输图 $E(\boldsymbol{x})$ 和估计出大气光强 A_∞。根据式（2-86），场景成像与传感器的探测距离呈指数衰减关系，图像清晰度由近及远逐渐衰减变弱，大气光参与成像的影响随着距离的增加将逐渐变强。由此可推断，图像景深处对应景物的颜色分量参与成像灰度值大部分是由大气光散射到传播光路所形成的，因此大气光传输图估算为

$$E'(\boldsymbol{x}) = \min_{c \in \{r,g,b\}} I^c(\boldsymbol{x}) \tag{2-89}$$

从图 2-25（b）给出的实验效果中可以看出，虽然图像场景信息得以较好保留，但直接使用式（2-89）求解大气散射模型得到的复原结果（图 2-25（c））容易造成图像景物边界的模糊，且树木枝叶等的细节损失严重。因此，式（2-89）得到的只是粗略的大气光传输图，需要进一步优化处理。

图 2-25　直接复原得到的结果

（a）原始图像；（b）估计的大气光传输图；（c）直接复原结果。

2.4.2.3　基于方向延伸专家场的大气光传输图优化

由于大气光传输图 $E(\boldsymbol{x})$ 是随景深 d 的变化呈指数递增的光滑函数，若雾是均匀分布的，那么雾在图像中应随距离由近及远，与场景景深平滑过渡逐渐变浓。同时为最大化复原后图像景物的局部对比度，需要在大气光传输图中，与大气光交接处的景物边缘信息尽可能得以保留，且大气光传输图中景物与大气光之间应具有较强的景深层次感。为更好地描述大气光传输图中景物与大气光之间的平滑过渡关系，同时鉴于图像空间上下文信息的重要性，

通过局部采样的方式来优化大气光传输图。这里借鉴均值漂移的加权采样势函数，获取图像的局部采样数据：

$$P(\boldsymbol{x}_i)=E'(\boldsymbol{x}_i)\exp\left(-\frac{\|\boldsymbol{z}-\boldsymbol{z}_i\|^2}{2\delta_D^2}\right)\exp\left(-\frac{\|\boldsymbol{c}-\boldsymbol{c}_i\|^2}{2\delta_R^2}\right) \tag{2-90}$$

根据大气光传输图应具有边缘景物的高峰度跳变性，为进一步提取景物的边缘信息，下面在实现局部景物平滑的基础上，基于非线性框架来保持景物的边缘信息。若一幅图像用 $I^{(t)}(\boldsymbol{x})$ 表示，其中 $\boldsymbol{x}=(x_1,x_2)$ 表示空间坐标，则具有较好图像保边性能的自适应平滑迭代可表示为[62]

$$\begin{cases} I^{(t+1)}(\boldsymbol{x})=\dfrac{\sum\limits_{i=-1}^{+1}\sum\limits_{j=-1}^{+1}I^{(t)}(x_1+i,x_2+j)w^{(t)}}{\sum\limits_{i=-1}^{+1}\sum\limits_{j=-1}^{+1}w^{(t)}} \\ w^{(t)}(x_1,x_2)=\exp\left(-\dfrac{|d^{(t)}(x_1,x_2)|^2}{2k^2}\right) \end{cases} \tag{2-91}$$

式中：k 为高斯模板的方差；$d^{(t)}(x_1,x_2)$ 为基于 3×3 窗口数据的梯度，即

$$\begin{cases} d^{(t)}(x_1,x_2)=\sqrt{G_{x_1}^2+G_{x_2}^2} \\ (G_{x_1},G_{x_2})=\left(\dfrac{\partial I^{(t)}(x_1,x_2)}{\partial x_1},\dfrac{\partial I^{(t)}(x_1,x_2)}{\partial x_2}\right) \end{cases} \tag{2-92}$$

为进一步分析式（2-92），以一维信号 $I^{(t)}(x)$ 的 5-邻域数据进行自适应平滑展开，则有

$$I^{(t+1)}(x)=\sum\nolimits_{i=1}^{5}c_iI^t(x+i-3) \tag{2-93}$$

其中，$c_1+c_2+c_3+c_4+c_5=1$。若令 $c_1=c_5=w_2$，$c_2=c_4=w_1$，则 $c_3=1-2w_2-2w_1$，因而式（2-93）可以写成

$$\begin{aligned} I^{(t+1)}(x)-I^{(t)}(x)=&w_2(I^t(x-2)-2I^t(x)+I^t(x+2)) \\ &+w_1(I^t(x-1)-2I^t(x)+I^t(x+1)) \end{aligned} \tag{2-94}$$

不难发现，式（2-94）实质上就是以下线性扩散方程的离散逼近

$$\frac{\partial I}{\partial t}=w_1\nabla_1^2I+w_2\nabla_2^2I \tag{2-95}$$

当图像数据的权重取决于空间结构信息时，可以对邻域空间数据进行自适应非线性扩散[63]：

$$\begin{cases} \dfrac{\partial I}{\partial t}=\nabla_1(w_1(x_1,x_2)\nabla_1I)+\nabla_2(w_2(x_1,x_2)\nabla_2I) \\ w_{1,2}(x_1,x_2)=g(\|\nabla_{1,2}I(x_1,x_2)\|) \end{cases} \tag{2-96}$$

式中：$\|\nabla_{1,2}I\|$ 为最近邻域网格或第二邻域网格的梯度幅值；$g(\cdot)$ 为边缘停止函数，满足当 $x\to\infty$ 时 $g(x)\to 0$，从而使得扩散过程在边缘处能够停止。

为进一步检测出景物边缘的细节信息，这里基于 MRF 构建出方向延伸专家场模型（oriention extended FoE，OEFoE）来实现对图像景物细节的提取，而对于式（2-85）中的专家滤波器组，根据专家场中使用图像稀疏的表示性质，利用一组滤波器 $\boldsymbol{f}_i$（$i=0$，1，…，7）来表征不同方向上的线性结构：

$$\boldsymbol{f}_0=\begin{bmatrix}-1&0&1\\-1&0&1\\-1&0&1\end{bmatrix},\quad \boldsymbol{f}_1=\begin{bmatrix}0&1&1\\-1&0&1\\-1&-1&0\end{bmatrix},$$

$$\boldsymbol{f}_2=\begin{bmatrix}1&1&1\\0&0&0\\-1&-1&1\end{bmatrix},\quad \boldsymbol{f}_3=\begin{bmatrix}1&1&0\\1&0&-1\\0&-1&-1\end{bmatrix},$$

$$\boldsymbol{f}_4=\begin{bmatrix}1&0&-1\\1&0&-1\\1&0&-1\end{bmatrix},\quad \boldsymbol{f}_5=\begin{bmatrix}0&-1&-1\\1&0&-1\\1&1&0\end{bmatrix},$$

$$\boldsymbol{f}_6=\begin{bmatrix}-1&-1&-1\\0&0&0\\1&1&1\end{bmatrix},\quad \boldsymbol{f}_7=\begin{bmatrix}-1&-1&0\\-1&0&1\\0&1&1\end{bmatrix}\tag{2-97}$$

OEFoE 模型的概率分布表示为

$$p_{\mathrm{OEFoE}}(\boldsymbol{x})=\frac{1}{Z(\Theta)}\prod_{k}\prod_{i=1}^{N}\Phi(\boldsymbol{f}_i^{\mathrm{T}}P(\boldsymbol{x}_i);\gamma_i)\tag{2-98}$$

由式（2-87）可知，大气光传输图是利用图像亮度信息来反映景物平滑性和边缘高峰度跳变性，因而调整其动态分布范围可以有效改善景物的复原效果。为此，首先将大气光传输图进行归一化处理，同时为保证专家函数的可导性，采用类似于 γ 校正的操作来重新定义专家函数分布形式：

$$\Phi(\boldsymbol{f}_i^{\mathrm{T}}P(\boldsymbol{x}_i);\gamma_i)=((\boldsymbol{f}_i^{\mathrm{T}}P(\boldsymbol{x}_i))^2)^{\gamma_i}\tag{2-99}$$

在利用式（2-98）计算专家场模型的过程中，将涉及如何在图像局部上建立 3×3 的专家场模型问题，若处理一幅 256 灰度级的雾天图像，将造成在处理过程中占据计算机数据的每个存储节点高达 256^9 位，给图像数据保存方面带来很大的不便。为此，这里借鉴基于梯度的最优化技术，将式（2-98）

的建模过程转换为采用卷积计算的方式来表述，即

$$\nabla_x \log p_{\mathrm{OEFoE}}(\boldsymbol{x},\Theta) = \sum_{i=1}^{N} \boldsymbol{f}_i^- * \psi'(\boldsymbol{f}_i * P(\boldsymbol{x}_i);\gamma_i) \tag{2-100}$$

式中：$\boldsymbol{f}_i^-$ 为 $\boldsymbol{f}_i$ 以中心像素为中心的镜像滤波器；ψ' 为关于 $\boldsymbol{f}_i * P(\boldsymbol{x}_i)$ 的一阶导数。

在传统的专家场模型中，采用迭代的方式全局寻优图像数据，无法使用在图像局部采样前面建立的专家场模型。为此，这里基于排序统计学理论，将式（2-100）中学习到的数据项采用下式进行中值滤波处理，将学习到的局部数据映射回景物图像中，同时可以有效提升计算速度：

$$E(\boldsymbol{x}_i) = \mathrm{median}\Big(\sum_{i=1}^{N} \boldsymbol{f}_i^- * \psi'(\boldsymbol{f}_i * P(\boldsymbol{x}_i);\gamma_i)\Big) \tag{2-101}$$

下面采用与 He 等[25]基于软抠图方法得到的场景透视图进行比较，结果如图 2-26 所示。不难发现，利用本节提出的方法得到的场景透视图中景物的层次感更为清晰，边缘细节信息得到了有效保留。

(a)　　　　(b)

图 2-26　不同方法得到的场景透视图像比较

（a）本节提出的方法；（b）He 方法。

2.4.2.4　大气光传输图约束

直接用式（2-101）优化后的 $E(\boldsymbol{x})$ 来反向求解式（2-88），得到的场景反射图像往往会在图像的高亮度区域发生失真现象，因此必须对大气光传输图增加适当的约束条件。根据光度测定约束条件[22]：

$$0 \leqslant E(\boldsymbol{x}) \leqslant I(\boldsymbol{x}) \tag{2-102}$$

这里借鉴无暗像素约束算法（no black pixel constraint，NBPC）[27]对式（2-102)的 $E(\boldsymbol{x})$ 进行约束，大气光传输图 $E(\boldsymbol{x})$ 的景物亮度区域应满足约束条件

$$E'(\boldsymbol{x}) \leqslant \operatorname{avg}(E(\boldsymbol{x})) - \operatorname{std}(E(\boldsymbol{x})) \tag{2-103}$$

式中：$\operatorname{avg}(E(\boldsymbol{x}))$ 为大气光传输图的平均值；$\operatorname{std}(E(\boldsymbol{x}))$ 为大气光传输图的标准差。

因此，这里引入传输约束因子 p（一般设置为 95%），对大气光传输图 $E(\boldsymbol{x})$ 进行如下约束：

$$E(\boldsymbol{x}) = p * \max(E(\boldsymbol{x}), \operatorname{avg}(E(\boldsymbol{x})) - \operatorname{std}(E(\boldsymbol{x}))) \tag{2-104}$$

2.4.2.5 基于梯度先验的大气光强估计

通过对大量雾天图像的景物梯度规律进行分析总结，雾天图像中所对应的无穷远处天空区域应当具备两个典型特征：①景物受大气光衰减影响，造成景物信息的模糊不清；②大气光参与成像影响加重，亮度较高。为此，假设雾天图像无穷远天空区域的景物梯度变化是平缓的且区域性亮度较高，通过图像场景的梯度先验规律和相关的亮度约束条件来判断当前像素是否符合上述无穷远区域的分布特征，并基于此来提取大气光强度值。算法具体描述如下。

（1）利用拉普拉斯算子获取景物的梯度先验图 $W(\boldsymbol{x})$

$$W(\boldsymbol{x}) = \nabla^2(E'(\boldsymbol{x})) \tag{2-105}$$

（2）计算可视梯度比 r

$$r = \frac{\operatorname{card}(w'(\boldsymbol{x}))}{\operatorname{card}(n'(\boldsymbol{x}))} \tag{2-106}$$

式中：$w'(\boldsymbol{x})$ 为当前 $\boldsymbol{x}$ 点关于 $W(\boldsymbol{x})$ 梯度先验图的局部子区域；$n'(\boldsymbol{x})$ 为当前 $\boldsymbol{x}$ 点关于 $E'(\boldsymbol{x})$ 的局部子区域。

（3）计算无穷远区域的大气光强度值 A_∞

$$A_\infty = \max(\Omega = \{E'(\boldsymbol{x}) \mid r(\boldsymbol{x}) < T, E'(\boldsymbol{x}) > L_{\max}\}) \tag{2-107}$$

其中，设定 $L_{\max}$ 为 $E'(\boldsymbol{x})$ 中亮度最大值的 80%，可视梯度比阈值为 $T=0.4$。

如图 2-27（a）所示，红色区域为采用 He 方法提取的天空区域，可以看出其将部分景物区域误当成无穷远天空区域来处理；而本节提出的方法可以有效避免这一现象，如图 2-27（b）所示。

2.4.2.6 实验结果与分析

为了验证本节所提出方法的可行性和有效性，下面与国际上几种具有代表性的单幅雾天图像复原方法进行对比。与 He 方法[25] 对比结果如图 2-28 所示，He 方法采用软抠图来优化大气光传输图，而场景透视率描述了景物辐射

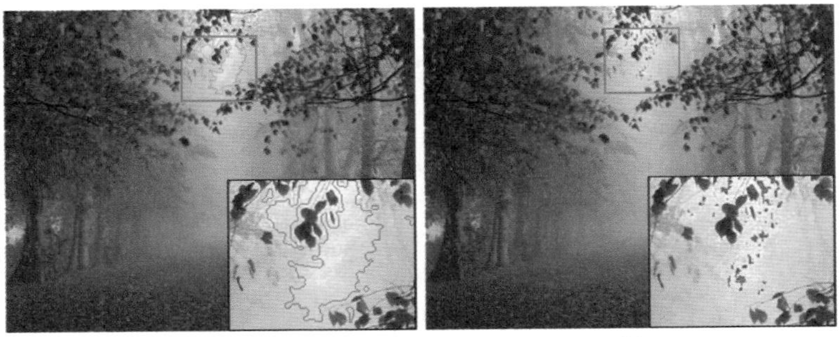

(a) (b)

图 2-27 不同方法的天空区域提取结果

(a) He 方法天空区域提取结果；(b) 本节提出的方法天空区域提取结果。

的衰减程度，所以使用抠图方法进行细化操作并不合理；例如图 2-28（b）所示树林深处仍有部分雾气存在；而本节提出的方法去雾更加彻底，景物的清晰度要明显高于 He 方法。

(a) (b) (c)

图 2-28 与 He 方法结果比较

(a) 原始图像；(b) He 方法；(c) 本节提出的方法。

图 2-29 给出了与 Fattel 方法[23]比较的结果。Fattel 利用独立成分分析方法来估计场景反射率并利用 MRF 模型来推断整幅图像的颜色，但是当独立成分变化不显著或者景物颜色信息不足时，易导致估计结果不准确，如图 2-29（b)所示的天空区域和山顶景物颜色明显失真；而本节提出的方法可以有效地克服这一现象的发生，并且无论是在景物细节方面还是在景物亮度方面，都具有明显优势。

图 2-30 给出了与 Kopf 方法[19]的对比结果。可以看出，本节提出的方法得到的结果与 Kopf 方法相当，但 Kopf 使用了三维模型来计算场景景深信息，因此该方法在不同场景的应用上受到很大的限制。

图 2-31 给出了与 Tarel 方法[27]的对比实验结果。由于 Tarel 方法使用变

(a) (b) (c)

图 2-29 与 Fattel 方法结果比较

(a) 原始图像；(b) Fattel 方法；(c) 本节提出的方法。

(a) (b) (c)

图 2-30 与 Kopf 方法结果比较

(a) 原始图像；(b) Kopf 方法；(c) 本节提出的方法。

形的中值滤波器估计降质图像的大气光传输图，但是中值滤波器容易引起景物局部细节的损失和颜色的失真。而本节提出的方法在景物的颜色保真度方面具有明显的优势，复原出的景物无论是对比度还是清晰度都有显著的提高。

(a) (b) (c)

图 2-31 与 Tarel 方法结果比较

(a) 原始图像；(b) Tarel 方法；(c) 本节提出的方法。

图 2-32 给出了与 Tan 方法[22]比较的结果。由于 Tan 方法通过扩大图像局部对比度方式来清晰化景物，并没有从物理模型上恢复场景反射率，与本节提出的方法得到的实验效果相比，恢复后的景物颜色明显过于饱和，且在图像的高对比边界处易发生光晕现象。

(a)　　(b)　　(c)

图 2-32　与 Tan 方法结果比较

(a) 原始图像；(b) Tan 方法；(c) 本节提出的方法。

现有的一些雾天图像评价指标需将彩色图像变换成灰度图像进行评价，但是景物的颜色信息本身是一种矢量表示，不合理的变换会造成景物颜色信息的损失，导致无法正确评价出场景颜色信息。为此，这里根据 Paulus 等[64]提出的彩色簇旋转理论，假设图像中景物的颜色可近似为灰色，提出一种基于原始图像的颜色簇最优逼近评价方法，通过计算图像景物颜色分量的主成分方向的阈值分析方法，对复原前后颜色失真度进行评价。由于在彩色图像的 RGB 空间中，R、G、B 三基色是成一定比例混合在一起的，而以 R 通道中的亮度信息最为敏感、波长最高，为此，下面以 R 通道中景物亮度为准，通过对图像整体的颜色失真度进行比较来评价整幅图像的颜色失真情况。

一幅输入的彩色图像 $I(\boldsymbol{x})$，可以表示为 $I(\boldsymbol{x})=[c_{\mathrm{r}}(\boldsymbol{x}),c_{\mathrm{g}}(\boldsymbol{x}),c_{\mathrm{b}}(\boldsymbol{x})]^{\mathrm{T}}$，图像中的本质景物颜色信息可以表示为 $\boldsymbol{w}=\frac{1}{\sqrt{3}}[1,\ 1,\ 1]^{\mathrm{T}}$，则图像失真度 r 的计算方法如下。

(1) 分别计算图像 R 通道的颜色均值信息 $\boldsymbol{b}_1$ 和景物本质颜色均值信息 $\boldsymbol{b}_2$：

$$\begin{cases}\boldsymbol{b}_1=\dfrac{1}{n}\sum w(\boldsymbol{x}_i)\\ \boldsymbol{b}_2=\dfrac{1}{n}\sum w(\boldsymbol{x}_j)\end{cases}\tag{2-108}$$

(2) 计算两组数据的协方差矩阵：

$$\begin{cases}\boldsymbol{d}_1=E[(\boldsymbol{c}_{\mathrm{r}}-\boldsymbol{b}_1)(\boldsymbol{c}_{\mathrm{r}}-\boldsymbol{b}_1)^{\mathrm{T}}]\\ \boldsymbol{d}_2=E[(\boldsymbol{w}-\boldsymbol{b}_2)(\boldsymbol{w}-\boldsymbol{b}_2)^{\mathrm{T}}]\end{cases}\tag{2-109}$$

（3）对矩阵 $\boldsymbol{d}_1$ 和 $\boldsymbol{d}_2$ 进行主成分分析，分别计算出所包含特征矢量的最大值分别为 r_1 和 r_2。

（4）计算图像景物颜色的失真函数为

$$r = \frac{r_1}{r_2} \tag{2-110}$$

从表 2-2 可以明显地看出，与 Tan、Fattel、He、Tarel 方法的单幅图像去雾方法相比较，本节提出的方法 r 值最为接近理想的原始图像数据，而原始图像的景物失真度是最小的。本节提出的方法略高于 Kopf 方法，主要是由于使用了三维模型约束所致。

表 2-2　不同单幅图像去雾效果的客观质量评价结果

图序号	原始图像	图对应文献方法	本节提出的方法
图 2-28	0.9737	1.1437	1.0645
图 2-29	0.8543	1.1138	0.9643
图 2-30	0.8536	1.0420	1.0002
图 2-31	0.9992	1.2215	1.3200
图 2-32	1.0650	0.9199	1.0501

2.4.3 基于专家场模型的单幅图像快速去雾

暗原色先验信息获取简单、快速且景物复原后效果好，得到了国内外学者的一致认可。下面从先验信息学习角度，介绍一种基于暗原色先验信息的快速雾天图像复原方法[65]。

2.4.3.1 雾天图像快速复原原理

通过前面的分析可知，如果直接使用暗原色先验信息进行雾天图像复原，容易导致景物边界的块状效应，这主要是因为在获取雾天图像的暗原色先验信息时，假设了图像局部区域的透视率为常数，然而实际上透视率在局部区域并非是大小不变的，因此，每个小窗口内由于只保留了一个像素点的真实透视率，而舍弃了大多其他像素点的真实值，因此造成了后续处理存在块效应。由此可以看出，必须对场景透视率进行修正。

对透视率进行修正的实质就是如何通过少数的可信值和原始图像推断剩余像素点的透视率准确值，即对暗原色场景图进行细化操作。为此，有学者使用软抠图或其修正形式，通过分离待处理图像的前景图层来细化场景图像

中的景物信息，其过程用公式描述为

$$I_i = \alpha_i F_i + (1-\alpha_i)D_i \tag{2-111}$$

式中：I_i为待处理图像上的每一个像素，F_i为前景图层（估算的精细大气光传输图）；D_i为基于暗原色先验的粗略大气光传输图层；α_i为不透明度。

由于上述景物提取模型与大气退化模型在形式上相似，而透视率 t 与透明度 α 的分布联系紧密，因此可以将细化操作转换为软抠图问题。根据式（2-70）可知，场景透视率 t 的求解具有很高的时间和空间复杂度。引入线性参数 α_i之后，虽然使前景和背景区域之间的过渡区的边缘变得更加柔化或反混叠，但是根据布格-朗伯（Bouguer-Lambert）定律，光在某种介质中的能量损耗与光通过的距离成正比，即

$$I(\lambda) = I_0(\lambda)\mathrm{e}^{-k(\lambda,m)m} \tag{2-112}$$

式中：$I_0(\lambda)$ 为进入该介质的光通量；$I(\lambda)$ 为通过光程长度 m 后的光通量；$k(\lambda,\ m)$ 为消光系数。

由式（2-112）可知，雾天环境中的景物辐射是一种呈指数衰减的非线性衰减模型，直接采用抠图方法来获取细化的场景透视图显然并不合理。为此，下面结合具有空间结构分析能力的 FoE 模型，对雾天降质图像进行建模分析。根据经典的 Retinex 方法，雾气主要对应于图像中的低频部分，并且可以通过高斯核函数与图像进行卷积来模拟图像中的雾气分布：

$$P(x,y) = \exp\left(-\frac{x^2+y^2}{\delta^2}\right) * I(x,y) \tag{2-113}$$

通过大量的实验发现，高斯核函数中的尺度参数 δ 越小，越能反映雾气光照传输图中景物与雾气的关系，因此可以利用式（2-113）计算得到专家子滤波器 $\boldsymbol{f}_0$：

$$\boldsymbol{f}_0 = \begin{bmatrix} 0.1093 & 0.1346 & 0.1093 \\ 0.1346 & 0.1658 & 0.1346 \\ 0.1093 & 0.1346 & 0.1093 \end{bmatrix} \tag{2-114}$$

结合式（2-113），下面将雾气学习表达式定义为

$$p_{\mathrm{OEFoE}}(x) = \frac{1}{Z(\Theta)} \prod_k \prod_{i=1}^{N} \Phi(\boldsymbol{f}_0^{\mathrm{T}} I(\boldsymbol{x});\gamma_i) \tag{2-115}$$

由于是从原始图像中学习出雾气分布，然而由于大气中雾霾粒子的无规则运动，无法获取到准确的图像雾气分布，所以这里省略 FoE 模型迭代寻优的过程，则

$$R(\boldsymbol{x}) = p_{\mathrm{OEFoE}}(\boldsymbol{x}) \tag{2-116}$$

其中，$R(\boldsymbol{x})$ 为雾气分布图，如图 2-33（b）所示。

(a) (b)

图 2-33 雾气分布先验效果对比

（a）原始图像；（b）雾气先验分布图。

由于抠图方法的复杂度相对较高，不利于实时应用，为此，采用导引滤波器（guided filter）对提取的雾气遮罩和暗通道图像进行滤波处理，来获得最终的雾气遮罩传输图，其表达式为

$$t(x) = a_k R(\boldsymbol{x}) + b_k \tag{2-117}$$

如图 2-34（a）表示直接使用原始图像处理后获取的场景透视图，图 2-34（b）表示利用本节提出的方法获取的雾气遮罩传输图。不难看出，使用本节所提出方法得到的结果的边界清晰度明显要高一些。

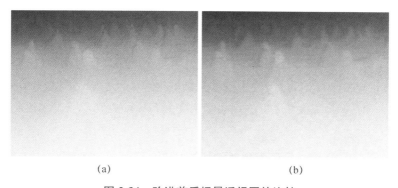

(a) (b)

图 2-34 改进前后场景透视图的比较

（a）改进前；（b）改进后。

2.4.3.2 实验结果与分析

为验证本节提出的方法的有效性，与几种典型去雾方法进行了比较，结

果如图2-35所示。可以看出，与Fattel方法[23]比较，利用本节所提出方法得到的景物清晰度更高一些；与Tarel方法[27]相比，利用本节所提出方法颜色保真度要真实一些；与文献［28］相比较，利用本节所提出方法处理后景物的色彩信息更利于人眼接受；而与He方法[57]比较，利用本节所提出方法得到的图像远处景物对比度有明显提高，景物的颜色更加自然、亮丽。

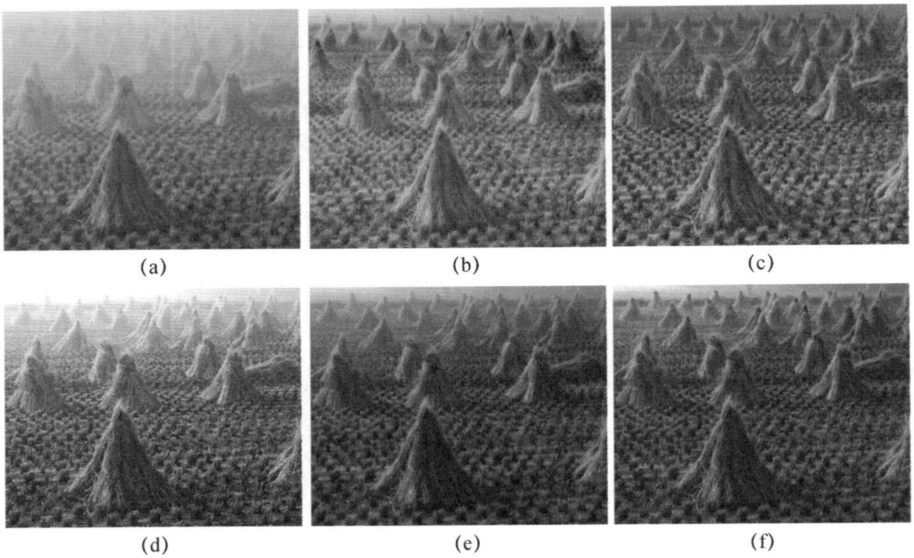

图2-35　不同方法复原效果对比

（a）原始图像；（b）Fattel方法；（c）Tarel方法；（d）文献［28］方法；（e）He方法；（f）本节提出的方法。

从计算复杂度进行分析，假设待处理图像的尺寸为$M\times N$，局部窗口尺寸为$A\times B$，其中，基于专家场模型的雾气计算复杂度相当于对图像进行两组线性滤波，其计算复杂度记为k，导引滤波复杂度为$O(M\times N)$，因此本节算法总复杂度为$O(M\times N\times k)$；He方法算法复杂度为$O(MN\times MN+M\times N\times A\times B)$。

2.5　基于偏振的多幅雾天图像复原

在雾霾天气下，大气光通常被认为是部分偏振光且偏振度不随距离而变化，景物辐射到达探测器的正透射光虽然偏振度没有改变，但是经过雾霾粒子的散射作用后能量衰减严重，因此到达光电成像探测系统的偏振光主要是由大气光所引起的。基于大气光的偏振特性，可以实现雾天图像复原[17]。

2.5.1 雾霾天气偏振图像去雾原理

2.5.1.1 雾霾天气偏振退化机理

1. 光波及其偏振态

光波是特定频率范围内的电磁波，若用电场矢量 $\boldsymbol{E}$ 表示电磁波，以平面电磁波为例，取波矢 $\boldsymbol{k}$ 的方向为 z 坐标轴，由于电磁波的横波性，则任意空间位置 $\boldsymbol{r}$ 和时间 t 的电场矢量 $\boldsymbol{E}$ 可以分解为

$$\begin{cases} E_x(z,t) = E_{x0}\exp[\mathrm{j}(\boldsymbol{k}z - \boldsymbol{k}vt + \varphi_{x0})] \\ E_y(z,t) = E_{y0}\exp[\mathrm{j}(\boldsymbol{k}z - \boldsymbol{k}vt + \varphi_{y0})] \end{cases} \tag{2-118}$$

对于普通光源发出的彼此独立的光波，x 分量和 y 分量在振幅和相位上不存在关联性，并且光波扰动在垂直于 $\boldsymbol{k}$ 的任意方向上不存在占优势的振动方向，这样的光波称为自然光。如果光波在传播过程中，使得光矢量的两个分量 $E_{x0}(t)$、$E_{y0}(t)$ 和初相位 φ_{x0}、φ_{y0}之间产生某种关联性，即

$$\begin{cases} \dfrac{E_{y0}(t)}{E_{x0}(t)} = \text{constant} \\ \varphi_{y0}(t) - \varphi_{x0}(t) = \text{constant} \end{cases} \tag{2-119}$$

这样的光波 $\boldsymbol{E}$ 矢量的矢端必定沿某种规则曲线运动，并且其扰动在有的情况下还存在一个占优势的方向，这样的光波称为偏振光。还存在一类部分偏振光，它可以看作是同向传播的偏振光和自然光叠加的结果，部分偏振光电矢量 $\boldsymbol{E}$ 的振幅和振动方向将随时间 t 的变化而随机变化；又由于包含有完全偏振光成分，所以部分偏振光存在一个占优势的振动方向。为了表征部分偏振光偏振化的程度，引入偏振度 P（degree of polarization，DoP）的概念。规定部分偏振光中占优势的光矢量方向的强度为 $I_{\max}$，则与其垂直方向上的光矢量的能量处于劣势，表示为 $I_{\min}$，偏振度可表示为

$$P = \frac{I_{\max} - I_{\min}}{I_{\max} + I_{\min}} \tag{2-120}$$

工程上多采用斯托克斯参量来描述光波的偏振态：

$$\boldsymbol{S} = \begin{bmatrix} I \\ Q \\ U \\ V \end{bmatrix} = \begin{bmatrix} \langle E_x^2 \rangle + \langle E_y^2 \rangle \\ \langle E_x^2 \rangle - \langle E_y^2 \rangle \\ 2\langle E_x E_y \cos\delta \rangle \\ 2\langle E_x E_y \sin\delta \rangle \end{bmatrix} \tag{2-121}$$

式中：$<:>$为时间平均效果；E_x、E_y、δ 分别为光波电场 x 分量和 y 分量的振幅和相位；I 为光的总强度，反映了目标的强度信息；Q 为水平方向上的线偏振光的强度；U 为 45°方向上的线偏振光的强度；V 为右旋与左旋圆偏振光分量之差。

在很多实际应用场合中，由于 V 分量很小且通常可以忽略不计，所以线偏振度（degree of linear polarization，DoLP）和偏振角（angle of polarization，AoP）可以分别表示为

$$\begin{cases} \text{DoLP} = \dfrac{\sqrt{Q^2 + U^2}}{I} \\ \text{AoP} = \dfrac{1}{2}\arctan\dfrac{U}{Q} \end{cases} \tag{2-122}$$

2. 大气光及其偏振特性

大气光是由光源发出的光线受到大气中悬浮微粒的散射作用之后而直接到达光电成像系统探测器的那部分光线。以悬浮微粒 p_1 为例，当光源发出的光照射在 p_1 上，在光路上产生初始光强为 I_0 的大气光，标记为 A_1。设此微粒与距离探测器之间的距离为 z_1，则到达探测器时 A_1 的光强为

$$I_1 = I_0 \mathrm{e}^{-\beta(\lambda) z_1} \tag{2-123}$$

一般地，距离探测器 z 处的悬浮微粒对大气光的贡献为

$$I_z = I_0 \mathrm{e}^{-\beta(\lambda) z} \tag{2-124}$$

则观测到的距离 z 上的大气光总强度 A_z 可以表示为

$$A_z = \int_0^z I_0 \mathrm{e}^{-\beta(\lambda)} \mathrm{d}z \tag{2-125}$$

如果设观测到的无穷远处的大气光强为 A_∞，则可知

$$A_\infty = \int_0^\infty I_0 \mathrm{e}^{-\beta(\lambda)} \mathrm{d}z \tag{2-126}$$

由此可得

$$A_z = A_\infty (1 - \mathrm{e}^{-\beta(\lambda) z}) \tag{2-127}$$

当太阳光经过大气层进行传播时，大气中的各种悬浮微粒将改变太阳光辐射的偏振特性，所以大气光几乎都是部分偏振的。研究表明，光在大气中的辐射传输由于受到大气中悬浮微粒的多次散射退偏效应的影响，总是部分偏振光。如果光源为自然光源（如太阳光），则大气中悬浮微粒的散射光线的偏振态只与散射角有关。又由于光路内的散射均为前向散射，因此大气中悬浮微粒贡献的大气光偏振态在光路中不变。如果光源为平行光源，则光路内

各微粒大气光的散射角相等，因此光路内大气光偏振态处处相同。

3. 景物辐射及其偏振特性

在大气散射模型中，正透射光指的是光源发出的光被景物反射，经大气散射衰减后到达光电探测器的前向散射光线。图 2-36 是景物正透射光散射图。由式（2-3）可知，其强度随着距离的增加而呈指数衰减。其原始偏振态由景物自身特性决定。由于到达光电探测器的光线为前向散射光，由米散射特性可知，其偏振度没有发生改变，因此正透射光的偏振态与景物辐射光线一致。

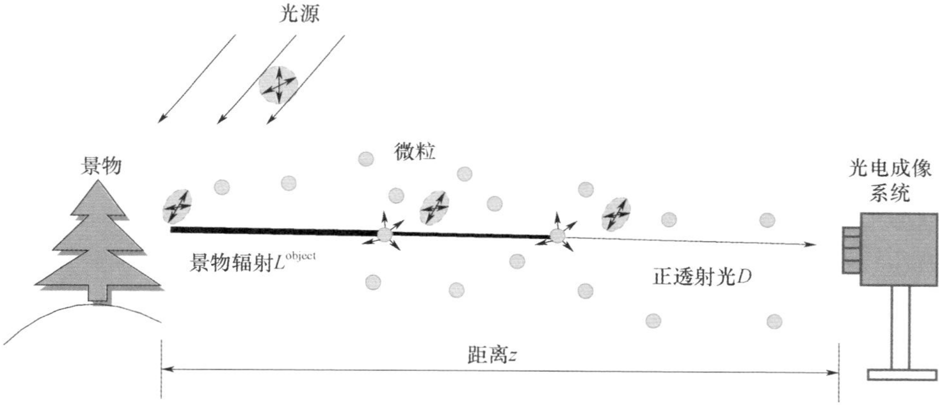

图 2-36 正透射的衰减及偏振态

2.5.1.2 雾天偏振图像复原

1. 大气光强及其偏振度估计

Schechner 等根据大气光的偏振特性，提出了一种大气光及其偏振度的估计方法[66]。由于景物正透射光经过了剧烈的衰减，在图像中的能量并不占优势，且景物正透射光的偏振度一般并不高，因此可以假设图像中景物的偏振度远远小于大气光的偏振度。可粗略认为探测器所接收到的偏振光由大气光贡献。据此，可由图像的偏振信息估算出图像中大气光噪声的强度。根据光矢振动的优势方向，将大气光分解为相互正交的两个偏振分量 A_{max}和 A_{min}，其中：A_{max}代表优势方向上的量测，表征大气光中线偏振光成分；A_{min}表征了大气光中自然光成分的量测。依据同样的道理，可以将探测器接收到的光强 I^{total}分解为两个正交的偏振分量 I_{max}和 I_{min}。则 I^{total}的成分可由图 2-37 表示。

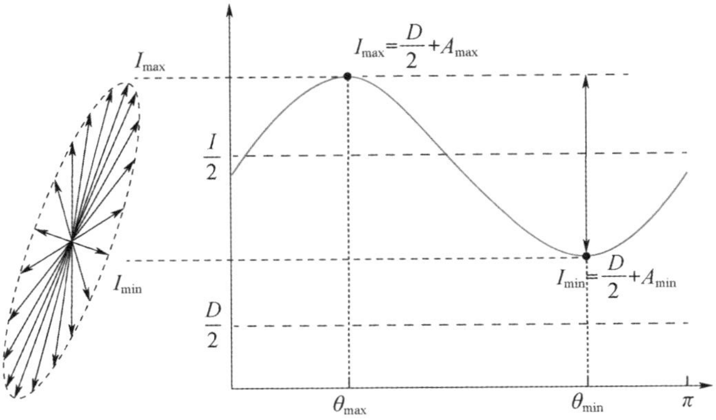

图 2-37　I^{total}的组成

假设景物偏振度远小于大气光偏振度，且能量不高，可近似看成自然光，因此通过偏振片后能量衰减为原先的一半。而图像中大气光噪声的能量随着偏振角度的变化而变化。若偏振片主透方向与 A_{max} 方向相同，则此时通过偏振片的大气光能量最大，表现为图像中的大气光噪声最强；若偏振片主透方向与 A_{min} 方向相同，则此时通过偏振片的大气光能量最小，表现为图像中的大气光噪声最弱。通过对这两个方向上偏振图像的比较与运算，即可以估计出大气光噪声的强度。综上可得

$$\begin{cases} A = A_{max} + A_{min} \\ I^{total} = I_{max} + I_{min} \end{cases} \tag{2-128}$$

若在光电成像探测器的光学系统前端放置一线偏振片，主透方向与 A_{max} 同向，则此时光电成像探测器得到的偏振图像可以表示为

$$\begin{cases} I_{max} = D_{max} + A_{max} \approx \dfrac{D}{2} + A_{max} \\ I_{min} = D_{min} + A_{min} \approx \dfrac{D}{2} + A_{min} \end{cases} \tag{2-129}$$

求两幅图像能量之差，得

$$I_{max} - I_{min} = A_{max} - A_{min} \tag{2-130}$$

根据偏振度的定义，可知大气光偏振度 P_A 为

$$P_A = \frac{A_{max} - A_{min}}{A_{max} + A_{min}} = \frac{A_{max} - A_{min}}{A} \tag{2-131}$$

因此，大气光的强度 A 可以表示为

$$A = \frac{I_{max} - I_{min}}{P_A} \tag{2-132}$$

在实际应用中往往很难确定大气光的两个正交方向，且随着光源位置的变化，此方向也会发生变化。下面利用任意三方向偏振图像进行大气光估计。定义景物总光强图像 I^{total}的偏振度为 p，则

$$p=\frac{I_{\max}-I_{\min}}{I_{\max}+I_{\min}}=\frac{I_{\max}-I_{\min}}{I^{\text{total}}} \tag{2-133}$$

则式（2-132）可以表示为

$$A=I^{\text{total}}\frac{p}{P_A} \tag{2-134}$$

由此可见，只要获得了场景的偏振度 p，并估计大气光偏振度 P_A，即可以得到大气光的强度。如果在光电成像探测器光学系统前端加装线偏振片，如图 2-38所示。那么根据偏振光学原理，其入射光束的斯托克斯参量与出射光线的斯托克斯参量成线性函数关系。对于透光轴与参考坐标夹角为 β 的理想线偏振片，斯托克斯参量为 $\boldsymbol{S}_{\text{in}}$ 的偏振光经过此偏振片后的斯托克斯参量 $\boldsymbol{S}_{\text{out}}$ 变为

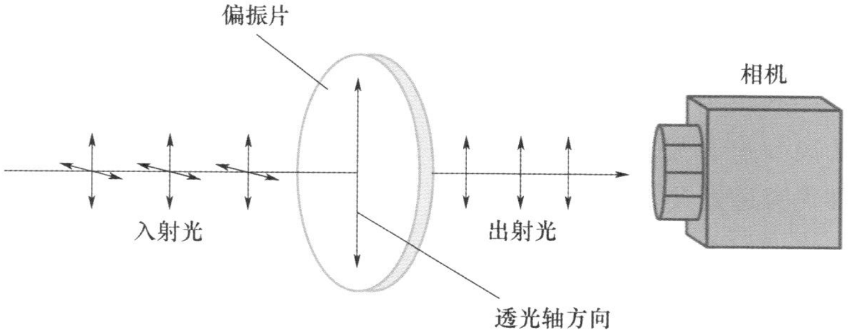

图 2-38　线偏振片及偏振图像获取示意图

$$\boldsymbol{S}_{\text{out}}=\begin{bmatrix}I_{\text{out}}\\Q_{\text{out}}\\U_{\text{out}}\\V_{\text{out}}\end{bmatrix}=\frac{1}{2}\begin{bmatrix}1 & \cos(2\beta) & \sin(2\beta) & 0\\ \cos(2\beta) & \cos^2(2\beta) & \cos(2\beta)\sin(2\beta) & 0\\ \sin(2\beta) & \cos(2\beta)\sin(2\beta) & \sin^2(2\beta) & 0\\ 0 & 0 & 0 & 0\end{bmatrix}\begin{bmatrix}I_{\text{in}}\\Q_{\text{in}}\\U_{\text{in}}\\V_{\text{in}}\end{bmatrix} \tag{2-135}$$

则

$$I_{\text{out}}=\frac{1}{2}[I_{\text{in}}+Q_{\text{in}}\cos(2\beta)+U_{\text{in}}\sin(2\beta)] \tag{2-136}$$

任意改变线偏振片透光轴与所选参考坐标的夹角，分别得到夹角为 β_1、β_2 和 β_3 时的三组出射光强 I（β_1）、I（β_2）、I（β_3），代入式（2-136）即可联立

求出 I_{in}、Q_{in} 和 U_{in}。例如，不妨取任意方向为参考方向，获得场景在 0°、60° 与 120°三个偏振方向上的图像，可得

$$\begin{cases} I_0 = \frac{1}{2}(I_{in} + Q_{in}\cos 0^\circ + U_{in}\sin 0^\circ) \\ I_{60} = \frac{1}{2}(I_{in} + Q_{in}\cos 120^\circ + U_{in}\sin 120^\circ) \\ I_{120} = \frac{1}{2}(I_{in} + Q_{in}\cos 240^\circ + U_{in}\sin 240^\circ) \end{cases} \tag{2-137}$$

从上式解出：

$$\begin{cases} I_{in} = \frac{2}{3}(I_0 + I_{60} + I_{120}) \\ Q_{in} = \frac{2}{3}(2I_0 - I_{60} - I_{120}) \\ U_{in} = \frac{2}{\sqrt{3}}(I_{60} - I_{120}) \end{cases} \tag{2-138}$$

从定义可知，$I^{total} = I_{in}$。将得到的 I_{in}、Q_{in}、U_{in} 三个参量代入式（2-122），便可以解得场景的线偏振度 DoLP，并进一步对大气光噪声进行估计。

2. 无穷远处的大气光强 A_∞ 估计

当距离 z 趋于无穷时，正透射光衰减也趋于无穷，此时光电探测器获取的光强即无穷远处大气光强。因此，Schechner 等利用场景中接近地平线处天空的光强来近似无穷远处大气光的强度。

3. 景物信息的补偿

得到场景的大气光噪声 A 后，可计算景物的正透射能量：

$$D = I^{total} - A = I^{total}\left(1 - \frac{P}{P_A}\right) \tag{2-139}$$

由式（2-3）可得未衰减前的景物辐射强度为

$$L^{object} = \frac{D}{e^{-\beta(\lambda)z}} = I^{total}\left(1 - \frac{P}{P_A}\right)e^{\beta(\lambda)z} \tag{2-140}$$

由式（2-4）可得

$$e^{-\beta(\lambda)z} = 1 - \frac{A}{A_\infty} = 1 - \frac{I^{total}P}{A_\infty P_A} \tag{2-141}$$

综合上述，扣除 A 的影响并补偿 D 的衰减，可以反演得到景物辐射强度的估计值：

$$L^{object} \approx I^{total}\left(1 - \frac{P}{P_A}\right)\left(\frac{A_\infty P_A}{A_\infty P_A - I^{total}P}\right) \tag{2-142}$$

2.5.1.3 基于偏振的图像复原实验

利用上述方法得到的一组实验结果如图 2-39 所示。由于雾是近似均匀分布的，所以大气光强应当随目标距离的逐渐缩短而减弱，然而在图 2-39（c）中部分近距离目标的大气光强明显超出相同距离处的其他目标，个别部分的大气光强甚至超过无穷远处的大气光强；从图 2-39（b）中可以看出，部分近处景物的偏振度远远超出其他部分，导致假设不能成立，从而造成目标大气光强估计错误。从去雾结果中不难发现，近处的建筑物部分被过度补偿，亮度失真，造成部分图像细节信息丢失。

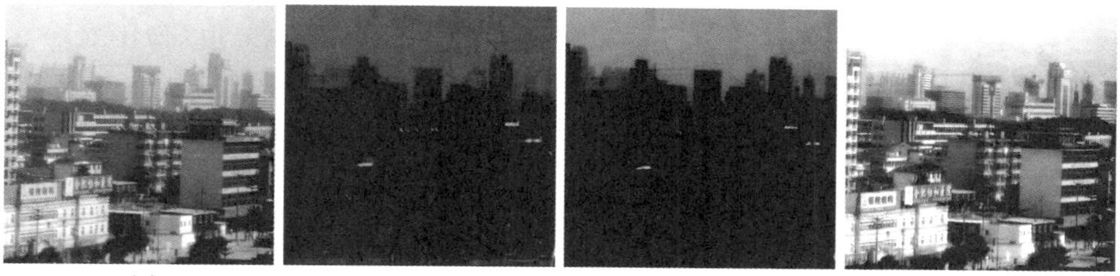

(a) (b) (c) (d)

图 2-39 基于偏振的雾霾图像复原结果

（a）光强图；（b）偏振度图；（c）大气光强分布图；（d）去雾结果。

2.5.2 基于偏振滤波的自适应图像去雾

Schechner 等提出的偏振去雾方法需要手工选取图像中的特定区域来估计相关参数，不便于计算机自动处理，并且在实际应用时由于场景中往往含有大量偏振度较大的目标，导致方法失效或产生病态的复原结果。针对这些不足，下面给出一种基于偏振滤波的自适应雾天图像复原方法[67]。

2.5.2.1 大气光信息的自动获取

假设雾是均匀分布的，那么雾最浓处应该是图像上无穷远处的天空区域。根据暗原色先验，绝大多数的户外无雾图像的每个局部区域，都存在某些至少一个颜色通道的强度值很低的像素，但被雾干扰之后往往要比本身亮度更大，所以被浓雾覆盖的区域暗原色具有较高的值。因此，利用暗原色先验可以估算雾的浓度并找到对应于雾浓度最大的天空区域，从而实现大气光信息的自动获取。

通过前面的分析可知，当确定了 0°参考方向后，偏振方向 θ_i 上的透过光强为

$$I_{\theta_i}=\frac{1}{2}[I+Q\cos(2\theta_i)+U\sin(2\theta_i)] \tag{2-143}$$

只要获得 K 个偏振方向的图像 $I_{\theta_i}(x,y)$ ($i=1$, …, K)，就可以联立方程组求出图像 $I(x, y)$、$Q(x, y)$ 和 $U(x, y)$，由此可得到线偏振度图像

$$P(x,y)=\frac{\sqrt{Q(x,y)^2+U(x,y)^2}}{I(x,y)} \tag{2-144}$$

根据式（2-143），若记 $W(x, y)$ 是以像素（x, y）为中心的局部区域，则定义偏振图像的暗通道为

$$I^{\text{dark}}(x,y)\equiv\min_{\theta_i\in\{\theta_1,\theta_2,\cdots,\theta_K\}}\left(\min_{(s,t)\in W(x,y)}(I^{\theta_i}(s,t))\right) \tag{2-145}$$

基于偏振暗通道图像，可以与亮度阈值 T 进行比较来找到图像中对应亮度最大的局部区域

$$\Omega=\{(x,y)\mid I^{\text{dark}}(x,y)\geqslant T\} \tag{2-146}$$

从而可以估计出大气光强度 A_∞ 和偏振度 P_A：

$$\begin{cases}A_\infty=\dfrac{1}{\text{card}(\Omega)}\displaystyle\sum_{(x,y)\in\Omega}I(x,y)\\ P_A=\dfrac{1}{\text{card}(\Omega)}\displaystyle\sum_{(x,y)\in\Omega}P(x,y)\end{cases} \tag{2-147}$$

2.5.2.2 大气光的修复

根据式（2-131）和式（2-4），大气光强为

$$A(x,y)=\frac{A_{\max}(x,y)-A_{\min}(x,y)}{P_A(x,y)}\approx\frac{I(x,y)P_I(x,y)}{P_A} \tag{2-148}$$

因此，场景光强 D 为

$$D(x,y)=I(x,y)-A(x,y) \tag{2-149}$$

可以看出，D 的估计精度与 P_A 的选取密切相关，若 P_A 选取不当，将会导致在把大气光当作噪声进行滤除时丢失场景部分细节。由于 $A(x, y)$ 和 $D(x, y)$ 反映了不同的信息，因此合适的 P_A 应当使得两者之间相关性越小越好。为描述两者的相关程度，这里采用互信息来度量

$$\begin{aligned}\text{MI}(A,D)=&-\sum_i p_i(A)\log_2 p_i(A)-\sum_j p_j(D)\log_2 p_j(D)\\&+\sum_i\sum_j p_{i,j}(A,D)\log_2 p_{i,j}(A,D)\end{aligned} \tag{2-150}$$

式中：p_i 为灰度级 i 的分布概率；$p_{i,j}(A, D)$ 为两幅图像灰度的联合概率分布。互信息越大，说明 $A(x, y)$ 和 $D(x, y)$ 之间相关性越强。为了改善互信息对重叠区域变化的敏感性，这里采用归一化互信息：

$$\mathrm{NMI}(A,D)=\frac{\sum_i p_i(A)\log_2 p_i(A)+\sum_j p_j(D)\log_2 p_j(D)}{\sum_i\sum_j p_{i,j}(A,D)\log_2 p_{i,j}(A,D)} \tag{2-151}$$

从而参数 P_A 的优化过程可以通过逐步增加搜索步长 Δd 的方式来实现

$$P_A^*=P_A(1+k\times\Delta d)=\underset{k\in Z^+}{\mathrm{argmin}}\,\mathrm{NMI}(A,D) \tag{2-152}$$

再根据式（2-4）可知，大气光强 A 随着距离成指数增长关系，所以当场景距离由远及近变化时，大气光强 A 也应该是由远及近遵循由强变弱的指数衰减规律。因此，可以采用如下方式对大气光强的分布进行修正。首先对大气光强 $A(x,y)$ 进行顺序统计滤波

$$A_O(x,y)=\frac{1}{2}\{\max_{(x,j)\in M(x,y)}\{A(x,j)\}+\min_{(x,j)\in M(x,y)}\{A(x,j)\}\} \tag{2-153}$$

式中：$M(x,y)$ 是以像素 (x,y) 为中心的局部区域。

然后对滤波后的 $A_O(x,y)$ 利用高斯核函数 G_R 进行平滑处理：

$$A_G(x,y)=\frac{\sum_{(s,t)\in N(x,y)} G_R(s,t)A_O(s,t)}{\sum_{(s,t)\in N(x,y)} G_R(s,t)} \tag{2-154}$$

2.5.2.3 算法描述

综上所述，提出的自适应去雾算法描述如下。

（1）偏振信息解析，一旦获得 K 个不同偏振方向的图像，则根据式（2-122）和式（2-143）联立方程组可以得到偏振度图像 $P(x,y)$。

（2）获取大气光信息，根据式（2-145）和式（2-146）找到图像 $I(x,y)$ 和 $P(x,y)$ 中的天空区域，然后根据式（2-147）估计出无穷远处的大气光强值 A_∞ 和偏振度 P_A。

（3）估计大气光强分布，利用式（2-148）～式（2-152）对大气光强分布 $A(x,y)$ 进行估计，然后利用式（2-153）和式（2-154）对估计的大气光强分布 $A(x,y)$ 进行修复。

（4）景物辐射估计，根据式（2-142）复原得到景物的辐射强度图像。

2.5.2.4 实验结果与分析

为了验证所提出方法的效果，对利用偏振成像系统在合肥雾霾天气条件下获取的多组场景偏振图像进行了测试。该偏振成像系统光谱透过中心波段为 665nm，带宽约为 50nm，采用三路面阵 CCD 凝视同时成像工作方式，在每一路 CCD 的光学系统前端均加装了一组线偏振器，其透过轴与所选参考方

向的夹角分别为0°、60°和120°。图2-40给出的是经过图像配准等预处理之后的一组场景。

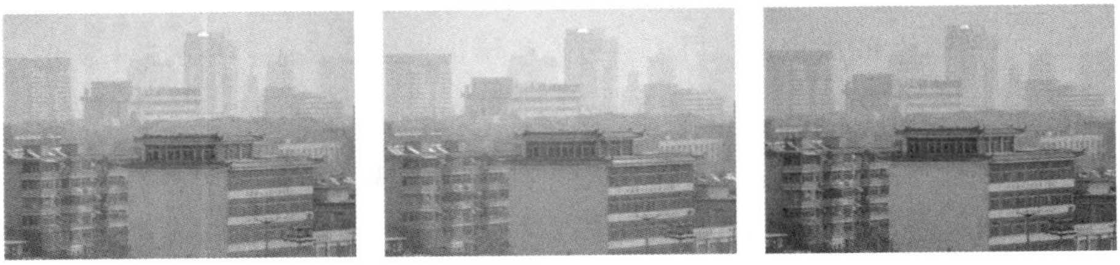

(a) (b) (c)

图2-40 雾天条件下的三幅不同偏振方向图像

(a) 0°偏振图像；(b) 60°偏振图像；(c) 120°偏振图像。

对上述三幅图像进行偏振信息解析，得到的结果如图2-41所示。可以看出，近处景物的部分像素灰度值较亮，说明偏振度较高，因此必须考虑它给后续处理带来的影响。

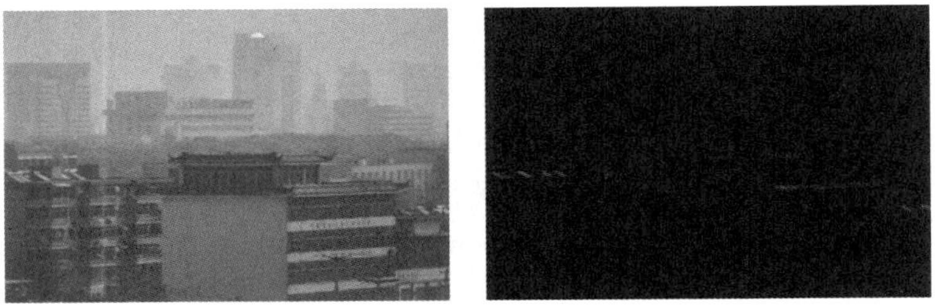

(a) (b)

图2-41 偏振信息解析结果

(a) 合成强度图像；(b) 偏振度图像。

以7×7窗口获取3幅偏振图像对应的暗通道图像，结果如图2-42（a）所示。选取图像中亮度最大的0.3‰像素的平均亮度作为分割阈值，自动提取图像中的天空区域，结果如图2-42（b）所示。可以看出，这种方法比从图像上选择最大亮度的像素区域当作是天空区域更加可靠，因为图像中最亮的像素点有可能是具有较高反射率的物体，例如图2-42（a）中远处大楼的玻璃窗顶或近处的白色建筑物。

利用从图像中自动提取的天空区域，可以估计出A_∞和P_A，从而估计出大气光强的分布，其结果如图2-43（a）所示。从图2-43（b）中可以看出，由于近处屋顶的太阳能热水器和琉璃瓦具有较高的偏振度，甚至超过了大气

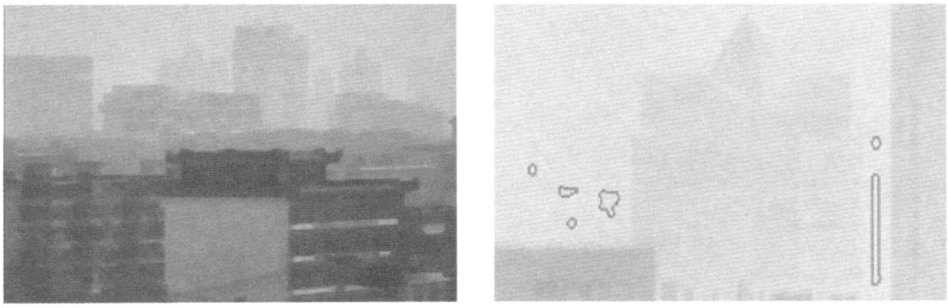

(a) (b)

图 2-42 天空区域自动提取结果

(a) 暗通道图像；(b) 自动提取的天空区域。

光的偏振度 P_A，由此得到的大气光强图 2-43（a）中出现了高亮度的异常区域。图 2-43（b）是利用提出的修复方法得到的结果。可以看出，修复后大气光强分布随距离的递减趋势，近处景物的大气光强得到了明显抑制，图 2-43（a）中的高亮度区域得到了较好的修复。

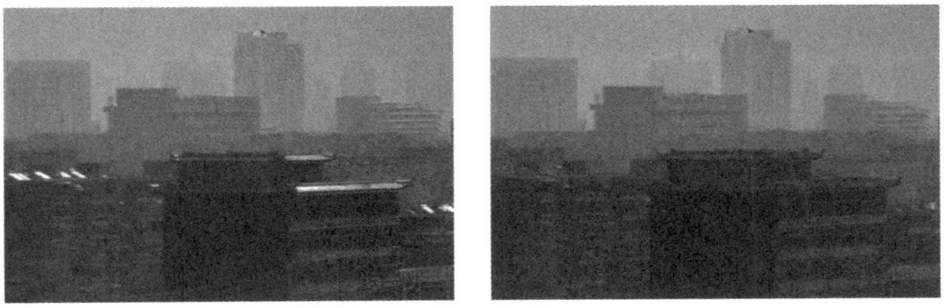

(a) (b)

图 2-43 修复前后的大气光强分布图像

(a) 修复前的大气光强；(b) 修复后的大气光强。

图 2-44 是利用提出的方法得到的最终去雾复原结果。通过与图 2-41（a）进行比较不难发现，复原后的图像在清晰度方面有了明显的改善。图 2-44（b）上面是去雾前的灰度分布直方图，下面是去雾后的图像对应的灰度分布直方图，从中可以看出，复原后图形的灰度分布范围更加广泛和均衡。图 2-44（c）为近处局部景物在去雾前后的对比效果，可以看出，近处的电线、电线杆以及建筑物墙面等景物对比度及细节均得到了显著增强。图 2-44（d）为图像上远处局部景物在去雾前后的对比结果，去雾后图像中左侧的楼房由模糊变得清楚，细节信息得到有效改善，立体感更加强烈，而在去雾前的图像中几乎无法分辨的右侧钟塔上的表盘以及图像中部更远处的楼房也变得清晰可见。

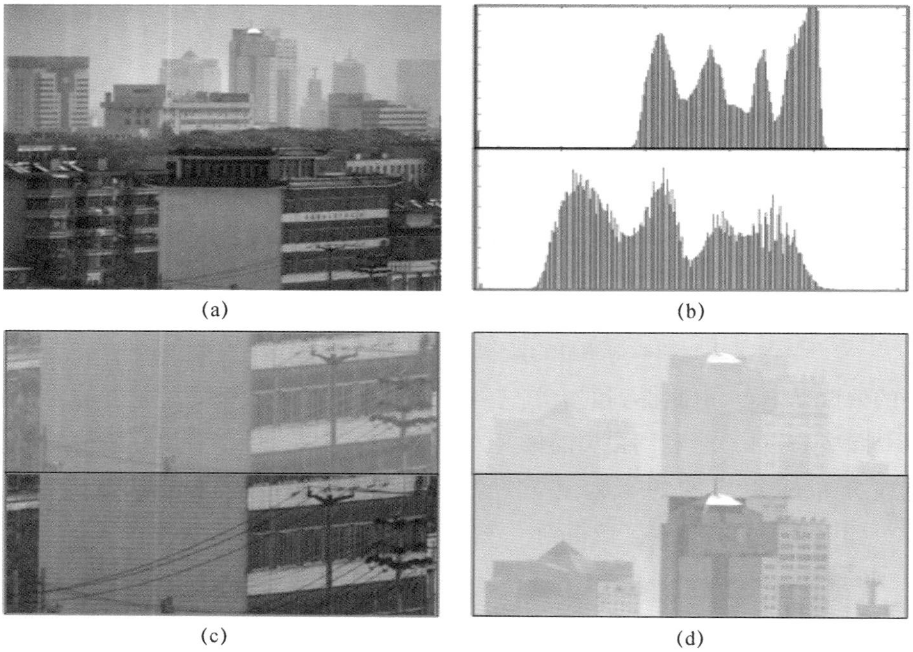

图 2-44 复原前后的场景比较

(a) 复原后的场景；(b) 修复前后的直方图；(c) 近处景物的比较；(d) 远处景物的比较。

参考文献

[1] 张洪坤．雾天降质图像增强与复原算法研究［D］．合肥：陆军军官学院，2012.

[2] 周浦城，薛模根．雾天降质图像清晰化技术研究进展［J］．陆军军官学院学报，2017，37（1）：91-94.

[3] 詹翔，周焰．一种基于局部方差的雾天图像增强方法［J］．计算机应用，2007，7（2）：510-512.

[4] YANG Y. Research on a defogging method of fog-degrade image based on depth region segmentation［J］．Advances in Intelligent and Soft Computing，2012，2（11）：973-977.

[5] 杨万挺，汪荣贵，方帅，等．滤波器可变的 Retinex 雾天图像增强算法［J］．计算机辅助设计与图形学学报，2010，6（22）：995-971.

[6] 储昭辉，汪荣贵，方帅．基于 Retinex 理论的小波域雾天图像增强方法［J］．计算机工程与应用，2011，47（15）：175-179.

[7] XU D B, XIAO C B, YU J. Color-preserving defog method for foggy or hazy scenes [C] //Procof the 4th International Conference on Computer Vision Theory and Applications, 2009, 1: 69-73.

[8] 李鹏 . 薄尘雾退化图像的处理研究 [D] . 南京：南京理工大学，2005.

[9] ASEM K, AI S, RAHMAN A, et al. Single image dehazing using second-generation wavelet transforms and the mean vector L2-norm [J] . Visual Computer, 2018, 34 (5): 675-688.

[10] LIU X, ZHANG H, CHEUNG Y M, et al. Efficient single image dehazing and denoising: An efficient multi-scale correlated wavelet approach [J] . Computer Vision and Image Understanding, 2017, 162: 23-33.

[11] NARASIMHAN S G, NAYAR S K. Chromatic framework for vision in bad weather [C] //Proc of IEEE Conference on Computer Vision and Pattern Recognition, 2000: 1598-1605.

[12] NARASIMHAN S G, NAYAR S K. Contrast restoration of weather degraded images [J]. IEEE Trans. on Pattern Analysis and Machine Intelligence, 2003, 25 (6): 713-724.

[13] 陈功，王唐，周荷琴 . 基于物理模型的雾天图像复原新方法 [J] . 中国图像图形学报，2008，13 (5)：888-893.

[14] SHAWARTZ S, NAMER E, SCHECHNER Y Y. Blind haze separation [C] //Proc of IEEE Conference on Computer Vision and Pattern Recognition, 2006: 1984-1991.

[15] SCHECHNER Y Y, AVERBUCH Y. Regularized image recovery in scattering media [J] . IEEE Trans. on Pattern Analysis and Machine Intelligence, 2009, 29 (8): 1655-1660.

[16] 王勇，薛模根，黄勤超 . 基于大气背景抑制的偏振去雾算法 [J] . 计算机工程，2009，35 (4)：271-273.

[17] 王勇 . 霾雾天气偏振图像复原与增强算法研究 [D] . 合肥：解放军炮兵学院，2008.

[18] OAKLEY J P, SATHERLEY B L. Improving image quality in poor visibility conditions using a physical model for contrast degradation [J] . IEEE Trans. on Image Processing, 1998, 7 (2): 167-179.

[19] KOPF J, NEUBE B, CHEN B, et al. Deep photo: model-based photograph enhancement and viewing [J] . ACM Trans. on Graphics, 2008, 27 (5): 116-125.

[20] NARASIMHAN S G, NAYAR S K. Interactive (de) weathering of an image using physical models [C] //Proc of ICCV Workshop on CPMCV, Nice, France: IEEE Computer Society, 2003: 1-8.

[21] 孙玉宝，肖亮 . 基于偏微分方程的户外图像去雾方法 [J] . 系统仿真学报，2007，

19（16）：3739-3845.

[22] TAN R. Visibility in bad weather from a single image [C] //Proc of IEEE Conference on Computer Vision and Pattern Recognition，2008：1-8.

[23] FATTAL R. Single image dehazing [J]. ACM Trans. on Graphics，2008，27（5）：111-116.

[24] NISHINO K，KRATZ L，LOMBARDI S. Bayesian defogging [J]. International Journal of Computer Vision，2011，98（3）：263-278.

[25] HE K M，SUN J，TANG X O. Single image haze removal using dark channel prior [J]. IEEE Trans. on Pattern Analysis and Machine Intelligence，2011，33（12）：2341- 2353.

[26] 方帅，王勇，曹洋，等. 单幅雾天图像复原 [J]. 电子学报，2010，10（38）：2279-2284.

[27] TAREL J P，HAUTIERE N. Fast visibility restoration from a single color or gray level image [C] //Proc of the IEEE International Conference on Computer Vision，2009：2201-2208.

[28] 禹晶，李大鹏，廖庆敏. 基于物理模型的快速单幅图像去雾方法 [J]. 自动化学报，2011，37（2）：143-149.

[29] ZHANG H K，ZHOU P C，XUE M G，et al. Single fogged image restoration using improved mean shift filtering [C] //Proc of 4th International Congress on Image and Signal Processing，2011，2：818-821.

[30] KAUR M，SINGH D，KUMAR V，et al. Color image dehazing using gradient channel prior and guided L0 filter [J]. Information Sciences，2020，521：326-342.

[31] 刘海波，杨杰，吴正平，等. 基于区间估计的单幅图像快速去雾 [J]. 电子与信息学报，2016，38（2）：381-388.

[32] BERMAN D，TREIBITZ T，AVIDAN S. Non-local image dehazing [C] //Proc of IEEE Conference on Computer Vision and Pattern Recognition，2016.

[33] JU M Y，DING C，GUO Y J，et al. IDGCP：Image dehazing based on gamma correction prior [J]. IEEE Trans. on Image Processing，2020，29：3104-3118.

[34] MANDAL S，RAJAGOPALAN A N. Local proximity for enhanced visibility in haze [J]. IEEE Trans. on Image Processing，2020，29：2478-2491.

[35] CAI B L，XU X M，JIA K，et al. DehazeNet：an end-to-end system for single image haze removal [J]. IEEE Trans. on Image Processing，2016，25（11）：5187-5198.

[36] LI B Y，PENG X L，WANG Z Y，et al. AOD-Net：All-in-one dehazing network [C] //Proc of IEEE International Conference on Computer Vision，2017，4780-4788.

[37] GOLTS A，FREEDMAN D，ELAD M. Unsupervised single image dehazing using

dark channel prior loss [J]. IEEE Trans. on Image Processing, 2020, 29: 2692-2701.

[38] DUDHANE A, MURALA S. RYF-Net: Deep fusion network for single image haze removal [J]. IEEE Trans. on Image Processing, 2020, 29: 628-640.

[39] 吴健，杨春平，刘建斌. 大气中的光传输理论 [M]. 北京：北京邮电大学出版社，2005.

[40] 饶瑞中. 现代大气光学 [M]. 北京：科学出版社，2012.

[41] 李子华. 中国近 40 年来雾的研究 [J]. 气象学报，2001，59 (5)：616-624.

[42] STARK J A. Adaptive image contrast enhancement using generalizations of histogram equalization [J]. IEEE Trans. on Image Processing, 2000, 9 (5): 889-896.

[43] KIM J Y, KIM L S, HWANG S H. An advanced contrast enhancement using partially overlapped sub-block histogram equalization [J]. IEEE Trans. on Circuits and Systems for Video Technology, 2001, 11 (4): 475-484.

[44] 祝培，朱虹，钱学明，等. 一种有雾天气图像景物影像的清晰化方法 [J]. 中国图像图形学报，2004，9 (1)：124-128.

[45] 张洪坤，周浦城，薛模根. 基于暗原色和直方图匹配的雾天图像增强 [J]. 计算机工程，2012，38 (1)：215-219.

[46] RAHMAN Z, JOBSON D J, WOODELL G A. Retinex processing for automatic image enhancement [J]. Journal of Electronic Imaging, 2004, 13 (1): 100-110.

[47] WANG W, LI B, ZHENG J, et al. A fast multi-scale retinex algorithm for color image enhancement [C] //Proc of the International Conference on Wavelet Analysis and Pattern Recognition, 2008: 30-31.

[48] WANG M, ZHOU S D, HUANG F, et al. The study of color image defogging based on wavelet transform and single scale retinex [C]. Proc of SPIE, 2011: 8194.

[49] FOSTER D H. Color constancy [J]. Vision Research, 2011, 51: 674-700.

[50] GARCIA J E, HUNG Y S, GREENTREE A D, et al. Improved color constrancy in honey bees enabled by parallel visual projections from dorsal ocelli [J]. Proceedings of the National Academy of Sciences of the USA, 2017, 113 (29): 1-6.

[51] JOBSON D J, RAHMAN Z, WOODELL G A. Properties and performance of a center/surround retinex [J]. IEEE Trans. on Image Processing, 1997, 6 (6): 451-462.

[52] JOBSON D J, RAHMAN Z, WOODELL G A. A multiscale retinex for bridging the gap between color images and the human observation of scenes [J]. IEEE Trans. on Image Processing, 1997, 6 (7): 965-976.

[53] 张洪坤，周浦城. 一种利用 Retinex 的雾天图像增强算法 [J]. 解放军炮兵学院学报，2011，31 (4)：120-122.

[54] 张洪坤，薛模根，周浦城．基于局部非线性扩散 Mean Shift Retinex 的雾天图像增强［J］．图学学报，2013，34（2）：47-52.

[55] DORIN C，PETER M. Mean shift：a robust approach toward feature space analysis［J］．IEEE Trans. on Pattern Analysis and Machine Intelligence，2002，24（5）：603-619.

[56] DANNY B，DORIN C. A common framework for nonlinear diffusion，adaptive smoothing，bilateral filtering and mean shift［J］．Image and Vision Computing，2004，22：73-81.

[57] HE K M，SUN J，TANG X O. Single image haze removal using dark channel prior［C］//Proc of IEEE Conference on Computer Vision and Pattern Recognition，2009.

[58] LEVIN A，LISCHINSKI D，WEISS Y. A closed form solution to natural image matting［J］．IEEE Trans. on Pattern Analysis and Machine Intelligence，2008，30（2）：228-242.

[59] 薛模根，周浦城，张洪坤．利用方向延伸专家场的单幅雾天图像复原［J］．计算机辅助设计与图形学学报，2014，26（5）：782-787.

[60] WELLING M，HINTON G，OSINDERO S. Learning sparse topographic representations with products of Student-t distributions［C］．NIPS，2003：1359-1366.

[61] ROTH S，BLACK M J. Fields of experts［J］．International Journal of Computer Vision，2009，82（2）：205-229.

[62] MARC P S，CHEN J S，MEDIONI G. Adaptive smoothing：a general tool for early vision［J］．IEEE Trans. on Pattern Analysis and Machine Intelligence，1991，13（6）：514-525.

[63] DANNY B，DORIN C. A common framework for nonlinear diffusion，adaptive smoothing，bilateral filtering and mean shift［J］．Image and Vision Computing，2004，22：73-81.

[64] PAULUS D，CSINK L，NIEMANN H. Color cluster rotation［C］//Proc of IEEE International Conference on Image Processing，1998：161-165.

[65] ZHOU P C，XUE M G，ZHAO X L. Single hazy image restoration based on fields of experts model and guided filtering［C］//Proc of IEEE International Conference on CYBER，2015.

[66] SCHECHNER Y Y，NARASIMHAN S G，NAYAR S K. Polarization based vision through haze［J］．Applied Opitics，2003，42（3）：511-525.

[67] 周浦城，薛模根，张洪坤，等．利用偏振滤波的自适应图像去雾方法［J］．中国图像图形学报，2011，16（7）：1178-1183.

第3章 降水天气光学视频图像去雨

3.1 概　　述

光电成像系统在获取图像的同时，会受到各种外界因素的干扰，造成视频图像质量下降。特别是工作于户外环境中的光电成像系统，面临的影响因素更多，其中一个常见的挑战来自不良天气。根据组成颗粒和视觉特征，常见的不良天气主要分为静态不良天气和动态不良天气[1]两类。其中，静态不良天气主要由很小的水滴以及灰尘等颗粒组成的气溶胶系统构成，典型的静态不良天气主要包括雾和霾。由于空间中气溶胶颗粒对大气光的影响，导致在视频图像中像素的强度变化非常缓慢，通常可以利用大气散射模型来分析静态不良天气对光电成像过程的影响，从而建立降质视频图像的复原模型。目前，国内外学者对静态不良天气的图像及视频处理开展了大量的研究。

与雾霾等静态不良天气相比，动态不良天气（包括雨、雪、雹、霰、沙尘暴、扬尘、浮尘等）的组成颗粒通常要大得多，并且这些颗粒在快速下落的同时，运动轨迹很容易受到风等外界因素的影响，不但妨碍人眼的视觉观察，而且会在视频图像中产生运动模糊及遮挡，给后续视频图像处理工作带来很大干扰。其中，降水是日常生活中经常会遇到的一类典型动态不良天气现象。蒸发到空气中的水蒸气遇到冷空气后会不断凝聚形成水滴，当水滴达到一定的半径时，不再漂浮在空气中，而是以一定的速度降向地面，从而形成降水过程。降水形式主要包括雨和雪。

降水天气对人眼视觉系统和光电成像系统均有很大的影响。例如，在雨雪天气条件下行车时，降雨或降雪会导致路面水平能见度降低、道路标识变模糊，车辆制动距离变长，尤其是在强降水天气条件下，容易造成驾驶人视线模糊、可视距离缩短，一旦车距控制不好，极易发生车辆安全事故。由于时变条件下的雨滴或雪花的存在，导致视频图像中的像素强度值会产生变化，从而极大地影响后续计算机视觉处理方法的鲁棒性和可靠性[2]。

针对降水天气下的光学视频图像增强是光电图像处理领域的一个重要分支，在军事和民用领域具有巨大的发展前景和广阔的应用价值，特别是在信息化战争的时代背景下，其军事应用尤为重要。随着现代战争朝着以信息化为主导的方式转变，远程精确打击、超视距交战、战场态势实时感知、来袭威胁目标侦察预警以及侦察、控制、打击、评估一体化，极大地增加了军事行动对战场视频图像信息的需求量，同时也对各类光电装备的全天时、全天候工作能力提出了更高的要求。由于战场气象环境的复杂多变性，使得各类视频图像数据极易受到不良天气条件的影响，因此通过信号处理技术手段，有效提高不良天气条件下的目标识别能力和视频清晰度，从而有助于建立对敌情报优势，掌握战场主动权，具有重要的现实意义和广泛的应用价值[3]。

鉴于降落过程中的雨滴和雪花化学成分相同、在图像中其视觉形态和光学特性呈现出一定的相似性，因此国际上对此一般不做区分，从而可以将受到降水天气影响的视频图像增强问题归结为视频图像的去雨问题。在受降雨影响的视频图像数据中，任意一帧图像 $\boldsymbol{I}_{\mathrm{d}}$ 可近似分解为背景图像 $\boldsymbol{I}_{\mathrm{b}}$ 和雨像 $\boldsymbol{I}_{\mathrm{r}}$ 两部分，即对于 t 时刻位置（x，y），$\boldsymbol{I}_{\mathrm{d}}(x, y) \approx \boldsymbol{I}_{\mathrm{b}}(x, y) + \boldsymbol{I}_{\mathrm{r}}(x, y)$。由于雨像 $\boldsymbol{I}_{\mathrm{r}}$ 未知，仅仅通过受雨影响的图像 $\boldsymbol{I}_{\mathrm{d}}$ 来求解清晰的背景图像 $\boldsymbol{I}_{\mathrm{b}}$ 是病态的反问题，必须增加有关雨像 $\boldsymbol{I}_{\mathrm{r}}$ 或背景图像 $\boldsymbol{I}_{\mathrm{b}}$ 的先验信息。从视频图像处理角度，可以将现有的视频图像去雨技术划分为以下四大类型[4]：

（1）基于时域的去雨技术。对于人眼视觉系统来说，雨滴在时域上亮度和位置的变化是最为直观的，因此基于时域的去雨技术是视频图像去雨技术研究的主流。关键在于将雨天视频图像中含雨像素在亮度[5-6]或颜色[7-8]等方面的时空变化特性与雨滴在视频图像中的表观特征关联起来，并据此构造相应的雨滴检测与去除模型[9-10]。

（2）基于频域的去雨技术。由于动态变化的雨滴或雨线与环境背景相比较差异显著，因此频域特性更能准确反映出其本质特征，从而大大提高基于频域的去雨技术的适用性。关键在于根据雨滴的亮度变化或雨线的方向分布特性，构建雨滴或雨线的频域特征检测模型，然后通过频域带通滤波或双边滤波等方式去除雨滴或雨线干扰，从而改善雨天视频图像质量。典型的方法包括基于频域空间分析的方法[11]和基于小波变换的方法[12-13]。

（3）基于稀疏域的去雨技术。采用基于稀疏表示的方法来获得图像的内在结构特征，以克服噪声干扰、复杂背景等因素的影响，在图像去噪、视频图像去雨等方面受到广泛关注。关键在于基于稀疏约束实现有雨和无雨图层分离，然后结合雨滴或雨线的先验知识进行有雨和无雨字典分类与图像重构。典型的方法有基于稀疏编码的方法[14-16]和基于矩阵低秩的方法[17-18]。

（4）基于深度学习的去雨技术。上述基于雨滴先验信息和模型的视频图像去雨技术，往往难以平衡去雨效果与背景估计清晰度之间的关系。近几年来，基于深度学习思想，通过构建深度神经网络框架实现图像去雨已逐渐引起人们的关注，成为当前研究的一个重要趋势[19-21]。

在前面阐述的视频图像去雨技术研究中，其主要对象是在自由空间降落过程中的雨滴及其运动所产生的雨线。当雨滴落在光电成像系统的光学镜头或者前端的挡风玻璃上时，所形成的附着雨滴也会对视频图像的质量产生很大影响，特别是那些静态附着雨滴，很多时候并没有雨线那么稠密，并且在图像上的尺寸要比雨线大得多，有时甚至会完全遮挡背景，对于附着雨滴的视频图像去雨问题也是近几年国际上研究的一个热点[22-23]。

3.2 降水天气对光学成像的影响

在晴朗干燥的天气下，空气中的主要粒子是气体分子，对于光电成像系统的影响较小，因此晴好天气下能见度高、成像质量好。而在不良天气条件下，大气中会出现大量比气体分子大得多的气溶胶粒子，这些气溶胶粒子通过对电磁波的吸收和散射作用，在紫外、可见光到红外很宽的波段内对电磁辐射传输产生影响，造成户外光电成像设备的使用受到限制，得到的图像质量下降。对成像造成较大影响的天气主要包括雾霾类（雾、霾）、降水类（雨、雪、雹、霰）、沙尘类（沙尘暴、扬尘）、烟尘类（浮尘、烟幕）等。下面重点对降水类天气进行分析。

3.2.1 降水天气特征

当空气中的水滴达到一定的半径时，它不再漂浮在空气中，而是以一定的速度降向地面，这一过程称为降水。根据水的形态，降水可以区分为降雨和降雪。

1. 降雨特征

雨的形成基本过程是：当地球表面上的水受到太阳的照射后，变成水气蒸发到空气中。水蒸气在高空中与冷空气凝聚形成很小的小水滴。在上升气流的作用下，一些小水滴漂浮在空中形成云。大气中的云通过不断吸收云周围的水蒸气来使自己凝结和凝华。如果云内的水蒸气能够得到充足的供应，那么云滴的表面就会处于过饱和的状态，凝结过程就会持续进行，随着云滴不断地增大，最终形成了雨。初期形成的雨滴，在降落的过程中可以吸收周围的小水滴，使自己的体积和重量不断地变大，当增大到一定程度的时候，就从云中降落到地表，成为雨水。

根据引起空气上升运动的原因，降雨可分为气旋雨、地形雨、对流雨与锋面雨。异常强大的热带洋面暖湿气流遇到台风中心旋转上升，这种雨称为气旋雨；潮湿的空气遇到地形的阻挡，气团被迫沿迎风坡缓慢上升，由于温度的降低而出现凝结现象，这种雨称为地形雨；由于近地表面的空气受到强烈的热辐射，引起空气的温度上升，密度变小，发生热对流，因此在大气上升的过程中有大雨或伴有雷电的大雨出现，这种雨称为对流雨；当冷空气和暖空气两股气团相遇时，相对暖、湿、较轻的空气被抬升，在抬升的过程中，形成的降水称为锋面雨。

雨的强度通常用降水量来描述，降水量以水层的深度表示。依据降雨强度的大小，降雨可以分为小雨、中雨、大雨、暴雨、大暴雨和特大暴雨，降雨强度的分级见表 3-1。

表 3-1　降雨强度的分级

等级	类型	24h 降雨量/mm
1	小雨	0～10
2	中雨	10～25
3	大雨	25～50
4	暴雨	50～100
5	大暴雨	100～250
6	特大暴雨	＞250

2. 降雪特征

降雪的定义是大气里以固态形式飘落到地表上的降水。国际雪冰委员会将大气固态降水分成了 10 种：雪片、星形雪花、柱状雪晶、针状雪晶、多枝状雪晶、轴状雪晶、不规则雪晶、霰、冰粒和雹。其中，前面的 7 种统称为雪。冬季降水最常见的是由多种雪晶聚合而成的雪花。雪花的最大等效水滴直径可达 15mm，但大多数雪花的直径为 2～3mm。雪花的形成主要受环境温度和雪晶形状的影响，当气温为 0℃左右时，雪晶表面存在一层水膜，大大增加了雪晶碰并聚合的概率，使得雪花的出现概率最大，雪花尺度也最大；随着气温的降低，雪花的出现概率减小；当气温降至 −15℃左右时雪晶出现枝状结构，增加了粒子碰并聚合的概率，雪花的出现概率达到次极大。

降雪天气的等级划分是从降雪强度的角度进行考虑，降雪强度的划分标准采用通用的两种方法：一种是以能见度为标准进行划分；另一种是以降雪量为标准进行划分。例如，依据降雪量的不同，降雪一般可以区分为小雪、中雪、大雪和暴雪，具体见表 3-2。

表 3-2 降雪的分级

雪天气分级	24h 降雪量/mm	地面积雪深度/cm
小雪	0.1～2.4	＜3
中雪	2.5～4.9	3～5
大雪	5.0～9.9	5～8
暴雪	≥10.0～19.9	≥8

3. 降水现象对大气能见度的影响

大气能见度是表征近地表大气透明程度的一个重要物理量。在气象学中，能见度是识别气团特性的重要参数之一，它代表当时的大气光学状态。能见度又分为白天能见度和夜间能见度。白天能见度是指视力正常的人，在当时天气条件下，能够从天空背景中看到和辨认的大小适当的黑色目标物的最大距离。夜间能见度是指假定总体照明增加到正常白天水平，适当大小的黑色目标物能被看到和辨认出的最大距离或者中等强度的发光体能被看到和识别的最大距离。

根据科希米德（Koschmeider）定律，对于照度和光学性质都相同的视线路径，物体的视觉对比度在大气中的变化规律与能量的变化相同，都正比于大气的透过率。因此，标准大气能见度定义为对比阈值取 0.02 时识别白背景上的理想暗物体的距离：

$$V = \frac{-\ln 0.02}{\beta_{\text{ext}}} = \frac{3.912}{\beta_{\text{ext}}} \tag{3-1}$$

式中：β_{ext} 为大气消光系数。在气象观测中将对比度阈值为 0.05 对应的可视距离定义为气象视距。

在降水天气下，造成能见度下降的主要因素是大气中的降水粒子对可见光的吸收和散射效应。研究表明[24]：能见度随降水强度的增大而呈指数降低，受降水粒子类型、密度、速度、大小等多种因素影响，二者关系并不唯一确定，降雨和降雪对能见度的影响情况各有不同，主要与降水粒子和谱分布有关。对于相同强度的降水，粒子的数密度越大，大气消光系数越大，能见度就越小；反之，能见度就越大。

3.2.2 雨天视频图像样本库构建

为了支撑开展雨天视频图像增强技术研究，建立了雨天视频图像样本库。该样本库的构成分为两个部分：一是经典方法数据样本；二是实验采集数据样本。其中，样本库主要由动态背景和静态背景下雨天视频，自然场景和人物场景下雨天视频以及同一场景下小雨、中雨和大雨视频等组成。

3.2.2.1 经典方法测试样本

雨天视频图像样本库采用多组经典方法测试样本，主要有美国哥伦比亚大学计算机视觉实验室、卡内基梅隆大学光学和图像实验室、新加坡国立大学、法国路桥大学路桥中心实验室、中国台湾“清华大学”提供的测试样本以及通过互联网收集的雨天图像，部分测试样本如图 3-1 所示。

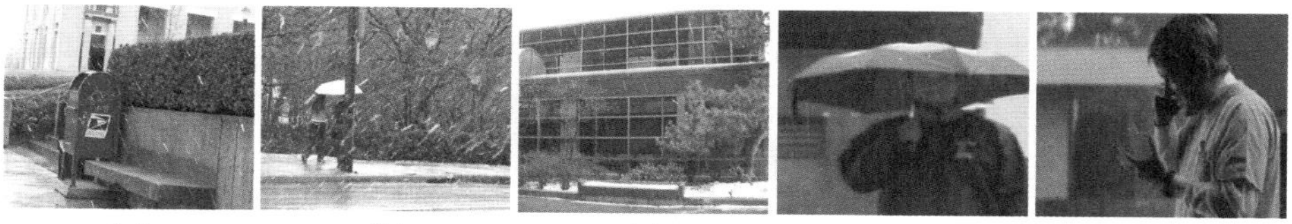

(a)　(b)　(c)　(d)　(e)

图 3-1　视频图像去雨方法的部分测试样本

(a) Mailbox 图像；(b) Walking 图像；(c) Building 图像；(d) Umbrella 图像；(e) Magnolia 图像。

3.2.2.2 试验采集样本

试验采用的摄像仪为迈视公司的高清网络摄像机，传感器类型为 1/3 英寸逐行扫描 CMOS，有效像素为 1280 × 960，曝光时间范围为 1/50 ~ 1/4000s，最低彩色照度为 0.5lx。试验采集了六种场景下雨天视频作为样本数据，时间跨度为 2013 年至 2017 年，共采集数千组视频片段，包括小雨、中雨和大雨等不同降雨强度。试验采集的部分雨天视频样本如图 3-2所示。

图 3-2 试验采集的部分雨天视频样本

3.2.3 雨滴的物理特性

3.2.3.1 雨滴的形状及大小

雨滴的形状与它的尺寸有关系，雨滴的直径一般为 100μm～10mm。通常把直径小于 5.5mm 的雨滴称为稳定雨滴，而大于 5.5mm 时，雨滴是不稳定的，非常容易出现碎裂或变形，这种不稳定的雨滴称为暂时性雨滴。雨滴在降落过程中，受到空气阻力及相互碰撞的作用，雨滴形状会偏离稳定的椭球形而产生摆动。然而，这种形态上的变化对视频中雨滴的视觉效果并没有太大的影响，因此可以假设雨滴在下落过程中存在一种平衡状态模型。Beard 和 Chuang 给出了雨滴形态函数模型，其中雨滴的形态与雨滴的半径密切相关，定义如下[25]：

$$r(\theta)=a\left(1+\sum_{n=1}^{10}c_n\cos(n\theta)\right) \tag{3-2}$$

式中：a 为雨滴未变形时的球半径；c_1，c_2，…，c_{10} 为雨滴半径系数；θ 为方向角，当 $\theta=0°$时代表雨滴垂直下落，雨滴形态分布如图 3-3（a）所示。

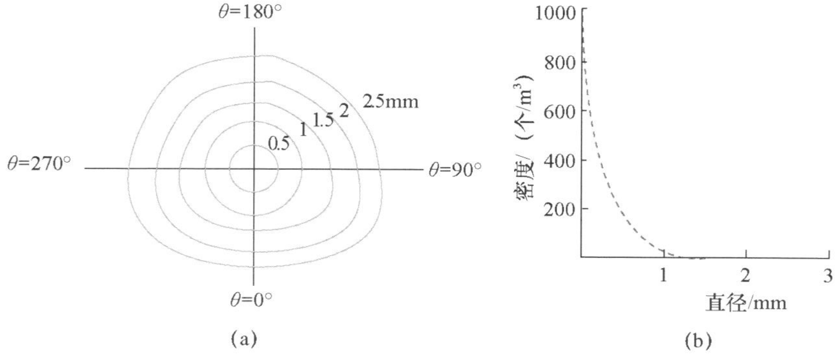

图 3-3 雨滴形态与密度特征图

（a）雨滴的形态与直径关系；（b）雨滴的数密度与直径关系。

从图 3-3（a）中的雨滴直径分布图可知，随着雨滴直径的增加，雨滴形态会产生扭曲，越来越趋向于扁平状。Marshall 等[26]给出了雨滴直径与雨滴数密度之间的分布关系，如图 3-3（b）所示。一般来说，由于空气阻力及雨滴表面张力等原因，雨滴直径分布为 0.1～3mm，因此可近似认为雨滴为球体。

3.2.3.2 雨滴的速度及方向

在雨滴从云中落向地面的过程中，重力和阻滞力相等时雨滴将做匀速运动，这时雨滴的速度称为自由沉降速度。雨滴的自由沉降速度取决于雨滴的直径。Foote 和 Toit[27]提出了一个近似雨滴自由沉降速度的多项式模型，若记 v_d 为雨滴自由沉降速度（m/s），D 为雨滴直径（mm），则

$$v_d = -0.193 + 4.963D - 0.904D^2 + 0.057D^3 \tag{3-3}$$

假设单个雨滴质量为 m，半径为 r，所受的重力为 g，下落速度为 v，风速为 u，雨滴受到浮力 $F_b = \rho_a Vg$ 和阻力 $F_d = 6\pi\mu rv$ 的影响，其中 ρ_a 代表空气密度，V 为雨滴的体积，g 为重力加速度，μ 为运动黏性。如果用 a_x 和 a_y 表示雨滴下落过程中所受到的水平及垂直加速度，可以得到：

$$\begin{cases} a_x = \dfrac{6\pi\mu r}{m}(u - v_x) \\ a_y = g - \dfrac{\rho_a Vg}{m} - \dfrac{6\pi\mu r}{m} v_y \end{cases} \tag{3-4}$$

因此，雨滴方向可以表示为

$$\theta = \arctan \frac{v_y}{v_x} \tag{3-5}$$

将式（3-4）代入式（3-5）中，可以得到雨滴方向最终表达式：

$$\theta = \arctan\left[\frac{m}{6\pi\mu r}\left(g - \frac{\rho_a Vg}{m}\right)\frac{1}{u}\right] \tag{3-6}$$

从式（3-6）可以看出，雨滴方向与雨滴下落过程中所受的合力有关。由于雨滴在下落过程中会达到一个恒定的自由沉降速度，此时雨滴所受的合力为 0，水平方向和垂直方向的加速度也为 0。根据气象学统计数据可知，平均风速 u=3.4km/h≈1m/s，雨滴自由沉降速度 v_d 为 2～10m/s，雨滴半径 r 为 0.1～3mm，由此可以得到雨滴方向 θ 在−15°～15°之间。

这里选取了 Nayar 等给出的真实雨线数据库中的数据进行分析，结果如图 3-4 所示。其中，图 3-4（a）为真实场景下获取的雨滴分布，图 3-4（b）为对雨线方向分布的统计直方图。从统计数据来看，雨滴下落过程中形成的雨线方向处于−15°～ −5°角度范围的有 31 个、处于−5°～ 5°角度范围的有 469 个、处于 5°～ 15°角度范围的有 29 个，雨滴下落方向均分布在±15°以内，符合雨滴方向特性模型。

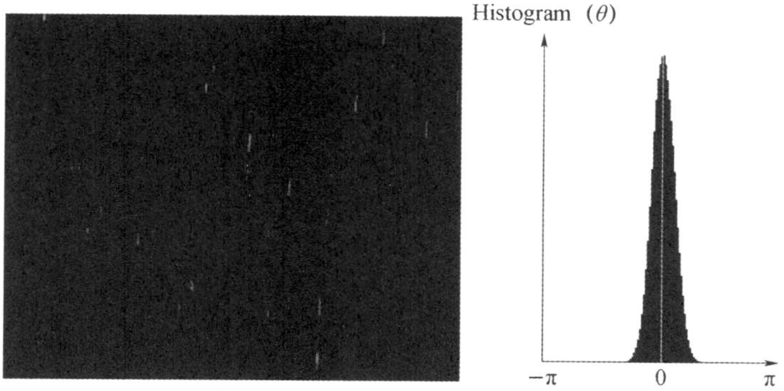

(a) (b)

图 3-4 雨滴方向分布统计图

(a) 真实雨滴分布图；(b) 雨滴方向统计图。

3.2.3.3 雨滴的空间分布

自然条件下生成的雨滴在下落过程中随机地分布在三维空间，且分布的概率是一致的，近似服从均匀分布[28]。因此，可以采用泊松模型来模拟雨滴的空间分布情况：

$$P(k)=\frac{e^{-\sigma}(\sigma)^k}{k!} \tag{3-7}$$

式中：$P(k)$ 表示单位体积内存在数目为 k 的雨滴分布概率；σ 为雨滴平均数量。

3.2.4 雨滴的光学特性

3.2.4.1 雨滴的光学模型

根据视频中雨滴成像特性可知，雨滴相比于其他物体具有独特的亮度特性，由于人眼具有视觉暂留效应，因此视觉上雨滴表现为明亮的白色条纹状。根据雨滴的一般形态特征可认为雨滴是透明球体，具有类似于透镜的折射和反射效果，如图 3-5（a）所示。假设 $\boldsymbol{s}$、$\boldsymbol{r}$、$\boldsymbol{p}$ 分别为场景光经雨滴反射、折射以及内部反射后的光线，$\boldsymbol{n}$ 表示光线 $\boldsymbol{s}$、$\boldsymbol{r}$、$\boldsymbol{p}$ 经过雨滴反射和折射后进入相机光线之和，即 $L(\boldsymbol{n})=L(\boldsymbol{s})+L(\boldsymbol{r})+L(\boldsymbol{p})$，则经雨滴作用后进入相机的辐射量表示为

$$F(\boldsymbol{n})=SL(\boldsymbol{s})+RL(\boldsymbol{r})+PL(\boldsymbol{p}) \tag{3-8}$$

其中，S、R、P 分别为反射、折射以及内部反射的辐射传输函数。Nayar 等通过辐射量函数得出，经过雨滴折射后的场景光在传输过程中仅减弱 6%[29]。

同时，由雨滴形状和 Snell 定理可以知，光线 $\boldsymbol{r}$ 经过雨滴的折射角为

$$\theta_r = 2(\pi - \theta_n) + \alpha + 2\arcsin\left(\frac{\sin(\theta_n + \alpha)}{\varphi}\right) \tag{3-9}$$

式中：θ_r为光线$\boldsymbol{r}$与水平轴的夹角；θ_n为光线$\boldsymbol{r}$出射点法线与水平轴的夹角；α为出射光与水平轴的夹角；φ为水的折射系数。假设θ_n的取值范围为0°～90°，根据式（3-9）不难得出雨滴的视角范围近似于165°，如图3-5（b）所示，因此雨滴对于场景辐射的作用近似于广角镜头。

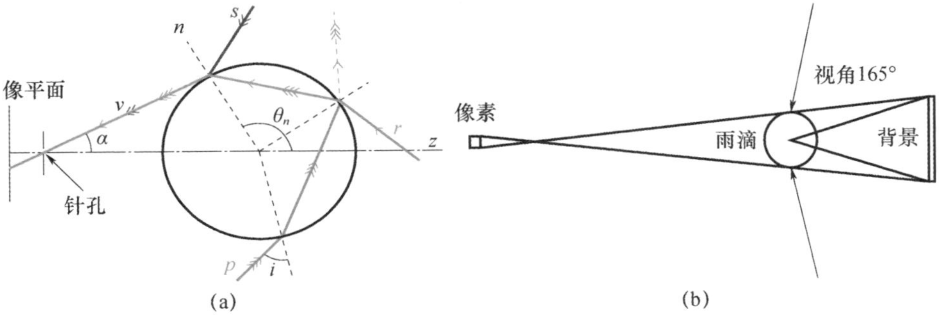

图 3-5 雨滴的光学模型

（a）雨滴的折射、反射和内部反射；（b）雨滴的视场角。

Nayar 等开展了雨滴成像模拟实验，如图 3-6 所示。其中背景由不同灰度的条纹渐变带组成，A 到 E 分别表示雨滴自由下落时经过不同光强背景的强度波谱。可以看出，当雨滴经过背景像素时强度值增大，表明雨滴通过背景像素时会使其强度值增大；图 3-6（c）表明当雨滴通过不同区域时会出现一个波峰，说明此时强度突然增大。通过强度变化示意图可以看出，雨滴的光强比背景光强大很多。

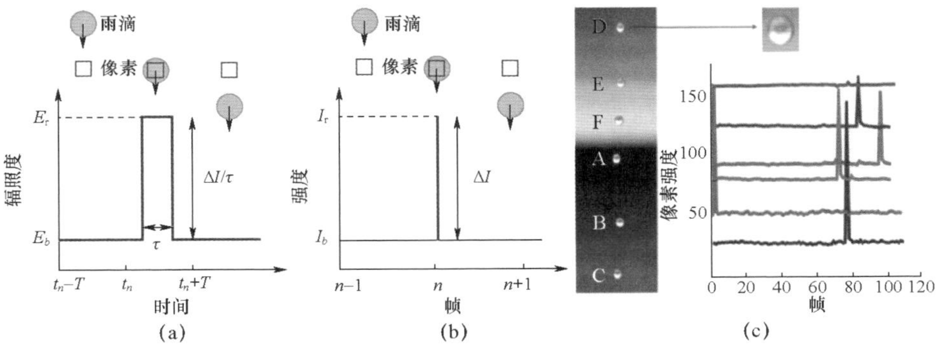

图 3-6 雨滴在不同背景下强度变化曲线

（a）雨滴像素时间变化特性；（b）雨滴像素空间变化特性；（c）不同背景下雨滴强度变化特性。

在户外成像条件下，由于外界光照变化影响，会对雨天视频成像造成干扰。为此，对采集的数十组雨天视频样本进行了分析，如图 3-7 所示为其中的 2 组结果。图 3-7（a）为雨天获取的视频，黑框为受雨滴影响的一个像素；图 3-7（b）表示该像素在视频序列中强度的变化；图 3-7（c）为晴天条件下获取的同一场景的视频；图 3-7（d）为该像素在视频序列中的强度统计。从实测数据中可以看出，在实际条件下雨滴呈明亮线条状且受雨影响像素的变化是无规律的，在光照及噪声的影响下背景像素值变化幅度不均，且变化量在 10 个灰度值内浮动，因此仅仅采用恒定阈值强度变化对雨滴进行检测不够准确。

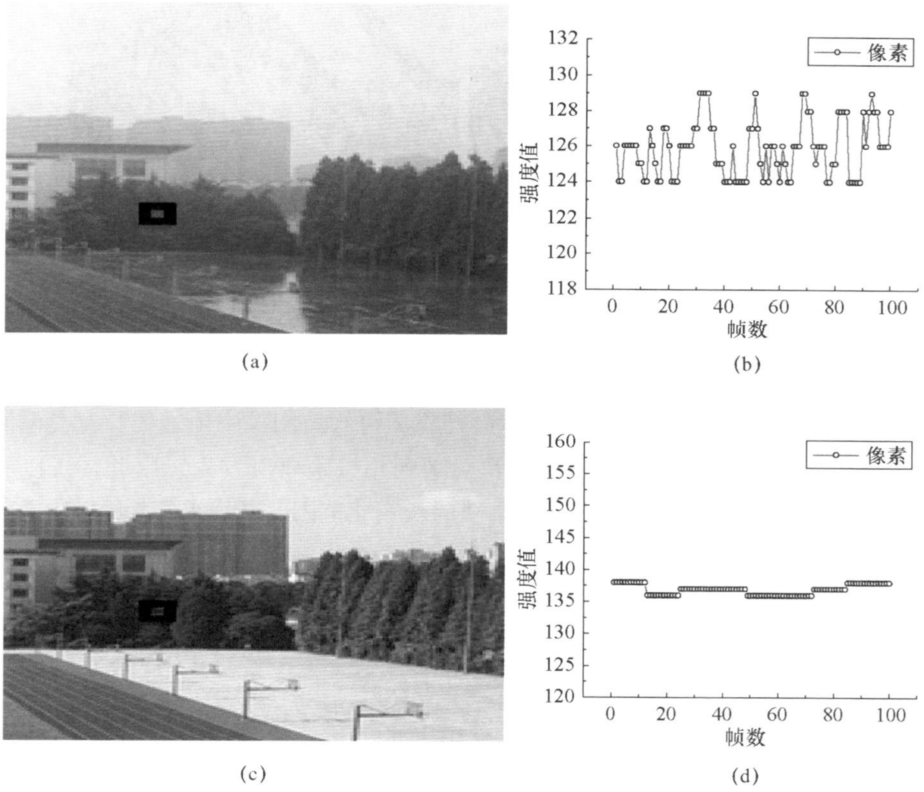

图 3-7　雨天和晴好天气同一像素的强度变化统计

（a）受雨影响像素；（b）受雨影响像素的强度变化统计；（c）无雨像素；（d）无雨像素的强度变化统计。

3.2.4.2　雨线（运动模糊）的特性

视频中的雨滴由于摄像机对光强辐射的线性响应及在有限曝光时间内对

辐射的积分，高速下落时会产生运动模糊，呈现近白色的条纹遮挡，造成图像模糊、细节信息丢失，这里将这些白色条纹称作雨线。其中，影响雨滴在视频图像中形态的决定因素是相机的曝光时间。图 3-8 是同一相机在不同曝光时间内获取的视频图像。可以看出，在短曝光（1ms）情况下，图像中雨滴成白色点状，其强度值与背景强度并无关系，只与雨滴本身亮度有关，随着曝光时间的增加，图像中的雨滴成近白色条状遮挡，其强度值与背景强度有一定的线性关系。

(a)　　　　　　(b)

图 3-8　相同场景不同曝光时间下雨滴形态

（a）曝光时间 1ms；（b）曝光时间 33ms。

根据 Brewer 等提出的雨线形状特征先验可知，图像中雨线的长宽受雨滴直径、相机曝光时间、相机焦距以及雨滴到相机距离所约束。因此，可以利用相机参数和雨滴的物理特性确定雨线的长宽比范围。若用 $L(D, z)$ 表示雨线长，$B(D, z)$ 描述雨线宽，则

$$\begin{cases} L(D,z)=\dfrac{v_{\mathrm{d}}Tf}{z}+\dfrac{Df}{z} \\ B(D,z)=\dfrac{Df}{z} \end{cases} \tag{3-10}$$

式中：f 为相机焦距；T 为曝光时间；z 为雨滴到相机距离。

根据式（3-3）可知雨滴的最终下落速度，综合式（3-10）联立方程组，可得雨线长宽比为

$$\delta \approx \frac{(-0.2+5.0D-0.9D^2+0.1D^3)T}{D}+1 \tag{3-11}$$

从式（3-11）可以看出，雨线长宽比只与雨滴的直径 D 和相机曝光时间 T 有关。自然条件下雨滴直径一般在 0.1～3mm 之间，如果曝光时间未知，

那么假设采用一般摄像机，曝光时间在 33ms 左右。因此，根据上述雨滴先验知识，可以确定雨线长宽比为 88～95。

3.2.4.3 雨滴的颜色特性

Zhang 等[31]发现受雨影响像素的 R、G、B 三种颜色成分的强度变化近似一致。假设 R、G、B 和 R'、G'、B' 是两个连续帧相同位置像素的色彩分量，那么色彩分量的改变量 $\Delta R=R-R'$、$\Delta G=G-G'$ 和 $\Delta B=B-B'$ 受一个小的阈值所限制。图 3-9 为基于实测雨天视频的统计结果。图 3-9（a）中的黑框表示受雨影响的像素，图 3-9（b）为黑框内受雨影响像素的颜色分量改变量统计图。可以看出，受雨影响像素的颜色分量 ΔR、ΔG、ΔB 近似相同。这里还统计了雨天场景中其他运动物体像素的颜色分量的改变量，结果如图 3-9（c）和（d）所示。可以看出，G 分量和 B 分量改变量近似相同，R 分量的改变量存在较大的差异，表明该区域内像素的颜色分量改变量并不一致。通过以上分析可知，虽然雨天视频图像中存在有其他运动物体，但是仅有受雨影响的像素在颜色分量改变量上是近似一致的。

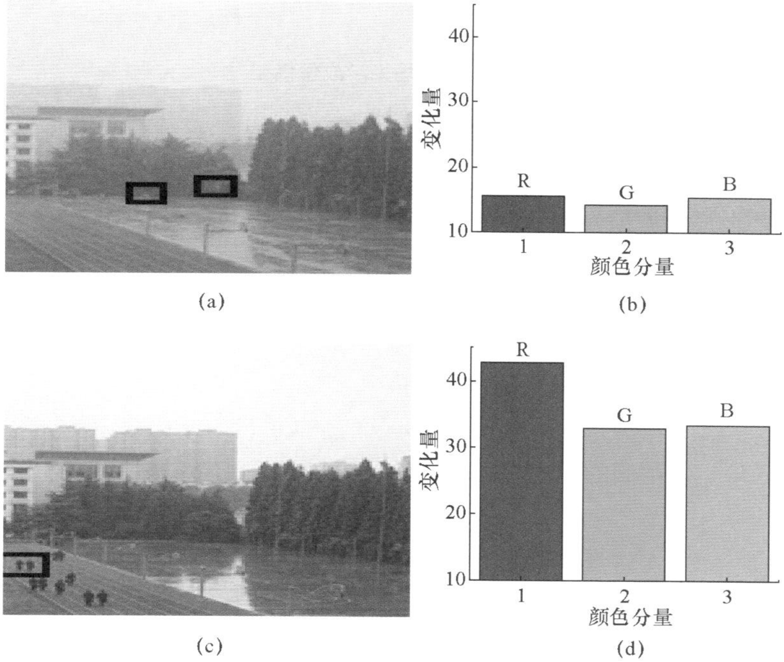

图 3-9　雨滴的颜色变化统计特性

（a）受雨影响像素；（b）受雨影响像素颜色分量改变量；（c）其他运动物体；（d）其他运动物体像素颜色分量改变量。

3.2.4.4　雨场光学成像模型

虽然降雨时是由大量快速运动的雨滴组成，但是在视频中并不是所有的雨滴都会产生雨线，根据小孔成像原理，距离成像系统较远的雨滴所成的像要远小于一个像素，因此对像素强度的影响极小。尽管这些雨滴不会带来明显的强度变化，但是大量存在的雨滴对于光电成像系统也会造成类似于雾霾的效果。为此可以把雨滴分为“静态雨滴”和“动态雨滴”，前者会造成视频图像细节信息丢失和模糊，后者会对目标物体产生白色雨线遮挡，如图 3-10 所示。因此，可以把雨天视频图像降质的影响因素区分为动态遮挡和静态模糊。

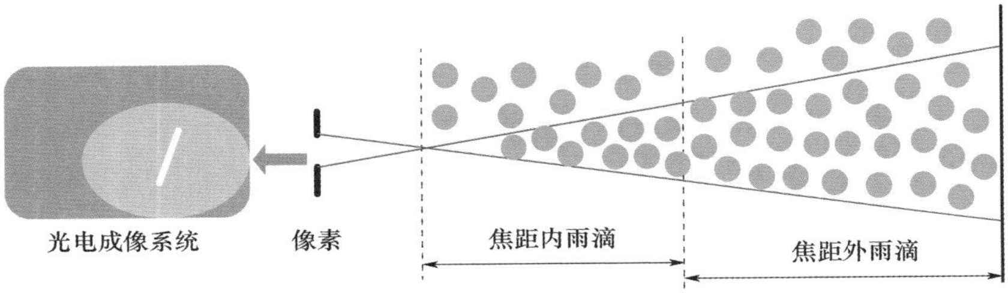

图 3-10　雨场光学成像模型

假设光电成像系统在成像时符合线性辐射模型，系统曝光时间为 T，雨滴通过位于（x，y）处的某个像素的时间为 τ，则该像素位置的光强 I_d 可以表示为背景辐亮度 E_b 和雨滴辐亮度 E_r 的线性叠加：

$$I_d(x,y)=\int_0^{\tau}E_r(x,y,t)\mathrm{d}t+\int_{\tau}^{T}E_b(x,y,t)\mathrm{d}t \tag{3-12}$$

假如背景是缓慢变化的，即 $E_b(x,y,t)=E_b(x,y)$，则可近似认为 E_b 在曝光时间 T 内是常数，从而有

$$I_d(x,y)\approx\tau\cdot\mu(E_r(x,y))+T\cdot E_b-\tau\cdot E_b \tag{3-13}$$

其中，$\mu(E_r)$ 为雨滴的平均辐亮度：

$$\mu(E_r(x,y))=\frac{1}{\tau}\int_0^{\tau}E_r(x,y,t)\mathrm{d}t \tag{3-14}$$

根据典型视频监控系统的指标参数可估算出 τ 的最大值为 1.18ms，远小于其标准帧频（30Hz），即 $T\approx33\text{ms}$。因此若用 $I_b=T*E_b$ 代表无雨时的背景光强，$I_r=\tau*\mu(E_r)$ 代表雨滴经过时产生的光强，由于雨滴的亮度远远大于背景亮度，且 τ 远小于曝光时间 T，故 $\tau*E_b$ 可忽略不计，则式（3-13）可写为

$$I_d(x,y)\approx I_r(x,y)+I_b(x,y) \tag{3-15}$$

若 I_r 给定，那么视频中受雨影响的背景图像 I_b 就可得以恢复。但是，视频图像中往往含有“静态雨滴”产生的图像模糊，根据远景雨场的雾化效果，可以借助于雾天成像模型来近似表示 I_b：

$$I_b(x,y)=(1-t(x,y))\cdot A+t(x,y)\cdot J(x,y) \tag{3-16}$$

式中：J 为场景辐亮度；A 为全局大气光；t 为衰减系数。

根据大气散射模型，当光在均匀介质中传输时，衰减系数 t 可以表达为

$$t(x,y)=\mathrm{e}^{-\beta d(x,y)} \tag{3-17}$$

式中：β 为大气衰减系数；$d(x,\ y)$ 与景深有关，因此 I_b 的值随着景深呈指数衰减。

根据上述分析，可以将雨天视频图像按降质原因分为近景雨场和远景雨场两个区域。考虑到两种雨滴对视频图像的不同影响，将式（3-16）代入式（3-15），便可得到雨场光学成像模型：

$$I_d(x,y)=I_r(x,y)+(1-t(x,y))\cdot A+t(x,y)\cdot J(x,y) \tag{3-18}$$

由于雨滴在空间中服从均匀分布，根据小孔成像原理，远景雨场中的雨滴通过像素的时间 τ 随着景深的增加而变大。当达到一定景深后，可以认为在曝光时间 T 内恒有远景雨场的雨滴通过该像素，此时可以认为在远景雨场下雨滴的影响占主要因素，导致景物模糊不清。而在近景雨场下，背景强度占主要因素，雨滴只是偶尔产生雨线遮挡。因此，对于雨天视频图像增强技术可以分为两个部分：在近景雨场时，主要目的为去除雨线遮挡；在远景雨场时，则需要去除景物模糊。

由于户外条件下获取的雨天视频中除降落的雨滴外，往往还含有其他运动物体，在时空上也会对像素强度值产生影响。为了区别雨滴与其他运动物体，Nayar 等根据相机线性辐射模型提出了一种基于雨滴强度变化特性的判别模型[32]。该模型认为在近景雨场下受雨滴影响的像素与背景像素的强度值成一定的比例关系，即雨滴经过背景像素时会产生一定的强度变化，则强度改变量为

$$\Delta I(x,y)=I_d(x,y)-I_b(x,y) \tag{3-19}$$

将式（3-13）代入式（3-19），那么近景雨场中雨滴的强度变化模型可简化为

$$\begin{cases}\Delta I(x,y)=\alpha I_b(x,y)+I_r(x,y)\\ \alpha=-\tau/T\end{cases} \tag{3-20}$$

其中，ΔI 为同一像素连续两帧的变化值，α 与雨滴经过一个像素的时间和光

电成像系统的曝光时间有关，根据一般视频监控系统的指标参数和雨滴物理特性可知，α 的值分布为－0.039～0。

3.2.5 雨天图像频域特性

根据上述雨滴的物理和光学特性可知，受雨影响的像素或像素块在时空域内具有独特的变化规律。下面根据雨线的形态特点，对无雨图像利用 Photoshop 软件人工添加雨线，并采用傅里叶频谱分析工具进行频域分析，结果如图 3-11 所示。其中，图 3-11（a）为原始图像，图 3-11（b）为对应的傅里叶频谱图；图 3-11（c）是利用 Photoshop 处理添加雨线后的图像，图 3-11（d）是添加雨线后的傅里叶频谱图。可以看出，添加雨线后图像的傅里叶频谱图与原图相比，低频部分基本保持一致，而高频部分有明显增加。图 3-11（e）和（f）分别是对图 3-11（c）经过低通滤波和高通滤波后得到的结果。可以看出，低通滤波后的图像中只包含图像的概貌部分，基本不含雨线，而高通滤波后的图像中含有大量雨线和纹理部分。通过以上分析可知，与图像中纹理细节部分特征相似，雨滴在视觉上呈现为明亮的线条状，且像素强度变化较为剧烈，因此雨滴主要分布在雨天图像的高频部分。

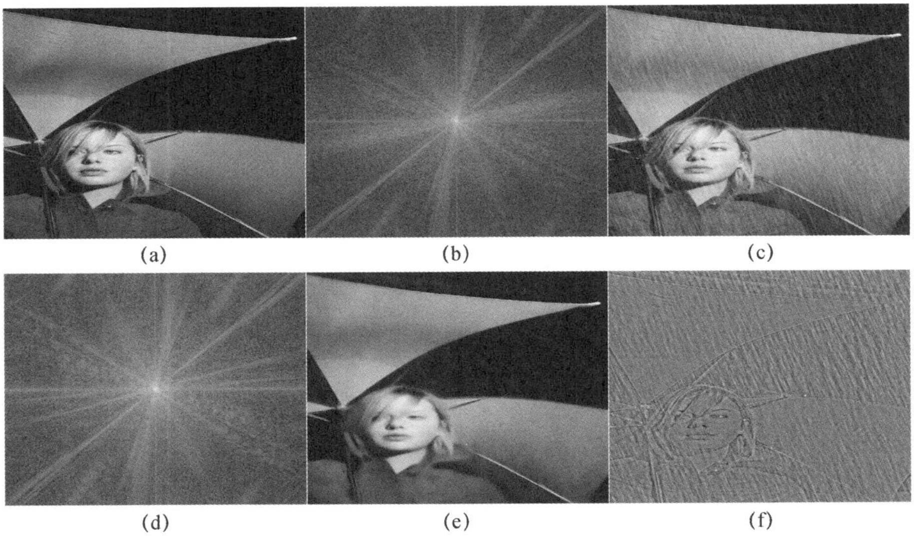

图 3-11 含雨图像的频域分布

（a）原图；（b）原图傅里叶频谱；（c）添加雨线后图像；（d）添加雨线后的傅里叶频谱；（e）低通滤波结果；（f）高通滤波结果。

3.3 基于混合特性约束的视频去雨

根据人眼视觉感知的暂留效应以及典型光电成像系统的工作原理可知，在雨天拍摄的视频当中，雨线是因为连续帧之间的像素值快速变化而形成的。因此，通过分析连续图像帧之间的像素强度差异，就可以检测出候选雨线。然而在实际户外光电成像系统中，复杂环境下往往还存在光照变化及许多非雨运动物体的干扰，这就给雨线检测带来一定的困难。针对复杂环境下存在的光照变化、非雨运动物体和噪声等影响，下面介绍一种基于相位一致性和混合特性约束的雨天视频清晰化方法[33]。

3.3.1 基于相位一致性的雨线初检测

传统的数字图像处理技术，主要是对图像的幅度（灰度/梯度）进行处理，如直方图修正、灰度变换、图像边缘检测等。相对于幅度信息，图像的相位信息（phase Information）具有很多优良的特性，例如稳定性高、符合人类视觉感知特性。相位一致性（phase congruency，PC）方法作为一种基于图像相位信息的特征检测算子，不仅可以检测大范围的特征，而且对局部光照的变化具有不变性。基于上述相位一致性的特点，由于任何场景中因噪声导致的强度变化都可以通过与局部强度无关的相位一致特征来剔除，因此首先对相位一致特性的雨线检测展开研究。

3.3.1.1 图像相位信息理论

图像相位信息最早是由 Oppenheim 和 Lim 提出的[34]，在雨天场景下，连续帧之间的主要结构信息大体上是一致的。这种特性可以用基于相位的相关性技术来将两帧中的雨线检测出来。Mechler 的研究表明，相位一致特性是人类特征检测机理发展趋势[35]。同时，基于相位的信息在光照变化时具有很好的鲁棒性。虽然局部强度可作为人们感知的测量标准，但是相位信息可以更好地做到这点。

以含有噪声的方波信号和三角波信号为例，如图 3-12 所示，根据傅里叶变换分析，任何函数都是由不同频率的正弦波叠加而成的。那么在方波信号中，各个频率的正弦波都是在同一时间上产生多种变化，叠加起来在阶跃处就形成了边缘，此时可以认为所有傅里叶分量在阶跃处都是同相的。同样道理，对于三角波信号来说，所有的傅里叶分量在波峰和波谷也是同相的，并且这种属性随尺度保持相对稳定。因此，可以将图像中傅里叶分量相位最一致的点作为特征点。

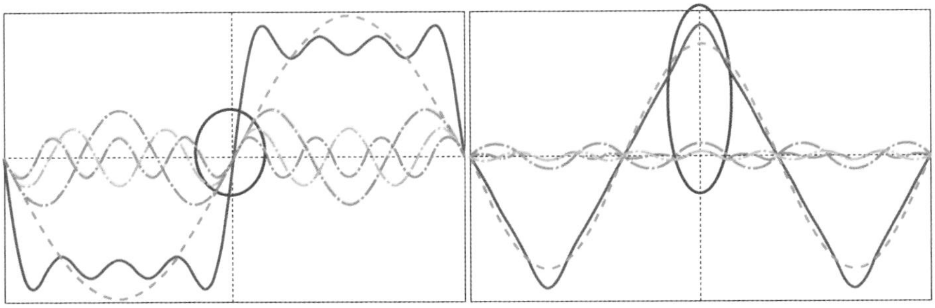

(a) (b)

图 3-12　利用相位一致性方法进行特征提取

(a) 边缘；(b) 峰值。

基于此，Morrone 等[36]用信号的一系列傅里叶扩展定义相位一致函数为

$$\mathrm{PC}(x)=\max_{\bar{\varphi}(x)\in[0,2\pi]}\frac{\sum_n A_n\cos(\varphi_n(x)-\bar{\varphi}(x))}{\sum_n A_n} \tag{3-21}$$

式中：A_n为第 n 个傅里叶成分的振幅；$\varphi_n(x)$ 为傅里叶成分中位置 x 的局部相位。

研究表明，点的强烈相位一致性与其最大能量相关。假设 $I(x)$ 是以 $[-\pi,\pi]$ 为周期的信号，$f(x)$ 是信号 $I(x)$ 中无 DC 成分，$f_{\mathrm{H}}(x)$ 为$f(x)$经过希尔伯特变换得到的结果，则局部能量 $E(x)$ 为[37]

$$E(x)=\sqrt{f^2(x)+f_{\mathrm{H}}^2(x)} \tag{3-22}$$

$$E(x)=\mathrm{PC}(x)\sum_n A_n \tag{3-23}$$

3.3.1.2　单演相位一致特征检测

为了通过各向异性模型提取相位信息，Felsberg 等提出了单演信号理论[38]。假设二维信号可以通过虚一维信号组成，且具有旋转不变特性，则可通过虚一维信号提取原二维信号中的局部振幅、局部相位以及局部方向信息。对于图像 $I(\boldsymbol{x})$，$\boldsymbol{x}=(x,y)$ 为图像空间坐标，其相位信息可以表示为

$$I(\boldsymbol{x})=A(\boldsymbol{x})\cos\varphi(\boldsymbol{x}) \tag{3-24}$$

其中，$A(\boldsymbol{x})$、$\varphi(\boldsymbol{x})$ 分别为图像 I 映射到虚平面中的局部振幅和局部相位，虚平面中信号方向与局部方向 $\theta(\boldsymbol{x})$ 一致。为了从二维信号中提取一维虚信号，这里采用由带通滤波器和里斯变换（Riesz）构成的球面正交滤波器（spherical quadrature filter，SQF）求解：

$$\begin{cases} G_{\mathrm{e}}(\boldsymbol{\omega})=\exp\left(\dfrac{-(\log(\|\boldsymbol{\omega}\|/\omega_0))^2}{2(\log(k/\omega_0))}\right) \\ G_{\mathrm{o1}}(\boldsymbol{\omega})=-\dfrac{\mathrm{i}\omega_1}{|\boldsymbol{\omega}|}G_{\mathrm{e}}(\boldsymbol{\omega}) \\ G_{\mathrm{o2}}(\boldsymbol{\omega})=-\dfrac{\mathrm{i}\omega_2}{|\boldsymbol{\omega}|}G_{\mathrm{e}}(\boldsymbol{\omega}) \end{cases} \tag{3-25}$$

式中：$G_{\mathrm{e}}(\boldsymbol{\omega})$ 为二维 log-Gabor 滤波器转换函数；$\boldsymbol{\omega}=(\omega_1,\omega_2)$ 为二维频域部分；ω_0 为滤波器中心频率。

空域中，图像 $I(\boldsymbol{x})$ 经过球面正交滤波器转换函数卷积，可以得到其单演信号的表达式：

$$\begin{cases} f(\boldsymbol{x})=I(\boldsymbol{x})*g_{\mathrm{e}}(\boldsymbol{x}) \\ f_1(\boldsymbol{x})=I(\boldsymbol{x})*g_{\mathrm{o1}}(\boldsymbol{x}) \\ f_2(\boldsymbol{x})=I(\boldsymbol{x})*g_{\mathrm{o2}}(\boldsymbol{x}) \end{cases} \tag{3-26}$$

式中：“$*$”为二维卷积；$g_{\mathrm{e}}(\boldsymbol{x})$、$g_{\mathrm{o1}}(\boldsymbol{x})$、$g_{\mathrm{o2}}(\boldsymbol{x})$ 分别为 $G_{\mathrm{e}}(\boldsymbol{\omega})$、$G_{\mathrm{o1}}(\boldsymbol{\omega})$、$G_{\mathrm{o2}}(\boldsymbol{\omega})$ 在空域上的表达式。

局部振幅 $A(\boldsymbol{x})$、局部相位 $\varphi(\boldsymbol{x})$ 及局部方向 $\theta(\boldsymbol{x})$ 可以通过下式求解：

$$\begin{cases} A(\boldsymbol{x})=\sqrt{f^2(\boldsymbol{x})+f_1^2(\boldsymbol{x})+f_2^2(\boldsymbol{x})} \\ \varphi(\boldsymbol{x})=\arctan\left(\dfrac{\sqrt{f_1^2(\boldsymbol{x})+f_2^2(\boldsymbol{x})}}{f(\boldsymbol{x})}\right) \quad (\varphi\in[0,\pi]) \\ \theta(\boldsymbol{x})=\arctan\left(\dfrac{f_2(\boldsymbol{x})}{f_1(\boldsymbol{x})}\right) \quad (\theta\in[0,\pi]) \end{cases} \tag{3-27}$$

从而可以定义图像 $I(\boldsymbol{x})$ 的单演相位一致性为

$$\mathrm{PC}(\boldsymbol{x})=\frac{E(\boldsymbol{x})}{\varepsilon+\sum_n A_n} \tag{3-28}$$

按照上述方法，采用经典的信号处理方法提供的测试图像（Lena、Barbara）对其单演相位一致性进行检测，结果如图 3-13 所示。

3.3.1.3 基于单演相位一致性的雨线检测

雨线检测的准确与否关系到后续对受雨影响像素恢复质量的好坏。传统的雨线检测方法是基于图像灰度或梯度信息的处理方法，如帧差法、背景差分法、K-means 聚类法等。由于复杂环境内具有光照变化及噪声等影响，造成传统的雨线初检方法存在大量误检测。由于图像的单演相位特征具有独立于亮度信息、不受光照变化影响等特性，下面采用基于单演相位一致性的雨线检测方法。

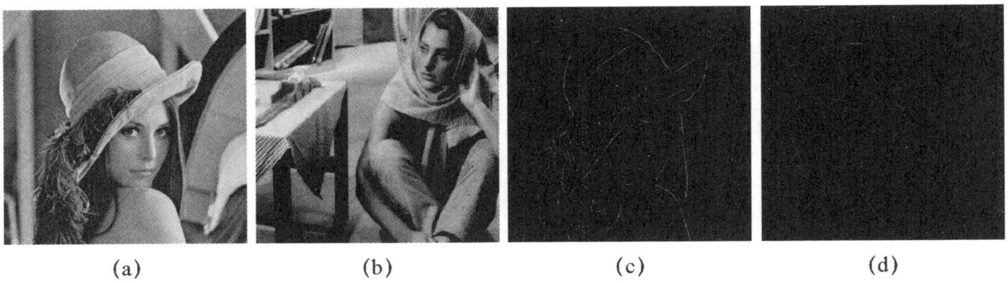

图 3-13　单演相位一致性检测实例

(a) Lena；(b) Barbara；(c) Lena 单演相位一致性；(d) Barbara 单演相位一致性。

根据雨滴的光学模型可知，受雨滴影响的像素在视频序列中会产生一个正方向的强度突变。因此，可以通过将待检测图像减去相邻帧图像来获得差值图像。若差值强度小于 0，则将其值替换为 0，由于雨滴会增大像素强度值，差值强度大于 0，则被保留下来。差值图像计算公式为

$$\Delta I(x,y,t)=I(x,y,t)-I(x,y,t-1) \tag{3-29}$$

式中：$\Delta I(x, y, t)$ 为像素 (x, y) 在 t 时刻所有颜色分量的强度值。

$$\mathrm{PC}(x,y,t)=P(\Delta I) \tag{3-30}$$

其中，$P(\Delta I)$ 表示分别计算每一个颜色分量的相位一致特性。从图 3-14 中可以看出，基于单演相位一致性的雨线检测可以将 R、G、B 颜色分量中的雨线检测出来，且效果良好。

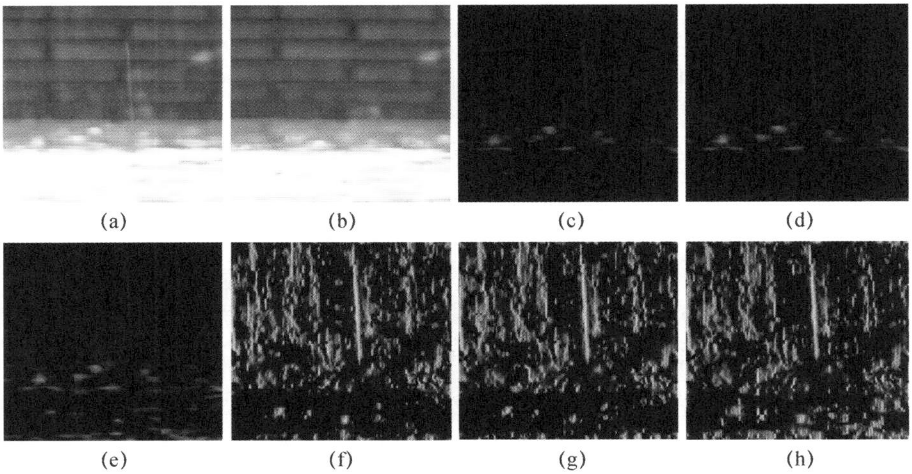

图 3-14　基于单演相位一致性的雨线检测结果

(a) 第 n 帧；(b) 第 $n-1$ 帧；(c) R 分量；(d) G 分量；(e) B 分量；(f) R 分量相位一致特征；(g) G 分量相位一致特征；(h) B 分量相位一致特征。

3.3.2 基于时空混合特性的雨滴优化检测

3.3.2.1 YCbCr 空间雨滴成像特性

由雨滴的光学模型可知，受雨滴影响的像素在视频序列中会产生一个正方向的强度突变，若映射到 RGB 彩色空间中，则需要分别对 R、G、B 三个颜色通道进行处理。通过对不同彩色空间进行分析比较，这里选择在 YCbCr 空间下 Y 分量中对视频中的雨场进行检测，以便减少运算量。相比 RGB 彩色空间，YCbCr 空间的亮度分量 Y 与色差分量 Cb、Cr 相互独立，且 Y 分量与 RGB 各分量具有相同的动态范围。RGB 彩色空间与 YCbCr 彩色空间变换关系如下：

$$\begin{bmatrix} Y \\ Cb \\ Cr \end{bmatrix} = \begin{bmatrix} 16 \\ 128 \\ 128 \end{bmatrix} + \begin{bmatrix} 65.481 & 128.553 & 24.966 \\ -37.797 & -74.203 & 112.000 \\ 112.000 & -93.786 & -18.214 \end{bmatrix} \begin{bmatrix} R \\ G \\ B \end{bmatrix} \tag{3-31}$$

根据雨滴光学模型，将式（3-31）展开可得

$$\begin{cases} Y = 16 + 65.481(R_{\text{bg}} + \Delta R) + 128.553(G_{\text{bg}} + \Delta G) + 24.966(B_{\text{bg}} + \Delta B) \\ Cb = 128 - 37.797(R_{\text{bg}} + \Delta R) - 74.203(G_{\text{bg}} + \Delta G) + 112.000(B_{\text{bg}} + \Delta B) \\ Cr = 128 + 112.000(R_{\text{bg}} + \Delta R) - 93.786(G_{\text{bg}} + \Delta G) - 18.214(B_{\text{bg}} + \Delta B) \end{cases} \tag{3-32}$$

式中：R_{bg}、G_{bg}、B_{bg} 为背景强度的三个颜色分量；ΔR、ΔG、ΔB 为雨滴正方向强度突变的颜色分量。

展开式（3-32）后可得

$$\begin{cases} Y = 16 + 65.481R_{\text{bg}} + 65.481\Delta R + 128.553G_{\text{bg}} + \\ \qquad 128.553\Delta G + 24.966B_{\text{bg}} + 24.966\Delta B \\ Cb = 128 - 37.797R_{\text{bg}} - 37.797\Delta R - 74.203G_{\text{bg}} - \\ \qquad 74.203\Delta G + 112.000B_{\text{bg}} + 112.000\Delta B \\ Cr = 128 + 112.000R_{\text{bg}} + 112.000\Delta R - 93.786G_{\text{bg}} - \\ \qquad 93.786\Delta G - 18.214B_{\text{bg}} - 18.214\Delta B \end{cases} \tag{3-33}$$

根据雨滴的颜色特性可知，在雨滴的作用下 R、G、B 三种颜色分量的强度变化可以近似为一致，即 $\Delta R \approx \Delta G \approx \Delta B$。因此，可以将式（3-33）中 Cb、Cr 分量中的 ΔR、ΔG、ΔB 提取出来，又因 ΔR、ΔG、ΔB 的系数和为零，则 Cb、Cr 分量中不含雨滴，实验结果如图 3-15 所示。可以看出，在 RGB 彩色

空间中三个颜色分量里都含有雨滴，而通过空间转换后，在 YCbCr 中只有 Y 分量含有雨滴，Cb、Cr 分量中不含雨滴。

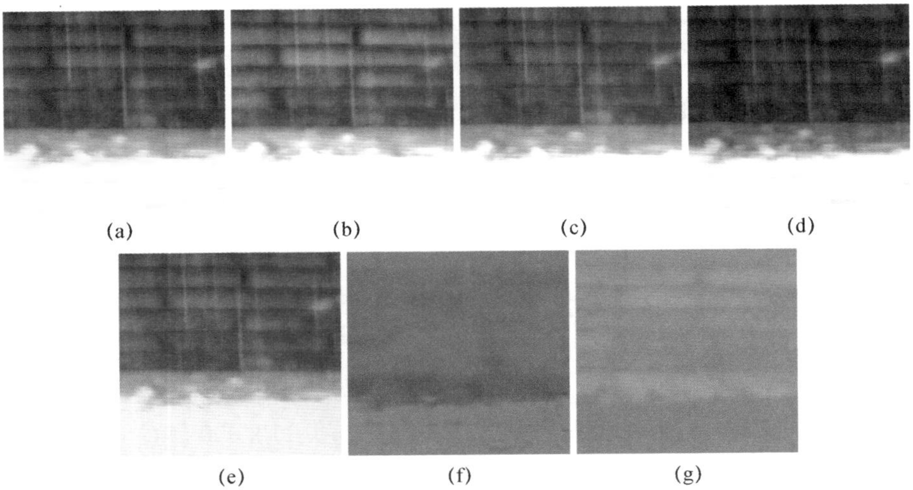

图 3-15　基于不同彩色空间的雨天图像分解实例

(a) 原图；(b) R 分量；(c) G 分量；(d) B 分量；(e) Y 分量；(f) Cb 分量；(g) Cr 分量。

因此可以利用式（3-31）将 RGB 彩色空间转换到 YCbCr 彩色空间，以便进一步提高检测效率。然后，通过式（3-30）提取 Y 分量差值图像 ΔY 的单演相位一致特征：

$$\mathrm{PC}(x,y,t)=P(\Delta Y) \tag{3-34}$$

利用上述方法进行雨线检测，结果如图 3-16 所示。可以看出，将 RGB 彩色空间转换到 YCbCr 彩色空间后，对 Y 分量中的雨线进行检测的结果良好，与 RGB 彩色空间检测结果一致。此外，虽然单演相位一致性可以检测出雨区和非雨区，但是检测结果中仍然存在一些误检测，例如图中雨滴产生的涟漪。另外，当场景中存在其他运动物体时，帧与帧之间基于相位一致性的检测结果并不准确，会将运动物体轮廓检测进去。因此还需要根据雨滴的其他特征进行约束以优化检测结果。

3.3.2.2　基于雨滴混合特性的优化检测

在基于单演相位一致性的雨线检测中，由于仅仅考虑了连续图像帧之间因为光照变化而造成的误差以及雨滴的光照特性，并没有考虑雨滴与其他运动物体的差异性，因此常常会带来雨线的误检测问题，这就需要对基于单演相位一致性的雨线检测结果施加二次约束，进一步根据雨滴的特性，包括雨

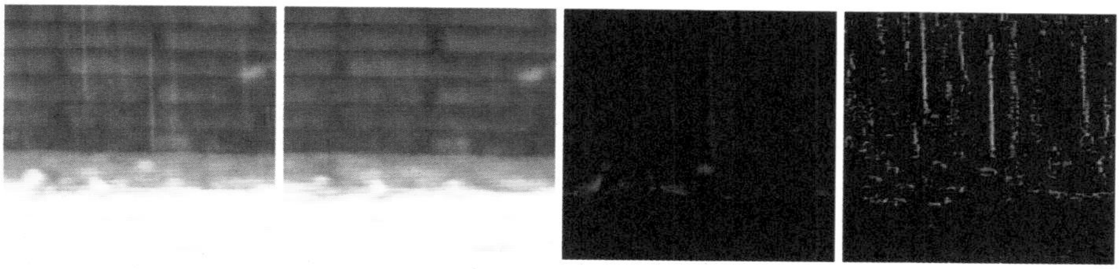

(a) (b) (c) (d)

图 3-16 雨线检测结果

(a) 第 n 帧；(b) 第 $n-1$ 帧；(c) Y 分量帧差结果；(d) Y 分量单演相位一致特征。

滴的光学特性约束、雨线长宽比、雨滴方向性等属性，建立雨滴的判别模型，去除初检测结果中误检测的像素，提高检测精度，以便得到更好的雨天视频恢复效果。

1. 基于雨滴的光学特性约束

由于在雨天视频图像中往往还含有其他的运动物体，如行人、车辆、受外界风力影响而晃动的树枝等，这些运动物体在时空上也会对像素造成剧烈的强度变化干扰。为了从初检测结果中去除其他运动物体的干扰，可以采用雨滴光学特性对检测结果进行约束。雨滴在视频中是由背景辐射强度和雨滴自身辐射强度在曝光时间内积分获得的，因此雨滴与背景强度有着一定的联系。根据雨滴的光度学模型可知，雨滴的强度与其背景强度线性相关，该线性相关约束条件表达式为

$$\begin{cases}\Delta I = \alpha I_{\mathrm{bg}} + I_{\mathrm{r}} \\ \alpha = -\tau / T\end{cases} \tag{3-35}$$

式中：ΔI 为雨滴像素与背景像素的差值，根据雨滴不会覆盖连续两帧同一位置的假设，这里采用前一帧像素值作为背景像素强度；α 为权值。同一帧内由于时间 τ 和相机曝光时间 T 是恒定的。根据 Nayar 等的分析，雨滴通过像素最大时间 τ=1.18ms，α 的取值为 0～−0.039。

按照上述线性约束条件，对雨滴初步检测结果施加判别模型，结果如图 3-17所示。可以看出，约束后的检测结果相对于候选雨滴像素检测精度有所提高，但仍然存在断裂的轮廓及水面的涟漪。

2. 基于雨线的几何形状约束

根据雨线的长宽比特性，雨线形状只与雨滴的直径 D 和曝光时间 T 有关，因此可以利用这一特性去除候选雨滴中过大或过小的区域，有效去

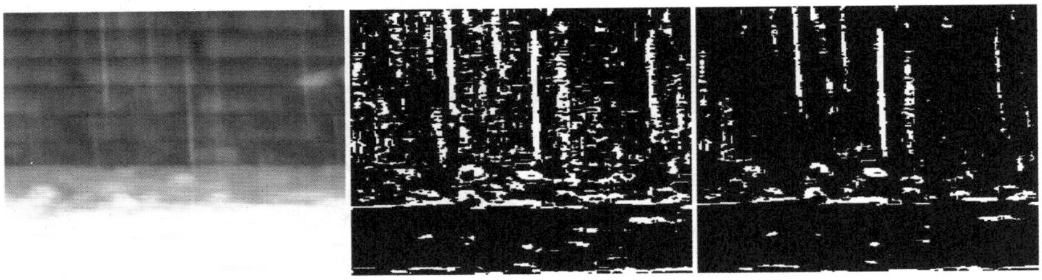

(a) (b) (c)

图 3-17 雨滴光学特性约束结果

(a) 待检测帧；(b) 候选雨滴像素；(c) 经雨滴光学特性约束后。

除这些断裂的轮廓。以典型的视频监控系统为例，按照输出帧频 30Hz 计算，则曝光时间大约为 33ms，雨滴直径为 0.1～3mm，因此雨线长宽比范围为 88～95。根据上述雨线长宽比约束条件，对基于相位一致特性的雨滴初步检测结果施加判别模型，结果如图 3-18 所示。可以看出，经过雨线长宽比约束后的结果准确性有所提高，明显地去除了断裂的轮廓信息，检测结果更符合实际雨线，但是结果中还存在一些近似雨线的纹理细节。

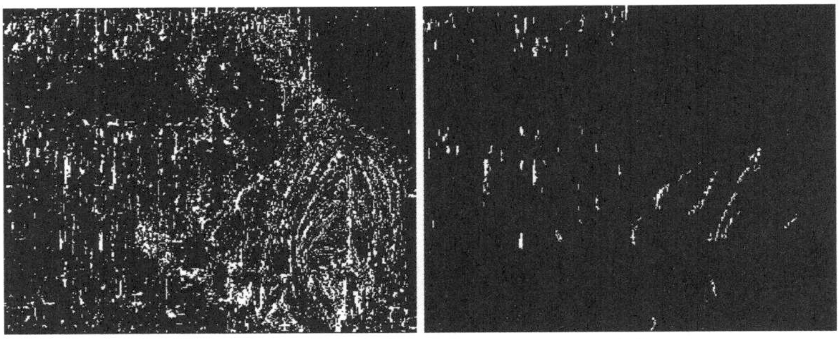

(a) (b)

图 3-18 雨线几何形状约束结果

(a) 候选雨滴；(b) 经雨线长宽比特性约束后。

3. 基于雨滴的方向性约束

为了克服检测结果中类似雨线的纹理信息，这里采用雨滴的方向特性作为约束条件，根据雨滴在视频图像中产生雨线的方向近似一致的特性，可以假设在同一帧图像中检测到的雨线具有近似的方向角。本节采用与雨线区域具有相同二阶中心距的椭圆来估计雨线的方向，如图 3-19 所示。

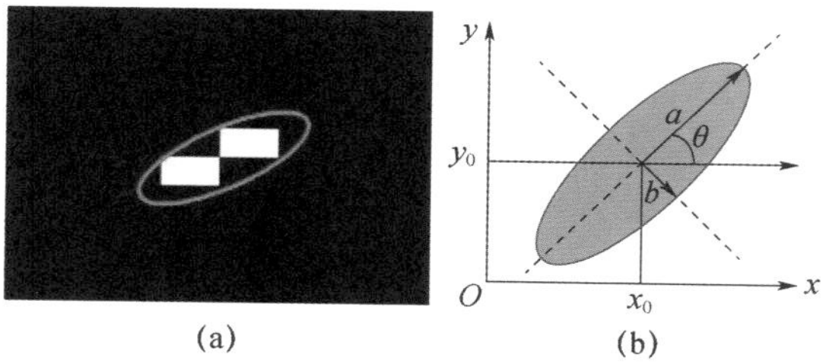

图 3-19　相同二阶距椭圆及其主要参数

(a) 相同二阶距椭圆；(b) 椭圆主要参数。

一般来说，对于椭圆 P_i，$1\leqslant i\leqslant R$，其二阶距定义为

$$\begin{cases} m_i^{20}=\dfrac{1}{m_i^{00}}\sum\limits_{(x,y)\in P_i}(x-x_0)^2 \\ m_i^{11}=\dfrac{1}{m_i^{00}}\sum\limits_{(x,y)\in P_i}(x-x_0)(y-y_0) \\ m_i^{02}=\dfrac{1}{m_i^{00}}\sum\limits_{(x,y)\in P_i}(y-y_0)^2 \end{cases} \tag{3-36}$$

式中：(x_0, y_0) 代表椭圆 P_i的中心，因此可以定义椭圆长轴 a 和短轴 b 为

$$a=2\sqrt{\lambda_i^1},\ b=2\sqrt{\lambda_i^2} \tag{3-37}$$

式中：λ_i^1 和 λ_i^2 为如下矩阵 $\boldsymbol{M}$ 的特征值

$$\boldsymbol{M}=\begin{bmatrix} m_i^{20} & m_i^{11} \\ m_i^{11} & m_i^{02} \end{bmatrix} \tag{3-38}$$

根据式（3-36）和式（3-38）可知，雨线的方向角 θ_i的表达式为

$$\theta_i=\frac{1}{2}\arctan\left(\frac{2m_i^{11}}{m_i^{02}-m_i^{20}}\right) \tag{3-39}$$

为了准确地从候选雨滴中检测出雨线，这里计算出每一个二值化区域的方向角，通过对方向角进行统计，得到雨线的主要方向分布 θ_{main}，进而与阈值 σ 比较来确定方向约束函数：

$$\theta_r=|\theta_i-\theta_{\text{main}}|\leqslant\sigma \tag{3-40}$$

对基于相位一致性的雨滴初检测结果施加雨滴方向判别模型，结果如图 3-20所示。可以看出，经过雨滴方向判别模型约束后，去除了不符合实际的候选雨滴，例如衣服的褶皱，从而使得到的结果更加准确，符合实际的雨线分布情况，提高了雨线检测的准确度。

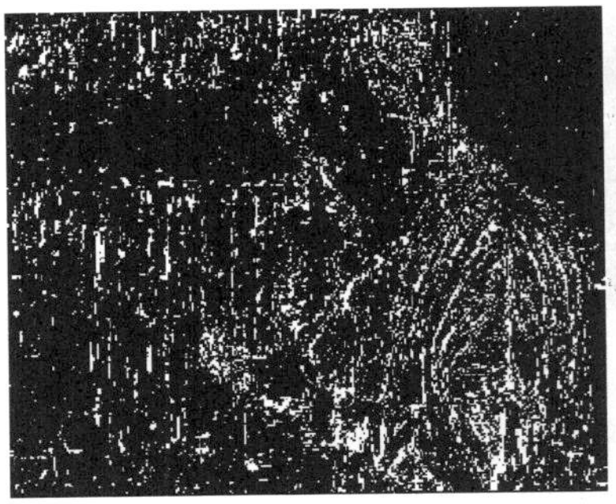

(a)

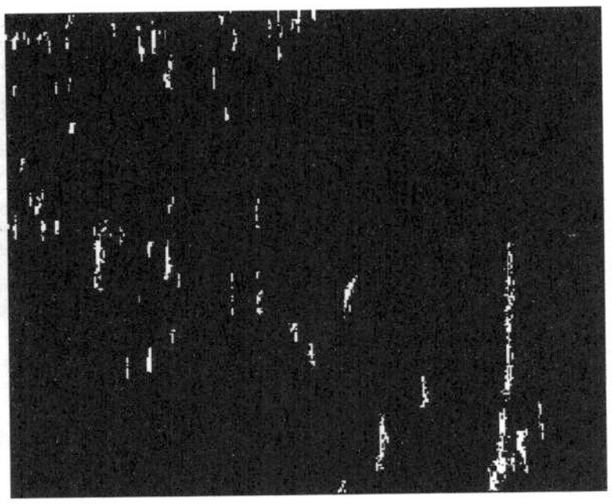

(b)

图 3-20　雨滴方向性约束结果

（a）候选雨滴；（b）经雨滴方向角约束后。

3.3.2.3　基于决策级融合的雨场检测

由前面的分析可知，雨滴光学特性约束、雨线几何形状约束和雨滴方向性约束各有优缺点。雨滴光学特性约束能将图像中不符合雨滴强度特性的像素去除，但在检测结果中会造成雨线断裂以及误检测；雨线几何形状约束可以将图像中不符合雨滴形态特征的像素去除，但是会保留一些类似雨线的纹理；雨滴方向性约束可以有效去除不符合雨线方向的像素，但是约束结果中会产生一些类似雨滴方向的纹理。为此，下面将不同约束结果进行决策级融合，以便获得更为准确的雨场检测结果。

常用的决策级融合方法有基于投票的融合方法、基于神经网络的融合方法、基于模糊聚类的融合方法、贝叶斯估计法和专家系统等。其中，基于投票的融合方法可以快速、有效地表现融合信息的特性。下面采用投票法对上述 3 种雨滴特性约束结果进行融合。投票法认为每一个单分类器的决策输出是平等的。假设有 L 个分类器 D_i（$i=1, 2, \cdots, L$），当 D_i 的输出类别为 C_j，则对 C_j 投一票，否则投 0 票。随后对类别支持票数 v_{ij} 进行降序排列，如果排序首位的类别 C_k 票数不小于 $\alpha \cdot L$（α 为 $[0, 1]$ 中的常数），则 C_k 作为该像元的最终类别，否则 C_{c+1} 为最终类别。

$$\begin{cases} v_{ij} = 1 & (\text{如果 } D_i \text{ 在 } C_j \text{ 中标记 } x) \\ v_{ij} = 0 & (\text{否则}) \end{cases} \tag{3-41}$$

$$V_k = \max_{j=1}^{c} \sum_{i=1}^{L} v_{ij} \tag{3-42}$$

$$\begin{cases} E(D) = C_k & (\text{如果 } V_k \geqslant \alpha \cdot L) \\ E(D) = C_{c+1} & (\text{否则}) \end{cases} \tag{3-43}$$

由于 3 种约束结果中包含雨滴像素和其他纹理像素，为了获得准确的雨场检测结果，这里采用投票融合方法对雨滴光学特性约束、雨线几何形状约束以及雨滴方向性约束结果进行融合。采用的融合策略为一票通过、少数服从多数以及一票否决三种，融合结果如图 3-21 所示。可以看出，一票通过融合结果含有大量误检测像素，少数服从多数融合结果内含有和雨线类似的纹理，一票否决融合后得到的检测结果最为准确，去除了大量误检测的雨滴。因此，下面采取一票否决融合结果作为检测到的雨场，以此为基础进行雨场恢复。

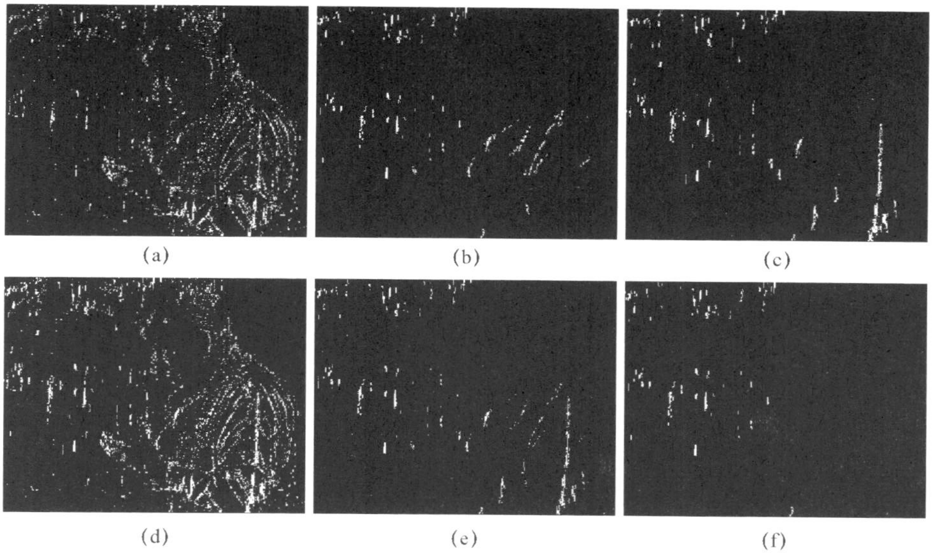

图 3-21　基于投票法的雨线融合检测结果

（a）雨滴光学特性约束；（b）雨滴长宽比约束；（c）雨滴方向特性约束；（d）一票通过结果；（e）少数服从多数结果；（f）一票否决结果。

3.3.3 基于高斯滤波权值的雨线去除

求解雨天成像模型是一个病态问题，通常采用相邻帧同一位置的背景像素部分或完全替代受雨影响像素的方法来实现雨线的去除，典型的方法是均值法和 K-means 聚类法。其中，均值法具有方法简单、实时性强的特点，但是当视频中连续两帧都被雨滴覆盖时，仍然会出现明显的雨线痕迹；K-means 聚类法虽然可以克服均值法的不足，但是当场景中存在光照变化的影响时，恢复后的图像中雨线边缘会产生强度突变，影响视频的流畅性和后续处理。

针对大雨条件下均值法恢复效果不佳的问题，这里采用一种基于高斯滤波的权值恢复方法，该方法在均值法去雨的基础上根据雨滴光学特性，添加背景像素判别约束条件，即背景像素强度值小于或等于当前帧受雨影响像素的强度值。针对恢复边缘强度突变问题，采用高斯滤波作为权值项来平滑边缘强度突变，从而提高场景的恢复效果与视频的流畅性。具体步骤如下：

(1) 二值化检测到的雨线图像；

(2) 对二值化结果进行高斯滤波；

(3) 根据背景像素判别约束条件，确定相邻帧背景像素强度；

(4) 将高斯滤波结果作为权值与背景像素进行替换。

基于高斯滤波的权值恢复方法数学表达式为

$$I_n^{\text{new}} = \frac{\alpha_n(x,y)}{\sqrt{2\pi}\sigma}\exp\left(-\frac{r^2}{2\sigma^2}\right)\frac{(I_{n-k}(x,y)+I_{n+k}(x,y))}{2} + \left(1-\frac{\alpha_n(x,y)}{\sqrt{2\pi}\sigma}\exp\left(-\frac{r^2}{2\sigma^2}\right)\right)I_n(x,y) \tag{3-44}$$

式中：r 为高斯模糊半径；σ 为高斯分布的标准差；$\alpha_n(x,\ y)$ 为检测到的雨线经过二值化的结果。

3.3.4 基于时频混合特性约束的视频去雨方法

基于雨滴混合特性的视频去雨方法处理一般流程如图 3-22 所示，具体步骤如下：

(1) 将待处理的雨天视频图像从 RGB 颜色空间转换到 YCbCr 颜色空间，并对其中的 Y 分量利用前后连续两帧图像进行帧差计算；

(2) 对帧差结果采用基于单演相位一致性的雨线初检测方法，得到候选雨线；

(3) 利用雨滴混合约束条件，对候选雨线进行二次约束，并采用决策级融合得到雨线准确的检测结果；

(4) 利用提出的高斯权值恢复方法，对检测到的受雨影响像素进行亮度恢复；

(5) 将处理后的结果经颜色空间逆变换，最终得到恢复后的雨天视频。

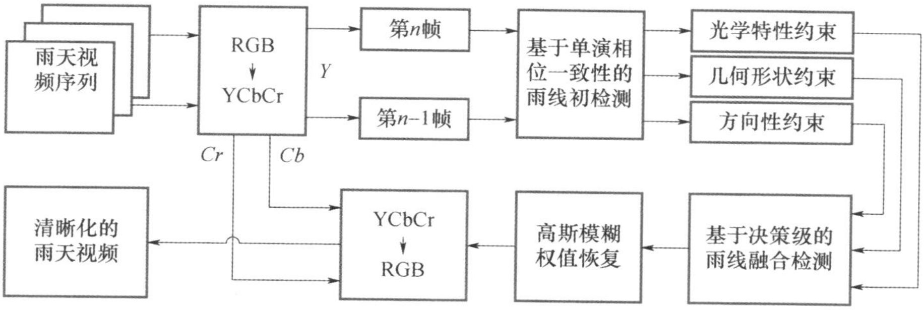

图 3-22　基于时频混合特性约束的视频去雨方法处理流程

3.3.5 试验结果与分析

为验证所提出方法的可行性，采用哥伦比亚大学计算机视觉实验室提供的雨天视频数据进行试验。首先对一组静态背景下有人活动的雨天视频进行处理，结果如图 3-23 所示。从图 3-23（c）可以看出，经过雨滴光学约束后的结果，去除了一定的误检测结果，但仍然存在衣服的褶皱和断裂的轮廓信息；图 3-23（d）为经过雨线几何形状约束后的结果，去除了大量误检测的雨线，保留了符合雨线形态特征的信息；最后通过雨滴方向性约束，将与雨线类似的衣服褶皱去除，更符合实际中雨线分布情况，如图 3-23（e）所示。

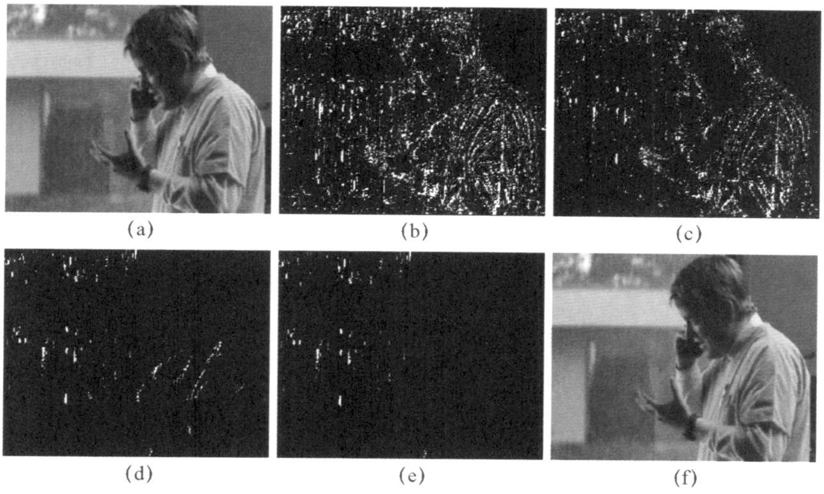

图 3-23　基于时频混合特性约束的视频去雨方法效果

（a）原始图像；（b）单演相位一致特征检测；（c）雨滴光学特性约束；（d）雨线几何形状约束；（e）雨滴方向性约束；（f）雨滴去除效果。

为验证所提出方法的有效性，对比了当前几种典型去雨方法，包括 Santhaseelan 方法[39]和 Kang 方法[40]，结果如图 3-24 所示。可以看出，本节提出的方法去雨更加彻底，且图像细节恢复效果较好。

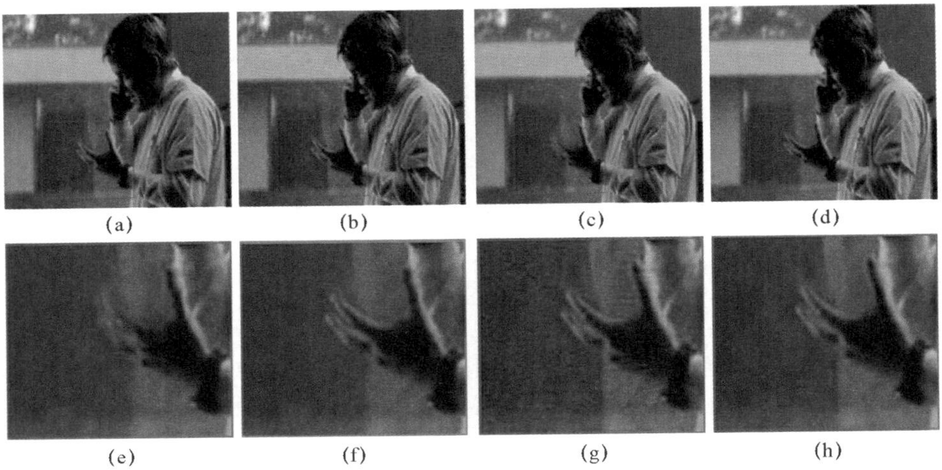

图 3-24 不同视频去雨方法的效果对比

(a) 原始图像；(b) Santhaseelan 方法；(c) Kang 方法；(d) 本节提出的方法；(e) 原始图放大效果；(f) Santhaseelan 方法放大效果；(g) Kang 方法放大效果；(h) 本节提出的方法放大效果。

为进一步验证所提出方法的可行性和有效性，分别选取静态背景和动态背景两组视频进行比较，结果如图 3-25 所示。在静态背景下，Santhaseelan 方法由于帧差法检测的局限性，致使某些模糊雨线未能检测出来，场景中的一些雨线未能去除；Kang 方法去雨效果不理想，由于该方法采用的是单幅图像稀疏分解的方法，在重构图像时出现纹理增强，导致背景不自然；而本节提出的去雨方法结果与前两种方法相比，雨线去除更加彻底，视觉效果更清晰，去雨效果更好。

由于雨天视频无法获取清晰的参考图像，使得一般的图像评价方法在此情况下并不适用。同时，雨线在图像中是随机分布的，可以认为视频受到了一种高斯模糊。因此，这里采用 Moorthy 提出的无参考图像评价方法(BIQI)[41]对雨线去除效果进行评价。该方法采用小波分析提取图像特征，以此通过一个训练的字典来评价该图像的扭曲程度，并且利用支持向量机预测图像评分。BIQI 的评分在 0～100 之间，得分越高说明图像失真越严重，反之则质量越好。具体结果如表 3-3 所列，可以看出，两种场景原图的评价指数都

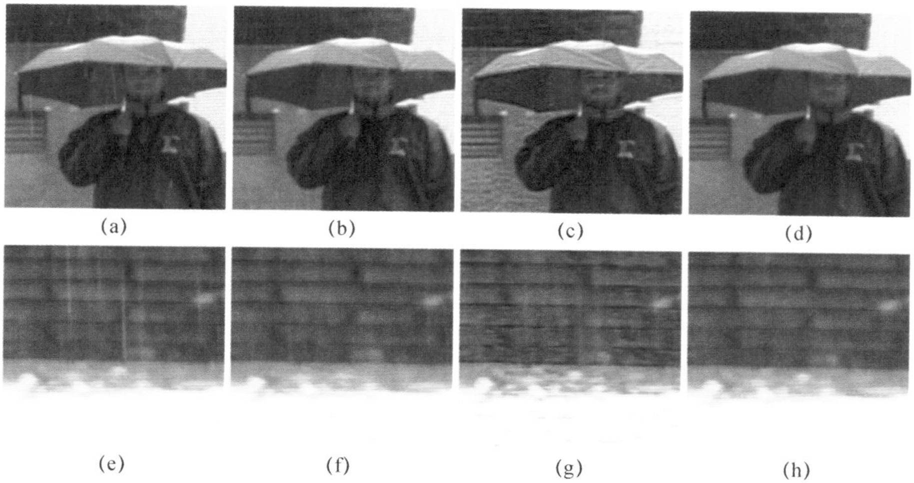

图 3-25 两组场景的视频去雨结果

（a）Umbrella 图像；（b）Santhaseelan 方法；（c）Kang 方法；（d）本节提出的方法；（e）Rippling 图像；（f）Santhaseelan 方法；（g）Kang 方法；（h）本节提出的方法。

很高，表明质量受损严重；Santhaseelan 方法从视觉上提高了视频效果，去除了明显的雨线；Kang 方法虽然去除了明显的雨线，但是由于其稀疏重构的影响，导致图像中有马赛克效应，评分稍高于 Santhaseelan 方法；本节提出的方法在视觉上准确地去除了雨线，恢复效果明显，视觉效果最好，同时在评分上也最低，不仅从主观上而且客观上也获得了最好效果。

表 3-3 不同视频去雨方法的定量评价结果

图像	原图	Santhaseelan 方法	Kang 方法	本节提出的方法
Umbrella	65.47	45.26	51.78	38.79
Rippling	73.31	51.66	61.65	42.32

3.4 基于稀疏分解的单幅图像去雨

对于单幅图像去雨问题，由于缺乏雨滴分布的时间序列信息，因此处理难度更大。若把受雨影响的图像 $\boldsymbol{I}_d$ 看成是含雨图层 $\boldsymbol{I}_r$ 和背景图层 $\boldsymbol{I}_b$ 的线性叠加，则单幅图像去雨问题可视为图像分解问题。近年来，利用图像在冗余字

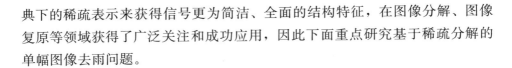

典下的稀疏表示来获得信号更为简洁、全面的结构特征，在图像分解、图像复原等领域获得了广泛关注和成功应用，因此下面重点研究基于稀疏分解的单幅图像去雨问题。

3.4.1 图像稀疏分解

3.4.1.1 信号的稀疏表示

稀疏表示是指用稀疏逼近取代原始数据表示，用较少的系数捕获感兴趣目标的重要信息，从实质上降低信号处理的成本，提高压缩效率。稀疏表示的基本思想是用过完备字典取代传统信号表示中的正交基。由于过完备字典的冗余性，信号能够表示为过完备字典中少数原子的线性组合，其中利用原子最少（即最稀疏）的表示称为稀疏表示。稀疏表示的数学模型为

$$\hat{\boldsymbol{x}} = \underset{\boldsymbol{x}}{\operatorname{argmin}} \ \| \boldsymbol{x} \|_0 \quad (\text{s. t. } \boldsymbol{f} = \boldsymbol{Dx}) \tag{3-45}$$

在实际应用中允许存在一定的误差，所以上式优化求解问题转换为如下形式：

$$\hat{\boldsymbol{x}} = \underset{\boldsymbol{x}}{\operatorname{argmin}} \ \| \boldsymbol{x} \|_0 \quad (\text{s. t. } \| \boldsymbol{f} - \boldsymbol{Dx} \| \leqslant \varepsilon) \tag{3-46}$$

上面两式隐含稀疏优化求解过程，其中式（3-45）称为稀疏表示、式（3-46）称为稀疏逼近。在稀疏优化求解过程中，字典 $\boldsymbol{D} = \{\boldsymbol{\alpha}_1, \boldsymbol{\alpha}_2, \cdots, \boldsymbol{\alpha}_J\}$ 中的列矢量称为原子，$\boldsymbol{D} \in \boldsymbol{R}^{T \times J}$（$T < J$），由于 $\boldsymbol{D}$ 的行数小于列数，字典 $\boldsymbol{D}$ 称为冗余字典或者是超完备字典，$\boldsymbol{f} \in \boldsymbol{R}^T$ 为原信号（即为图像），$\boldsymbol{x}$ 为信号的表示，ε 为逼近误差，$\| \cdot \|_0$ 为 l_0 范数，表示向量中非零元素的个数。

3.4.1.2 图像稀疏分解

在冗余字典 $\boldsymbol{D}$ 已知的情况下，由于稀疏表示模型中 l_0 范数是非凸的，因此对图像进行稀疏分解是 NP-hard 问题。为了解决这一问题，许多学者提出了多种稀疏分解的有效方法，常用的有以下三类。

1. 松弛优化算法

松弛优化算法将非凸的 l_0 范数松弛化为凸函数或较易处理的稀疏度量函数，主要包括基追踪算法（basis pursuit，BP）、框架算法、迭代收缩算法、交替投影算法等。其中最常用的是基追踪算法，其主要思路是将原先非凸的 l_0 范数替换为凸的 l_1 范数，从而通过转换后的凸规划或线性规划问题来逼近求解原先的组合优化问题，简化了问题的求解。虽然可以使用线性规划方法来求解，但是基追踪算法需要在所有字典矢量的不同组合中寻求满足如下算式

成立的极小化 l_1 的解：

$$f=\sum_{i=0}^{m}c_i\boldsymbol{\alpha}_i \tag{3-47}$$

2. 贪婪追踪算法

贪婪追踪（greed pursuit）算法的基本思想是按照相似性准则，依次从过完备字典 $\boldsymbol{D}$ 中选择用于信号表示的原子，对此过程进行迭代直至满足停止条件，即得到信号的稀疏表示系数。贪婪追踪算法主要有匹配追踪（matching pursuit，MP）、正交匹配追踪（orthogonal matching pursuit，OMP）[42] 及其变体。其中，MP 算法是一种典型的贪婪追踪算法，它采用内积作为相关性度量准则，在过完备字典 $\boldsymbol{D}=\{\boldsymbol{\alpha}_i,\ i=1,\ 2,\ \cdots,\ J\}$ 中求解信号最稀疏表示的一个过程，即使得下式中 K 的个数最少：

$$\boldsymbol{f}\approx\boldsymbol{f}_K=\sum_{i\in I_K,\ |I_K|=K}\langle\boldsymbol{f},\boldsymbol{\alpha}_i\rangle\boldsymbol{\alpha}_i \tag{3-48}$$

使用不同的分解算法或构造不同的字典 $\boldsymbol{D}$，得到的表示结果也不尽相同。其中对于 $\boldsymbol{D}$ 中的原子 $\boldsymbol{\alpha}_i$ 有两个基本要求：① $\|\boldsymbol{\alpha}_i\|=1$，即原子 $\boldsymbol{\alpha}_i$ 归一化，$\|\cdot\|$ 表示图像信号的范数；②原子 $\boldsymbol{\alpha}_i$ 的个数 J 要远大于图像信号 $\boldsymbol{f}$ 的维数 $M\times N$。

3. 组合优化算法

组合优化算法采用分支-切割法、Group Testing、割平面法、智能计算等方法直接求解组合优化问题。前三种方法对解空间进行全局搜索，并采取一定的策略缩减搜索空间，可降低搜索复杂度，但只适用于小尺度问题。智能计算方法采用智能优化算法启发式地求解原先的组合优化问题，如模拟退火算法、遗传算法、蚁群算法等均已被应用于该问题的求解。

3.4.1.3 字典的构建方法

稀疏表示通过选取字典 $\boldsymbol{D}$ 中的原子来表示测试信号，因此字典 $\boldsymbol{D}$ 的构建将对稀疏表示性能起到关键作用。目前，字典的构建方法主要分为基于数学模型和基于机器学习两大类。

1. 基于数学模型的字典构建方法

基于数学模型的字典构建方法的核心是通过对数据建模来构建相应的变换矩阵。常见的变换矩阵构建方式包括离散余弦变换（DCT）、小波变换、多尺度几何分析（包括 Ridgelet、Curvelet、Contourlet、Shearlet 等）。基于数学模型方法所构建的字典通常具有很强的结构性，可实现快速的数值计算，

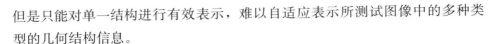

但是只能对单一结构进行有效表示，难以自适应表示所测试图像中的多种类型的几何结构信息。

2. 基于机器学习的字典构建方法

该方法核心是采用一定的学习算法，从样本数据中学习自适应的字典，即给定一系列的训练信号 $\{\boldsymbol{I}_i\}$（$i=1，2，\cdots，N$），寻找一个字典 $\boldsymbol{D}$，使得每一个信号在该字典下都能够稀疏表示。常用的字典学习方法有 K-SVD 字典学习方法[43]和在线字典学习方法（on-line dictionary learning）[44]两种。

K-SVD 算法基本思想是当更新字典中某一列原子时，假设字典中的其他列原子已知并得到表示误差的矩阵，然后同步求解这一列原子和与其相关的稀疏系数。在上述求解过程中可以对误差矩阵进行奇异值分解（singular value decomposition，SVD），得到主奇异矢量来近似逼近待求的字典原子及稀疏系数。具体来说，K-SVD 字典学习方法优化下面的目标函数：

$$\min_{\boldsymbol{D},\boldsymbol{\theta}_i}\sum_{i=1}^{N}\|\boldsymbol{I}_i-\boldsymbol{D}\boldsymbol{\theta}_i\|_2^2 \quad (\text{s. t. } \|\boldsymbol{\theta}_i\|_0\leqslant T_0) \tag{3-49}$$

式（3-49）也等价于如下优化问题：

$$\min_{\boldsymbol{D},\boldsymbol{\theta}_i}\sum_{i=1}^{N}(\|\boldsymbol{I}_i-\boldsymbol{D}\boldsymbol{\theta}_i\|_2^2+\lambda\|\boldsymbol{\theta}_i\|_0) \tag{3-50}$$

式中：T_0 为稀疏度，限制系数 $\boldsymbol{\theta}_i$ 的稀疏水平；λ 是拉格朗日乘子。优化过程是稀疏系数的更新和字典的更新交替迭代进行。给定一个初始字典 $\boldsymbol{D}$，由 OMP 算法得到稀疏系数，接下来依据误差最小化原则，对误差项进行奇异值分解，选择使误差最小的分解作为更新的字典原子和对应的系数矢量，经过不断地交替迭代得到训练的字典和相应的稀疏表示系数。

在线字典学习解决的是如下具有 l_1 范数的优化问题

$$\min_{\boldsymbol{D},\boldsymbol{\theta}_i}\frac{1}{n}\sum_{i=1}^{n}\left(\frac{1}{2}\|\boldsymbol{I}_i-\boldsymbol{D}\boldsymbol{\theta}_i\|_2^2+\lambda\|\boldsymbol{\theta}_i\|_1\right) \tag{3-51}$$

其中

$$\boldsymbol{\theta}_i=\underset{\boldsymbol{\theta}}{\operatorname{argmin}}\left(\frac{1}{2}\|\boldsymbol{I}_i-\boldsymbol{D}\boldsymbol{\theta}\|_2^2+\lambda\|\boldsymbol{\theta}\|_1\right) \tag{3-52}$$

该方法的优点是能够处理大的和动态的数据集而且处理的速度也较快。

3.4.1.4 形态分量分析

形态分量分析（morphological component analysis，MCA）方法是由 Starck 等[45]提出的一种信号分解方法，该方法基于信号的形态多样性和稀疏表示理论，已成功应用于图像的修复、去噪和重建中。其基本思想是根据信号中各组成成分的形态差异性，通过构建不同形态的稀疏表示字典对各组成成分进行稀疏表示，实现信号中不同形态成分（如几何结构、纹理等）的有效分离。

假设图像是 S 个不同形态分量的叠加，即 $\boldsymbol{I}=\sum \boldsymbol{I}_i$（$i=1, 2, \cdots, S$），$\boldsymbol{I}_i$表示第 i 个形态分量。为了把图像 $\boldsymbol{I}$ 分解为 S 层，假设每一个形态分量都能够在适当的基或者过完备字典下稀疏表示，并且稀疏表示各形态分量的字典间具有不相干性，即稀疏表示形态分量 $\boldsymbol{I}_i$ 的字典仅能稀疏表示 $\boldsymbol{I}_i$，而不能稀疏表示其他的形态分量 $\boldsymbol{I}_j$（$j\neq i$），则图像的分解问题可归结为能量最小化问题，其能量函数为[46]

$$E(\{\boldsymbol{I}_s\}_{s=1}^{S},\{\boldsymbol{\theta}_s\}_{s=1}^{S})=\frac{1}{2}\left\|\boldsymbol{I}-\sum_{s=1}^{S}\boldsymbol{I}_s\right\|_2^2+\tau\sum_{s=1}^{S}E_s(\boldsymbol{I}_s,\boldsymbol{\theta}_s) \tag{3-53}$$

式中：$\boldsymbol{\theta}\in\mathbf{R}^{M_s}$代表形态分量 $\boldsymbol{I}_s$在字典 $\boldsymbol{D}_s$下相应的稀疏系数；τ 为正则化参数；E_s为能量函数，由字典 $\boldsymbol{D}_s$类型（全局字典 $\boldsymbol{D}_{gs}$、局部字典 $\boldsymbol{D}_{ls}$）决定。当全局字典 $\boldsymbol{D}_{gs}\in\mathbf{R}^{N\times M_s}$，$N\leqslant M_s$，能量函数定义为

$$E(\boldsymbol{I}_s,\boldsymbol{\theta}_s)=\frac{1}{2}\|\boldsymbol{I}_s-\boldsymbol{D}_{gs}\boldsymbol{\theta}_s\|_2^2+\lambda\|\boldsymbol{\theta}_s\|_1 \tag{3-54}$$

当局部字典 $\boldsymbol{D}_{ls}\in\mathbf{R}^{n\times m_s}$，$n\leqslant m_s$，$\boldsymbol{\theta}_s^k\in\boldsymbol{R}^{m_s}$ 代表$\boldsymbol{I}_s$中图像块$\boldsymbol{b}_s^k\in\boldsymbol{R}^n$，$k=1, 2, \cdots, N$ 的稀疏系数。图像块 $\boldsymbol{b}_s^k$ 以 $\boldsymbol{I}_s$中每一个像素为中心提取，则局部字典的能量函数可表示为

$$E(\boldsymbol{I}_s,\boldsymbol{\theta}_s)=\sum_{k=1}^{N}\left(\frac{1}{2}\|\boldsymbol{b}_s^k-\boldsymbol{D}_{ls}\boldsymbol{\theta}_s^k\|_2^2+\lambda\|\boldsymbol{\theta}_s^k\|_1\right) \tag{3-55}$$

传统的基于 MCA 的图像分解方法根据经验选取固定字典稀疏表示图像的不同形态成分，例如，代表纹理成分的局部字典可以采用传统的局部离散变换函数构造生成，用小波字典、曲波字典来表示图像的几何成分。由于将图像分解为几何部分和纹理部分采用的字典限制于特定类型的图像和信号，不适于实际应用，因此通常采用字典学习的方法来构造字典。

3.4.2 基于 IGM 与形态分量分析的单幅图像去雨

由于单幅雨天图像中可用的雨滴特征描述符很少，形态上又与其他纹理重叠近似，很难精确地将雨滴从其他纹理中检测出来。为此，Kang 等提出基于字典学习来去雨的方法[40]，首先对输入的雨天图像进行双边滤波，得到低频和高频图像，其次对高频图像进行稀疏编码和字典学习，并且将得到的字典进

一步划分为有雨子字典和无雨子字典，再次将有雨子字典所对应的稀疏系数置零，利用稀疏系数和字典重构回不含雨线的高频图像，最后与低频图像相加，即为去雨后的结果。该方法尽管能够实现单幅图像去雨效果，但是对于细节较多的图像，采用双边滤波可能会抹掉很多细节信息，且简单的字典分类难以将雨线和图像纹理细节有效分割，导致得到的结果多数是偏光滑的。

针对 Kang 方法的不足，下面给出一种改进的单幅图像去雨方法[47]，首先基于内部生成机理对雨天图像初步分解，得到粗糙子图与细节子图，其次采用形态分量分析方法，根据雨线与其他纹理之间的形态学差异性将细节子图字典分为有雨和无雨字典，从而将单幅图像去雨转化为基于稀疏编码的图像分解问题，再次基于雨滴形态学特性提出一种字典分类规则，将细节子图分解为有雨部分和无雨部分，最后利用无雨部分和粗糙子图进行重构得到去雨后的图像。

3.4.2.1 基于大脑内部生成机理的雨天图像分解

1. 内部生成机理

人类视觉系统是一种有效的图像感知识别系统，可以帮助理解外部世界并形成准确的视觉相关体系。内部生成机理（internal generative mechanism，IGM）是一种符合大脑感知和理解视觉信息的理论方法[48]。根据内部生成机制理论，大脑受到事物相关性的刺激分析场景，结合固有的先验知识，将场景优化为预测的基本信息和残留的不确定信息两个部分[49]。其中，预测的基本信息可以转化为更高层次的人类视觉系统来进行理解和识别，而不确定信息则被忽略。这种对图像感知和理解的推理过程可以通过贝叶斯理论来模拟。假设目标 X 的视觉和听觉信息分别表示为 V 和 A，为了最优化结果，通过贝叶斯准则计算该目标 X 的条件概率函数 $P(X/V, A)$ 为

$$P(X/V,A)=p(V,A/X)p(X)/p(V,A) \tag{3-56}$$

式中：$p(V, A/X)$ 为大脑感知不同目标 X 的相关性；$p(X)$ 为目标 X 的先验概率。

由于噪声在听觉和视觉机理中具有统计意义上的独立性，因此可以将似然函数分解为视觉和听觉似然函数

$$p(V,A/X)=p(V/X)p(A/X) \tag{3-57}$$

式中：$p(V/X)$ 和 $p(A/X)$ 分别为目标物体 X 关于位置的视觉信息和听觉信息。

通过上述分析可知，尽管在认知上对目标的判别是确定的，但仍然有很多

因素对感知信息的可靠性造成影响，因此大脑必须有效地处理这些不确定的信息以形成感知并指导行动。这种理解感知外部世界的过程称为内部生成机理。

2. 基于内部生成机理图像分解

根据雨滴相关特性，雨滴在视频图像中真实呈现的是高亮度近白色的雨线，并且分布方向近似一致。那么根据大脑内部生成机理，人类视觉系统在理解和识别雨天视频图像时，大脑首先受到场景中事物相关性的刺激，感知运动物体和背景等基本信息，而雨线则被当作杂乱的不确定信息忽略掉。因此，下面利用人类视觉系统中感知事物的大脑内部生成机理，将雨天视频图像分解为粗糙子图（预测的基本信息）和细节子图（不确定信息）。

在实际雨天视频图像分解过程中，大脑内部生成机理可以通过自动回归（auto regressive，AR）贝叶斯预测模型来实现。该模型的重点在于建立一个概率模型使图像预测误差达到最小。假设 X 表示任意一幅图像，$x_{ij} \in X$ 为图像中像素（i，j）处的灰度，W_{ij} 表示 x_{ij} 的相邻像素的集合，则 $P(x_{ij} \mid W_{ij})$ 为条件概率，$P(x_{ij} \mid W_{ij})$ 越大则图像预测误差越小。因此，可以把中心像素 x_{ij} 与其周围像素 x_{mn} 的互信息 MI（x_{ij}；x_{mn}）作为自回归系数，自回归模型 x_{ij} 的预测值为

$$x_{ij} = \sum_{x_{mn} \in W_{ij}} C_{mn} x_{mn} + \varepsilon \tag{3-58}$$

式中：ε 为高斯白噪声；C_{mn} 为 x_{ij} 的权重，即

$$C_{mn} = \frac{MI(x_{ij};x_{mn})}{\sum\limits_{x_{mn} \in W_{ij}} MI(x_{ij};x_{mn})} \tag{3-59}$$

预测值 x_{ij} 代表了图像的基本视觉信息，这里用粗糙子图 X_{Cor} 表示，其不确定信息用细节子图 X_{Prex} 表示，即

$$X_{\mathrm{Prex}} = X - X_{\mathrm{Cor}} \tag{3-60}$$

综合式（3-58）、式（3-59）可知，粗糙子图中保留了雨天图像中的基本视觉信息，细节子图中剩余了原图的一些不确定信息，因此，可以采用 IGM 来分解雨天图像，从而得到包含雨线、纹理等信息的细节子图。为了验证基于 IGM 的雨天图像分解的有效性，选取了不同场景下的雨天图像作为样本进行分解，图 3-26 给出了其中一组场景的分解结果。可以看出，基于 IGM 的图像分解可以有效地将雨线及纹理从原图中划分出来，其中雨线纹理等被归为细节子图，而含有基本信息的则被归为粗糙子图。该方法可以满足雨天视频图像的初步分解，效果明显。

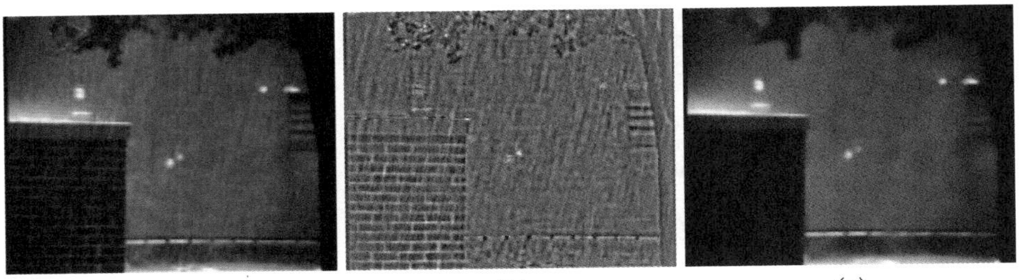

(a) (b) (c)

图 3-26 基于大脑内部生成机理的图像分解实例

(a) 原始图像；(b) 细节子图；(c) 粗糙子图。

图 3-27 为基于内部生成机理与双边滤波器的雨天图像分解实例。图 3-27（a)是原始图像，图中包含大量雨线；图 3-27（b)、（c）是利用 IGM 分解得到的粗糙子图与细节子图，从图中可以看出粗糙子图中没有明显雨线，而细节子图中包含了原图雨线及纹理部分；图 3-27（e)、（f）为经过双边滤波得到的低频部分和高频部分，其中低频部分包含少量雨线和噪声，而高频部分与细节子图相比，雨线并不明显；图 3-27（d)、（g）分别为图 3-27（b)、（e）放大的效果图，从图中可以看出，经过双边滤波后的低频部分保留了过多的高频信息，车头处有明显的雨线痕迹，而利用 IGM 分解得到的粗糙子图则有效地去除了雨线部分。

3.4.2.2 字典构建与分类

假设雨天图像为 $\boldsymbol{I}$，根据 IGM 将图像分解为粗糙子图 $\boldsymbol{I}_{\mathrm{Cor}}$ 和细节子图 $\boldsymbol{I}_{\mathrm{Prex}}$。由于细节子图中包含雨线及其他纹理，借用形态分量分析思想可以有效将其分离。这里采用基于学习的字典构建方法，在字典学习阶段，将细节子图中的图像块作为训练模型训练字典 $\boldsymbol{D}_{\mathrm{Prex}}$，从而构建字典学习问题为

$$\min_{\boldsymbol{\theta}_{\mathrm{Prex}}^{k} \in R^{m}} \|\boldsymbol{b}_{\mathrm{Prex}}^{k}-\boldsymbol{D}_{\mathrm{Prex}} \boldsymbol{\theta}_{\mathrm{Prex}}^{k}\|_{2}^{2} \quad (\text{s. t. } \|\boldsymbol{\theta}_{\mathrm{Prex}}^{k}\|_{0} \leqslant L) \tag{3-61}$$

式中：$\boldsymbol{b}_{\mathrm{Prex}}^{k} \in \boldsymbol{R}^{n}$ 为细节子图中第 k 个图像块（$k=1, 2, \cdots, P$）；$\boldsymbol{\theta}_{\mathrm{Prex}}^{k} \in \boldsymbol{R}^{m}$ 为 $\boldsymbol{b}_{\mathrm{Prex}}^{k}$ 的稀疏系数，字典 $\boldsymbol{D}_{\mathrm{Prex}}^{k} \in \mathbf{R}^{n \times m}$ 且 $n \leqslant m$；L 代表 $\boldsymbol{\theta}_{\mathrm{Prex}}^{k}$ 的最大非零系数个数。通常将上述问题转化为如下 L_1 最小化问题：

$$(\boldsymbol{\theta}_{\mathrm{Prex}}^{k})^{*}=\underset{\boldsymbol{\theta}_{\mathrm{Prex}}^{k} \in R^{m}}{\operatorname{argmin}}\left(\frac{1}{2}\|\boldsymbol{b}_{\mathrm{Prex}}^{k}-\boldsymbol{D}_{\mathrm{Prex}} \boldsymbol{\theta}_{\mathrm{Prex}}^{k}\|_{2}^{2}+\lambda\|\boldsymbol{\theta}_{\mathrm{Prex}}^{k}\|_{1}\right) \tag{3-62}$$

这里采用 Mairal 等提出的在线字典学习方法[44]求解式（3-61）获得字典 $\boldsymbol{D}_{\mathrm{Prex}}$，并利用正交匹配追踪（orthogonal matching pursuit，OMP）算法求解式（3-62）获得相应的稀疏系数。具体来说，首先将细节子图 $\boldsymbol{I}_{\mathrm{Prex}}$ 分解为 16×16

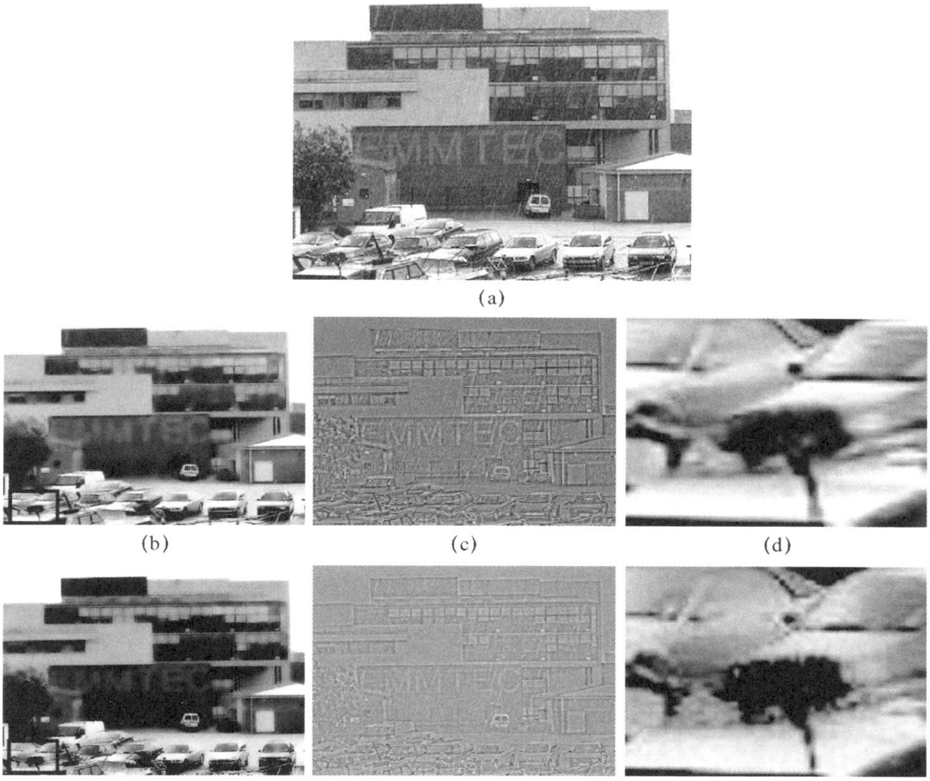

图 3-27　不同方法雨天图像分解实例

(a) 原始图像；(b) IGM 粗糙子图；(c) IGM 细节子图；(d) 图 (b) 放大效果图；(e) 双边滤波低频子图；(f) 双边滤波高频子图；(g) 图 (e) 放大效果图。

像素的小图像块作为训练样本，每次平移一个像素历遍整幅图像。通过字典学习算法来对图像块进行稀疏编码，得到细节子图的训练字典 $\boldsymbol{D}_{\text{Prex}}$，这里用 $\boldsymbol{D}_{\text{Prex}}^{R}$ 表示有雨字典，用 $\boldsymbol{D}_{\text{Prex}}^{N}$ 表示无雨字典。由此可以认为 $\boldsymbol{D}_{\text{Prex}}^{R}$、$\boldsymbol{D}_{\text{Prex}}^{N}$ 是细节子图中雨线和纹理的稀疏表示：

$$\boldsymbol{D}_{\text{Prex}} = [\boldsymbol{D}_{\text{Prex}}^{R} \mid \boldsymbol{D}_{\text{Prex}}^{N}] \tag{3-63}$$

由于在细节子图 $\boldsymbol{I}_{\text{Prex}}$ 中包含有雨部分和无雨部分，下面利用梯度方向直方图（histograms of oriented gradients，HOG）特征[50]来描述雨线与纹理之间的形态学差异性。HOG 特征的基本思想是利用局部强度梯度或边缘方向的分布来描述局部目标的外貌和形状。在实际应用过程中，将整幅图像分割成较小的单元，每个单元都生成一个方向梯度直方图，用来代表该单元中像素的边缘方向，然后采用直方图特征来作为局部目标的描述子。

根据上述原理，通过 HOG 特征来表示雨线和纹理之间的形态学差异性，从而将字典 $\boldsymbol{D}_{\text{Prex}}$ 进一步分解为有雨字典 $\boldsymbol{D}_{\text{Prex}}^{R}$ 和无雨字典 $\boldsymbol{D}_{\text{Prex}}^{N}$。若 $b(x, y)$ 表示字典原子 $\boldsymbol{b}$ 在像素 (x, y) 处的灰度值，则该像素的梯度幅度和梯度方向可以定义为

$$\begin{cases} G(x,y) = \sqrt{G_x(x,y)^2 + G_y(x,y)^2} \\ \theta(x,y) = \arctan\left(\dfrac{G_y(x,y)}{G_x(x,y)}\right) \\ G_x(x,y) = b(x+1,y) - b(x-1,y) \\ G_y(x,y) = b(x,y+1) - b(x,y-1) \end{cases} \tag{3-64}$$

通过统计字典 $\boldsymbol{D}_{\text{Prex}}$ 中原子的梯度方向直方图，形成字典原子的 HOG 特征描述符，然后利用 K-means 聚类分析将其初步分割为两个子字典。根据上述字典原子一维局部梯度直方图特性，设最初两个聚类中心为 ω_1 和 ω_2，分别代表有雨部分和无雨部分的聚类中心，这里采用梯度最小值和梯度最大值为初始值，则分类模型可以表示为

$$d(G,\omega) = |G - \omega| \tag{3-65}$$

式中：d 为字典原子 $\boldsymbol{b}$ 的一维局部梯度直方图特征到聚类中心的距离。

通过对字典 $\boldsymbol{D}_{\text{Prex}}$ 中原子的 HOG 特性及 K-means 聚类分析，可以得到两个子字典。根据雨线的方向在图像中大致是一致的特性[40]，可以认为有雨字典的平均方向梯度方差要小于无雨字典，通过计算原子的方向梯度方差可以得到两个子字典的平均方向梯度方差 MVG_1 和 MVG_2，进而通过比较平均方向梯度方差值的大小，将两个子字典确定为有雨字典 $\boldsymbol{D}_{\text{Prex}}^{R}$ 和无雨字典 $\boldsymbol{D}_{\text{Prex}}^{N}$，如图 3-28 所示。

虽然利用字典原子的梯度方向直方图特征可以分离出有雨字典和无雨字典，但是只考虑了雨线的方向特性而忽略了其他的一些判别特征，以至于在某些情况下会出现一些错误。例如，当背景纹理变化不大或有近似于条纹状纹理时，仅仅利用梯度方向直方图特征进行分类得到的分类结果并不准确，使得到的字典分类结果含有错误的原子，从而导致其他细节纹理丢失。根据雨滴形状特征先验可知，雨线长宽比范围在 88～95，根据这一数值范围可以实现对有雨字典和无雨字典进一步分类。因此，在上述基于梯度方向直方图特征分类的基础上，下面利用雨线几何形状约束对分类结果进行二次约束，从而有效去除误判别原子，以得到更为准确的分类结果。

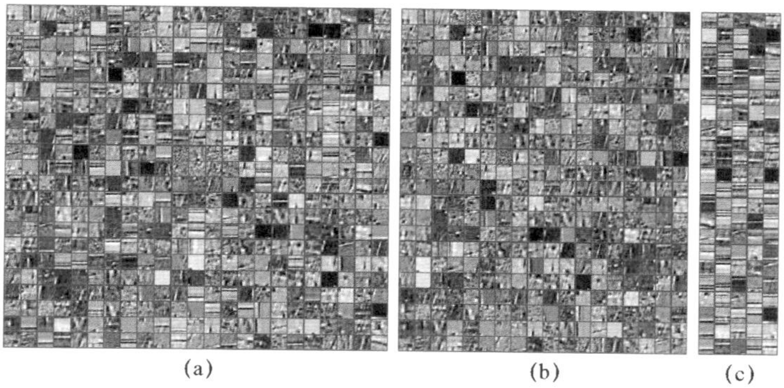

图 3-28 含雨字典分类效果图

（a）细节子图；（b）有雨字典；（c）无雨字典。

不同方法进行字典分类得到的结果如图 3-29 所示。可以看出，由于 HOG 特征分类方法将背景中的窗框误认为是雨线，在图像重建时导致纹理细节丢失；利用本节提出的方法得到的结果中，在去除雨线的同时保持了纹理的细节信息，说明利用雨线长宽比二次约束后的字典分类准确度要优于前者。

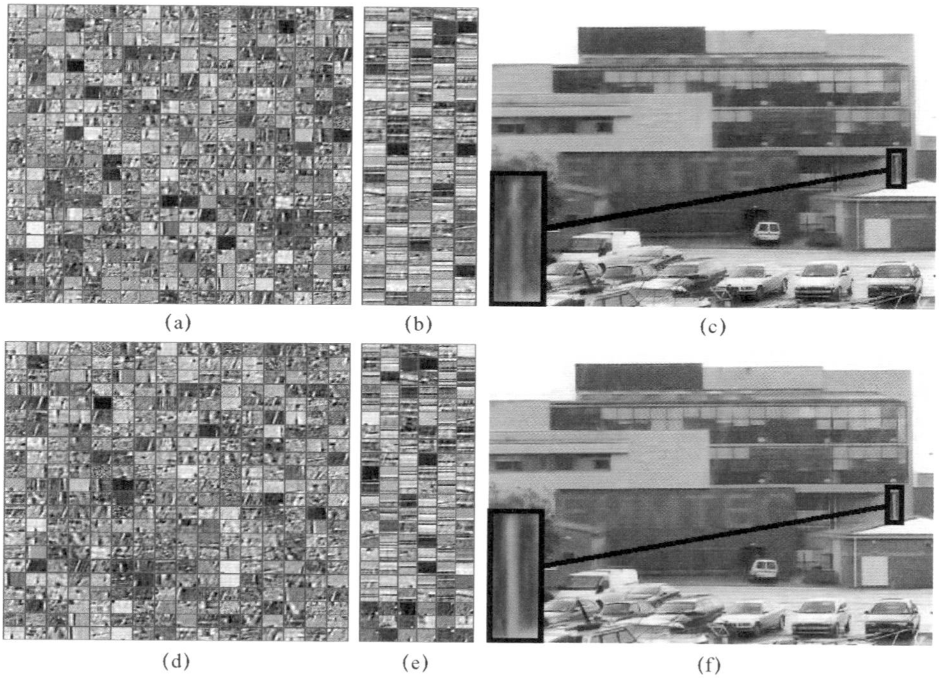

图 3-29 不同字典分类方法的去雨效果对比

（a）HOG 特征有雨字典；（b）HOG 特征无雨字典；（c）HOG 特征分类方法去雨效果；（d）本节提出的方法有雨字典；（e）本节提出的方法无雨字典；（f）本节提出的字典分类方法去雨效果。

3.4.2.3 图像重构

经过字典分类后，为了从细节子图中获得雨线部分与纹理部分，对每一个图像块采用正交匹配追踪算法来得到相应字典的稀疏系数。因此，细节子图中的无雨图像可以通过将有雨字典稀疏系数设为 0 之后再与字典 $\boldsymbol{D}_{\mathrm{Prex}}$ 进行重构来获得，即

$$\boldsymbol{I}_{\mathrm{Prex}}^{N}=\boldsymbol{D}_{\mathrm{Prex}}\boldsymbol{\theta}_{\mathrm{Prex}}^{N} \tag{3-66}$$

式中：$\boldsymbol{I}_{\mathrm{Prex}}^{N}$ 为去雨后的细节子图；$\boldsymbol{\theta}_{\mathrm{Prex}}^{N}$ 为将有雨字典中的稀疏系数设为 0 后再通过式（3-62）的求解结果。同理，细节子图中的雨线图像也可以通过该方法求出。

最后根据 IGM 理论，采用将粗糙子图 $\boldsymbol{I}_{\mathrm{Cor}}$ 与去雨后的细节子图相加来重构图像 $\boldsymbol{I}'$，即

$$\boldsymbol{I}'=\boldsymbol{I}_{\mathrm{Cor}}+\boldsymbol{I}_{\mathrm{Prex}}^{N} \tag{3-67}$$

3.4.2.4 试验结果与分析

为了验证提出的方法的可行性，下面采用雨天视频“Umbrella”进行试验，字典大小为 1024，图像块大小为 16×16，结果如图 3-30 所示。可以看

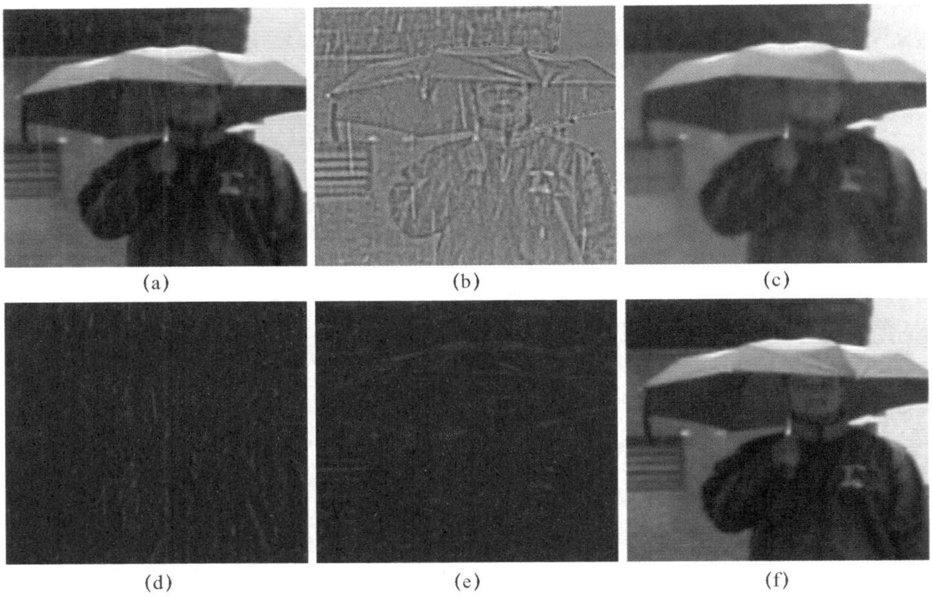

图 3-30 Umbrella 视频图像去雨效果

（a）umbrella 一帧图像；（b）细节子图；（c）粗糙子图；（d）有雨部分；（e）无雨部分；（f）去雨后图像。

到：打伞的人物的移动及衣服的褶皱给雨线检测带来一定的干扰；图 3-30（b）是 IGM 分解后的细节子图，包含了大量的雨线和原图像的纹理信息；图 3-30（c）是 IGM 分解后的粗糙子图，保留了原图的基本信息；图 3-30（d）、（e）分别是经过字典分类后对细节子图重构的图像，其中图 3-30（d）代表有雨部分，从中可以看到雨线从其他纹理中被准确地区分出来，图 3-30（e）为无雨部分，雨伞、窗户以及人的轮廓等纹理信息很好地保留了下来；提出的方法处理结果如图 3-30（f）所示，可以看出有效地去除了雨滴对图像的影响，同时较好地保留了原图像的纹理等细节信息。

为了定量评估提出的方法的去雨效果，通过 Adobe Photoshop 软件对无雨图像人工添加雨线，并与其他几种单幅图像去雨方法的效果进行对比，结果如图 3-31 所示。这里采用 3 种不同的图像质量客观评价方法，分别为峰值信噪比（PSNR）、视觉信息保真度（visual information fidelity，VIF）[51] 以及图像结构相似质量指数（structure similarity，SSIM）[52]，具体评价标准描述如下。

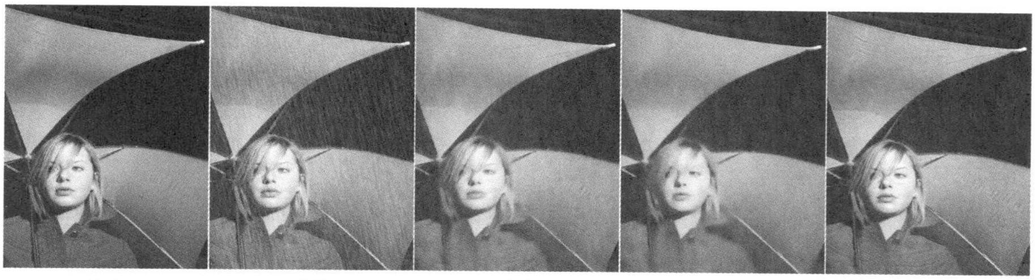

(a)　(b)　(c)　(d)　(e)

图 3-31　不同单幅图像去雨方法的效果对比

（a）原图；（b）添加雨线后图像；（c）Kang 方法；（d）K-SVD 方法；（e）本节提出的方法。

（1）视觉信息保真度：

$$\mathrm{VIF}(I \mid I_X)=\frac{\sum_{k=1}^{K}\left[\mathrm{MI}(C_r^k;F^k \mid z_r^k)\right]}{\sum_{k=1}^{K}\left[\mathrm{MI}(C_r^k;E^k \mid z_r^k)\right]} \tag{3-68}$$

式中：K 为子带数；$\mathrm{MI}(C_r^k;F^k \mid z_r^k)$ 和 $\mathrm{MI}(C_r^k;E^k \mid z_r^k)$ 分别为参考图像和去雨后图像的第 k 个子带相应的互信息测量值。

（2）图像结构相似质量指数为

$$\mathrm{SSIM}=\frac{(2\sigma_{I,X}+C_2)(2\bar{I}\cdot\bar{X}+C_1)}{(\sigma_I^2+\sigma_X^2+C_2)(\bar{I}^2+\bar{X}^2+C_1)} \tag{3-69}$$

式中：σ_I、σ_X 分别为原始图像和去雨后图像的方差；$C_1=(K_1L)^2$ 与 $C_2=(K_2L)^2$ 表示非负常数，L 为像素动态范围，K_1 通常取值为 0.01，K_2 通常取值为 0.03。

表 3-4 给出了不同单幅图像去雨方法的定量评价结果。从 3 个客观评价指标来看，利用本节所提出方法得到的去雨图像质量更好一些。

表 3-4　不同单幅图像去雨方法的定量评价结果

评价方法	评价结果		
	PSNR	VIF	SSIM
添加雨线图像	19.28dB	0.3124	0.5454
Kang 方法[40]	20.43dB	0.4842	0.6551
K-SVD 方法[43]	19.32dB	0.4337	0.6333
本节提出的方法[47]	22.52dB	0.5711	0.7219

3.4.3 基于区分性稀疏编码的单幅图像去雨

已有的图像或视频去雨方法多数是采用先雨线检测后图像修补的处理策略，罗玉等提出基于区分性稀疏编码（discriminative sparse coding，DSC）的图像去雨模型[53-54]，将图像去雨问题看成是图像信号分离问题，在分离过程中利用清晰图像层和雨层之间的内在属性差异，对两者进行互斥性的稀疏编码，以达到清晰图像与雨层分离的效果。下面对其工作进行简要介绍。

3.4.3.1 图像雨化模型

罗玉等基于 Adobe Photoshop 软件中的图层混合模式，采用了如下滤色模型：

$$J(\boldsymbol{x})=I(\boldsymbol{x})+R(\boldsymbol{x})-I(\boldsymbol{x})R(\boldsymbol{x}) \tag{3-70}$$

可以看出，在此模型中雨对图像的影响变成 $R(\boldsymbol{x})(1-I(\boldsymbol{x}))$，当背景图像 $I(\boldsymbol{x})$ 接近于 1 时，雨对图像的影响接近于 0，而当背景偏暗时，则雨对图像的影响接近 $R(\boldsymbol{x})$，也就是说背景偏暗时，比较明显地能看到雨的存在，而背景偏亮时，雨的存在感减弱，与实际比较相符。此外，滤色模型能够保证输入的两幅图像亮度在 [0，1] 时，最后合成所得到的图像亮度也会在 [0，1]。

3.4.3.2 基于区分性稀疏编码的图像去雨模型

给定雨图 $J(\boldsymbol{x})$，要得到原始的清晰图像层 $I(\boldsymbol{x})$ 与雨层 $R(\boldsymbol{x})$，显然是一个

病态的反问题，必须增加额外的约束条件。假设理想状态下的清晰图像层为$I(\boldsymbol{x})$，雨层为$R(\boldsymbol{x})$，为表述方便，以下简记$\boldsymbol{I}=I(\boldsymbol{x})$、$\boldsymbol{R}=R(\boldsymbol{x})$、$\boldsymbol{J}=J(\boldsymbol{x})$，那么根据滤色模型，两者融合之后得到的雨图$\boldsymbol{J}$为

$$\boldsymbol{J}=\mathbf{1}-(\mathbf{1}-\boldsymbol{I})*(\mathbf{1}-\boldsymbol{R})=\boldsymbol{I}+\boldsymbol{R}-\boldsymbol{I}*\boldsymbol{R} \tag{3-71}$$

式中：“$*$”为两个图层矩阵之间按元素进行点乘。

得到雨图之后，接下来把稀疏先验融入到图像层与雨层的约束中，这里的稀疏先验指的是将图像层（或雨层）切成块状之后，通过学习一个冗余的字典，那么所有图像层（或雨层）切成的图像块将会在一个冗余的字典下稀疏表示，即每一个图像块都可以通过字典中的区区几项元素的线性组合来表示。首先利用P算子将图像层变成堆叠的图像块矩阵，矩阵的每一列分别代表一个图像块：

$$\boldsymbol{Y}_I:=P\boldsymbol{I};\quad \boldsymbol{Y}_R:=P\boldsymbol{R} \tag{3-72}$$

式中：$\boldsymbol{Y}_I$为清晰图像层$\boldsymbol{I}$经过算子P后堆叠成的矩阵块；$\boldsymbol{Y}_R$为雨层$\boldsymbol{R}$经过算子P后堆叠成的矩阵块；这些矩阵块在某个字典$\boldsymbol{D}$下能够稀疏表示，即

$$\boldsymbol{Y}_I\approx\boldsymbol{DC}_{\mathrm{I}};\quad \boldsymbol{Y}_R\approx\boldsymbol{DC}_R \tag{3-73}$$

其中，$\boldsymbol{C}_I$和$\boldsymbol{C}_R$分别为清晰图像块与雨块在字典$\boldsymbol{D}$下的表示系数，其每一列对应着相应矩阵块中的每一块的表达系数，如果字典学习得足够好，那么每一列的非零系数应该非常少，即是稀疏的。

由于雨层和清晰图像层之间的差异性，在同一个字典上其表示系数也会有所差异，那么根据这个差异，就可以将雨层和清晰图像层分离开来。为了对编码系数进行描述，首先定义系数的权矢量，假设某矩阵块在字典下的表示系数为$\boldsymbol{C}$，那么该系数的权矢量定义如下

$$\boldsymbol{B}(\boldsymbol{C})[k]=\sum_j\boldsymbol{C}[k,j]^2 \tag{3-74}$$

权矢量$\boldsymbol{B}(\boldsymbol{C})$的第$k$项代表的是编码系数$\boldsymbol{C}$对字典第$k$项元素的使用情况，其值越大，代表的该字典元素对该矩阵块越重要，当其为0时，说明这个矩阵块没有利用到该字典的第k项元素。

由于雨层和清晰图像层之间存在差异，其在某一个字典上的编码系数也会有所差异，这个差异就体现在这个权矢量上，在最理想的情况下，雨层的编码系数$\boldsymbol{C}_R$和清晰图像层的编码系数$\boldsymbol{C}_I$的权矢量的相关性应该很小，甚至为0，即

$$|\boldsymbol{B}(\boldsymbol{C}_I)^{\mathrm{T}}\boldsymbol{B}(\boldsymbol{C}_R)|=0 \tag{3-75}$$

两者的权矢量的相关性为 0 意味着用来产生雨层的字典元素不会用来产生图像层，反过来，用来产生图像层的字典元素也不会用来表达雨层，这个性质称为互斥性。基于上述讨论，可以得到以下最优化模型用于雨层和图像层的分离，称为区分性稀疏编码去雨模型：

$$\min_{\boldsymbol{I},\boldsymbol{R},\boldsymbol{D},\boldsymbol{C}_I,\boldsymbol{C}_R} \|\boldsymbol{PI}-\boldsymbol{DC}_I\|_F^2+\|\boldsymbol{PR}-\boldsymbol{DC}_R\|_F^2$$

$$\text{s.t.}\begin{cases}\boldsymbol{J}=\boldsymbol{I}+\boldsymbol{R}-\boldsymbol{I}*\boldsymbol{R}\\ 0\leqslant\boldsymbol{I}\leqslant 1;0\leqslant\boldsymbol{R}\leqslant 1\\ \|\boldsymbol{C}_I[:,j]\|_0\leqslant T_I,\|\boldsymbol{C}_R[:,j]\|_0\leqslant T_R,\text{对所有的 } j;\\ |\boldsymbol{B}(\boldsymbol{C}_\mathrm{I})^\mathrm{T}\boldsymbol{B}(\boldsymbol{C}_\mathrm{R})|\leqslant\varepsilon\end{cases} \tag{3-76}$$

式中：T_I 和 T_R 分别为图像块和雨块的编码系数所对应的稀疏度；ε 为一个相关性阈值。

可采用贪心迭代算法求解上述优化模型：在每次迭代过程中，首先对图像块和雨块分别进行稀疏逼近，图像块采用通常的稀疏逼近方式，而雨块在稀疏逼近过程中则首先计算图像块中可能残留的雨成分，然后将这部分累加到先前计算得到的雨块矩阵上再进行稀疏编码，得到稀疏编码系数后，根据稀疏编码系数和字典对雨块进行重构，再转化到雨层，根据雨层的亮度和雨图的生成模型计算出图像层，之后再将图像层和雨层转化为块结构，对字典进行更新，最后再进行下一轮的稀疏编码。

3.4.3.3 实验结果与分析

下面给出利用区分性稀疏编码模型（简称 DSC 方法）对实际雨天图像进行去雨的效果，并且与 Kang 等[40]的方法和 Kim 等[55]的方法进行对比，结果如图 3-32 所示[53]。可以看出，Kang 等的方法因为使用双边滤波的缘故，图像中的细节如屋檐很容易被抹去，去除雨的效果就变成了将雨抹开的效果，细节基本上已经丢失；Kim 等的方法由于需要先使用核回归方法将图像中雨所在的区域找出，之后再通过图像修补的方式将检测出的雨的位置进行修复，可以看出该方法一方面很容易产生雨的误检测，并且另一方面修补后的图像也极其不准确，效果也非常的不真实。

当然，基于区分性稀疏编码模型的去雨方法处理结果中依然存在很多不自然的人工修补痕迹或者图像中的雨线尚未清除干净，可能是未处理好雨和清晰图像低频之间的关联约束，从而导致了低频分量在两层图像之间游离，使得雨图中的雨过多或过少地被分离出来，这也是基于区分性稀疏编码模型

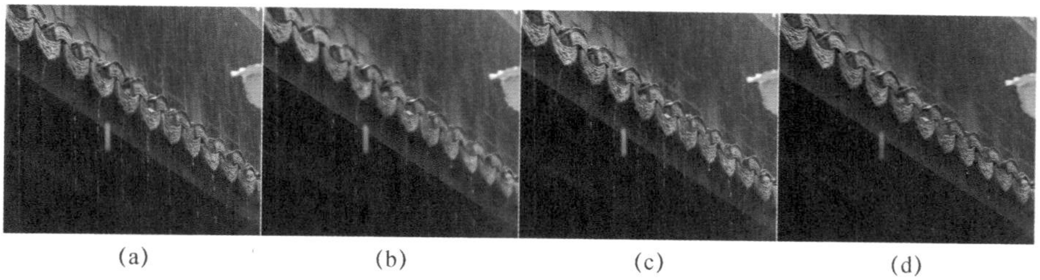

图 3-32 雨天图像 Eave 的去雨效果对比

（a）原图；（b）Kang 方法；（c）Kim 方法；（d）DSC 方法。

的去雨方法需要改进的地方。此外，该方法并不适合于当图像中的雨不是线性规则形状时，当图像中出现的雨的形状是较大块的雨滴时，不能有效地处理消除这种情况下的雨滴。最后，当图像中有很多与雨的形状类似的结构存在时，该方法可能会将其错分至雨层。

3.4.4 基于联合卷积稀疏表示的单幅图像去雨

传统的稀疏表示采用基于图像块的字典训练方式，先对图像提取图像块，以图像块作为训练样本，训练包含特征信息的字典。但这种方式会带来重叠块中像素的一致性问题，导致图像重构时存在模糊现象，另一方面，大量的图像块虽然提高了字典的完备性，但也会带来较大的训练负担。卷积稀疏表示（convolutional sparse representation，CSR）[56]模仿神经元侧抑制和竞争信息处理方式，在训练中选择与整幅图像特征最匹配的滤波器，既利用全局信息提取特征，克服了重叠块中像素的一致性的问题，又通过卷积的方式，减少了相邻位置图像块的编码冗余度，将图像块与字典原子的一维内积运算转换为整幅图像与滤波器的二维卷积操作，成功地解决了维数灾难问题，使得模型能够自适应处理图像大小，有效提高了图像稀疏表示能力。下面采用卷积稀疏表示进行单幅图像去雨。

3.4.4.1 卷积稀疏表示

卷积稀疏表示中的滤波器又称为卷积字典，它能够实现对图像各种不同特征的抽取。图 3-33 是卷积稀疏表示的原理图，图中的输入图像是稀疏化以后的图，然后对输入图像进行卷积操作，从特征图中可以看出不同的滤波器对相同的输入图像得到不同的特征，最后把这些特征图融合处理之后就得到输出图像，经过不断的训练之后，输出图像和输入图像保真度较高。卷积稀疏表示按照应用的角度不同，又可以区分为卷积分析稀疏表示（convolutional analysis sparse representation，CASR）和卷积合成稀疏表示（convolutional synthesis sparse representation，CSSR）两种。

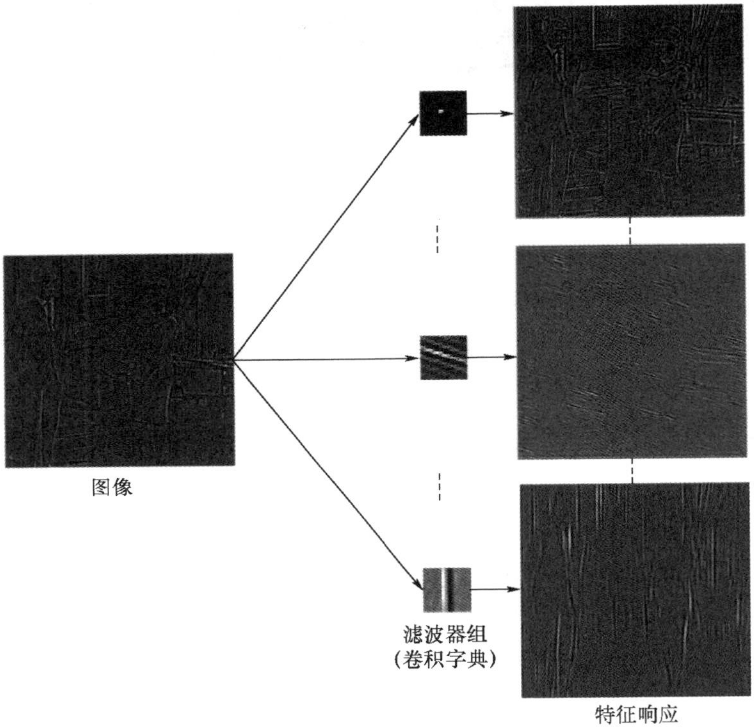

图 3-33　卷积稀疏表示示意图

1. 卷积分析稀疏表示

卷积分析稀疏表示模型广泛应用于从输入图像 $\boldsymbol{Y}$ 中估计图像 $\boldsymbol{X}$，通过对估计图像的滤波响应施加稀疏性约束，描述分片光滑的特征，具体如下式所示：

$$\hat{\boldsymbol{X}} = \arg\min_{\boldsymbol{X}} \| \boldsymbol{X}-\boldsymbol{Y} \|_F^2 + \lambda \sum_i T(\boldsymbol{f}_{A,i} \otimes \boldsymbol{X}) \tag{3-77}$$

式中：$\| \cdot \|_F^2$ 和 $\otimes$ 分别为 Frobenius 范数和卷积运算；λ 是正则参数；$T(\boldsymbol{f}_{A,i} \otimes \boldsymbol{X})$ 是惩罚项，以 $\boldsymbol{X}$ 自身作为特征映射，通过滤波器 $\boldsymbol{f}_{A,i}$ 约束 $\boldsymbol{X}$ 满足先验条件。滤波器 $\boldsymbol{f}_{A,i}$ 既可以手动设定也可以学习得到。

2. 卷积合成稀疏表示

卷积合成稀疏表示模型从信号合成的角度，以特征映射和滤波器卷积来合成信号 $\boldsymbol{X}$，表示如下：

$$\arg\min_{f_S,z} \| \boldsymbol{X} - \sum_{j=1}^{N} \boldsymbol{f}_{S,j} \otimes \boldsymbol{z}_j \|_F^2 + \gamma \sum_{j=1}^{N} \| \boldsymbol{z}_j \|_1 \tag{3-78}$$

式中：γ 为正则参数；$\boldsymbol{z}_j$ 为特征映射；$\boldsymbol{f}_{S,j}$ 为滤波器。

如图 3-34 所示，先将图 3-34（a）采用专家场模型（FoE）[62]进行 CASR 字典的训练，然后将对应的特征图中的非零系数在图 3-34（b）中标绘，深蓝色表示存在极少的非零系数，红色表示存在至少 5 个非零系数。可见，CASR 在图像的结构部分体现了更强的稀疏性，可以很好地适用于提取图像的结构边缘，但在 CASR 模型中，信号或图像要和滤波器正交，因此 CASR 难以充分利用滤波器的冗余性，对纹理或细节部分缺乏表达能力；对图 3-34（a）采用 Gu 等[56]的方法进行 CSSR 字典的训练，然后将对应的特征图中的非零系数在图 3-34（c）中标绘，也用深蓝色表示存在极少的非零系数。可见，CSSR 在图像相对平滑的部分存在更多的非零系数。为此，CSSR 可以很好地适用于提取图像的纹理细节。

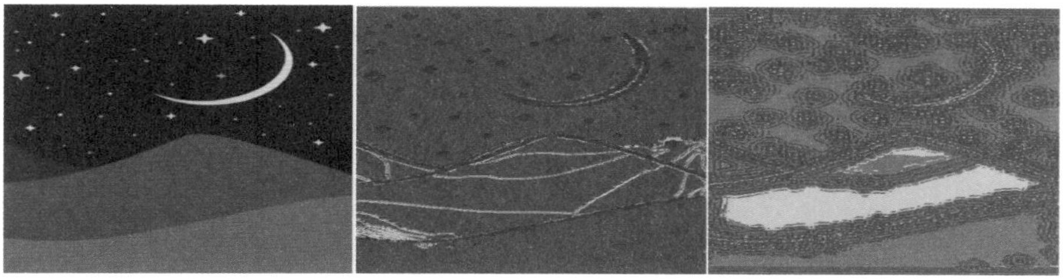

(a) (b) (c)

图 3-34 基于卷积稀疏表示的图像实例

（a）原图；（b）CASR 系数分布；（c）CSSR 系数分布。

3. 基于联合卷积稀疏表示的结构-纹理分解

图像的结构-纹理分解指把一幅图像 $\boldsymbol{I}$ 分解为结构部分 $\boldsymbol{U}$ 和纹理部分 $\boldsymbol{V}$，显然这是一个典型的病态反问题，需要提供合理的先验假设。由于 CASR 和 CSSR 可以分别对图像的结构和纹理进行约束，为此可以联合 CASR 和 CSSR，从而实现图像的结构-纹理分解。具体如下式所示：

$$\min_{\boldsymbol{U},\boldsymbol{Z}} \| \boldsymbol{I} - \boldsymbol{U} - \sum_{j}^{N} \boldsymbol{f}_{S,j} \otimes \boldsymbol{Z}_j \|_2^2 + \lambda \sum_{i}^{M} \| \boldsymbol{f}_{A,i} \otimes \boldsymbol{U} \|_1 + \gamma \sum_{j=1}^{N} \| \boldsymbol{Z}_j \|_1 \tag{3-79}$$

式中：λ 和 γ 分别为 CASR 和 CSSR 的正则参数；$\sum_{j}^{N} \boldsymbol{f}_{S,j} \otimes \boldsymbol{Z}_j$ 表示纹理图像 $\boldsymbol{V}$。

CASR 和 CSSR 的两组滤波器 $\{\boldsymbol{f}_{A,i}\}_{i=1,\cdots,M}$ 和 $\{\boldsymbol{f}_{S,j}\}_{j=1,\cdots,N}$ 是求解模型

的关键，为此要合理地进行选择和训练。一般可以采取手动设定或者基于样本的训练得到。虽然训练得到的滤波器能更好地提取图像特征，但训练两组滤波器会带来时间复杂度的提高以及效率的降低。实际上，CASR 并不能够很好地利用滤波器的冗余性，为此简单地设定即可。而 CSSR 利用过完备的滤波器可以使特征表达更加稀疏。为此需要从样本中训练得到。具体地，对于 $\boldsymbol{f}_A$，可以采用一阶和二阶梯度算子；对于 $\boldsymbol{f}_S$，先用 PCA 字典初始化，再进行样本训练。为了以较少的原子更加稀疏的表达信号，以输入图像作为训练样本。为了求解联合卷积稀疏模型，将卷积运算转化为矩阵乘法的形式，如下式所示：

$$\min_{\boldsymbol{u},\boldsymbol{z},\boldsymbol{f}_S} \| \boldsymbol{i}-\boldsymbol{u}-\sum_j^N \boldsymbol{F}_{S,j}\boldsymbol{z}_j \|_2^2+\lambda\sum_i^M \| \boldsymbol{F}_{A,i}\boldsymbol{u} \|_1 + \gamma\sum_{j=1}^N \| \boldsymbol{z}_j \|_1 \quad (\text{s.t.} \ \| \boldsymbol{f}_{S,j} \|_F^2 \leqslant 1) \tag{3-80}$$

式中：$\boldsymbol{i}$、$\boldsymbol{u}$ 和 $\boldsymbol{z}_j$ 分别为 $\boldsymbol{I}$、$\boldsymbol{U}$、$\boldsymbol{Z}_j$ 的矢量形式；$\boldsymbol{F}_{A,i}$ 和 $\boldsymbol{F}_{S,j}$ 分别为 $\boldsymbol{f}_{A,i}$ 和 $\boldsymbol{f}_{S,j}$ 对应的 BCCB（block circulant with circulant block）矩阵。

尽管联合求解 $\boldsymbol{u}$、$\boldsymbol{z}$ 和 $\boldsymbol{f}_S$ 是非凸的，但是可以分解成 3 个子问题，交替优化每个变量。

更新 $\boldsymbol{l}$：固定 $\{\boldsymbol{F}_{S,j}\}_{j=1,\cdots,N}$ 和 $\{\boldsymbol{z}_j\}_{j=1,\cdots,N}$，由下式求解 $\boldsymbol{l}$

$$\min_{\boldsymbol{u}} \| \boldsymbol{i}-\boldsymbol{u}-\sum_j^N \boldsymbol{F}_{S,j}\boldsymbol{z}_j \|_2^2+\lambda\sum_i^M \| \boldsymbol{F}_{A,i}\boldsymbol{l} \|_1 \tag{3-81}$$

将 $\boldsymbol{i}-\sum_j^N \boldsymbol{F}_{S,j}\boldsymbol{z}_j$ 用 $\boldsymbol{x}$ 替换，并引入辅助变量 $\{\boldsymbol{w}_i=\sum_i^M \boldsymbol{F}_{S,j}\boldsymbol{z}_j\}$，则可通过 ADMM 算法解决：

$$\begin{cases} \boldsymbol{u}^{k+1}=\left(\dfrac{\mu_k}{2}\sum_i^M \boldsymbol{F}_{A,i}^T\boldsymbol{F}_{A,i}+\boldsymbol{E}\right)^{-1}\left(\boldsymbol{x}+\dfrac{\mu_k}{2}\sum_i^M \boldsymbol{F}_{A,i}^T\boldsymbol{w}_i+\dfrac{1}{\mu_k}\sum_i^M \boldsymbol{F}_{A,i}^T\boldsymbol{L}_i\right) \\ \boldsymbol{w}_i^{k+1}=\eta(\lambda,\mu_k)\left(\boldsymbol{F}_{A,i}^T\boldsymbol{w}_i+\dfrac{1}{\mu_k}\boldsymbol{L}_i\right) \\ \boldsymbol{L}_i^{k+1}=\boldsymbol{L}_i^k+\mu_k(\boldsymbol{F}_{A,i}\boldsymbol{u}^{k+1}-\boldsymbol{w}_i) \\ \text{如果 } \mu_k<\mu_{\max},\ \mu_{k+1}=\mu_k*\rho \end{cases} \tag{3-82}$$

式中：$\boldsymbol{L}_i$ 为 $\boldsymbol{w}_i$ 的拉格朗日变量；$\mu_{\max}$ 和 ρ 为参数；$\eta(\cdot)$ 表示软阈值操作。由于 BCCB 矩阵的特性，式（3-82）可以在 FFT 域中有效求解。

更新 $\boldsymbol{z}$：固定 $\boldsymbol{u}$ 和 $\boldsymbol{f}_S$，由下式求解 $\boldsymbol{z}$

$$\min_{\boldsymbol{z}} \| \boldsymbol{i}-\boldsymbol{u}-\sum_j^N \boldsymbol{F}_{S,j}\boldsymbol{z}_j \|_2^2+\gamma\sum_{j=1}^N \| \boldsymbol{z}_j \|_1 \tag{3-83}$$

该优化问题是标准的卷积稀疏编码，可以利用 Wohlberg[58]提出的算法进行求解。

更新 $\boldsymbol{f}_S$：固定 $\boldsymbol{u}$ 和 $\boldsymbol{z}$，由下式求解 $\boldsymbol{f}_S$

$$\min_{f_S} \| \boldsymbol{i}-\boldsymbol{l}-\sum_{j}^{N} \boldsymbol{F}_{S,j}\boldsymbol{z}_j \|_F^2 \quad (\text{s.t.} \ \| \boldsymbol{F}_{S,j} \|_F^2 \leqslant 1) \tag{3-84}$$

该式可以采用邻近梯度下降（proximal gradient descent）算法去求解，如下式：

$$\begin{cases} \boldsymbol{F}_S^{t+0.5} = \boldsymbol{F}_S^t - \tau \boldsymbol{z}^{\mathrm{T}}(\boldsymbol{i}-\boldsymbol{u}-\boldsymbol{F}_S\boldsymbol{z}) \\ \boldsymbol{F}_S^{t+1} = \mathrm{Prox}_{\| \ \| \leqslant 1}(\boldsymbol{F}_S^{t+0.5}) \end{cases} \tag{3-85}$$

式中：τ 为梯度下降的步长；$\mathrm{Prox}_{\| \ \| \leqslant 1}$（$*$）是 ℓ_2 近似算子，保证了 $\| \boldsymbol{F}_{S,j} \|_F^2 \leqslant 1$ 的约束。

3.4.4.2 基于联合卷积稀疏表示的图像去雨算法

单幅图像去雨问题旨在背景中去除复杂的雨线，这里将其看作一个结构-纹理分解问题，将一幅有雨图像分解为无雨的背景图像 $\boldsymbol{B}$ 和雨线图像 $\boldsymbol{R}$。鉴于联合卷积稀疏表示可以很好地分离结构和纹理，所以可以应用在图像去雨问题中。基于联合卷积稀疏表示的图像去雨算法步骤如下：

第 1 步：参数初始化。输入有雨图像 $\boldsymbol{I}$，CASR 滤波器 $\{\boldsymbol{f}_{A,i}\}_{i=1,\cdots,M}$，正则参数 λ、γ，迭代终止阈值 ζ，最大迭代次数为 $N_{\max}$，令 $k=1$。

第 2 步：根据式（3-81）计算无雨图像 $\boldsymbol{B}^{(k)}$，转第 3 步。

第 3 步：当 $k=1$ 时，对（$\boldsymbol{I}-\boldsymbol{B}^{(1)}$）利用 PCA 初始化 $\{\boldsymbol{f}_{S,j}\}_{j=1,\cdots,N}$，转步骤 4；当 $k>1$ 时，转第 4 步。

第 4 步：根据式（3-82）计算 $\boldsymbol{z}^{(k)}$，转第 5 步。

第 5 步：根据式（3-83）更新 CSSR 滤波器 $\{\boldsymbol{f}_{S,j}\}_{j=1,\cdots,N}$，转第 6 步。

第 6 步：终止条件判断。若满足 $|\boldsymbol{B}^{(k)}-\boldsymbol{B}^{(k-1)}|<\zeta$ 或 $k>N_{\max}$，终止迭代，转第 7 步；否则令 $k \leftarrow k+1$，返回第 2 步。

第 7 步：输出 $\boldsymbol{B}^{(k)}$ 即为最终的去雨后的图像。

3.4.4.3 试验结果与分析

在试验中，参数设置 $\lambda=0.008$，$\gamma=0.05$，$\boldsymbol{f}_S$ 的大小为 7×7、滤波器个数为 4。图 3-35 显示了去雨的中间过程，可以看出，随着迭代次数的增加，雨线逐渐分离出去，从而得到背景干净的无雨图像。

更多的结果如图 3-36 所示，背景中的雨线极大程度地被消除，并且图像细节几乎没有发生模糊，具有较好的去雨效果。

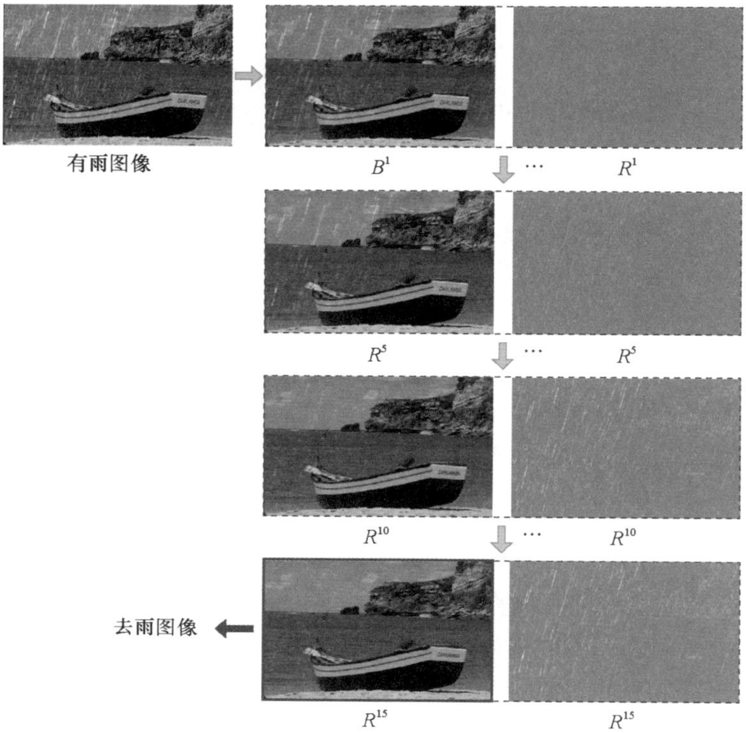

图 3-35　去雨中间过程

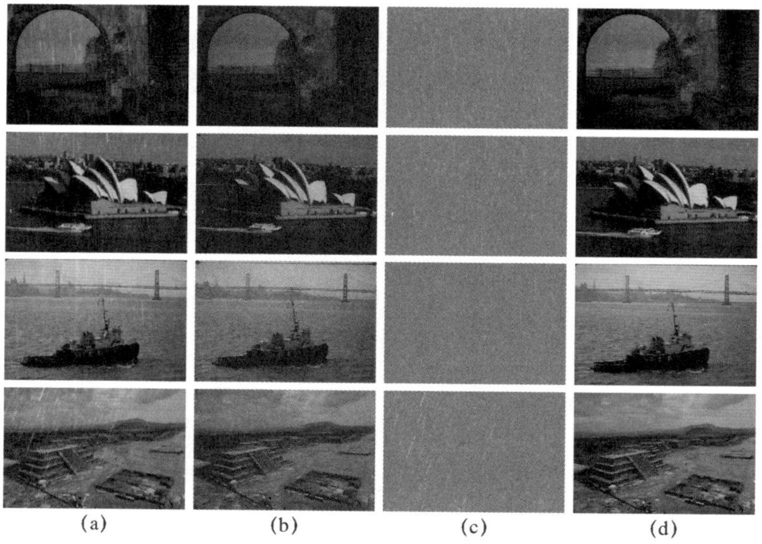

图 3-36　基于联合卷积稀疏表示的单幅图像去雨结果

(a) 输入图像；(b) 背景图像；(c) 雨线图像；(d) 去雨结果。

3.5 基于暗原色先验的远景雨场去除

目前，雨天视频图像的雨滴检测方法主要是基于雨滴的时变特性，并采用帧差法、颜色特性检测、频域滤波模型等进行雨线检测与去除，虽然较好地解决了“动态雨滴”对视频遮挡的问题，但是判别模型依赖于雨滴的特征约束，若场景中雨滴变化特征不明显，会导致检测模型失效。以远景雨场为例，由于受光电成像系统成像分辨率等影响，远景雨场中的雨滴在视频图像中往往不到一个像素，且强度变化并不明显，其视觉表现形式类似于雾化效果，如图 3-37 所示。

图 3-37　远景雨场的雾化效果

受客观统计规律的启发，He 等提出了一种有效的场景透视率估计方法——暗原色先验[59]。由于无雾的自然图像中像素总存在一些暗通道这一图像本质特性，因此根据暗通道亮度变化可以粗略估计景深的分布。下面采用基于暗原色先验来实现远景雨场的检测与去除。

3.5.1 基于暗原色先验的远景雨场分析

3.5.1.1 暗原色先验

根据暗原色先验统计规律，在绝大多数户外无雾图像的任意局部区域中，总存在一些像素在至少一个颜色通道的像素值很低。对于任意一幅彩色图像 J，其暗原色定义为

$$J^{\text{dark}}(\boldsymbol{x})=\min_{c\in[r,g,b]}\{\min_{y\in\Omega(\boldsymbol{x})}[J^c(\boldsymbol{y})]\} \tag{3-86}$$

式中：J^{dark}为图像 J 的暗原色；J^c为图像 J 中的一个颜色通道；$\Omega(\boldsymbol{x})$ 为以像素 $\boldsymbol{x}$ 为中心的方形区域。若 J 是无雾的图像，那么 J^{dark}的值应该很小且趋近于零。

在实际应用过程中，首先将图像转换为 RGB 彩色空间，求出每一个像素在三个颜色通道中的最小值，然后对求得的最小值图像进行局部区域最小滤波，因此对于所有无雾条件下的彩色图像有：

$$J^{\text{dark}}(\boldsymbol{x}) \rightarrow 0 \tag{3-87}$$

3.5.1.2 远景雨场的暗原色分析

由于远景雨场中雨滴的成像特性以及光电成像系统成像分辨率的限制，传统的雨滴判别模型并不适用于远景雨场的检测。为了适应该条件下雨滴特性的变化，在检测模型中需要利用雨场景深的影响建立判别模型。显而易见，暗原色先验理论非常适合对景深估计的要求。在雾天条件下，入射光经过大气散射后导致景物呈现灰白色，改变了图像原本的灰度值，使图像整体强度变高，景物细节信息丢失，对比度下降，从而造成图像暗原色强度变高。根据暗原色分布特性，其强度变化大致符合场景景深的分布。基于此，这里分析了数百组样本图像，结合暗原色先验的特性来验证远景雨场与景深的分布规律，其中的一组样本如图 3-38 所示。可以看出，由于远景雨场的存在，山上的公路、路边的房屋等景物细节变得模糊，颜色失真，而图像的暗原色从原本的灰暗变为现在的明亮，从视觉上来看，暗原色强度分布规律符合图像中景深的分布情况。

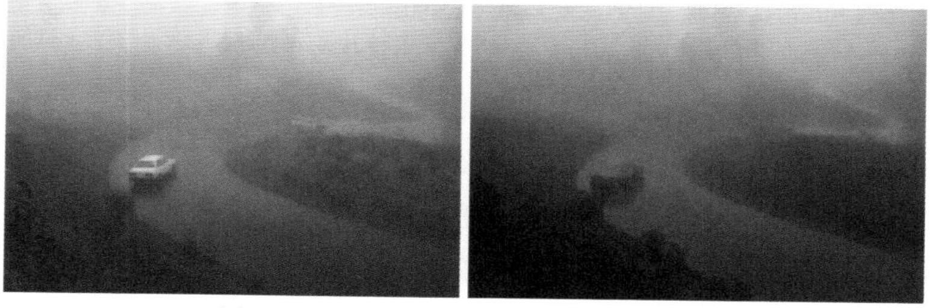

(a)　　　　(b)

图 3-38　远景雨场及其暗原色分布图

(a) 雨天场景；(b) 对应的暗原色。

下面根据暗原色先验，对数百组远景雨场图像模拟实验，求出每一幅远景雨场图像中暗原色强度分布图，同时画出暗原色强度分布图与景深变化的曲线进行分析；然后，统计数十组视频中远景雨场像素的强度分布，画出分布曲线进行分析。如图 3-39 所示给出了一组分析结果，可以看出，雨的密度随着景深的增加而增大，暗原色越明亮景深越大，与雾天图像的暗原色分布规律基本一致。

(a) (b)

图 3-39 雨天图像暗原色分布及其强度统计

(a) 暗原色分布图；(b) 景深与强度统计图。

3.5.2 基于暗原色先验的远景雨场检测与去除

3.5.2.1 雨天场景复原模型

考虑到在户外成像条件下，由于远景雨场中的降水粒子对光波的吸收作用，远处景物反射的光只有一部分能够到达光电成像系统。此外，光波的传输还受到降水粒子的散射影响。此时光电成像系统获取的图像可以用正透射 D 和大气光 A 的线性组合来表示：

$$I(\boldsymbol{x}) = D + A = J(\boldsymbol{x})t(\boldsymbol{x}) + A_{\infty}(1 - t(\boldsymbol{x})) \tag{3-88}$$

式中：$I(\boldsymbol{x})$ 为光电成像系统接收的光强度；$J(\boldsymbol{x})$ 为场景辐照率；A_{∞} 为全局大气光强；t 为用来描述未被衰减而到达光电成像系统的传输分量。

去除远景雨场的目标就是从 $I(\boldsymbol{x})$ 中修复 $J(\boldsymbol{x})$。为此，首先定义大气光传输图 $E(\boldsymbol{x})$ 为

$$E(\boldsymbol{x}) = 1 - t(\boldsymbol{x}) \tag{3-89}$$

因此，一旦获得了大气光传输图 $E(\boldsymbol{x})$ 和全局大气光强 A_{∞}，场景辐照率 $J(\boldsymbol{x})$ 即可被修复：

$$J(\boldsymbol{x}) = \frac{I(\boldsymbol{x}) - A_{\infty}E(\boldsymbol{x})}{1 - E(\boldsymbol{x})} \tag{3-90}$$

3.5.2.2 基于暗原色先验的远景雨场检测

由于远景雨场也存在类似于暗原色先验的规律，因此只需要计算雨天视频图像内是否存在一些像素点，及其周围的像素点至少有一个颜色通道的强度值很低，即可判断是否受到远景雨场影响。由于大气光的叠加性，当大气光传输图比较低时，有雨图像要比无雨图像更亮。因此雨天图像的暗通道在

远景雨场的地方将会具有更高的强度值。换句话说，暗通道的强度值可以粗略近似于雨场的密度分布，下面利用这一属性来估计大气光传输图和大气光。假设在一定距离外局部区域 $\Omega(\boldsymbol{x})$ 中雨滴分布是均匀的，通过对式（3-88）进行取 min 操作，可得

$$\min_{\boldsymbol{y}\in\boldsymbol{\Omega}(\boldsymbol{x})}(I^c(\boldsymbol{y}))=(1-E(\boldsymbol{x}))\min_{\boldsymbol{y}\in\boldsymbol{\Omega}(\boldsymbol{x})}(J^c(\boldsymbol{y}))+E(\boldsymbol{x})A_\infty^c \tag{3-91}$$

根据暗原色先验可知，无雾辐射 L 的暗通道 I^{dark} 强度值应该近似为 0，与此同时，由于 A_∞^c 总是正的，可以通过下式来估计粗略的大气光传输图：

$$E(\boldsymbol{x})=\min_c\left(\min_{\boldsymbol{y}\in\boldsymbol{\Omega}(\boldsymbol{x})}\left(\frac{I^c(\boldsymbol{y})}{A_\infty^c}\right)\right) \tag{3-92}$$

直接采用该方法求解大气光传输图的一个缺点是不能妥善保留边缘。这主要是由于在暗通道计算阶段所采用的腐蚀滤波造成的。为了优化大气光照传输图，He 等[60]采用软抠图方法进行处理。然而，抠图方法是通过求解一个稀疏的线性方程组来修补大气光照传输图，而场景透视率则是描述景物辐射的衰减程度，所以采用抠图方法进行细化操作不够合理。

3.5.2.3 基于专家场模型的大气光传输图优化

根据波格-朗伯定律，光在某种介质中的能量损耗与光通过的距离成正比，即

$$I(\lambda)=I_0(\lambda)\exp[-k(\lambda,m)m] \tag{3-93}$$

式中：$I_0(\lambda)$ 为进入该介质的光通量密度；$I(\lambda)$ 为经光程 m 后辐射出的光通量密度；$k(\lambda,\ m)$ 为消光系数。

为了描述图像数据之间的概率统计规律，Welling 等[61]提出了专家乘积（product of experts，PoE）模型，鉴于作用于自然图像的线性滤波器响应存在类似于 student-t 分布的高峰度重拖尾的边缘分布函数形式，Welling 采用 student-t 分布的专家对标记图像进行建模，具体模型定义为

$$p(\boldsymbol{x})=\frac{1}{Z(\Theta)}\prod_{i=1}^{N}\Phi_i(\boldsymbol{f}_i^{\mathrm{T}}\boldsymbol{x};\alpha_i)\quad\left(\Theta=\{\theta_1,\cdots,\theta_N\}\right) \tag{3-94}$$

式中：$\theta_i=\{\alpha_i,\ \boldsymbol{f}_i\}$，$\boldsymbol{f}_i$ 表示专家滤波器；Φ_i 为专家函数，具有如下形式：

$$\Phi_i(\boldsymbol{f}_i^{\mathrm{T}}\boldsymbol{x},\alpha_i)=\left(1+\frac{1}{2}(\boldsymbol{f}_i^{\mathrm{T}}\boldsymbol{x})^2\right)^{-\alpha_i} \tag{3-95}$$

由于 PoE 模型中的专家本身并没有假设为归一化的，因此根据 Hammersley-Clifford 定理，令 PoE 模型数据服从吉布斯分布，则有

$$p(\boldsymbol{x})=\frac{1}{Z(\Theta)}\exp\left[\sum_{i=1}^{N}\log\Phi_i(\boldsymbol{f}_i^{\mathrm{T}}\boldsymbol{x},\alpha_i)\right] \tag{3-96}$$

鉴于 PoE 模型不能应用于全图像建模，Roth 等结合马尔可夫随机场与稀

疏表示有关理论，提出了专家场（field of experts，FoE）模型[62]。该模型可以学习图像中的先验知识，在图像去噪、图像修复、图像超分辨率重建等领域得到了广泛应用。假设将图像中的数据表示成图 $G=(V, E)$，其中，V 表示节点，E 为边界，定义一个大小为 $m\times m$ 的矩形邻域系统，并且将每一个中心节点为 $k=1, \cdots, K$ 的邻域系统定义为图中最大的基团，根据 Hammersley-Clifford 定理，令模型中的概率密度函数服从吉布斯分布形式：

$$E_{\text{FoE}}(\boldsymbol{x})=-\sum_{k=1}^{K}\sum_{i=1}^{N}\log\Phi_i(\boldsymbol{f}_i^{\text{T}}\boldsymbol{x}_k, \alpha_i) \tag{3-97}$$

为了描述场景图像中辐射的衰减，这里采用如下形式的专家函数 Φ_i：

$$\Phi_i(\boldsymbol{f}_i^{\text{T}}\boldsymbol{x}, \beta_i)=(\boldsymbol{f}_i^{\text{T}}\boldsymbol{x})^{\beta_i} \tag{3-98}$$

因此，FoE 模型可以改写为

$$E_{\text{FoE}}(\boldsymbol{x})=\sum_{k=1}^{K}\sum_{i=1}^{N}(\beta_i\log\Phi_i(\boldsymbol{f}_i^{\text{T}}\boldsymbol{x}_k)) \tag{3-99}$$

式中：β_i 为调整系数，在试验中取 $\beta_i=0.25$。

受 Retinex 理论[63]启发，我们认为降质图像中的雾气成分主要分布在图像的相应低频成分上，根据远景雨场的视觉特性，可以通过高斯核函数与图像进行卷积来模拟图像中的远景雨场分布[64]：

$$G(x, y)=\exp\left(-\frac{x^2+y^2}{\delta^2}\right) \tag{3-100}$$

式中：δ 为用于控制滤波器的尺度参数。

根据式（3-100），这里采用 5×5 的专家滤波器：

$$\boldsymbol{f}=\frac{1}{256}\begin{bmatrix}1 & 4 & 6 & 4 & 1\\4 & 16 & 24 & 16 & 4\\6 & 24 & 36 & 24 & 6\\4 & 16 & 24 & 16 & 4\\1 & 4 & 6 & 4 & 1\end{bmatrix} \tag{3-101}$$

根据图像退化模型，大气光 A 与光学厚度有关，即随着光学厚度的增加大气光 A 越来越占据主导地位。这里采用 He 等提出的方法，选取暗通道中 0.1%的最亮区域的像素，然后从其对应的输入图像 I 中进行统计平均，作为全局大气光 A_∞ 的强度值。

3.5.3 试验结果与分析

为了验证本节提出的方法的可行性和有效性，选择了 1 组户外雨天视频图像作为试验样本，并采用几种典型的单幅图像去雾方法，即 He 方法[59]、Tan 方法[65]、Tarel 方法[66]、Yu 方法[67]以及本节提出的方法进行对比试验，结果如图 3-40 所示。不难看出，本节提出的方法取得了较好的恢复效果，在对比度、细节以及颜色保真等方面表现优异，得到了清晰、自然的远景雨场去除结果。

图 3-40　远景雨场处理效果

(a) 远景雨场；(b) He 方法；(c) Tan 方法；(d) Tarel 方法；(e) Yu 方法；(f) 本节提出的方法。

参考文献

[1] NARASIMHAN S G, NAYAR S K. Vision and the atmosphere [J]. International Journal of Computer Vision, 2002, 48 (3): 233-254.

[2] TRIPATHI A K, MUKHOPADHYAY S. Removal of rain from videos: A review [J]. Signal Image and Video Processing, 2014, 8 (8): 1421-1430.

[3] 周远. 雨天条件下视频清晰化算法研究 [D]. 合肥：陆军军官学院，2015.

[4] 周浦城，周远，韩裕生. 视频图像去雨技术研究进展 [J]. 图学学报，2017，38 (5)：629-646.

[5] BOSSU J, HAUTIERE N, TAREL J P. Rain or snow detection in image sequences through use of a histogram of orientation of streaks [J]. International Journal of Computer Vision, 2011, 93 (3): 348-367.

[6] WANG C, SHEN M M, YAO C. Rain streak removal by multi-frame-based anisotropic filtering [J]. Multimedia Tools and Application, 2017, 76 (2): 2019-2038.
[7] 刘鹏，徐晶，刘家锋，等. 一种受雨滴污染视频的快速分析方法 [J]. 自动化学报，2010，36 (10): 1371-1378.
[8] XU J, ZHAO W, LIU P, et al. An improved guidance image based method to remove rain and snow in a single image [J]. Computer and Information Science, 2012, 5 (3): 49-55.
[9] SHEN M M, XUE P. A fast algorithm for rain detection and removal from videos [C] //Procof IEEE International Conference on Multimedia and Expo, 2011: 987-992.
[10] Chen J, Chau L P. A rain pixel recovery algorithm for videos with highly dynamic scenes [J]. IEEE Trans. on Image Processing, 2014, 23 (3): 1097-1104.
[11] BARNUM P, NARASIMHAN S G, KANADE T. Analysis of rain and snow in frequency space [J]. International Journal of Computer Vision, 2010, 86 (2-3): 256-274.
[12] CHEN Z, SHEN J H. A new algorithm of rain (snow) removal in video [J]. Journal of Mutimedia, 2013, 8 (2): 168-179.
[13] ZANG J F, REN G B, AN Y L, et al. Removal of rain from video based on dual-tree complex wavelet fusion [J]. Journal of Intelligent and Fuzzy Systems, 2020, 38 (1): 105-113.
[14] LI Y, TAN R T, GUO X J, et al. Single image rain streak decomposition using layer priors [J]. IEEE Trans. on Image Processing, 2017, 26 (8): 3874-3885.
[15] TANG H Z, ZHU L, ZHANG D B, et al. Single image rain removal model using pure rain dictionary learning [J]. IET Image Processing, 2019, 13 (10): 1797-1804.
[16] JIANG T X, HUANG T Z, ZHAO X L, et al. Fast DeRain: A novel video rain streak removal method using directional gradient priors [J]. IEEE Trans. on Image Processing, 2019, 28 (4): 2089-2102.
[17] KIM J H, SIM J Y, KIM C S. Video deraining and desnowing using temporal correlation and low-rank matrix completion [J]. IEEE Trans. on Image Processing, 2015, 24 (9): 2658-2670.
[18] DU S L, LIU Y G, YE M, et al. Single image deraining via decorrelating the rain streaks and background scene in gradient domain [J]. Pattern Recognition, 2018, 79: 303-317.
[19] FU X Y, HUANG J B, DING X H, et al. Clearing the skies: A deep network archi-

tecture for single-image rain removal [J]. IEEE Trans. on Image Processing, 2017, 26 (6): 2944-2956.

[20] LIU J Y, YANG W H, YANG S, et al. D3R-Net: Dynamic routing residue recurrent network for video rain removal [J]. IEEE Trans. on Image Processing, 2019, 28 (2): 699-712.

[21] MATSUI T, IKEHARA M. GAN-based rain noise removal from single-image considering rain composite models [J]. IEEE Access, 2020, 8: 40892-40900.

[22] QIAN R, TAN R, YANG W H, et al. Attentive generative adversarial network for raindrop removal from a single image [C] //Proc of IEEE Conference on Computer Vision and Pattern Recognition, 2018: 2482-2491.

[23] PENG J Y, XU Y, CHEN T Y, et al. Single-image raindrop removal using concurrent channel-spatial attention and long-short skip connections [J]. Pattern Recognition Letters, 2020, 131: 121-127.

[24] 刘西川，高太长，刘磊，等. 降水现象对大气消光系数和能见度的影响 [J]. 应用气象学报，2010，21 (4)：435-441.

[25] BEARD K V, CHUANG C H. A new model for the equilibrium shape of raindrops [J]. Journal of Atmospheric Science, 1987, 44 (11): 1509-1524.

[26] MARSHALL J S, PALMER W M. The distribution of raindrops with sizes [J]. Journal of Meterology, 1948, 10 (5): 165-176.

[27] FOOTE G B, TOIT P S D. Terminal velocity of raindrops aloft [J]. Journal of Applied Meteorology, 1969, 8 (2): 249-253.

[28] WANG T T, CLIFFORD S F. Use of rainfall-induced optical scintillations to measure path-averaged rain parameters [J]. Journal of the Optical Society of America, 1975, 8: 927-937.

[29] GARG K, NAYAR S K. Photometric model for raindrops [R]. Columbia University Technical Report, 2003.

[30] BREWER N, LIU N. Using the shape characteristics of rain to identify and remove rain from video [C] //Proc of the Joint IAPR International Workshop on Structural, Syntactic, and Statistical Pattern Recognition, 2008: 451-458.

[31] ZHANG X, LI H, QI Y, et al. Rain removal in video by combining temporal and chromatic properties [C]. Proc of IEEE International Conference on Multimedia and Expo, 2006: 461-464.

[32] GARG K, NAYAR S K. Detection and removal of rain from videos [C] //Proc of

IEEE Conference on Computer Vision and Pattern Recognition, 2004: 528-535.

[33] ZHOU Y, HAN Y S, ZHOU P C. Rain removal in videos based on optical flow and hybrid properties constraint [C] //Proc of Seventh International Conference on Advanced Computational Intelligence, 2015: 143-147.

[34] OPPENHEIM A V, LIM J S. The importance of phase in signals [J]. Proceedings of the IEEE, 1981, 69 (5): 529-541.

[35] MECHLER F, REICH D S, VICTOR J D. Detection and discrimination of relative spatial phase by v1 neurons [J]. The Journal of Neuroscience, 2002, 22: 6129-6157.

[36] MORRONE M, OWENS R. Feature detection from local energy [J]. Pattern Recognition Letters, 1987, 6 (5): 303-313.

[37] KOVESI P. Image features from phase congruency [J]. VIDERE: Journal of Computer Vision Research, 1999, 1 (3): 1-26.

[38] FELSBERG M, SOMMER G. The monogenic signal [J]. IEEE Trans. on Signal Processing, 2001, 49 (12): 3136-3144.

[39] SANTHASEELAN V, ASARI V K. Utilizing local phase information to remove rain from video [J]. International Journal of Computer Vision, 2015, 112 (1): 71-89.

[40] KANG L W, LIN C W, FU Y H. Automatic single-image-based rain streaks removal via image decomposition [J]. IEEE Trans. on Image Processing, 2012, 21 (4): 1742-1755.

[41] MOORTHY A K, BOVIK A C. A two-step framework for constructing blind image quality indices [J]. IEEE Signal Processing Letters, 2010, 17 (5): 513-516.

[42] PATI Y C, REZAIIFAR R, KRISHNAPRASAD P S. Orthogonal matching pursuit: Recursive function approximation with applications to wavelet decomposition [J]. SIAM Journal on Computing, 2003, 41 (12): 297-305.

[43] AHARON M M, E Elad M, A Bruckstein. The K-SVD: An algorithm for designing of overcomplete dictionaries for sparse representation [J]. IEEE Trans. on Signal Processing, 2006, 54 (11): 4311-4322.

[44] MAIRAL J, BACH F, PONCE J, et al. Online learning for matrix factorization and sparse coding [J]. Journal of Machine Learning Research, 2010, 11: 19-60.

[45] STARCK J L, ELAD M, DONOHO D L. Redundant muitiscale transforms and their application for morphological component analysis [J]. Advance in Imaging and Electron physics, 2004, 88 (4): 1-64.

[46] BOBIN J, STARCK J L, FADILI J M, et al. Morphological component analysis: An adaptive thresholding strategy [J]. IEEE Trans. on Image Processing, 2007, 16 (11): 2675-2681.

[47] 周远，韩裕生，周浦城. 一种单幅图像雨滴去除的方法 [J]. 图学学报，2015，36 (3)：438-444.

[48] FRISTON K. The free-energy principle: A unified brain theory? [J]. Nature Review, 2010, 11 (2): 127-138.

[49] WU J J, LIN W S, SHI G M, et al. A perceptual quality metric with internal generative mechanism [J]. IEEE Trans. on Image Processing, 2013, 22 (1): 43-54.

[50] DALAL N, TRIGGS B. Histograms of oriented gradients for human detection [C] // Proc of IEEE Conference on Computer Vision and Pattern Recognition, 2005: 886-893.

[51] SHEIKH H R, BOVIK A C. Image information and visual quality [J]. IEEE Trans. on Image Processing, 2006, 15 (2): 430-444.

[52] WANG Z, BOVIK A, SHEIKH H, et al. Image quality assessment: From error visibility to structural similarity [J]. IEEE Trans. on Image Processing, 2004, 13 (4): 600-612.

[53] LUO Y, XU Y, JI H. Removing rain from a single image via discriminative sparse coding [C] // Proc of IEEE International Conference on Computer Vision, 2015: 3397-3405.

[54] 罗玉. 基于稀疏表示的图像复原与增强关键技术研究 [D]. 广州：华南理工大学，2016.

[55] KIM J H, LEE C, SIM J Y, et al. Single-image deraining using an adaptive nonlocal means filter [C] // Proc of IEEE International Conference on Image Processing, 2013: 914-917.

[56] GU S, MENG D, ZUO W, et al. Joint convolutional analysis and synthesis sparse representation for single image layer separation [C] // Proc of IEEE Conference on Computer Vision and Pattern Recognition, 2017: 1717-1725.

[57] GU S, ZUO W, XIE Q, et al. Convolutional sparse coding for image super-resolution [C] //Proc of IEEE International Conference on Computer Vision, 2015: 1823-1831.

[58] WOHLBERG B. Efficient convolutional sparse coding [C] //Proc of IEEE International Conference on Acoustics, Speech and Signal Processing, Florence, Italy, 2014: 7173-7177.

[59] HE K M, SUN J, TANG X O. Single image haze removal using dark channel prior [J]. Proc of IEEE Conference on Computer Vision and Pattern Recognition, 2009: 1956-1963.

[60] LEVIN A, LISCHINSKI D, WEISS Y. A closed form solution to natural image matting [J]. IEEE Trans. on Pattern Analysis and Machine Intelligence, 2008, 30 (2): 228-242.

[61] WELLING M, HINTON G, OSINDERO S. Learning sparse topographic representations with products of student-t distributions [C] //Proc of NIPS, 2003: 1359-1366.

[62] ROTH S, BLACK M J. Fields of experts [J]. International Journal of Computer Vision, 2009, 82 (2): 205-229.

[63] LAND E H. An alternative technique for the computation of the designator in the Retinex theory of color vision [J]. Proceedings of the National Academy of Science, 1986, 83 (10): 3078-3080.

[64] ZHOU P C, ZHOU Y. Single image haze removal using dark channel prior and fields of experts model [C] //Proc of International Conference on Fuzzy Systems and Knowledge Discovery, 2014: 831-835.

[65] TAN R. Visibility in bad weather from a single image [C] //Procof IEEE Conference on Computer Vision and Pattern Recognition, 2008: 1-8.

[66] TAREL J P. Fast visibility restoration from a single color or gray level image [C] // Procof IEEE International Conference on Computer Vision, 2009: 20-28.

[67] YU J, LIAO Q M. Fast single image fog removal using edge-preserving smoothing [C] //Proc of IEEE International Conference on Acoustics, Speech and Signal Processing, 2011: 1245-1248.

4 第4章 基于实测数据的红外图像仿真生成

4.1 概　述

在现代战争中，各类防空武器在抗击敌飞机密集的攻击，特别是对付中低空、超低空飞机的突袭，保卫要点要地目标等方面具有积极作用。其中，红外防空导弹以作战反应时间短、制导精确、杀伤力大等特点，成为防空武器体系中最重要的环节[1]。与此同时，对抗红外防空导弹的红外干扰技术也在不断地发展。其中，红外诱饵弹以结构简单、成本较低，并且可以在短时间内大量投放、造成强劲干扰的特点，成为目前对抗红外防空导弹的主要干扰手段。随着诱饵弹技术的不断发展，红外防空导弹面临着巨大的挑战，这就对红外成像导引头的抗干扰性能验证提出了更高的要求。

红外成像导引头抗干扰性能验证方法主要有室内静态测试、室内半实物仿真测试和外场试验。室内静态测试是利用红外干扰模拟器产生各种干扰，使用测试仪器对导引头各项性能指标进行测试，该方法简单方便、可重复性好，但只能对部分指标进行测试，无法全面评价其抗干扰性能；外场试验是在靶场通过红外防空导弹攻击运动靶标来测试导引头的综合指标，该方法全面、真实可靠，但试验成本高、周期长，试验次数有限；室内半实物仿真测试是将红外成像导引头和红外干扰模拟器放置在多轴转台上，通过红外场景仿真器模拟产生空中目标和红外诱饵弹的红外辐射，红外成像导引头接收目标和干扰源的红外辐射，识别目标并控制转台对目标进行跟踪，该方法可以有效测试导引头的探测跟踪算法，验证导引头的抗干扰性能，具有简单可靠、重复性好等优点，是目前导引头抗干扰性能验证最主要的测试方法。在导引头室内半实物仿真测试过程中，需要大量的目标和干扰源的真实红外图像，然而很多图像无法通过实拍的方式来获得，例如极端天气条件、非合作目标的红外图像等，这就需要利用红外图像生成技术模拟得到目标和干扰源的红外图像。由于红外防空导弹主要攻击空中快速运动的目标，这对红外图像生成的速度提出了很高的要求。

针对已有红外图像仿真方法生成速度较慢的不足[2-4]，本章以空战背景下的红外成像导引头抗干扰仿真测试为需求牵引，介绍基于真实纹理映射的空中目标红外图像仿真生成和基于实测数据建模的诱饵弹红外图像仿真生成方法，搭建一套基于数字微镜阵列的红外仿真系统，实现典型场景下的飞机与诱饵弹的红外图像仿真生成，提出的方法简便、快速，生成的红外图像逼真度较高[5]。

4.2 实测红外图像预处理

在利用实测红外视频数据生成特定目标的红外仿真图像过程中，如何对实测数据进行有效的特征提取和准确的目标分割，是影响生成的红外仿真图像逼真度的关键之一。红外图像在采集、传输、接收和处理过程中，受到媒质穿透性能和接收设备性能的限制，不可避免地存在一定程度的噪声和干扰，导致得到的红外图像质量下降。另外，红外目标与背景灰度级差别小，使得红外图像质量与可见光图像相比具有信噪比低、对比度和层次感差、视觉效果模糊等缺点。因此，必须首先对红外图像进行去噪等预处理，以便提高信噪比、改善图像对比度，方便后续分析和处理。

4.2.1 实测红外图像特性分析

红外图像反映了目标与背景红外辐射的空间分布，其主要特点是：①红外图像表征景物的温度分布，是灰度图像，对人眼而言，分辨潜力弱、缺乏立体感；②由于景物热平衡、光波波长长、传输距离远、大气衰减等原因，红外图像空间相关性强、对比度低、视觉效果差；③热成像系统的探测能力和空间分辨率低于可见光 CCD 阵列，使得红外图像的清晰度往往低于可见光图像；④红外探测器各探测单元的响应特性不一致、光机扫描系统缺陷等原因，造成红外图像的非均匀性，体现为固定的图案噪声、串扰、畸变等；⑤红外图像灰度值动态范围不大，绝大部分像素集中于某些相邻的灰度级范围；⑥外界环境的随机干扰和热成像系统的不完善，给红外图像带来多种多样的噪声，来源包括探测器噪声、偏置电源噪声、放大器等效输入噪声、电阻热噪声等，使得红外图像的信噪比比普通可见光图像低，如图 4-1 所示，这就使得分析图像的边界和边缘点比较困难。为此，在进行红外目标分割之前，必须先对其进行去噪处理。

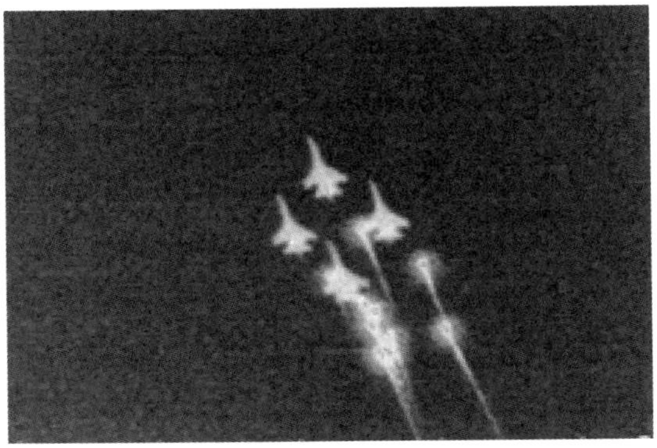

图 4-1　某型飞机红外图像

4.2.2　基于稀疏表示的红外图像去噪

由于红外图像的噪声分布非常复杂，所以采用基于频域低通滤波的传统图像去噪方法[6-7]在去除噪声的同时会损失部分有用信息。由于红外图像的前后序列帧中存在连续性和相关性，而每帧图像的各图像块之间也存在很强的冗余性和互补性，当采用过完备冗余字典来表示图像时，恰好能够满足红外图像这一特性。基于此，下面介绍一种基于稀疏表示的红外图像去噪方法。

4.2.2.1　稀疏表示原理

信号稀疏表示基本思想是[8]：基函数用称为字典 $\boldsymbol{D}$ 的过完备冗余基取代了传统方法中的正交基，$\boldsymbol{D} \in \mathbf{R}^{n \times K}$ ，字典的构造尽可能好地符合被逼近信号的结构，其构成可以没有任何限制，字典中的元素称为原子，其列矢量为 $\{\boldsymbol{d}_j\}_{j=1}^{K}$ 。由于过完备字典的冗余性，信号能够表示为过完备字典中少数原子的线性组合，通过这少量的原子来反映和揭示信号的主要特征和内在结构，其中利用原子最少（即最稀疏）的表示称为稀疏表示。假设任意信号 $\boldsymbol{y} \in \mathbf{R}^n$

可以用这些原子的稀疏线性组合来表示，即 $\boldsymbol{y}=\boldsymbol{D}\boldsymbol{x}$，其中 $\boldsymbol{x}\in\mathbb{R}^K$ 为信号 $\boldsymbol{y}$ 的表示系数。在实际计算过程中，通常更多的是逼近表示，稀疏表示问题希望在逼近误差 ε 达到最小的情况下得到 $\boldsymbol{x}$ 最稀疏的一个解，目标函数如下：

$$\min \|\boldsymbol{x}\|_0 \quad \text{s.t.} \quad \|\boldsymbol{y}-\boldsymbol{D}\boldsymbol{x}\|_2 \leqslant \varepsilon \tag{4-1}$$

式中：$\|\boldsymbol{x}\|_0$ 是 l_0 范数，表示不为零的元素个数，称为 l_0 正则化。

图像稀疏表示本质上可以看成从字典 $\boldsymbol{D}$ 中搜寻到最稀疏的解 $\boldsymbol{x}$，即矢量 $\boldsymbol{x}$ 中所含有的非零元素个数最少的过程，而该过程本质上是组合优化问题。在数学上，这种组合优化问题的求解是一个 NP 难问题，目前常用的解决方法是把 l_0 正则化问题转换为如下的 l_1 正则化问题[9]：

$$\min \|\boldsymbol{x}\|_1 \quad \text{s.t.} \quad \|\boldsymbol{y}-\boldsymbol{D}\boldsymbol{x}\|_2 \leqslant \varepsilon \tag{4-2}$$

字典 $\boldsymbol{D}$ 的优劣是原始信号能否尽可能稀疏表示的关键。这里采用 K-SVD 算法[10]进行字典学习，首先利用含噪图像采用一般正交基（如离散余弦变换）构造初始字典，采用迭代的方法通过稀疏编码和字典更新两个步骤得到合适的冗余字典，设 $\boldsymbol{Y}=\{\boldsymbol{y}_i\}_{i=1}^N(N\gg K)$，目标函数如下：

$$\min_{\boldsymbol{D},\boldsymbol{X}}\{\|\boldsymbol{Y}-\boldsymbol{D}\boldsymbol{X}\|_2^2\} \quad \text{s.t.} \ \forall i, \|\boldsymbol{x}_i\|_1 \leqslant T_0 \tag{4-3}$$

式中：$\boldsymbol{Y}$ 为训练样本矩阵，其每个列矢量对应为一个训练样本；$\boldsymbol{D}$ 为待构造的冗余字典，其每个列矢量对应为一个原子；$\boldsymbol{X}$ 为 $\boldsymbol{x}_i$ 在 $\boldsymbol{D}$ 上分解所得的系数矩阵；T_0 为每个系数矢量中非零元素的个数。

4.2.2.2 基于稀疏表示的红外图像去噪

设观测图像为 $\boldsymbol{Y}$，被标准差为 σ 的加性高斯白噪声所污染，原始红外图像为 $\boldsymbol{X}$，首先从 $\boldsymbol{Y}$ 中提取 K 张子图像，并按列排列成列矢量，目标函数构造如下[11]：

$$\{\hat{\boldsymbol{\alpha}}_{ij},\hat{\boldsymbol{X}}\}=\arg\min_{\boldsymbol{\alpha}_{ij},\boldsymbol{X}}\lambda\|\boldsymbol{X}-\boldsymbol{Y}\|_2^2+\sum_{ij}\mu_{ij}\|\boldsymbol{\alpha}_{ij}\|_0+\sum_{ij}\|\boldsymbol{D}\boldsymbol{\alpha}_{ij}-\boldsymbol{R}_{ij}\boldsymbol{X}\|_2^2 \tag{4-4}$$

式中：右边第一项为含噪图像与原始图像之间的总体相似程度；右边第二项是稀疏性约束；右边第三项 $\boldsymbol{R}_{ij}\boldsymbol{X}$ 为第 ij 张子图像，$\boldsymbol{R}_{ij}$ 是用于提取子图的矩阵，$\boldsymbol{D}\boldsymbol{\alpha}_{ij}$ 是重建得到的子图，其重建过程实质上是一个逼近过程，若希望它们之间的误差尽可能小，通过设定逼近误差 ε 即可实现图像去噪，过程如下。

（1）根据学习得到的字典 $\boldsymbol{D}$，利用正交匹配追踪（orthogonal match pursuit，OMP）[12]由下式求解每幅子图在其上的稀疏表示：

$$\hat{\boldsymbol{\alpha}}_{ij}=\arg\min_{\boldsymbol{\alpha}}\mu_{ij}\|\boldsymbol{\alpha}_{ij}\|_0+\|\boldsymbol{D}\boldsymbol{\alpha}_{ij}-\boldsymbol{R}_{ij}\boldsymbol{X}\|_2^2 \tag{4-5}$$

(2) 当求得所有的稀疏系数 $\hat{\boldsymbol{\alpha}}_{ij}$ 后，固定 $\hat{\boldsymbol{\alpha}}_{ij}$ 来更新 $\boldsymbol{X}$，将式（4-4）转化成下式：

$$\hat{\boldsymbol{X}}=\arg\min_{\boldsymbol{X}}\lambda\ \|\boldsymbol{X}-\boldsymbol{Y}\|_2^2+\sum_{ij}\ \|\boldsymbol{D}\hat{\boldsymbol{\alpha}}_{ij}-\boldsymbol{R}_{ij}\boldsymbol{X}\|_2^2 \tag{4-6}$$

(3) 式（4-6）是一个二次项，可以由下式进行求解：

$$\hat{\boldsymbol{X}}=\left(\lambda\boldsymbol{I}+\sum_{ij}\boldsymbol{R}_{ij}^{\mathrm{T}}\boldsymbol{R}_{ij}\right)^{-1}\left(\lambda\boldsymbol{Y}+\sum_{ij}\boldsymbol{R}_{ij}^{\mathrm{T}}\boldsymbol{D}\hat{\boldsymbol{\alpha}}_{ij}\right) \tag{4-7}$$

式中：$\boldsymbol{I}$ 为单位矩阵；$\hat{\boldsymbol{X}}$ 为去噪后的图像。

对整幅图像进行操作计算量非常巨大，为此首先将图像分成相互重叠的小图块，然后对每个小图块分别去噪，最后对于各重叠区域内存在多个估值的像素取平均值，从而实现整幅图像的去噪[13]。

4.2.2.3 试验与结果分析

为验证去噪算法的有效性，从飞机释放诱饵弹实拍红外视频中截取 1 帧图像，并加入标准差为 0.01 的高斯噪声作为试验图像。取 $\lambda=30/\sigma$，逼近误差限 $\varepsilon=k\sigma^2$（$\sigma=15$，$k=1.15$），并与经典的小波去噪方法[14]和基于离散余弦变换冗余字典稀疏表示（DCT）方法进行比较，具体步骤如下：

(1) 对含噪图像以每个像素点为中心取 8×8 的图像块（边界点不考虑）作为训练样本。为保证试验能够顺利执行，试验过程中，如果输入图像过大，应该设置最大值，例如不超过 25 万张。

(2) 初始字典由冗余 DCT 基构成，设置字典冗余度为 4，如图 4-2（a）所示。

(3) 设置迭代次数（本试验迭代 10 次），利用 K-SVD 算法对初始字典进行迭代更新，得到过完备的奇异值分解字典，如图 4-2（b）所示。

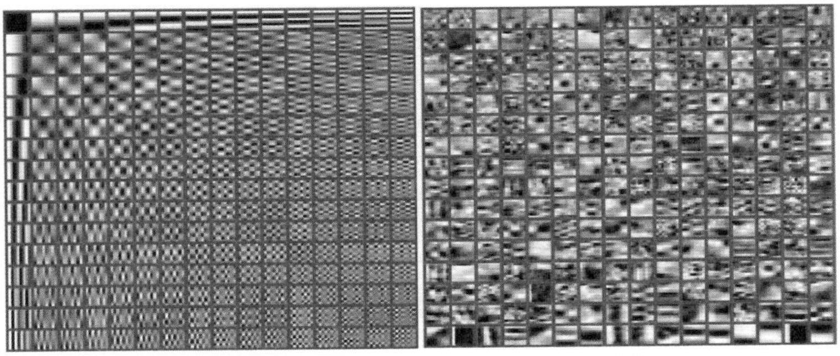

(a)　　　　(b)

图 4-2　学习得到的冗余字典

(a) DCT；(b) K-SVD。

（4）根据前面所述的去噪方法完成图像的去噪，结果如图 4-3 所示。

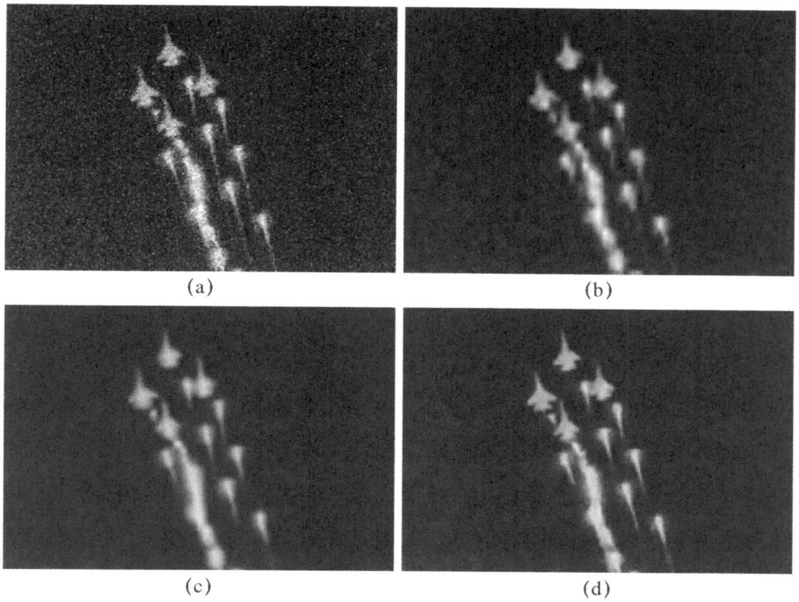

图 4-3 不同方法的红外图像去噪效果比较

（a）加噪图像，PSNR＝28.15；（b）小波去噪，PSNR＝29.25；（c）DCT 去噪，PSNR＝30.52；（d）K-SVD 去噪，PSNR＝31.93。

可以看出，采用基于冗余字典图像稀疏的去噪方法 K-SVD 和 DCT 在有效去除高斯噪声的同时，使杂乱背景得到进一步的抑制，更有效地突出了目标，具有更好的视觉效果。PSNR 数据表明，采用基于冗余字典图像稀疏的去噪方法的 PSNR 值明显高于传统的小波类方法，而采用 K-SVD 字典的算法又略好于采用 DCT 字典的算法。

4.2.3 基于改进 CV 模型的水平集红外图像分割

红外图像分割是将红外目标区域从背景中分离开来。由于红外图像存在噪声大、目标与背景之间灰度差别小、边缘模糊以及灰度不均匀等特点，传统的图像分割算法应用在红外图像时往往表现不佳。水平集（level set）方法具有鲁棒性好、对模糊图像适应力强等优点，在图像分割中得到了快速的发展。其中，CV 模型从图像全局的角度控制水平集函数演化过程，具有更好的鲁棒性与抗噪性，因此广泛用于红外图像分割，但 CV 方法对于一些背景灰度不均匀的红外图像分割结果仍然不够理想。为此，下面介绍一种基于改进

CV 模型的水平集红外图像分割方法[15]。

4.2.3.1 水平集方法简介

1988 年，Osher 等首次提出水平集方法[16]，其基本原理将水平集函数（level set function，LSF）按照所满足的方程进行演化，当演化趋于平稳时便得到接触面的轮廓形状。假设水平集的活动轮廓曲线可以表示为 C，其水平集函数 $\phi(t,x,y)$ 的零水平集可以表示为 $C(t)=\{(x,y)\mid\phi(t,x,y)=0\}$，则水平集函数 ϕ 的演化方程可以写为

$$\frac{\partial\phi}{\partial t}+F|\nabla\phi|=0 \tag{4-8}$$

式中：F 为演化的速度方程，其数值取决于图像数据与水平集函数 ϕ。

在曲线演化与水平集的理论基础上，众多能量最小化模型被相继提出。其中，Chan 等提出的变分水平集 CV 模型[17]从图像全局的角度控制水平集函数演化过程，从而具有更好的鲁棒性与抗噪性，得到了广泛的应用。CV 模型的能量泛函数主要形式如下：

$$E(c_1,c_2,C)=\mu\cdot\text{Length}(C)+\lambda_1\iint_{\Omega\text{in}}|I(x,y)-c_1|^2\mathrm{d}x\mathrm{d}y+\lambda_2\iint_{\Omega\text{out}}|I(x,y)-c_2|^2\mathrm{d}x\mathrm{d}y \tag{4-9}$$

式中：右边第一项为演化曲线 C 的全弧长，即长度惩罚项，主要用来规整演化曲线；右边第二项与第三项分别是原图像 $I(x,y)$ 与曲线内部区域灰度平均值 c_1 及外部区域灰度平均值 c_2 的平方误差，代表实际图像与假定的“分片常数”之间的差异；λ_1 与 λ_2 皆为正值常数，通常取 1。随着曲线 C 的不断演化，c_1、c_2 的值也不断地变化，当 c_1、c_2 与原图像差异最小时，曲线 C 所在的位置就是目标的轮廓。

4.2.3.2 改进的 CV 模型

传统的 CV 模型假设灰度在每个区域中都是均匀的，然而在灰度不均匀的红外图像中利用平均灰度 c_1、c_2 代表各区域灰度是不准确的，容易产生较大的分割误差。为解决这个问题，下面在 CV 模型基础上加入了对局部区域信息有较强响应的局部项，同时加入符号距离能量惩罚函数以进一步提高分割精度。改进的 CV 模型包括全局项 E^{G}、局部项 E^{L} 以及正则项 E^{R}，其能量泛函形式如下：

$$E=\alpha\cdot E^{\mathrm{G}}+\beta\cdot E^{\mathrm{L}}+E^{\mathrm{R}} \tag{4-10}$$

式中：α、β 分别为全局项与局部项的控制系数。

1. 全局项

改进 CV 模型的全局项引用 CV 模型能量泛函的后两项，表示如下：

$$E^{G}(c_1,c_2,C)=\lambda_1\iint_{\Omega\mathrm{in}}|I(x,y)-c_1|^2\mathrm{d}x\mathrm{d}y+\lambda_2\iint_{\Omega\mathrm{out}}|I(x,y)-c_2|^2\mathrm{d}x\mathrm{d}y \tag{4-11}$$

采用变分水平集方法求解上式最小化问题，其能量泛函可写作：

$$\begin{aligned}E^{G}(c_1,c_2,\phi)=\lambda_1\iint_{\Omega}|I(x,y)-c_1|^2H(\phi(x,y))\mathrm{d}x\mathrm{d}y+\\ \lambda_2\iint_{\Omega}|I(x,y)-c_2|^2(1-H(\phi(x,y)))\mathrm{d}x\mathrm{d}y\end{aligned} \tag{4-12}$$

全局项的作用就是使改进的 CV 模型保持原 CV 模型的基本水平集演化准则，从全局角度上考虑，当式（4-12）趋近于 0 时，零水平集的位置即为目标的轮廓。

2. 局部项

从统计上说，图像中目标与背景的灰度是有差异的，但是由于灰度不均匀效应是缓慢的，因而在较小的图像区域内同种性质图像的灰度分布是相对均匀的，其差异并不明显。为此，这里借鉴 LCV 模型[18]思想，取图像与邻域平均算子 g_k 进行卷积运算后的结果作为其在 $k\times k$ 邻域内的统计信息，再与原图像进行差值运算，以此增强目标与背景之间的灰度对比度：

$$\Delta I(x,y)=g_k*I(x,y)-I(x,y) \tag{4-13}$$

参照全局项泛函结构，局部项的能量泛函表示如下：

$$E^{L}(d_1,d_2,C)=\iint_{\Omega\mathrm{in}}|\Delta I(x,y)-d_1|^2\mathrm{d}x\mathrm{d}y+\iint_{\Omega\mathrm{out}}|\Delta I(x,y)-d_2|^2\mathrm{d}x\mathrm{d}y \tag{4-14}$$

式中：d_1、d_2 分别为卷积后图像与原图像的差值在曲线内部和外部区域的平均灰度。

如果采用变分法进行数值运算，引入水平集函数 $\phi(x,y)$，则式（4-14）可以改写为

$$\begin{aligned}E^{L}(d_1,d_2,\phi)=\iint_{\Omega}|\Delta I(x,y)-d_1|^2H(\phi(x,y))\mathrm{d}x\mathrm{d}y+\\ \iint_{\Omega}|\Delta I(x,y)-d_2|^2(1-H(\phi(x,y)))\mathrm{d}x\mathrm{d}y\end{aligned} \tag{4-15}$$

3. 正则项

传统的 CV 模型只是利用了长度惩罚项来约束水平集演化过程，为避免可能产生的振荡现象，这里增加具有重新初始化功能的能量惩罚项 $R(\phi)$，

其水平集函数 $\phi(x,y)$ 形式的泛函为

$$E^R(\phi)=\mu\iint_\Omega \delta_0(\phi(x,y))\,|\nabla\phi(x,y)|\,\mathrm{d}x\mathrm{d}y+R(\phi) \tag{4-16}$$

4. 重新初始化

水平集函数的重新初始化过程是一种定期对水平集函数进行重塑，以使其保持为符号距离函数（signed distance function，SDF）的过程，可以由下式表示：

$$\frac{\partial\phi}{\partial t}=\mathrm{sign}(\phi_0)(1-|\nabla\phi|) \tag{4-17}$$

式中：ϕ_0 为需要重新初始化的函数；$\mathrm{sign}(\phi_0)$ 为符号函数。

传统的重新初始化过程可能造成零水集函数最终产生偏离，且计算量大。Li 等提出一种基于符号距离函数的能量惩罚项[19]有效解决了上述问题，LCV 模型采用的便是该能量惩罚项，其形式如下：

$$P(\phi)=\frac{1}{2}\iint_\Omega (|\nabla\phi(x,y)|-1)^2\,\mathrm{d}x\mathrm{d}y \tag{4-18}$$

上式在 $|\nabla\phi(x,y)|=1$ 时有唯一最小值 0。利用变分法，求得其梯度流为

$$\phi_t=\mathrm{div}\left[\left(1-\frac{1}{|\nabla\phi|}\right)\nabla\phi\right]=\mathrm{div}[r_1(\phi)\,\nabla\phi] \tag{4-19}$$

上式实际上可以看作是一个扩散方程，$r_1(\phi)$ 便是该扩散方程的扩散速度表示。如图 4-4（a）所示：若 $|\nabla\phi|>1$，则 $r_1(\phi)$ 为正值，此时惩罚项作用相当于正向扩散，从而可以降低梯度 $|\nabla\phi|$；反之，若 $|\nabla\phi|<1$，则 $r_1(\phi)$ 为负值，此时惩罚项作用相当于逆向扩散并且会提高梯度 $|\nabla\phi|$；若 $|\nabla\phi|=1$，则 $r(\phi)$ 为 0，梯度 $|\nabla\phi|$ 保持不变。因此，LCV 惩罚项可以使水平集方程近似保持在距离符号函数上，相比于传统重新初始化过程，效率得到了提高，然而，当 $|\nabla\phi|$ 趋向于 0 的时候，$r_1(\phi)$ 会趋向无穷小，可能造成水平集函数的振荡。

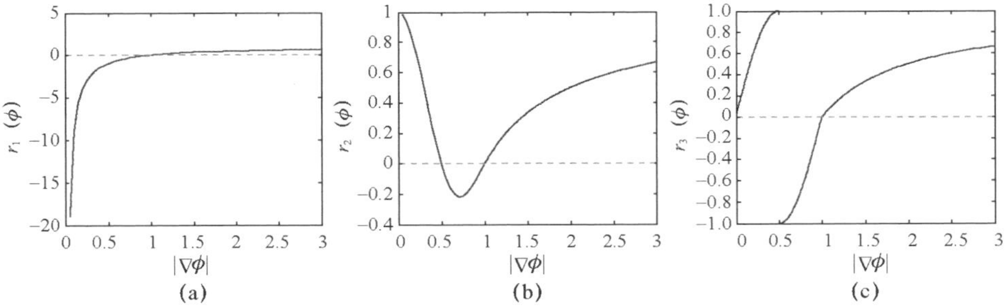

图 4-4　符号距离能量惩罚项扩散速度示意图

（a）LCV 惩罚项；（b）文献［20］惩罚项；（c）本节提出的惩罚项。

为避免该问题，Li 等[20]提出了一种双阱型能量惩罚项：

$$\begin{cases} P_2(\phi) = \iint_\Omega \dfrac{1}{(2\pi)^2}(1-\cos(2\pi|\nabla\phi|))\mathrm{d}x\mathrm{d}y & (|\nabla\phi| \leqslant 1) \\ P_2(\phi) = \iint_\Omega \dfrac{1}{2}(|\nabla\phi|-1)^2\mathrm{d}x\mathrm{d}y & (|\nabla\phi| > 1) \end{cases} \tag{4-20}$$

该双阱型能量惩罚项有两个最小值 0，分别在 $|\nabla\phi|=1$ 与 $|\nabla\phi|=0$ 两处。其扩散速度 $r_2(\phi)$ 为

$$\begin{cases} r_2(\phi) = \dfrac{\sin(2\pi|\nabla\phi|)}{2\pi|\nabla\phi|} & (|\nabla\phi| \leqslant 1) \\ r_2(\phi) = 1 - \dfrac{1}{|\nabla\phi|} & (|\nabla\phi| > 1) \end{cases} \tag{4-21}$$

如图 4-4（b）所示：当 $|\nabla\phi| \geqslant 0.5$ 时，扩散速度 $r_2(\phi)$ 约束水平集方程趋向于 $|\nabla\phi|=1$，即一个符号距离函数；当 $|\nabla\phi|<0.5$ 时，$r_2(\phi)$ 约束水平集方程趋向于 $|\nabla\phi|=0$，以使水平集方程平稳，从而避免了 LCV 模型中能量惩罚项可能出现的振荡问题。然而，该扩散方程并不满足 $|\nabla\phi|$ 离扩散目标点（$|\nabla\phi|=1$ 或 $|\nabla\phi|=0$）越远其扩散速度绝对值越大的规律。因此，惩罚项在实际应用时扩散效率较低，此外，当 $|\nabla\phi|=0.5$ 时，$r_2(\phi)=0$，可能会造成扩散的短期停滞。为此，这里提出一种新的能量惩罚项 $R(\phi)$，其形式为

$$\begin{cases} R(\phi) = \dfrac{1}{\pi^2}\iint_\Omega (\sin(\pi|\nabla\phi(x,y)|) - \pi|\nabla\phi(x,y)|\cos(\pi|\nabla\phi(x,y)|))\mathrm{d}x\mathrm{d}y & (0 \leqslant |\nabla\phi| < 0.5) \\ R(\phi) = \dfrac{1}{\pi} - \dfrac{1}{\pi^2}\iint_\Omega (\sin(\pi|\nabla\phi(x,y)|) - \pi|\nabla\phi(x,y)|\cos(\pi|\nabla\phi(x,y)|))\mathrm{d}x\mathrm{d}y & (0.5 \leqslant |\nabla\phi| < 1) \\ R(\phi) = \dfrac{1}{2}\iint_\Omega (|\nabla\phi(x,y)|-1)^2\mathrm{d}x\mathrm{d}y & (|\nabla\phi| \geqslant 1) \end{cases} \tag{4-22}$$

该能量惩罚项分别在 $|\nabla\phi|=1$ 与 $|\nabla\phi|=0$ 两处有两个最小值 0。其扩散速度 $r_3(\phi)$ 为

$$\begin{cases} r_3(\phi) = \sin(\pi|\nabla\phi|) & (0 \leqslant |\nabla\phi| < 0.5) \\ r_3(\phi) = \sin(\pi|\nabla\phi| + \pi) & (0.5 \leqslant |\nabla\phi| < 1) \\ r_3(\phi) = 1 - \dfrac{1}{|\nabla\phi|} & (|\nabla\phi| \geqslant 1) \end{cases} \tag{4-23}$$

如图 4-4（c）所示：当 $|\nabla\phi|>1$ 时，扩散速度 $r_3(\phi)$ 为正值，扩散形式为正向扩散，$|\nabla\phi|$ 减小趋向于 1；当 $0.5 \leqslant |\nabla\phi| < 1$ 时，$r_3(\phi)$ 为负值，扩散形式为逆向扩散，$|\nabla\phi|$ 增加趋向于 1；当 $0 < |\nabla\phi| < 0.5$ 时，扩散速度 $r_3(\phi)$ 为正值，扩散形式为正向扩散，使得 $|\nabla\phi|$ 减小并趋向于 0。

与文献［20］惩罚项相比，这里提出的惩罚项的扩散速度同样只在$|\nabla\phi|$为0或1的时候为0，但满足$|\nabla\phi|$离扩散目标点越远扩散速度越大的规律，从而表现出更为高效的扩散效果。

为了进一步验证提出的能量惩罚项的有效性，利用对重新初始化过程较敏感的GAC模型[21]进行试验。采用上述三种惩罚项，在相同初始水平集的条件下对一幅128像素×100像素的噪声图像进行分割，其结果如图4-5所示。从结果可以看出，应用提出的惩罚项的图像分割结果明显要比应用传统重新初始化方法和LCV模型中惩罚项的分割结果好，而与文献［20］中的惩罚项相比，这里提出的惩罚项只需要更少的步长和时间，因而计算效率更高。

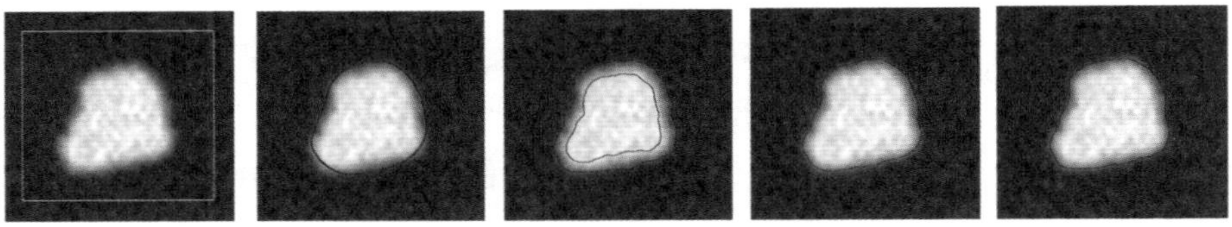

(a)　(b)　(c)　(d)　(e)

图4-5　重新初始化对比试验

(a) 初始水平集；(b) 重新初始化方法；(c) LCV惩罚项；(d) 文献［20］惩罚项；(e) 提出的惩罚项。

5. 水平集演化方程

综上所述，这里提出的改进CV模型的水平集演化方程如下：

$$
\begin{aligned}
E(c_1,c_2,d_1,d_2,\phi)=\ & \alpha\left(\lambda_1\iint_\Omega |I(x,y)-c_1|^2 H(\phi(x,y))\mathrm{d}x\mathrm{d}y+\right.\\
& \left.\lambda_2\iint_\Omega |I(x,y)-c_2|^2(1-H(\phi(x,y)))\mathrm{d}x\mathrm{d}y\right)+\\
& \beta\left(\iint_\Omega |\Delta I(x,y)-d_1|^2 H(\phi(x,y))\mathrm{d}x\mathrm{d}y+\right.\\
& \left.\iint_\Omega |\Delta I(x,y)-d_2|^2(1-H(\phi(x,y)))\mathrm{d}x\mathrm{d}y\right)+\\
& \mu\iint_\Omega \delta_0(\phi(x,y))|\nabla\phi(x,y)|\mathrm{d}x\mathrm{d}y+R(\phi)
\end{aligned}
\tag{4-24}
$$

其最小化问题可通过求解上式对应的欧拉-拉格朗日方程解决，其梯度下降流为

$$
\begin{aligned}
\frac{\partial\phi}{\partial t}=\ & \delta_\varepsilon(\phi)\\
& \left[\mu\mathrm{div}\left(\frac{\nabla\phi}{|\nabla\phi|}\right)-\alpha\lambda_1(I(x,y)-c_1)^2-\beta(\Delta I(x,y)-d_1)^2+\alpha\lambda_2(I(x,y)-c_2)^2+\beta(\Delta I(x,y)-d_2)^2\right]+\\
& \mathrm{div}(r_3(\phi)\nabla\phi)
\end{aligned}
\tag{4-25}
$$

其中，d_1、d_2的值由变分法求得：

$$\begin{cases} d_1(\phi)=\dfrac{\iint_{\Omega}\Delta I(x,y)H_{\varepsilon}(\phi(x,y))\mathrm{d}x\mathrm{d}y}{\iint_{\Omega}H_{\varepsilon}(\phi(x,y))\mathrm{d}x\mathrm{d}y} \\ d_2(\phi)=\dfrac{\iint_{\Omega}\Delta I(x,y)(1-H_{\varepsilon}(\phi(x,y)))\mathrm{d}x\mathrm{d}y}{\iint_{\Omega}(1-H_{\varepsilon}(\phi(x,y)))\mathrm{d}x\mathrm{d}y} \end{cases} \tag{4-26}$$

需要注意的是，式（4-24）中 α、β 的取值由图像本身的灰度不均匀程度决定。这里将它们的数值控制在 0～1 范围内，当图像不均匀程度较大时，通常取 $\beta>\alpha$，同样，式（4-13）中的卷积算子尺寸 k 的设定，也需要根据图像本身性质确定。一般规律是 k 值越小，对噪声的敏感程度就越大，但对局部信息的捕捉能力却越强。

4.2.3.3 基于改进 CV 模型与小波变换的红外图像分割方法

为了进一步提高水平集演化效率，下面将改进的 CV 模型与小波变换相结合，对图像进行分割。其基本思路是：首先利用一级小波分解获取待分割图像的低频子图，利用改进的 CV 模型对低频子图进行分割；然后将最终分割的水平集插值到上一层图中，作为初始水平集使用；最后，在该初始水平集上再次利用改进的 CV 模型对小波重构图进行分割，得到最后的分割结果。基于小波变换的水平集图像分割方法基本流程如图 4-6 所示，具体步骤如下：

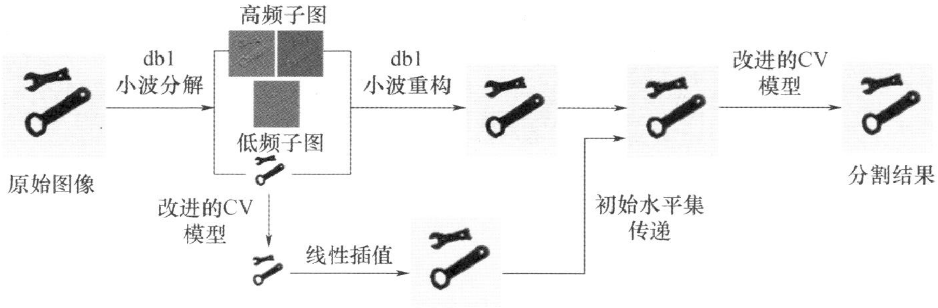

图 4-6 分割方法流程

（1）加载待分割图像；

（2）利用一级 db1 小波分解得到低频粗糙子图；

（3）利用改进的 CV 模型分割低频子图中的目标；

（4）利用线性插值将得到的分割结果插值到原图像大小，并再次利用 db1 小波对子图重构；

（5）以从低频子图插值得来的水平集函数作为初始水平集，再次使用改进的 CV 模型对重构图进行图像分割处理，得到最终的分割结果。

上述分割方法的优势主要体现在两个方面：①由于使用了提出的改进 CV 模型，具有较好的分割效果，尤其是克服了 CV 模型难以分割灰度不均匀图像的缺点；②具有较快的分割速度与较高的分割效率。

4.2.3.4 试验与分析

利用 Matlab2013 软件，对提出的方法的红外图像分割效果进行验证。对试验中使用的水平集方法统一设定参数：时间步长 $\Delta t=0.1$，$\mu=0.01\times255^2$，$\varepsilon=1$。如图 4-7（a）所示为某型飞机编队释放干扰弹场景的红外图像。该图像背景较为均匀，但目标较多且较为复杂。运用提出的分割方法，设定 $\alpha=\beta=1$，$k=10$，对该红外图像进行图像分割，其结果如图 4-7（b）所示。可以看出，目标与背景、目标与目标之间都可以较好地区分开，在极狭小区域内目标之间也具备一定的区分度，分割较为精确。图 4-7（c）为空中飞机红外跟踪视频中的截图，受红外热像仪自身性能较低的影响，该红外图像的质量较差，边缘较为模糊。运用提出的方法，设定 $\alpha=\beta=1$，$k=20$，对图 4-7（c）进行分割，结果如图 4-7（d）所示。可以看出，即使图像存在严重噪声以及边缘模糊，运用提出的方法分割飞机轮廓仍然具有较高的分割精度。

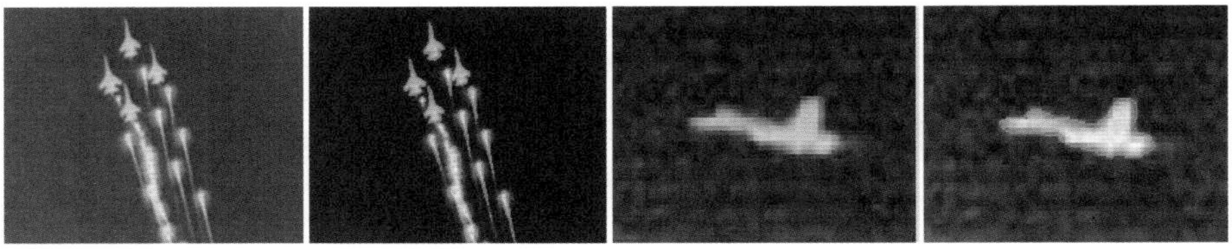
(a) (b) (c) (d)

图 4-7 红外图像分割结果

(a) 飞机编队红外图像；(b) 图 (a) 的分割结果；(c) 飞机红外图像；(d) 图 (c) 的分割结果。

为验证提出的方法的有效性，与传统 CV 方法、LCV 方法以及基于逆向扩散理论的 CV（RD-CV）方法[22]进行分割对比试验，结果如图 4-8 所示。从图 4-8（a）中可以看出，由于背景中存在复杂地形与杂乱树木，其背景灰度不均匀；图 4-8（c）中，CV 模型受到灰度不均匀背景的干扰，分割结果包含背景区域；虽然在图 4-8（d）中分割结果有所改善，但由于其依然只处理区域全局信息，因此仍无法避免背景不均匀所带来的干扰。分别采用LCV模型与提出的方法，设定 $\alpha=0.1$，$\beta=1$，$k=15$，对试验图像进行分割，结果如图4-8（e）、（f）所示。两种方法都可以成功将目标与背景区分开，但从分割细节来看，LCV分割结果中目标腿部区域有过分割现象，原因是水平集演化至消除背景干扰时能量惩罚项已使水平集函数产生了振荡。而采用提出的方法，可以有效避免水平集函数振荡，从而得到更为精确的目标轮廓。

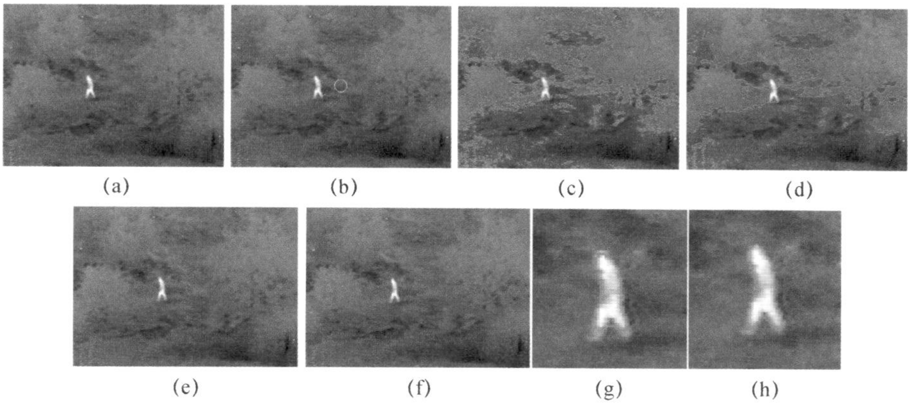

图4-8 灰度不均匀红外图像分割结果对比

（a）红外图像；（b）初始水平集；（c）CV分割结果；（d）RD-CV分割结果；（e）LCV分割结果；（f）提出的方法分割结果；（g）LCV分割细节；（h）提出的方法分割细节。

4.2.4 基于局部复杂度过渡区提取的诱饵弹分割

通过研究红外诱饵弹的工作原理及工作过程，可以将燃烧中的红外诱饵弹分为燃烧区、辐射区和拖尾三个部分，如图4-9所示。下面基于诱饵弹实测红外图像，对这三部分进行特征提取，分别研究它们在燃烧过程中尺度和亮度的变化，最后生成诱饵弹红外仿真图像。

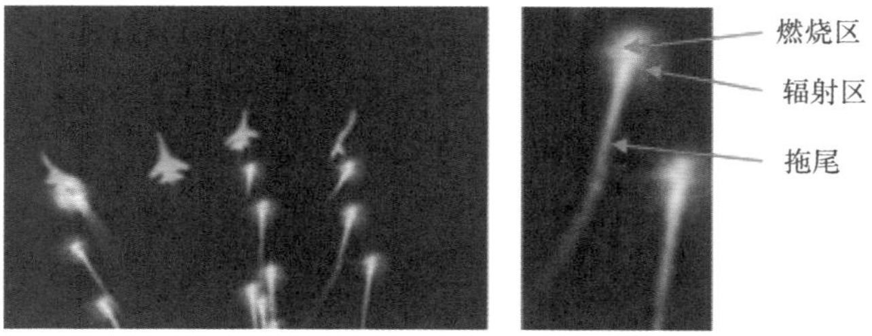

图4-9 实测红外诱饵弹图像

在分割燃烧区和辐射区时，尽管两者存在明显的亮度区别，但是在边界处也是图像中的一个区域，一方面它将不同的区域分割开来，具有边界的特点，另一方面其面积不为零，具有区域的特点，这样的特殊区域称为过渡区。这里采用一种基于局部复杂度的过渡区直接提取算法。

4.2.4.1 基于梯度的过渡区提取算法

若 $f(i,j)$ 为一幅图像的灰度分布函数，$(i,j) \in S$，S 为表示像素空间坐标的整数集合，$g(i,j)$ 为图像的梯度，则有效平均梯度（effective average gradient，EAG）定义为[23]

$$\mathrm{EAG} = \frac{\sum\limits_{i,j \in S} g(i,j)}{\sum\limits_{g(i,j) \neq 0} 1} \tag{4-27}$$

为了减少各种干扰的影响，记 L 为剪切阈值，根据剪切部分与全图灰度值的关系，这类剪切可分为高端剪切和低端剪切两种，因此可以定义如下特殊的灰度剪切变换函数：

高端剪切函数 $$f_{\text{high}}(i,j) = \begin{cases} L & (f(i,j) \geqslant L) \\ f(i,j) & (f(i,j) < L) \end{cases} \tag{4-28}$$

低端剪切函数 $$f_{\text{low}}(i,j) = \begin{cases} f(i,j) & (f(i,j) > L) \\ L & (f(i,j) \leqslant L) \end{cases} \tag{4-29}$$

根据对剪切变换后的图像计算其有效平均梯度，得到两种剪切下 $\mathrm{EAG}(L)$-L 的曲线，即根据曲线峰值得到决定过渡区的灰度值 L_{low} 与 L_{high}，由此提取过渡区并进一步得到分割阈值。为了减少过渡区的提取直接依赖于 L_{low} 与 L_{high} 的取值的影响，这里采用基于局部复杂度的过渡区直接提取算法[24]。

4.2.4.2 诱饵弹过渡区的特点

图像的过渡区是介于目标与背景之间的区域，它既有边界的特点，又有区域的特点。诱饵弹红外图像的过渡区一般具有如下特点：①分布在诱饵弹燃烧区周围；②灰度一般在诱饵弹燃烧区与辐射区之间；③由于诱饵弹燃烧区到辐射区是缓变型边缘，所以具有一定的宽度；④灰度变化频繁，包含的信息量也较丰富。

准确提取诱饵弹红外图像中各部分的关键是特征参数的构造，特征参数应能充分体现过渡区的上述特点。传统的梯度算子只能描述过渡区灰度突变的信息，不能体现过渡区灰度层次较多这一特点。下面通过构造局部复杂度测度参数以便用于过渡区的提取。

4.2.4.3 局部复杂度

若一幅具有 256 个灰度级的图像大小为 $M \times N$，$f(i,j)$ 为其灰度分布函数，则灰度直方图可表示为

$$h(l) = \sum_{i=1}^{M} \sum_{j=1}^{N} \delta(l - f(i,j)) \quad (l \in \{0,1,\cdots,255\}) \tag{4-30}$$

式中：$\delta(\cdot)$ 为单位冲激函数。

为了在统计灰度级别变化时避免将灰度值相同的像素重复计数，定义如下标志函数：

$$\begin{cases} S_l(h(l)) = 1 & (h(l) \neq 0) \\ S_l(h(l)) = 0 & (h(l) = 0) \end{cases} \tag{4-31}$$

由此定义灰度复杂度为

$$C = \sum_{l=0}^{255} S_l(h(l)) \tag{4-32}$$

式（4-32）定义的灰度复杂度实际上是对图像灰度级别变化的一种统计。该统计用于整幅图像尤其是大尺寸图像意义并不大，下面将其用于统计图像的局部邻域信息。记 Z_k 为图像中以某像素 k 为中心的邻域，邻域尺寸大小为 $M_k \times N_k$，计算邻域 Z_k 的复杂度为

$$C_k(Z_k) = \sum_{l=0}^{255} S_l(h(l)) \tag{4-33}$$

4.2.4.4 诱饵弹过渡区提取及分割算法

首先定义一个适当的邻域窗口，把邻域的局部复杂度赋值给像素 k，然后在整幅图像上移动邻域窗 Z_k，由此可得到变换后的复杂度图像。在变换后的图像中，燃烧区内部与辐射区内部像素同质性好，具有较低的复杂度值，而过渡区灰度级别较多，具有较高的复杂度值。由此可以设定合适的复杂度门限，将大于该门限的像素提取出来，得到图像的过渡区。得到过渡区以后，就可以根据过渡区直方图的峰值或均值得到最终分割门限，提取出诱饵弹红外图像中的燃烧区和辐射区。

基于局部复杂度的诱饵弹过渡区提取及分割算法步骤如下[24]：

（1）设定邻域窗 Z_k 的尺寸及局部复杂度门限值 E_T：

$$E_T = \alpha C_k(Z_k)_{\max} \tag{4-34}$$

式中：$C_k(Z_k)_{\max}$ 为复杂度的最大值；α 为调控系数，它决定了过渡区像素个数

的多少，一般取值范围是 $0.6<\alpha<1$。

（2）由式（4-33）计算局部复杂度。

（3）根据门限值提取诱饵弹过渡区。

（4）根据诱饵弹过渡区灰度直方图得到分割门限。

（5）根据阈值分割图像。

4.2.4.5 试验与结果分析

图 4-10 所示为红外诱饵弹分割效果图，图 4-10（a）为从背景中分割出的诱饵弹图像，图 4-10（b）为图 4-10（a）中的分割结果经手工选择燃烧区和辐射区后分割得到的燃烧区的结果，图 4-10（c）为辐射区的分割结果，图 4-10（d）为拖尾的分割结果。可以看出，红外诱饵弹的三个部分被较好地提取出来，这为诱饵弹建模提供了准确的数据。

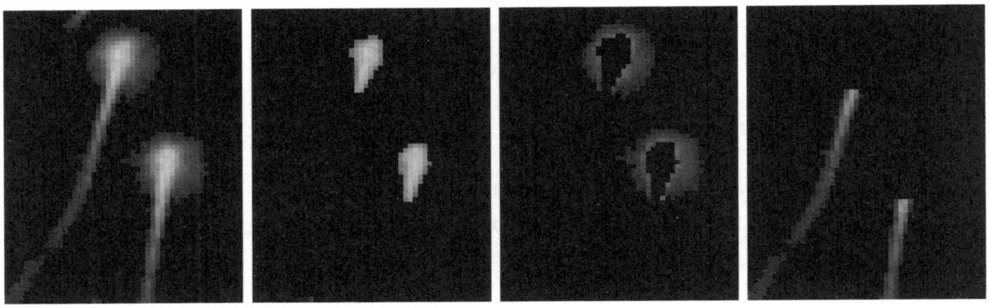

(a)　(b)　(c)　(d)

图 4-10　红外诱饵弹分割效果图

（a）诱饵弹图像；（b）燃烧区；（c）辐射区；（d）拖尾。

4.3 基于真实纹理映射的目标红外图像生成

红外图像仿真生成方法主要有物理模型法、经验模型法、半经验模型法和实测数据模型法。由于实测数据能够真实反映物体的红外辐射，可信度较高，因此下面将红外图像仿真生成系统建立在实测数据的基础上，既省略理论建模的过程，直接获得逼真的红外图像，又提高系统实时性。

4.3.1 目标几何与运动建模

为了在场景中显示目标的红外图像，需要建立目标的三维几何模型。三维几何模型由多个三角形面元构成，三角形面元的数目越多，目标就越逼真，但随着面元数目的增加，场景中的每一帧渲染着色所需的计算量也急剧增加，从而影响到处理的实时性。这里以飞机为例，利用 3DS MAX 软件来创建飞机的三维几何模型，包括机体、座舱、发动机、前翼、尾翼、头锥等部分，如图 4-11 所示。

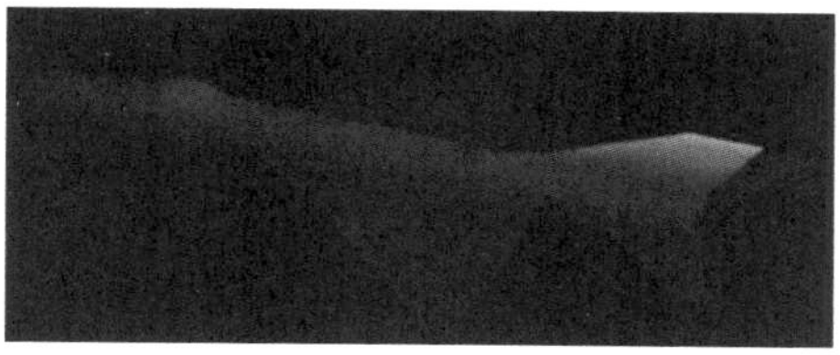

图 4-11 飞机的三维模型

为了实现目标的红外图像动态生成，还必须建立其运动模型。已知目标的当前速度为 v_0、轨迹俯仰角为 θ、飞行航向角为 ψ，当前坐标为（x_0，y_0，z_0），时间步长为 Δt，下一时刻坐标为（$x(t+\Delta t)$，$y(t+\Delta t)$，$z(t+\Delta t)$），假设目标在一个时间步长内做匀速运动，则根据运动学方程可得

$$\begin{cases} x(t+\Delta t)=x_0+v_0 t\cos\theta\cos\psi \\ y(t+\Delta t)=y_0+v_0 t\sin\theta \\ z(t+\Delta t)=z_0+v_0 t\cos\theta\sin\psi \end{cases} \tag{4-35}$$

4.3.2 基于学习的实测目标图像超分辨率重建

采用 4.2 节的方法完成实测图像的去噪及分割后，便可以得到目标的实测纹理图像，图 4-12（a）所示为一组飞机的实测纹理图像。若直接利用该图像进行纹理贴图，由于空间分辨率不足，当放大到可以利用的几何尺寸时将会产生严重的锯齿及马赛克效应，如图 4-12（b）所示，从而造成图像严重失真。虽然利用图像插值能够对纹理图像进行超分辨率重建，但是由于没有利用序列图像的前后帧图像之间互补的冗余信息，所以重建效果不够理想。为此，这里在稀疏表示框架下提出一种基于学习的图像超分辨率重建方法[25]，对实测目标图像进行超分辨率重建，结果如图 4-12（c）所示。

4.3.2.1 超分辨率重建模型

根据稀疏表示原理，高分辨率图像 $\boldsymbol{X}$ 的图像块 $\boldsymbol{x}$ 可以由高分辨率字典 $\boldsymbol{D}_{\mathrm{h}}$ 的稀疏线性组合来表示：

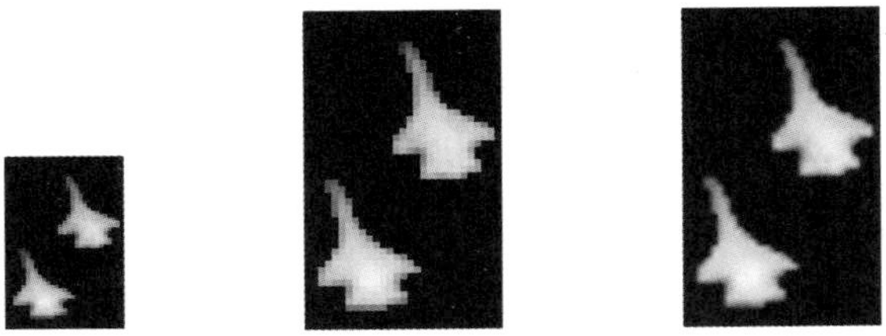

(a) (b) (c)

图 4-12 飞机纹理图像

(a) 飞机实测纹理图；(b) 几何放大效果；(c) 超分辨率重建结果。

$$x \approx D_h \alpha \tag{4-36}$$

式中：字典 D_h 是由同类或相近的高分辨率样本图像通过学习训练得来；稀疏表示系数 α 由观测图像 Y 的图像块 y 在低分辨率字典 D_l 下的稀疏编码中获取，表达为

$$\min \|\alpha\|_1 \quad \text{s.t.} \ \|D_l\alpha - y\|_2^2 \leqslant \varepsilon \tag{4-37}$$

超分辨率重建需要解决两个问题：一是构造合适的高/低分辨率同构字典 D；二是在字典中寻找信号的稀疏表示系数 α。对于给定的训练样本集 $X = \{x_1, x_2, \cdots, x_n\}, x_i (i = 1,2,\cdots,n) \in \mathbf{R}^m$，下面通过稀疏编码学习出过完备字典 $D \in \mathbf{R}^{n \times m}$，其列矢量记为 d_j（$j=1, 2, \cdots, m$），使训练样本在 D 中具有稀疏表示，此优化问题的目标函数可以表示如下：

$$D = \arg\min_{D,\alpha} \|X - D\alpha\|_2^2 + \lambda \|\alpha\|_1 \tag{4-38}$$

对于此式的求解，当同时求解 D 和 α 时，此问题是个非凸优化问题，但是当固定其中一个而求另一个时，就可以转化为凸优化问题进行求解，故此问题通常由稀疏编码和字典更新两个过程完成。在稀疏编码阶段，认为字典已经求得，当完成稀疏编码后，再由此稀疏表示系数来进行字典更新，两个过程交替进行，从而完成字典的学习，同时得到稀疏表示系数矩阵。在基于稀疏表示的超分辨率重建过程中需要高分辨率字典 D_h 和低分辨率字典 D_l 两个过完备字典。由观测图像求解在 D_l 下的表示系数，由此表示系数与 D_h 的线性组合得到高分辨率图像，所以必须保证图像在 D_h 和 D_l 上具有相同的表示系数，也就是 D_h 和 D_l 的学习必须是同构的。

为此，首先构造训练样本对 $P = \{X_h, Y_l\}$，其中 $X_h = \{x_1, x_2, \cdots, x_n\}$ 表示由高分辨率的红外图像所构成的学习样本集，而 $Y_l = \{y_1, y_2, \cdots, y_n\}$ 表示对应的低分辨率图像样本集（或特征提取）。同构字典学习在这两个训练样

本集上进行，以保证稀疏表示系数是相同的。由式（4-38），此问题可以描述如下：

$$\min_{\boldsymbol{D}_{\mathrm{h}},\boldsymbol{D}_{\mathrm{l}},\boldsymbol{\alpha}} \frac{1}{N} \| \boldsymbol{X}_{\mathrm{h}} - \boldsymbol{D}_{\mathrm{h}}\boldsymbol{\alpha} \|_2^2 + \frac{1}{M} \| \boldsymbol{Y}_{\mathrm{l}} - \boldsymbol{D}_{\mathrm{l}}\boldsymbol{\alpha} \|_2^2 + \lambda\left(\frac{1}{N}+\frac{1}{M}\right) \| \boldsymbol{\alpha} \|_1 \tag{4-39}$$

式中：N 和 M 分别表示高分辨率和低分辨率样本写成列矢量形式的维数。

为了利用式（4-38）的求解策略求解式（4-39），将式（4-39）改写成如下形式：

$$\min_{\boldsymbol{D}_{\mathrm{h}},\boldsymbol{D}_{\mathrm{l}},\boldsymbol{\alpha}} \| \boldsymbol{X}_c - \boldsymbol{D}_c\boldsymbol{\alpha} \|_2^2 + \hat{\lambda} \| \boldsymbol{\alpha} \|_1 \tag{4-40}$$

其中

$$\boldsymbol{X}_c = \begin{bmatrix} \frac{1}{\sqrt{N}}\boldsymbol{X}_{\mathrm{h}} \\ \frac{1}{\sqrt{M}}\boldsymbol{Y}_{\mathrm{l}} \end{bmatrix}, \quad \boldsymbol{D}_c = \begin{bmatrix} \frac{1}{\sqrt{N}}\boldsymbol{D}_{\mathrm{h}} \\ \frac{1}{\sqrt{M}}\boldsymbol{D}_{\mathrm{l}} \end{bmatrix}, \quad \hat{\lambda} = \lambda\left(\frac{1}{N}+\frac{1}{M}\right) \tag{4-41}$$

在 Yang 等[26]和 Zeyde 等[27]的超分辨率重建过程中，采用式（4-40）来完成字典的学习，不同之处在于前者采用 K-SVD 算法直接求解，而后者采用 Lee 等[28]的方法直接求解。对于式（4-40）的双变量优化问题的求解，这里采用 K-SVD 字典学习的策略，其基本思想是由训练样本和初始字典开始，通过稀疏编码和字典更新两个过程的交替迭代完成求解。在稀疏编码阶段，固定字典 $\boldsymbol{D}_c$，求解 $\boldsymbol{\alpha}$，即

$$\min_{\boldsymbol{\alpha}_i} \| (\boldsymbol{X}_c - \boldsymbol{D}_c\boldsymbol{\alpha}_i) \|_2^2 + \hat{\lambda} \| \boldsymbol{\alpha}_i \|_1 \tag{4-42}$$

对于此式，由于数据规模较大，采用 Kim 等[29]提出的适合求解大尺度 l_1 正则化约束的最小二乘问题的内点法进行求解，以提高算法效率。在字典更新阶段，固定 $\boldsymbol{\alpha}$，更新字典 $\boldsymbol{D}_c$，即

$$\min_{\boldsymbol{D}_c} \| (\boldsymbol{X}_c - \boldsymbol{D}_c\boldsymbol{\alpha}_i) \|_2^2 + \hat{\lambda} \| \boldsymbol{\alpha}_i \|_1 \tag{4-43}$$

同样基于效率考虑，利用拉格朗日对偶法进行求解。最后，$\boldsymbol{D}_{\mathrm{h}}$ 和 $\boldsymbol{D}_{\mathrm{l}}$ 由 $\boldsymbol{D}_c$ 拆分得到。

由于字典的训练是对图像块进行的，所以对于训练所需的样本集 $\boldsymbol{X}_c$，首先由高分辨率的样本图像 $\boldsymbol{X}_{\mathrm{h}}$ 逐行取其图像块，而低分辨率的图像样本则由 $\boldsymbol{X}_{\mathrm{h}}$ 下采样得到，为了使稀疏编码得到的表示系数能够更精确地表达观测图像的结构特征，对下采样得到的低分辨率图像样本进行特征提取，采用 Yang

等[26]提出的 4 个 1-D 滤波器，具体公式为

$$\boldsymbol{f}_1=[-1,0,1],\quad \boldsymbol{f}_2=\boldsymbol{f}_1^{\mathrm{T}},\quad \boldsymbol{f}_3=[1,0,-2,0,1],\quad \boldsymbol{f}_4=\boldsymbol{f}_3^{\mathrm{T}} \tag{4-44}$$

由此构成低分辨率图像样本集 $\boldsymbol{Y}_1$，然后由式（4-41）垂直串联成 $\boldsymbol{X}_c$。对低分辨率的字典 $\boldsymbol{D}_c$ 的初始值可以是随机数，也可以由训练样本进行离散余弦变换等得到。具体算法描述如下：

初始化：由训练样本图像块根据式（4-41）构成样本集 $\boldsymbol{X}_c$，$\boldsymbol{D}_c$ 随机生成，设置迭代次数 T。

步骤 1：由式（4-42）求各样本图像块在 $\boldsymbol{D}_c$ 下的表示系数 $\boldsymbol{\alpha}_i$，构成系数矩阵 $\boldsymbol{\alpha}=[\boldsymbol{\alpha}_1,\boldsymbol{\alpha}_2,\cdots,\boldsymbol{\alpha}_N]$。

步骤 2：字典更新，根据式（4-43）完成字典 $\boldsymbol{D}_c$ 的更新。

步骤 3：$T\leftarrow T-1$，若 $T\neq 0$，转步骤 1，否则转步骤 4。

步骤 4：列数不变，根据下采样倍数，将 $\boldsymbol{D}_c$ 拆分两个相同列数的字典 $\boldsymbol{D}_{\mathrm{h}}$ 和 $\boldsymbol{D}_{\mathrm{l}}$。

如图 4-13 所示为由高分辨率红外图像样本学习得到的同构的高/低分辨率字典，下面利用该字典完成超分辨率重建。

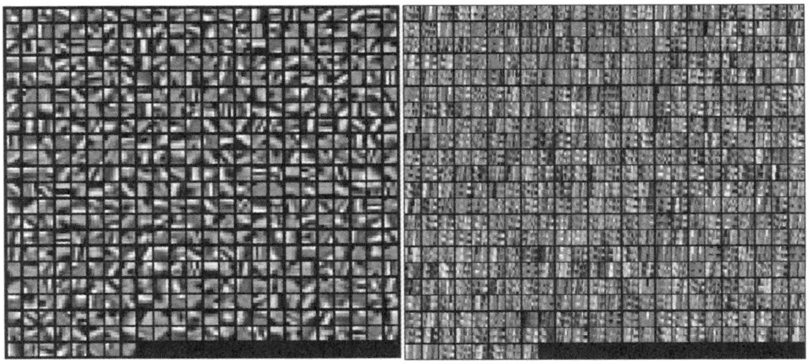

(a)　　　　(b)

图 4-13　学习得到的同构过完备字典

（a）高分辨率字典；（b）低分辨率字典。

4.3.2.2　超分辨率重建方法

当求得同构的高/低分辨率字典后，对于需要重建的低分辨率目标纹理图像 $\boldsymbol{Y}$，从左上角的第一个像素开始，每隔一个像素取大小为 $\sqrt{n}\times\sqrt{n}$ 的图像块 $\boldsymbol{y}_i$，对每个图像块 $\boldsymbol{y}_i$，稀疏表示系数在低分辨率字典 $\boldsymbol{D}_{\mathrm{l}}$ 由下式求得：

$$\alpha_i=\min_{\alpha_i}\|(\boldsymbol{y}_i-\boldsymbol{D}_{\mathrm{l}}\boldsymbol{\alpha}_i)\|_2^2+\lambda\|\boldsymbol{\alpha}_i\|_1 \tag{4-45}$$

求得稀疏表示 $\boldsymbol{\alpha}_i$ 后，可以求得近似的高分辨率图像块 $\{\boldsymbol{x}_i\}_i = \{\boldsymbol{D}_h\boldsymbol{\alpha}_i\}_i$。由于图像块是重叠的，为保证求得的图像块 $\{\boldsymbol{x}_i\}_i$ 与重建图像的图像块更接近，重建图像由下式求得：

$$\boldsymbol{X}^* = \arg\min_{\boldsymbol{X}^*} \lambda \|\boldsymbol{X}^* - \boldsymbol{X}_1\|_2^2 + \{\|\boldsymbol{R}_i\boldsymbol{X}^* - \boldsymbol{x}_i\|_2^2\}_i \tag{4-46}$$

式中：$\boldsymbol{X}_1$ 表示对低分辨率图像的插值结果；$\boldsymbol{R}_i$ 表示提取图像的第 i 个图像块。在 Elad 等[13]提出的基于稀疏表示的图像去噪方法中，给出了其最小二乘解形式如下：

$$\boldsymbol{X}^* = \boldsymbol{X}_1 + [\{\boldsymbol{R}_i^{\mathrm{T}}\boldsymbol{R}_i\}_i]^{-1}\{\boldsymbol{R}_i^{\mathrm{T}}\boldsymbol{x}_i\}_i \tag{4-47}$$

4.3.2.3 试验结果与分析

如图 4-14 为不同超分辨率重建方法的结果对比，其中，图 4-14（a）为某型飞机的红外高分辨率图像的 3 倍下采样图像，图 4-14（b）为原始的高分辨率图像（本试验中作为训练样本之一），图 4-14（c）为双三次插值结果，图 4-14（d）为 Yang 等方法重建结果，图 4-14（e）为本节提出的方法重建结果。计算所得图像的峰值信噪比（PSNR）和结构相似度（SSIM）数据表明，超分辨率重建结果更加接近于原始高分辨率图像。

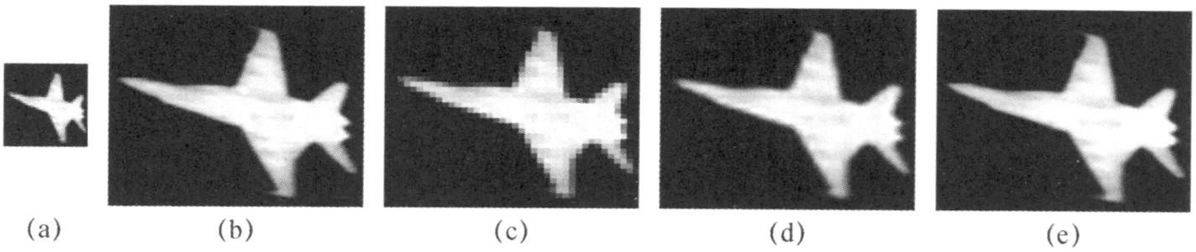

图 4-14 不同超分辨率重建方法的结果对比

（a）3 倍下采样图像；（b）ground truth；（c）Bicubic 方法，PSNR＝28.09，SSIM＝0.712；（d）Yang 等方法，PSNR＝30.25，SSIM＝0.821；（e）本节提出的方法，PSNR＝31.65，SSIM＝0.8863。

大多数超分辨率重建方法是假设输入图像是无噪声的，对于噪声，通常采取先去噪然后进行超分辨率重建的处理策略。然而实际图像总会受到噪声污染，此时重建效果与去噪方法有很大的关系，并且去噪所引起的误差将在超分辨率重建中继续保持甚至放大。由重建模型可知，本节提出的方法能够在对图像进行超分辨率重建的同时对噪声进行去除。对图像添加一定强度的高斯白噪声进行重建试验，结果如图 4-15 所示。可以看出，本节提出的方法的重建边缘效果更加清楚。

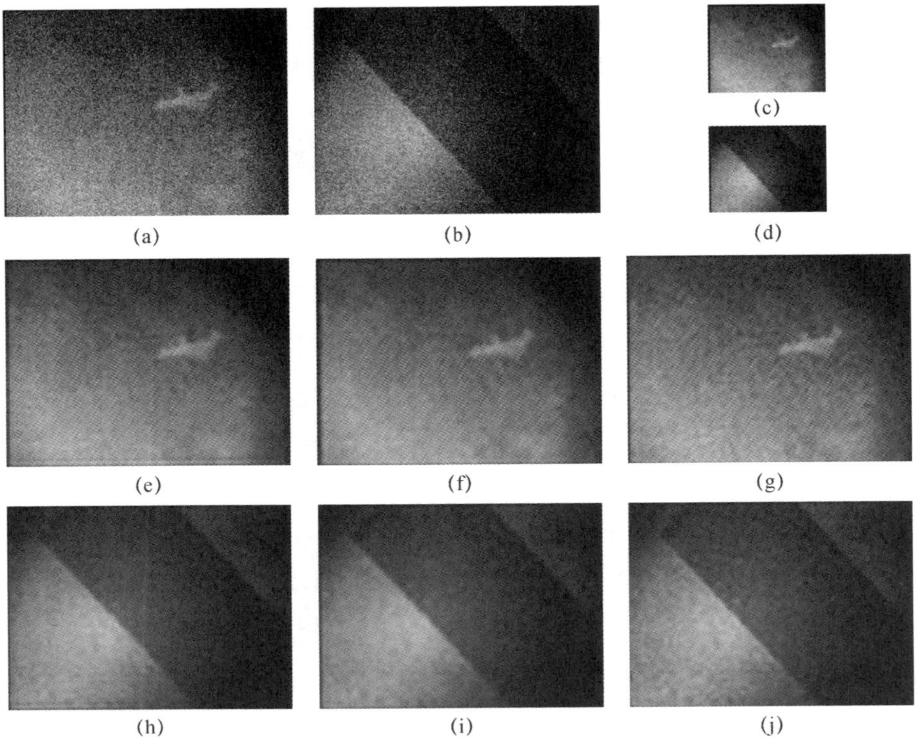

图 4-15 噪声方差为 0.02 时低分辨率测试图像及重建结果比较

(a) 飞机；(b) 人造目标；(c) 低分辨率飞机；(d) 低分辨率人造目标；(e) 用 Bicubic 方法重建飞机图像；(f) 用 Yang 等方法重建飞机图像；(g) 用本节提出的方法重建飞机图像；(h) 用 Bicubic 方法重建人造目标图像；(i) 用 Yang 等方法重建人造目标图像；(j) 用本节提出的方法重建人造目标图像。

4.3.3 大气辐射传输建模

4.3.3.1 大气辐射传输影响分析

大气对红外辐射的衰减主要表现在：①大气中含有大量的气体分子，其中的 CO_2、H_2O、O_3 都对红外辐射有较强的吸收作用；②大气中还存在许多液态和固态悬浮物，如云雾、烟尘、碳粒子等，这些悬浮物与气体分子组成的大气叫作气溶胶，当红外辐射通过气溶胶时将发生散射和吸收，使红外辐射产生相应的衰减；③恶劣天气（如雨、雪、雾天）都会使红外辐射产生不同程度的衰减。

在分析红外系统工作时必须考虑上述三种现象。设 τ_1、τ_2、τ_3 分别表示因吸收、散射和气象衰减制约造成的大气光谱透过率，则总的大气光谱透过率 $\tau(\lambda)$ 可以表示为

$$\tau = \tau_1 \cdot \tau_2 \cdot \tau_3 \tag{4-48}$$

若到达成像系统的辐射亮度为 L，物体真实辐射值为 L_0，则大气传输衰减效应模型可表示为

$$L = L_0 \cdot \tau \tag{4-49}$$

4.3.3.2 大气光谱透过率的计算

大气光谱透过率主要与物体所处的环境特性有关，受很多因素影响。目前已发展了 10 余种大气辐射传输数值计算方法和实用模拟软件，如 LOWTRAN、MODTRAN 以及 FASCOD 等，其中以 MODTRAN 应用最为广泛。MODTRAN 提供了 6 种参考大气模式（热带大气模式、中纬度夏季大气模式、中纬度冬季大气模式、亚北极区夏季大气模式、亚北极区冬季大气模式、美国标准大气模式）的温度、气压、密度的垂直廓线，H_2O、O_3、CH_4、CO 和 N_2O 的混合比垂直廓线和其他微量气体的垂直廓线，大气气溶胶、雾、沙尘、云、雨的廓线和辐射参量（如消光系数、吸收系数）的光谱分布。MODTRAN 可以根据用户需要，设置水平、倾斜路径及地对空、空对地不同的探测形式，适用范围广泛。由于实测图像的大气条件已知，因此这里采用 MODTRAN3.7 软件计算出实测图像的大气条件下的大气光谱透过率。部分数值输出结果见表 4-1，其中第 1 列是光波的波数，第 2 列是光波在相应波数下的总透过率。

表 4-1 MODTRAN 部分输出结果

波数/cm^{-1}	总透过率	水汽透过率	二氧化碳透过率	臭氧透过率	氮气透过率	水汽连续透过率	分子散射	气溶胶和水汽散射	硝酸透过率
2480	0.7971	0.9991	0.9584	1.000	0.8543	0.9982	1.000	0.9761	1.000
2490	0.8349	0.9990	0.9783	1.000	0.8768	0.9983	1.000	0.9761	1.000
2500	0.8643	0.9984	0.9899	1.000	0.8975	0.9983	1.000	0.9760	1.000
2510	0.8824	0.9981	0.9892	1.000	0.9173	0.9984	1.000	0.9760	1.000
2520	0.8936	0.9972	0.9854	1.000	0.9333	0.9984	1.000	0.9759	1.000
2530	0.8850	0.9957	0.9645	1.000	0.9460	0.9984	1.000	0.9759	1.000
2540	0.8567	0.9953	0.9222	1.000	0.9582	0.9984	1.000	0.9758	1.000
2550	0.8271	0.9898	0.8873	1.000	0.9667	0.9983	1.000	0.9758	1.000
2560	0.8593	0.9874	0.9192	1.000	0.9724	0.9983	1.000	0.9758	1.000
2570	0.8273	0.9826	0.8845	1.000	0.9774	0.9982	1.000	0.9757	1.000
2580	0.8051	0.9727	0.8656	1.000	0.9812	0.9981	1.000	0.9757	1.000
2480	0.7971	0.9991	0.9584	1.000	0.8543	0.9982	1.000	0.9761	1.000
2490	0.8349	0.9990	0.9783	1.000	0.8768	0.9983	1.000	0.9761	1.000
2500	0.8643	0.9984	0.9899	1.000	0.8975	0.9983	1.000	0.9760	1.000

MODTRAN 输出结果是每一个波长值对应的大气光谱透过率 $\tau(\lambda)$，而这里需要得到的是一定波长范围 $[\lambda_1, \lambda_2]$ 的总透过率，其计算公式为

$$\tau = \frac{1}{2}\int_{\lambda_1}^{\lambda_2} \tau(\lambda)\,\mathrm{d}\lambda \tag{4-50}$$

若波长的间隔均匀，则式（4-50）对应的离散化形式为

$$\tau = \frac{1}{N}\sum_{i=1}^{N} \tau(i) \tag{4-51}$$

即通过对不同波长对应的透过率值的加权，求出相应大气条件下的透过率。同理，也能通过 MODTRAN 计算出在其他不同大气条件下的大气光谱透过率 τ'。

4.3.4 目标红外图像生成

完成目标几何建模与运动建模后，下一步就是在目标几何模型和提取的纹理数据间建立映射关系，并考虑大气辐射传输对目标红外图像强度的影响基础上，生成真实、自然的目标红外图像[30]。

4.3.4.1 纹理映射

因为实测红外辐射数据与图像数据具有很大的相似性，所以可以利用纹理映射技术完成红外数据到目标三维几何模型面元之间的映射。这里采用 VC＋＋与 OpenGL 相结合实现目标的纹理映射过程，将灰度图像作为纹理通过纹理贴图的方式映射到三维模型上，其基本处理过程如下：

（1）将纹理载入到内存中。

（2）创建纹理对象。纹理对象是用来存储纹理数据的，以备随时使用。创建了纹理对象，就能够将多个纹理一次性载入内存，以便场景绘制期间随时引用其中的任何一个纹理。

（3）纹理过滤。根据一个拉伸或者收缩的纹理贴图计算颜色片段的过程称为纹理过滤。这里使用 OpenGL 的纹理参数函数，可以设置放大和缩小过滤器。可以为这两种过滤器参数选择最邻近过滤和线性过滤两种基本的纹理滤波器。

（4）指定纹理模式。OpenGL 允许通过纹理模式来指定如何对纹理图颜色进行处理。

（5）纹理坐标计算。当绘制场景时，必须为每一个顶点指定相应的纹理坐标，用于确定纹理图的每一个纹理基元对应于物体的哪个部分。纹理坐标使用函数应用到几何物体的每个顶点，然后 OpenGL 根据需要对纹理进行扩大或收缩，将纹理贴图到几何图形之上。

（6）贴图。绘制一个纹理物体，当其靠近或者远离视点时，会出现一些视觉失真或问题区域。为此，可以通过控制纹理的细节层次，以便消除这些失真。

4.3.4.2 图像渲染

当完成实测数据到三维模型之间的纹理映射后，最后一步就是对图像进行渲染，在图像渲染的时候，考虑大气辐射传输对目标红外成像的影响，生成不同大气条件下的目标红外图像。

根据大气传输衰减效应模型可知，目标到达成像系统光学镜头前的辐射亮度 L 是目标的真实辐射值 L_0 的函数，且与大气光谱透过率 τ 成正比，即 $L_s = L_0 \cdot \tau_s$ 和 $L' = L_0 \cdot \tau'$，其中，L_s表示实测图像辐射亮度，τ_s表示实测图像的大气条件下的光谱透过率，L' 和 τ' 分别表示当大气条件变化时的图像辐射亮度和光谱透过率。由此可得

$$\frac{L_s}{L'} = \frac{\tau_s}{\tau'} \tag{4-52}$$

由于图像的灰度值 G 是由其辐射亮度量化而得，因此在某一大气条件下的光谱透过率为 τ' 的情况下，其灰度值 G' 为

$$G' = \frac{\tau'}{\tau_s} G_s \tag{4-53}$$

根据能见度、探测距离、大气模式及气溶胶模式等大气条件参数，可以计算出 τ'。当大气条件变化时，由纹理映射生成的图像的像素灰度值将根据式（4-53）通过图像渲染得到。图 4-16 所示为在不同探测距离、不同大气条件下的部分飞机红外图像渲染结果，其中图 4-16（a）、（b）为不同探测距离下飞机的红外图像，图 4-16（c）、（d）为相同距离不同能见度条件下飞机的红外图像。

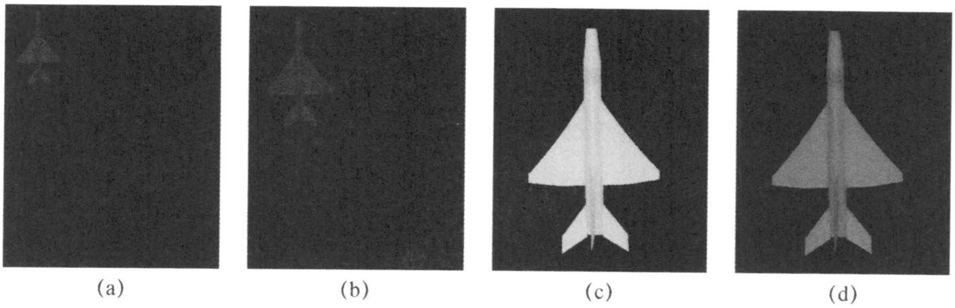

(a) (b) (c) (d)

图 4-16 不同条件下的飞机红外仿真图像

（a）探测距离 1.5km；（b）探测距离 1km；（c）能见度 50km；（d）能见度 5km。

4.4 基于实测数据建模的诱饵弹红外图像生成

与固定翼飞机等刚体目标相比，红外诱饵弹在工作过程中外观尺寸和形态会不断改变，必须专门研究对这类时变目标的仿真问题。红外诱饵弹种类繁多，燃烧状况复杂，目前国内外通常使用简化的模型来进行红外诱饵弹的成像仿真，生成的红外诱饵弹仿真图像和实际图像之间存在着较大的差异。实测图像数据是对目标表面真实辐射的反映，如果能将其用于目标的红外图像仿真中，将会生成更加逼真的红外图像。因此，本节研究基于实测数据的诱饵弹红外图像仿真方法[31]。

4.4.1 诱饵弹的工作原理及特性分析

红外诱饵弹也称为红外干扰弹或红外曳光弹，是一次性使用的红外干扰器材，广泛应用在各种作战平台上，用于对抗红外制导武器的攻击。红外诱饵弹的基本工作原理是[32]：红外诱饵弹被抛射后，点燃红外药柱，燃烧后产生高温火焰，并在规定的光谱范围内产生强红外辐射，致使红外制导武器在锁定目标之前锁定红外诱饵弹，从而将来袭导弹引离攻击目标或者降低导弹的跟踪精度。

在空中运动状态下燃烧的红外诱饵弹：一部分是燃烧区，即红外诱饵弹燃剂燃烧空间；一部分是辐射区，即燃烧区热辐射的区域；一部分是拖尾，即红外诱饵弹未燃烧尽的燃料在空中的尾迹。只有燃烧区形成的红外辐射才能真正构成对红外制导导弹的诱导影响。为了有效对抗红外制导导弹的攻击，要求机载红外诱饵弹必须具有以下一些技术特性：

（1）较高的辐射强度。在大多数情况下，机载红外诱饵弹必须在红外寻的器工作的全波段内具有超过所保护目标的辐射强度。单发红外诱饵弹辐射强度应大于 20kW/sr。

（2）较快的起燃时间。从点燃开始到辐射强度达到额定值的 90%时所需时间定义为起燃时间。飞机红外诱饵弹离开导引头视场之前，即使存在严重的气动减速，也必须达到其有效光强。这些诱饵可能经受的空气动力减速为 300m/s^2。在红外诱饵弹撒布的时间内，威胁物的视场直径通常小于 200m，这意味着机载红外诱饵弹的有效辐射强度必须在零点几秒内达到。

（3）一定的燃烧时间。红外诱饵弹的持续时间最好足够长，确保目标不被重新捕获。反之，在有被重新捕获的危险时，就有必要部署第二发红外诱饵弹。单发红外诱饵弹的燃烧持续时间应大于目标摆脱红外导弹跟踪所需的时间。机载红外诱饵弹的燃烧时间一般为 3～10s。

（4）特定波段的光谱特性。机载红外诱饵弹燃烧时产生的红外辐射应该在红外防空导弹的有效工作波段范围内。

（5）适当的弹出速度。红外诱饵弹必须部署在寻的器容易观察到的位置，并以寻的器跟踪极限内的速度与目标分离，可信红外诱饵弹的分离速度通常应高于目标的机动能力，一般为 15～30m/s。

（6）气动特性：这主要由红外诱饵弹的空气动力学特性及释放时的相对风速所决定。

经过几十年的发展，红外诱饵弹已由单一诱饵发展到红外/射频复合诱饵，种类繁多，弹体物理尺寸大小不一。由于红外诱饵弹体积小，且红外成像特性远远弱于飞机及自身燃烧红外成像特性，因此在成像仿真中一般不考虑红外诱饵弹弹体本身，而仅在红外诱饵弹运动轨迹建模中，引入红外诱饵弹弹体在运动方向的受阻面积与红外诱饵弹质量两个参数，以对其运动轨迹进行更加精确的模拟。红外诱饵弹被抛射出飞机后，其姿态变化对红外成像的影响不大，因此一般使用球体模型来替代。

4.4.2 诱饵弹的运动建模

目前，诱饵弹脱离飞机的方式主要有三种：①抛落型，即诱饵弹直接从飞机脱离，其初速度和运动方向与飞机一致；②抛射型，即通过发射器将诱饵弹沿某个特定方向和特定速度进行抛射，其运动方向和运动速度与飞机均存在特定差异；③动力型，即在抛落或抛射后能够沿飞机运动方向进行运动，以更好地模拟飞机的飞行特征。在三种方式中，抛落型已逐渐淘汰，动力型目前还没有大量装备，抛射型诱饵弹应用最为广泛，因此下面主要讨论诱饵弹在抛射条件下的运动轨迹。

假设飞机速度矢量为 $\boldsymbol{v}_f$，抛射速度矢量为 $\boldsymbol{v}_p$，诱饵弹初速矢量为 $\boldsymbol{v}$，则

$$\boldsymbol{v}=\boldsymbol{v}_f+\boldsymbol{v}_p \tag{4-54}$$

诱饵弹从飞机上发射出去后，受空气阻力影响将做变减速运动，由此引起的加速度表达式为[33]

$$\frac{\mathrm{d}\boldsymbol{v}}{\mathrm{d}t}=\frac{\rho_{\mathrm{a}}g\boldsymbol{v}^{2}}{2\beta} \tag{4-55}$$

式中：ρ_{a}为大气密度；g 为重力加速度；β 为弹道系数，且有

$$\beta=\frac{\omega}{c_{\mathrm{d}}A_{\mathrm{ref}}} \tag{4-56}$$

其中：ω 为红外干扰弹重量；c_{d} 为阻力系数；A_{ref}为对阻力系数的参考面积。

诱饵弹在空中运动时还会受到风速的影响，因此加入风速 $\boldsymbol{v}_{\mathrm{w}}$ 的影响以便对每一时刻的诱饵弹速度 $\boldsymbol{v}$ 进行修正，设修正后的诱饵弹速度为 $\boldsymbol{v}'$，则

$$\boldsymbol{v}'=\boldsymbol{v}+\boldsymbol{v}_{\mathrm{w}} \tag{4-57}$$

4.4.3 诱饵弹红外成像寿命分析

通过对某型红外诱饵弹实测数据进行分析，提取红外诱饵弹的辐射寿命，即红外诱饵弹的起燃时间和燃烧时间。采用的实测红外视频图像分辨率为 320 像素×240 像素，帧频为 100Hz，并分别记录诱饵弹抛出、起燃及燃尽的图像帧位，从而计算得出诱饵弹的起燃时间和燃烧时间，部分结果如表 4-2 所列。

表 4-2　部分样本起燃与燃烧时间

编号	1	2	3	4	5	6	7	8	9	10
起燃帧数	26	24	24	27	26	25	26	24	29	27
起燃时间/s	0.26	0.24	0.24	0.27	0.26	0.25	0.26	0.24	0.29	0.27
燃烧帧数	789	756	812	771	769	783	811	754	765	698
燃烧时间/s	7.89	7.56	8.12	7.71	7.69	7.83	8.11	7.54	7.65	6.98

另外，通过对诱饵弹红外实测图像的研究发现，当诱饵弹燃烧到一定时间，燃烧区亮度变得较低而致使辐射区消失，因此还需要提取诱饵弹辐射区的燃烧寿命。表 4-3 给出了部分红外诱饵弹图像样本辐射区寿命统计。

表 4-3　部分样本辐射区寿命

编号	1	2	3	4	5	6	7	8	9	10
帧数	612	622	633	590	601	605	598	594	615	628
时间/s	6.12	6.22	6.33	5.9	6.01	6.05	5.98	5.94	6.15	6.28

4.4.4 基于实测图像的诱饵弹建模

4.4.4.1 诱饵弹的红外图像特性分析

由前面的分析可知，燃烧的红外诱饵弹大致可以划分为燃烧区、辐射区和拖尾。其中，燃烧区是诱饵弹所释放的燃剂在空中燃烧并释放出大量热能的区域，由于该区域的红外辐射能量是飞机的数倍，因此其对应的红外图像是干扰红外跟踪算法的关键因素。随着燃剂的不断消耗，燃烧区释放的能量会逐渐下降，此时其红外图像亮度也随时间呈下降趋势，直到燃剂消耗完。由于燃烧区在空中高速运动，受到速度与空气介质的影响，导致燃烧区在空中的形状分布接近水滴状。

辐射区并不存在燃剂的燃烧，它只是燃烧区产生的大量能量向外辐射并成像的结果。辐射区的红外成像特征具有亮度较低、近似圆形分布且离燃烧区越远亮度越低等特点。

拖尾是在诱饵弹的运动轨迹上由残留的烟雾或未完全燃烧的燃剂所成的红外图像，其成像特征是亮度较低、体积较小，轨迹与诱饵弹运动轨迹相同，并且随时间快速衰减。

4.4.4.2 诱饵弹红外图像几何特征提取

1. 尺度归一化

为了准确提取诱饵弹的实际尺寸，必须将实测图像中的尺度与真实世界中的尺度对应。由于已知图像中飞机的几何参数，因此可以据此换算出图像中像素点和真实尺寸的对应关系，进而计算出诱饵弹红外图像的尺寸。假设图中有效像素尺寸为 D_{pixel}，且已知某型飞机机身长度实际尺寸为 D_{real}，则图中每个像素所对应的实际尺寸 S_{pixel} 为

$$S_{\text{pixel}} = D_{\text{real}} / D_{\text{pixel}} \tag{4-58}$$

进而可以计算出飞机所抛射诱饵弹的实际尺寸。

2. 诱饵弹红外图像几何特征提取

对于近似于水滴状的燃烧区，若记 w_{short} 为水滴短轴、w_{long} 为水滴长轴，则可建立如下水滴方程：

$$\begin{cases} y = -\dfrac{w_{\text{long}} x^2}{w_{\text{short}} t^2} + w_{\text{long}} & (y \geqslant 0) \\ y = -\sqrt{w_{\text{short}}{}^2 - x^2} & (y < 0) \end{cases} \tag{4-59}$$

由于诱饵弹的起燃时间短而燃烧时间长，且燃烧时间内才是诱饵弹的作用时间，这里只统计燃烧时间内诱饵弹的几何特征变化。首先从样本中分别提取出燃烧区长短轴和辐射区半径的峰值，部分样本数据见表 4-4。通过对诱饵弹红外实测图像样本进行统计分析，得出某型诱饵弹的燃烧区及辐射区的几何特征峰值统计参数，结果见表 4-5，据此可用于模拟不同时刻抛射诱饵弹的几何特征峰值。

表 4-4　部分样本燃烧区峰值尺寸

编号	1	2	3	4	5	6	7	8	9	10
燃烧区长轴/m	9.58	9.92	8.76	9.11	10.23	8.96	9.54	9.84	9.24	9.65
燃烧区短轴/m	5.56	5.21	6.22	5.69	5.57	5.88	5.21	5.56	6.01	5.21
辐射区半径/m	5.98	6.01	5.77	6.12	5.93	5.87	6.12	5.66	5.78	5.90

表 4-5　某型诱饵弹燃烧区及辐射区几何特征峰值

几何特征	均值	标准差
燃烧区长轴/m	9.36	0.443
燃烧区短轴/m	5.63	0.342
辐射区半径/m	5.95	0.133

在诱饵弹燃烧过程中，红外成像的几何特征会发生变化，如图 4-17 所示是 52 组诱饵弹燃烧区长轴随时间变化的统计结果（图中实线部分）。在此基础上，采用

$$\frac{t^2}{T_2^2}+\frac{{l_{\text{long}}}^2}{b^2}=1 \quad (0<t<T_2) \tag{4-60}$$

对燃烧区长轴尺寸 l_{long} 随时间 t 变化的曲线进行拟合（T_2 为燃烧时间），结果如图 4-17 中虚线所示。

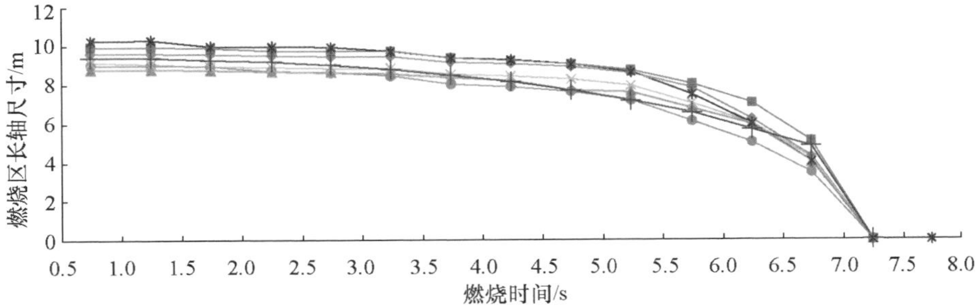

图 4-17　燃烧区长轴尺寸实测数据及拟合结果

图 4-18 是 52 组诱饵弹燃烧区短轴随时间变化的统计结果（图中实线部分）。在此基础上，采用

$$\frac{t^2}{T_2^2}+\frac{l_{\text{short}}{}^2}{a^2}=1 \quad (0<t<T_2) \tag{4-61}$$

对燃烧区短轴尺寸 l_{short} 随时间 t 变化的曲线进行拟合，结果如图 4-18 中虚线所示。

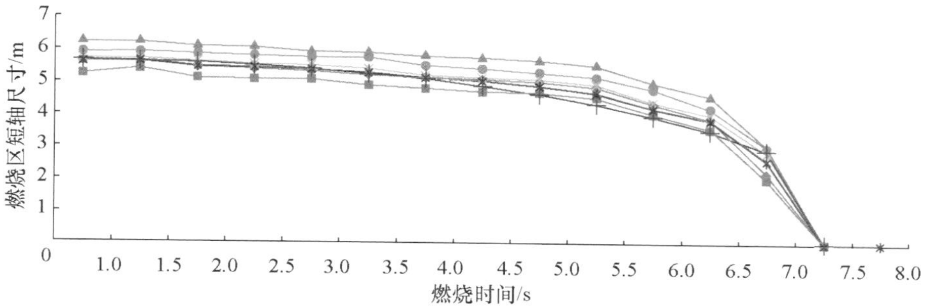

图 4-18 燃烧区短轴尺寸实测数据及拟合结果

图 4-19 是诱饵弹辐射区半径 r 随时间变化的统计结果（图中实线部分）。记辐射区燃烧寿命为 T，辐射区半径峰值为 R，采用

$$r=R\sqrt{\frac{T-t}{T}} \quad (0<t<T) \tag{4-62}$$

对 r 随 t 变化的曲线进行拟合，结果如图 4-19 中虚线所示。

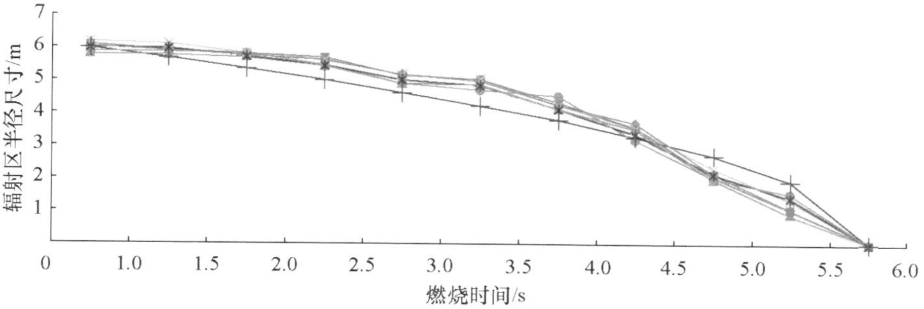

图 4-19 辐射区半径实测数据及拟合结果

4.4.4.3 诱饵弹红外图像灰度特征提取

在诱饵弹燃烧过程中，随着燃剂的消耗，红外辐射能量逐渐减弱，红外成像的灰度特征也会发生显著的变化。这里只考虑燃烧时间内诱饵弹红

外图像灰度的变化。首先统计出诱饵弹燃烧区、辐射区的最大灰度值和熄灭或消失前的最小灰度值，部分数据见表 4-6；然后通过对样本数据进行数学分析，得到某型红外诱饵弹燃烧区及辐射区灰度值统计参数，结果见表 4-7。

表 4-6 部分样本燃烧区及辐射区灰度值

编号	1	2	3	4	5	6	7	8	9	10
燃烧区灰度值最大值	209	211	205	208	200	199	203	198	207	209
燃烧区灰度值最小值	178	177	173	176	172	168	170	171	175	173
辐射区灰度值最大值	150	153	147	150	143	140	143	140	149	152
辐射区灰度值最小值	113	108	106	110	103	98	105	100	108	107

表 4-7 某型诱饵弹燃烧区及辐射区灰度值

灰度特征	均值	标准差
燃烧区灰度值最大值	205	5.6
燃烧区灰度值最小值	173	5.5
辐射区灰度值最大值	147	6.1
辐射区灰度值最小值	106	7.2

将多组实测红外诱饵弹的燃烧区灰度均值变化进行统计，得到其灰度数据随时间变化如图 4-20 所示（图中实线部分）。设燃烧区熄灭前灰度最小值为 $G_{1\min}$、最大值为 $G_{1\max}$，采用

$$G_1 = \frac{t}{T_2}(G_{1\max} - G_{1\min}) \quad (0 < t < T_2) \tag{4-63}$$

对燃烧区灰度均值 G_1 随时间 t 变化的曲线进行拟合，结果如图 4-20 中虚线所示。

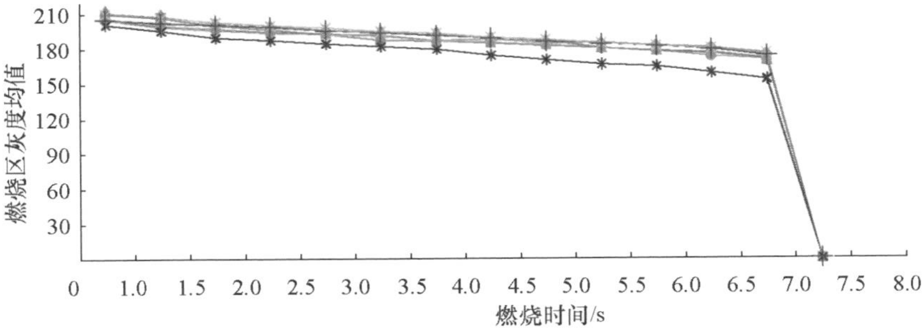

图 4-20 诱饵弹燃烧区灰度均值样本数据及拟合结果

将诱饵弹辐射区灰度均值变化进行统计，得到其灰度数据随时间变化如图 4-21 所示（图中实线部分）。设 $G_{2\min}$ 为辐射区消失前灰度最小值，$G_{2\max}$ 为辐射区灰度最大值，则可采用

$$G_2 = \frac{t}{T}(G_{2\max} - G_{2\min}) \quad (0 < t < T) \tag{4-64}$$

对辐射区灰度均值 G_2 随时间 t 变化的曲线进行拟合（如图 4-21 中虚线所示）。

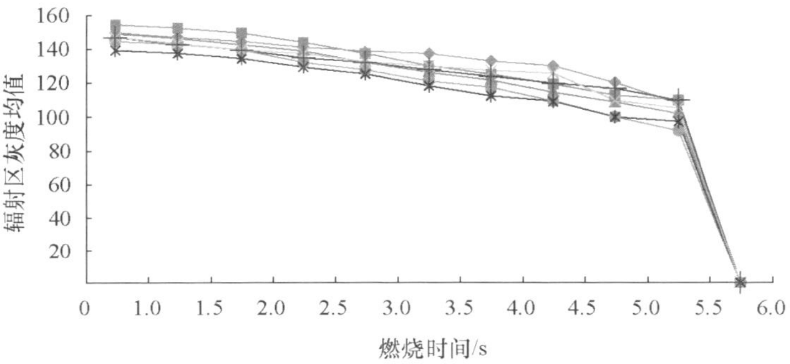

图 4-21 诱饵弹辐射区灰度均值样本数据及拟合结果

4.4.4.4 诱饵弹红外拖尾建模

由于诱饵弹拖尾尺寸较小，而且辐射能量低，不是影响红外诱饵弹诱骗能力的主要因素，因此对诱饵弹拖尾的模型进行简化。拖尾实际上是燃烧区在运动过程中残留的燃料和能量所成的红外图像。它在时空上是连续变化的，并且随诱饵弹运动轨迹的变化而变化，拖尾的寿命一般取 1～1.5s。

1. 诱饵弹拖尾尺度模型

假设在某一特定时刻诱饵弹在其运动轨迹上某一点的残留红外成像为球形，其半径为

$$r_t = \frac{l_{\text{short}}}{P_1} \tag{4-65}$$

式中：P_1 为红外诱饵弹拖尾半径与燃烧区短轴的比例系数，根据经验一般取 $P_1 = 6$。

2. 诱饵弹拖尾灰度模型

对于红外诱饵弹经过的空间某点 p，会产生拖尾，其亮度（灰度值）会随时间衰减。假设空间某点的拖尾已经存在 t(s)，则其灰度值为

$$G = \left(1 - \frac{t}{t_{\text{life}}}\right)^2 G_1 \tag{4-66}$$

式中：t_{life}为拖尾寿命经验值，一般取1s或1.5s；t为当前点拖尾的已持续时间，且$t<t_{life}$。

4.4.5 诱饵弹红外图像生成

通过前几节建立的诱饵弹燃烧区、辐射区和拖尾的模型，生成如图4-22所示诱饵弹不同燃烧时间的红外图像，其中图4-22（a）～（h）对应的燃烧时间分别为0.3s、1s、2s、3s、4s、5s、6s和7s。

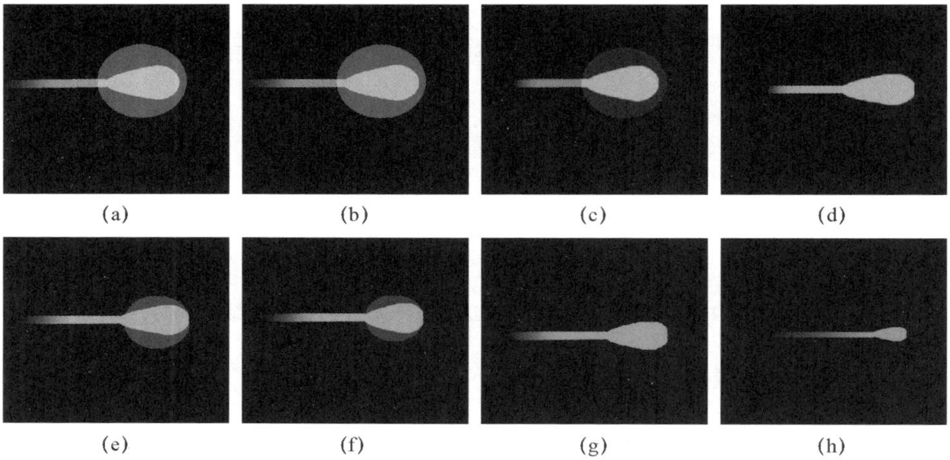

图4-22 诱饵弹红外图像生成结果

最后，基于VC++和OpenGL实现了飞机与诱饵弹红外序列图像生成系统[34-35]，该系统由图像生成模块、交互模块和编码输出模块组成。其中，图像生成模块用来生成飞机与诱饵弹的红外图像并显示出来。需要输入的飞机参数主要有起飞坐标、航速、航向等参数。诱饵弹的参数主要有诱饵弹质量、诱饵弹受阻面、风速等，这些参数将会影响诱饵弹的运动轨迹。每发射一次诱饵弹，抛射诱饵弹的组数和每组之间的间隔都可设置，诱饵弹的抛射方式有单弹、双弹。大气辐射传输的参数主要有探测距离、能见度、气溶胶模式、大气模式。参数设置完毕后，点击“起飞”按钮，飞机航行的图像就在静态框内显示出来，点击“发射”按钮，飞机开始抛射诱饵弹。编码输出模块可以选择不同的输出尺寸、不同的输出格式并将生成的红外序列图像保存到相应的路径下。图4-23所示为利用该系统生成的一组飞机与诱饵弹红外序列图像。

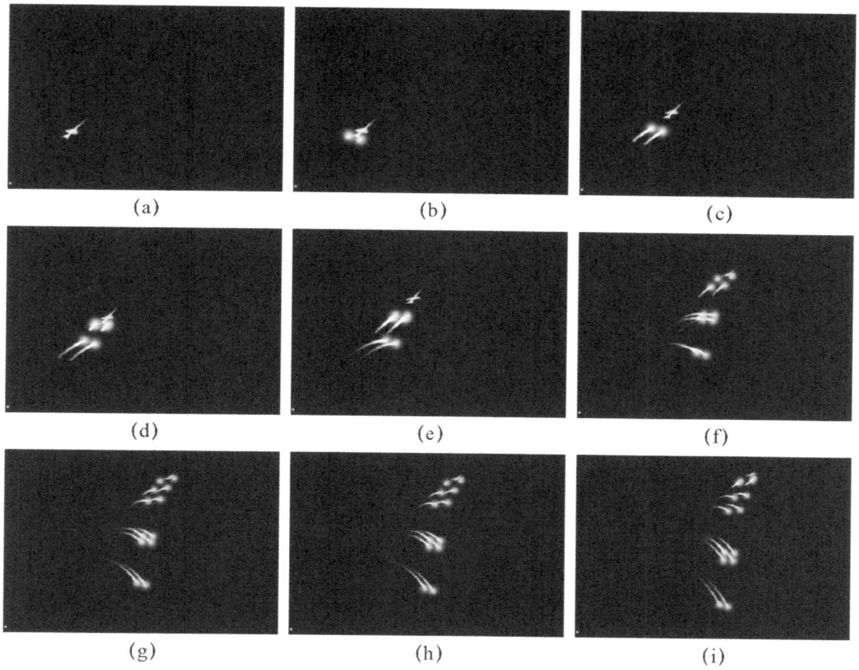

图 4-23 生成的飞机与诱饵弹红外序列图像

4.5 基于数字微镜阵列的红外图像仿真

4.5.1 基于数字微镜阵列的红外图像仿真系统

基于数字微镜阵列（digital mirror device，DMD）的红外仿真系统是一种典型的注入式半实物仿真系统，能够将注入的图像和视频转换为目标的热辐射。目前，基于 DMD 的红外图像仿真系统已经在红外导引头性能评估、红外成像探测与跟踪算法测试中得到了广泛的应用[36-38]。

为了能够在实验室环境下仿真目标的红外图像，搭建了基于 DMD 的红外图像仿真系统，以便用于生成不同目标和背景下的红外场景仿真图像，并在此基础上开展红外成像设备性能指标测试和红外目标探测与跟踪算法验证[39]。系统主要由红外场景生成器、红外场景仿真器、被试系统和红外图像采集处理四部分组成，如图 4-24 所示。

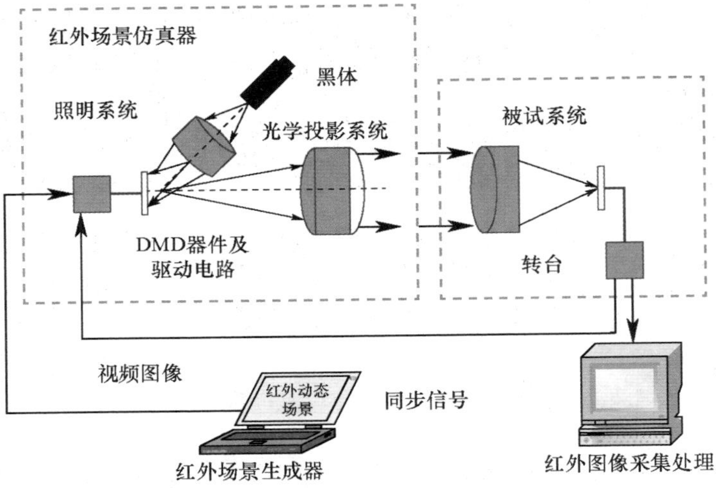

图 4-24　基于 DMD 的红外图像仿真系统组成示意图

其中：红外场景生成器用来产生红外场景，起到信号注入的作用，注入的信号可以是实拍的红外图像，也可以是仿真生成的红外图像；红外场景仿真器是系统核心部件，主要由照明系统、DMD 及其控制器、光学投影系统等组成，如图 4-25 所示，其作用是将红外图像调制输出目标的红外辐射。

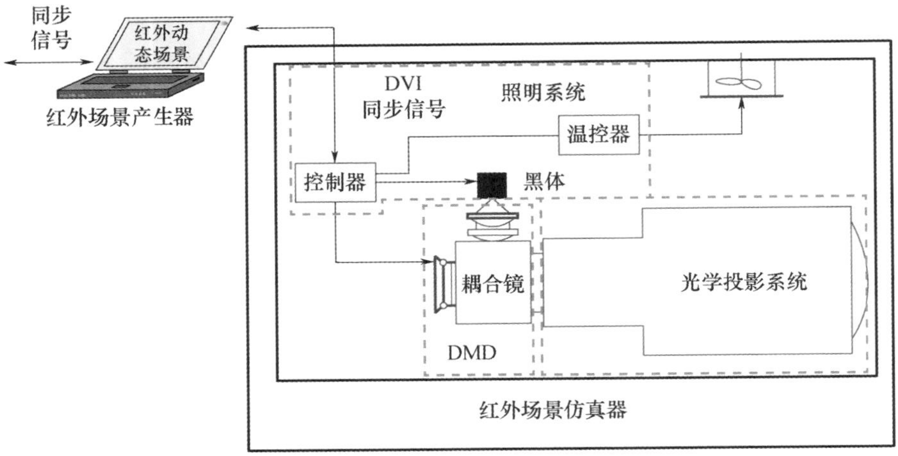

图 4-25　红外场景仿真器组成示意图

系统工作过程：由红外场景生成器产生的红外仿真图像经 VGA 接口传输给 DMD 控制器，经过信号处理电路将图像的亮度信号转换为 DMD 的控制信号，在同步信号的控制下驱动 DMD 芯片的对应像素翻转；而黑体经照射系统成像在 DMD 上，实现均匀照明；DMD 根据输入的控制信号反射调制入射红外辐射产生红外图像；生成的红外图像通过光学投影系统投射到被测红外成像器的入瞳处。系统主要指标：工作波段 8～12μm；帧频 50～100Hz；黑体温度 50～550℃；DMD 镜元数 1024×768。

4.5.2 红外仿真图像质量分析

4.5.2.1 红外仿真图像参数分析

图 4-26 给出了几组仿真前后的红外图像。可以看出，红外仿真图像效果不是很理想，降质较为明显，具体表现为：图像整体变暗，目标与背景对比度较低，图像模糊，噪声较大，均匀性较差和畸变。从图像视觉效果和应用角度来说，需要对红外仿真系统生成的红外仿真图像进行预处理。为此，首先从对比度、峰值信噪比、平均灰度、方差、频谱等方面对红外降质图像进行分析[40]。

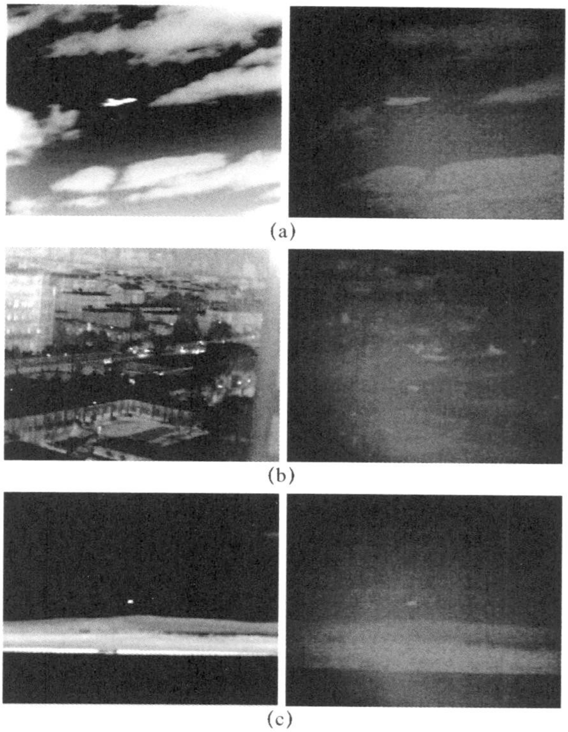

图 4-26 仿真前后地面场景红外图像

(a) 某型飞机红外图像及红外仿真结果；(b) 地面场景红外图像及红外仿真结果；(c) 海天背景红外图像及红外仿真结果。

1. 对比度

假设 C_t 代表目标的灰度值，C_b 代表背景的灰度值，则图像对比度定义为

$$M_c = \frac{|C_t - C_b|}{C_b} \times 100\% \tag{4-67}$$

为了计算的准确性，通常选取大小为 N（这里取 $N=5$）的区域，然后求其区域的平均值分别代表目标和背景的灰度，即

$$\bar{C} = \frac{1}{N^2}\sum_{i=1}^{N}\sum_{j=1}^{N} I(i,j) \tag{4-68}$$

表 4-8 给出了上面 3 组仿真前后的图像中图像对比度。可以看出，仿真后图像对比度明显降低，不同场景对比度降低程度不同，最大为组 1，最小为组 2。从 3 组仿真后的对比度来看，无论注入的红外图像对比度变化多大（181.3～430.9），仿真后红外图像的对比度值基本相同，其值非常小。

表 4-8 仿真前后图像对比度

组别	仿真前对比度/%	仿真后对比度/%
组 1：仿真前后的某型飞机红外图像	417	25.2
组 2：仿真前后的地面场景红外图像	181.3	25.6
组 3：仿真前后的海天背景红外图像	430.9	30.7

2. 峰值信噪比

这里将仿真前的图像作为标准图像，仿真后的图像作为待评价图像，利用峰值信噪比（PSNR）来衡量上述 3 组仿真前后图像的质量，结果表明：3 组红外仿真图像的峰值信噪比分别为 13.4dB、12.9dB 和 8.3dB，因此仿真后的图像信噪比非常低。

为了进一步分析噪声特性，采用盲估计法对噪声特性进行估计，其基本思想[41]：首先将图像 I 分成 4×4、5×5 等小块区域，然后对于每一个图像块 k，计算其局部标准偏差 S_k：

$$S_k = \sqrt{\frac{1}{N-1}\sum_{i}\sum_{j}\left(I(i,j) - \frac{1}{N}\sum_{i}\sum_{j} I(i,j)\right)^2} \tag{4-69}$$

在最小和最大局部标准偏差值之间划分成若干等份，画出局部标准偏差

的直方图，具有最大频数的局部标准偏差值被认为是图像平均噪声标准偏差。利用该方法，取区域大小为 4×4，对上述 3 组仿真后图像进行噪声方差估计，结果表明：组 1 和组 2 的噪声标准差分别为 0.12 和 0.07，即仿真图像确实存在随机噪声，但是组 3 的噪声标准差达到 12，这可能是由于光学器件的非均匀性造成的。

3. 均匀性

在均匀辐射照射下，光学器件的各探测单元响应输出存在不一致性，称为光学器件的非均匀性。这种非均匀性在凝视型焦平面阵列中将表现为固定的图案。在采集图像之前，首先对红外热像仪进行非均匀性校正，确保采集的图像其非均匀性是由于红外仿真器造成的。图 4-27 给出了均匀背景下的红外测试图像。通过对灰度均值和标准差统计，得到：图 4-27（a）灰度均值为 91.7，标准差为 3.5；图 4-27（b）灰度均值为 92.3，标准差为 3.1。可以看出，对于红外仿真器来说，即便是注入均匀背景的红外图像，其输出的红外图像也不再均匀，说明红外仿真器的光学器件存在非均匀性。而且可以发现：对于全黑图像，灰度值为 0，输出的红外仿真图像其平均灰度值为 92.3；对于全白图像，灰度值为 255，输出的红外仿真图像其平均灰度值为 91.7。这也进一步说明红外仿真图像对比度下降比较严重。

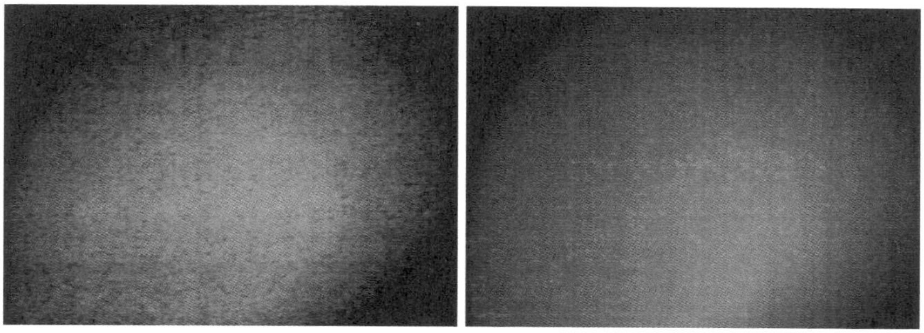

(a) (b)

图 4-27 均匀背景下的红外仿真图像

（a）全白；（b）全黑。

图 4-28 给出了相同背景下的红外序列图像，分别是第 1 帧图像、第 25 帧图像和第 50 帧图像，采集帧频为 50Hz。分别对第 1 帧图像和第 25 帧图像、第 25 帧和第 50 帧图像、第 1 帧和第 50 帧图像进行差分计算，并统计均值和方差，结果如表 4-9 所列。

(a) (b) (c)

图 4-28　序列红外测试图像

(a) 第 1 帧图像；(b) 第 25 帧图像；(c) 第 50 帧图像。

表 4-9　序列帧红外测试图像差分结果

差分结果	均值	标准差	最大值
第 1 帧图像和第 25 帧图像差分结果	0.9	0.38	10
第 25 帧图像和第 50 帧图像差分结果	0.75	0.37	11
第 1 帧图像和第 50 帧图像差分结果	0.6	0.2	8

可以看出，红外仿真器光学器件的非均匀性随时间变化而变化，从统计的均值和标准差来说，总体变化不大，但从灰度变化的最大值来讲，变化达到 10 个灰度等级，灰度变化率为 4%，对图像的影响非常大。因此，无论从空间还是时间角度来说，都需要对红外场景仿真器进行非均匀性校正。

4. 细节信息

图像细节信息可以用图像熵和标准差来反映，图像熵越大，图像信息越丰富，图像标准差越大，则图像的细节信息越多。从频域角度来说，细节信息反映在图像频谱的高频段。这里对图 4-26 中的 3 组红外仿真图像进行图像熵和标准差统计，结果如表 4-10 所列。可以得出，无论是从图像熵还是从图像标准差来说，仿真后的图像信息均存在不同程度的损失，细节信息丢失，从而图像变得模糊。

表 4-10　仿真前后红外图像的熵和标准差

组别	仿真前图像熵	仿真后图像熵	仿真前标准差	仿真后标准差
组 1：仿真前、后的某型飞机红外图像	7.54	6.53	5.26	4.46
组 2：仿真前、后的地面场景红外图像	7.36	6.09	10.46	3.07
组 3：仿真前、后的海天背景红外图像	6.66	6.52	5.06	3.49

从图 4-29 中的频谱分析结果来看，仿真后的频谱在高频段值较小，从仿真前后对比来看，除地面场景外，仿真后的频谱图在高频段都有不同程度的损失。

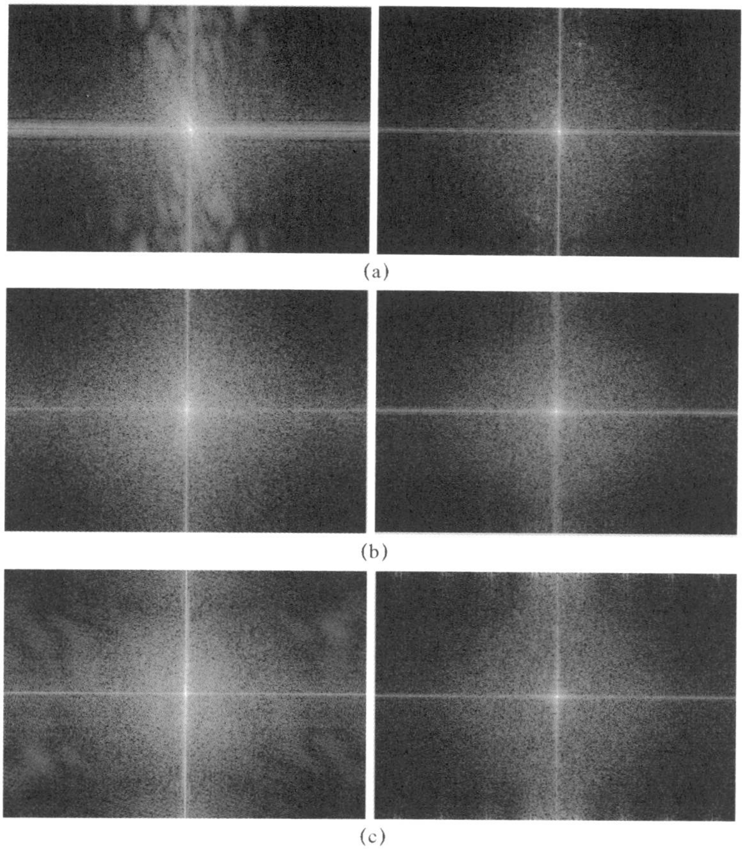

图 4-29 不同场景红外图像仿真前后的频谱

(a) 某型飞机红外图像仿真前、后频谱；(b) 地面场景红外图像仿真前、后频谱；(c) 海天背景红外图像仿真前、后频谱。

4.5.2.2 影响图像质量的因素分析

通过对仿真前、后图像的质量分析可知，红外仿真图像存在对比度降低、含有噪声、均匀性较差以及图像模糊等方面的问题，造成图像降质的原因主要有光学衍射效应、积分时间和黑体温度。

1. 光学衍射效应

由 DMD 的工作过程可知，DMD 是通过空间光的反射调制来实现目标热辐射的模拟，下面对其结构进行分析。DMD 是将成千上万个尺寸约为 14μm×14μm 的方形镜片建造在一个静态随机存储器（SRAM）上方的铰链结构上面，每个镜片可通断一个像素的光线，铰链结构允许镜片在两个状态之间倾斜，其倾斜方向不同决定经它反射的光是否在屏幕上成像。每个镜片的存储单元以二进制信号进行寻址存储信号。在静电力作用下，存储单元的值控制了其对应的镜片的倾斜方向，形成开或关状态。由于 DMD 的结构相当于多缝的衍射光栅，若镜片间尺寸 d 和光波长 λ 满足

$$d = 1.22\lambda \tag{4-70}$$

则光学衍射现象最为严重。由前面分析可知，红外成像仿真系统的工作波长为 8～12μm，镜片尺寸为 14μm，满足式（4-70）的条件，因此衍射十分严重。这正是图像对比度严重降低的主要原因。

2. 积分时间

DMD 是通过空间光的反射调制完成热辐射的模拟，将注入的不同强度的信号通过积分时间来控制，即对于图像来说：灰度值较大的，积分时间比较长，脉冲宽度（个数）比较大；灰度值较小的，积分时间短，脉冲宽度小。而单个脉冲的宽带又受帧频限制：帧频越大，单个脉冲的宽带越小，相应的能量越小；帧频越小，单个脉冲宽度越大，能量越大。对于所使用的红外成像仿真系统来说，场景仿真器的帧频范围为 50～100Hz，在注入视频信号时，帧频为 100Hz，当注入图像时，其帧频和显示器的帧频一致。为了使积分时间满足要求，需要降低帧频，帧频越低，光能量累积越多，对比度越高。图 4-30 是帧频为 60Hz 和 100Hz 某型飞机的红外仿真图像。其中，图 4-30（a）对比度为 51.3，图 4-30（b）对比度为 44.7。可以看出，帧频越高，积分时间越短，图像对比度越低。

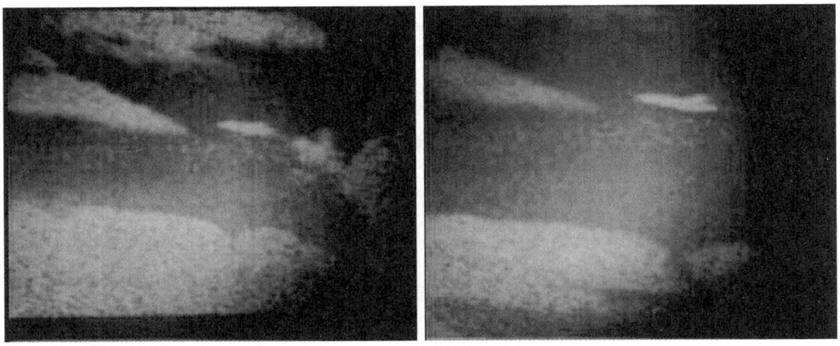

(a)　　　　(b)

图 4-30　不同帧频下的红外仿真图像

（a）帧频 60Hz；（b）帧频 100Hz。

3. 黑体温度

由场景仿真器的主要技术指标可以知道，用于照明的黑体的温度范围为 50～550℃。根据维恩位移定律，可以算出热像仪工作的 8～12μm 波段所对应的温度范围为 200～302K，但由于帧频和衍射的影响，若黑体的温度取热像仪工作波段所对应的值，则图像对比度很低，为补充能量损失，通常黑体温度设置大于这个范围。图 4-31 是黑体温度分别取 400K、600K 和 800K 的某型飞机红外仿真图像结果。通过计算，图 4-31（a）对比度为 20.1，图 4-31（b）对比度为 43.9，图 4-31（c）对比度为 51.3。由此可看，为补充积分时间和衍射的影响，增加图像对比度，黑体温度应该越高越好，但是当黑体温度很高时，场景仿真器的工作温度也会随之增高，所带来的噪声就越大。

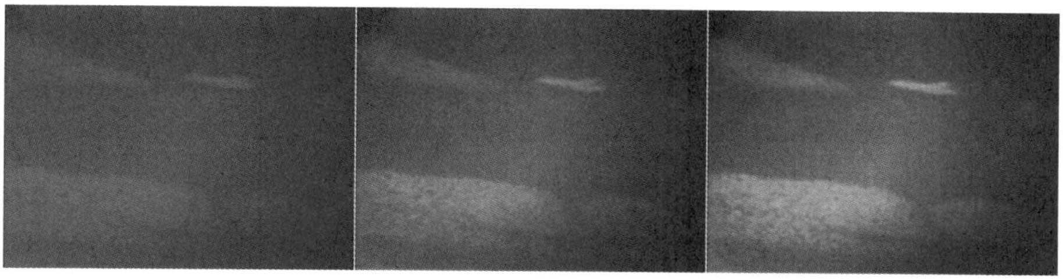

(a) (b) (c)

图 4-31　不同黑体温度下某型飞机红外图像

（a）400K；（b）600K；（c）800K。

4. 噪声

对红外场景仿真器影响较大的是由载流子的无规则热运动而引起的热噪声。任何有电阻的材料，只要其温度高于绝对零摄氏度都会产生热噪声，其电压、电流的均方值可用下式表示：

$$\overline{V_{nj}^2} = 4kTR\Delta f \tag{4-71}$$

式中：k 为玻耳兹曼常数；T 为绝对温度；Δf 为测量系统的带宽。

上式表明，热噪声功率均方值与频率无关，热噪声是一种白噪声，它与温度成正比，黑体温度越高，则热噪声对图像的影响越大。

4.5.3 红外仿真图像质量改善措施

4.5.3.1 红外图像降质的一般模型

假设输入的原始红外图像为 $f(x, y)$，经降质系统 $h(x, y)$ 作用后输出的降质图像为 $g(x, y)$，在降质过程中引进的随机噪声为加性噪声 $n(x, y)$，那

么有

$$g(x,y)=h(x,y)\otimes f(x,y)+n(x,y) \tag{4-72}$$

将式（4-72）进行傅里叶变换可得

$$G(u,v)=[H(u,v)]\otimes[F(u,v)]+N(u,v) \tag{4-73}$$

在光学成像系统中，通常把 $h(x, y)$ 称为点扩散函数（point spread function，PSF），其傅里叶变换 $H(u, v)$ 称为调制传递函数（modulation transfer function，MTF）。由此可以得出，只要知道 MTF 及噪声谱 $N(u, v)$，就可以完全恢复图像 $f(x, y)$。

1. 调制传递函数

MTF 是光学系统成像性能的一个综合评价指标。MTF 的大小反映了光学成像系统成像的清晰程度，是客观表示像质的一项重要指标，并且可以扩展到成像过程的各个环节：

$$M_{像}=\frac{I_b}{I_0},\quad M_{物}=\frac{I_a}{I_0} \tag{4-74}$$

因此，调制度定义为

$$\mathrm{MTF}(v)=\frac{M_{像}}{M_{物}} \tag{4-75}$$

由此可见，MTF 表达了一个光学系统重新分配光能的特性。一般来说，MTF 值越大，表明 $M_{像}$ 与 $M_{物}$ 越接近，光能的分配改变程度就越小，光学系统的成像性能就越好。

2. 线扩散函数

已知 PSF，对 PSF 沿着线光源的方向上进行积分，即可以求得线扩散函数（line spread fuction，LSF），然后对 LSF 进行一维傅里叶变换，就可以计算出 MTF：

$$\mathrm{LSF}_x(y)=\int_{-\infty}^{+\infty}\mathrm{PSF}(x,y)\mathrm{d}y \text{ 或 } \mathrm{LSF}_y(y)=\int_{-\infty}^{+\infty}\mathrm{PSF}(x,y)\mathrm{d}x \tag{4-76}$$

3. 边缘扩散函数

边缘扩散函数（edge spread function，ESF）在定义域内是一个单调函数。从刀刃图像的刀刃边缘中可以提取 ESF（刀刃边缘图像是指在阶跃型边缘两侧具有一定宽度的纹理图像，通常沿边缘走向的像素值变化平缓，而垂直于边缘走向的像素值变化剧烈）：

$$\mathrm{ESF}_x(x)=\int_{-\infty}^{x}\mathrm{LSF}_x(\alpha)\mathrm{d}\alpha \text{ 或 } \mathrm{ESF}_y(x)=\int_{-\infty}^{y}\mathrm{LSF}_y(\alpha)\mathrm{d}\alpha \tag{4-77}$$

由上式对 ESF 进行求导可以得到 LSF：

$$\mathrm{LSF}_y = \frac{\mathrm{d}}{\mathrm{d}y}\mathrm{ESF}_y(y) \tag{4-78}$$

4.5.3.2 提高红外仿真图像质量的途径

由前面分析可知，图像降质主要是由光学衍射现象造成的，虽然通过减小帧频、提高黑体温度能提高图像对比度，但受帧频以及黑体温度不能过高的限制，对比度提高效果不明显。

从光学成像的角度来看，图像降质是原始图像与 PSF 相卷积的过程，若能获取图像的 MTF，然后根据 PSF 与 MTF 互为傅里叶变换的关系，就可以复原出退化前的原始图像。相对于其他对比度增强的方法，该方法具有明确的物理意义，但是能否准确获取 MTF 是这类方法的关键。一般来说，获取 MTF 的方法通常有两种：一种是利用定标设备分别测定场景仿真器的 MTF 和热像仪的 MTF，两者相乘，即可得红外成像仿真系统的 MTF，但这需要额外的测试设备；另一种是基于图像的 MTF 计算方法，利用 LSF 与 MTF 之间的关系来计算系统的 MTF。由于第二种方法不需要增加额外的硬件设备，实现方便，下面重点予以介绍。

4.6 基于调制传递函数的红外仿真图像自适应校正

针对基于 DMD 的红外仿真图像降质问题，下面介绍一种自适应的校正方法，该方法首先基于刀刃法获得图像的 ESF 和 LSF，进而求得系统的 MTF，最后利用经典的维纳滤波对降质图像进行复原处理[42]。

4.6.1 基于刀刃法的调制传递函数自动检测

4.6.1.1 刀刃法的基本原理

假设 $\tau(x)$ 是规格化的线扩散函数，则光学传递函数 $T(f)$ 可以表示为[43]

$$T(f) = \int_{-\infty}^{\infty} \tau(x)\mathrm{e}^{-\mathrm{i}2\pi f x}\mathrm{d}x \tag{4-79}$$

而边缘扩散函数 $E(x)$ 与 $\tau(x)$ 关系如下：

$$E(x) = \int_{-\infty}^{x} \tau(\xi)\mathrm{d}\xi, \tau(x) = \frac{\mathrm{d}E(x)}{\mathrm{d}x} \tag{4-80}$$

将式（4-79）代入式（4-80）可得

$$T(f)=\int_{-\infty}^{\infty}\frac{\mathrm{d}E(x)}{\mathrm{d}x}\mathrm{e}^{-\mathrm{i}2\pi fx}\,\mathrm{d}x \tag{4-81}$$

可以看出，若能从图像中提取出刀刃边缘图像并进行差分运算，然后进行傅里叶变换并进行规一化处理，便可得到 MTF。基于刀刃法的 MTF 自动检测方法一般步骤：首先利用图像中存在线性边缘特征，运用 Hough 变换检测直线；其次，沿直线两侧提取出待选区域，计算每个待选区域的方差和峰态，并确定方差极大和峰态极小的区域为刀刃图像；再次，对刀刃图像灰度值的统计、平均结果进行多项式拟合，得到光滑的 ESF，对 ESF 进行差分得到 LSF，若得到的 LSF 存在噪声则需要进行去噪处理；接下来对 LSF 进行傅里叶变换并进行归一化处理，得到一个方向、半频率轴的 MTF 值；最后，假设光学成像系统满足圆对称性，旋转得到各个方向、各空间频率上的 MTF 值。

4.6.1.2 刀刃图像的自动检测

由于封装好的 DMD 红外图像仿真系统难以对其中的各部件进行测试，并且随着设备开机时间的延长，MTF 值也会不断变化，下面采用基于图像 MTF 检测的方法对系统 MTF 进行自动检测。

1. 基于 Hough 变换的直线检测

首先用 Canny 算子进行红外仿真图像边缘检测，然后用 Hough 算法进行直线检测，并利用直线长度（取 20）作为筛选直线的判据，所有小于 20 个像素的直线被舍弃。另外，在下一步的操作中，取直线两侧的像素，由于图像边缘无法取到两侧像素，因此在图像边缘的直线也被舍弃。图 4-32（b）给出了 Canny 边缘检测结果，共检测出 7 条直线，这 7 条直线两侧的区域就构成了待选区域。

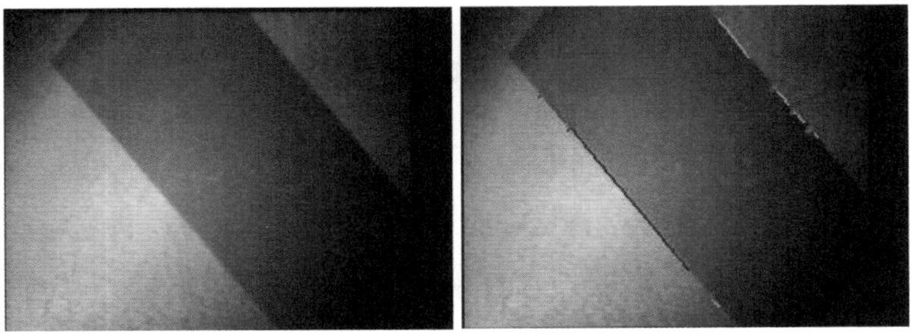

(a)　　　　　　(b)

图 4-32　Canny 边缘检测检测效果图

（a）红外仿真图像；（b）检测到的边缘。

2. 提取待选区域

沿着直线的方向作为区域的行，垂直直线的方向作为区域的列，如图 4-33 所示。区域的行数等于直线长度 L，区域的列数等于 $2P+1$（P 取 10）。图中，(x_s, y_s)、(x_e, y_e) 为检测到的直线端点坐标，由这两点确定的直线 L_1 方程为 $y=k_1x+b_1$，(x_0, y_0) 为 L_1 与 (x_s, y_s) 相距 l 的点的坐标，过 (x_0, y_0) 作垂直于 L_1 的直线 L_2，方程为 $y=k_2x+b_2$，则在直线 L_2 上与 (x_0, y_0) 相距为 p 的两点 (x_1, y_1) 与 (x_2, y_2) 可以由下式确定：

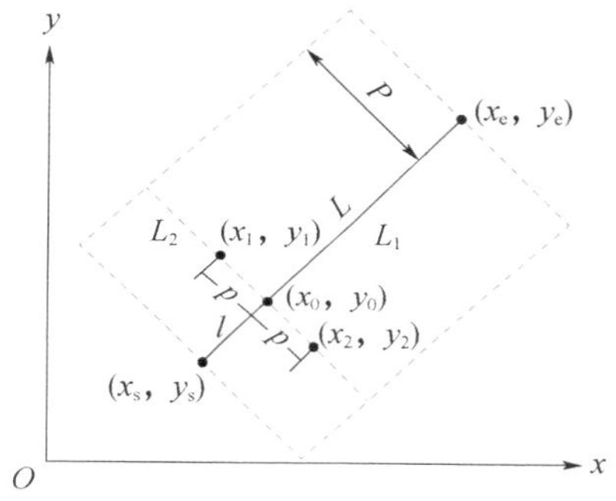

图 4-33 获取待选区域

$$\begin{cases}(x_0-x_s)^2+(y_0-y_s)^2=l^2\\ y_0=k_1x_0+b_1\\ (x_0-x_1)^2+(y_0-y_1)^2=p^2\\ y_0=k_2x_0+b_2\\ y_1=k_2x_1+b_2\\ 1+k_1k_2=0\end{cases}\quad(l=0,1,\cdots,L;p=1,2,\cdots,P)\tag{4-82}$$

3. 区域的方差和峰态

方差和峰态是统计分析中常用的特征量，其定义分别如下：

$$\sigma^2=E\{(x-\mu)^2\},\quad \kappa=\frac{1}{\sigma^4}E\{(x-\mu)^4\}\tag{4-83}$$

式中：μ 为均值；σ 为标准差；$E\{\cdot\}$ 为数学期望。

方差 σ^2 表征了变量相对于均值的偏离程度，其值越大，反映在图像上直线两侧图像的对比度就越大。峰态 κ 表征了图像纹理的同质性，其值越小，反映在图像直线的两侧纹理就越相似。根据前面对刀刃边缘图像的分析可知，

最佳的区域应该是 σ^2 极大且 κ 极小的区域[44]。因此对每一个待选区域分别计算其峰态和方差，如图 4-34（a）和（b）所示。由于图 4-32 中红色标示的直线所在的区域 σ^2 最大、κ 最小，因此可以此作为刀刃边缘图像。

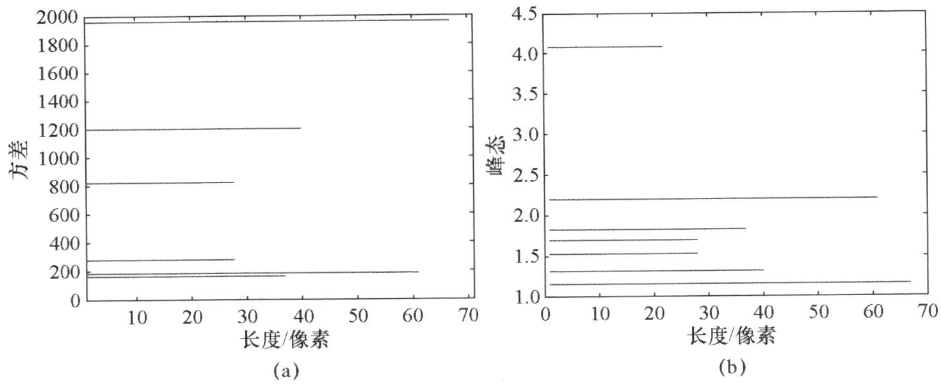

图 4-34　待选区域统计特征

（a）方差；（b）峰态。

4. 提取 MTF 曲线

从刀刃法的原理可得，从刀刃边缘图像中计算 MTF 并进行图像复原大体上可以分为以下步骤：

（1）从刀刃边缘图像中拟合 ESF；

（2）对 ESF 求一次导，得到 LSF；

（3）对 LSF 进行傅里叶变换，并进行规整化，得到 MTF 曲线；

（4）将原始退化图像进行傅里叶变换，在频域内利用获得的 MTF 进行维纳滤波进行图像复原。

由于采用直线检测并按照规定的格式选取像素获得刀刃边缘图像，故所有的边缘像素都在区域的中心线上，无须寻找边缘像素和调整相对位置。为此，直接取每行中心相邻的 4 个像素进行分辨率为 0.05 的插值，并将所有行的插值结果进行平均，就可得到平均的 ESF 曲线；对此进行差分，就可得到 LSF 曲线；最后对 LSF 进行傅里叶变换，便可得到 MTF 曲线。

4.6.1.3　噪声对 MTF 计算的影响分析

噪声对 MTF 的计算影响很大，需要对不同噪声情况下 MTF 计算精度进行分析；此外，由于背景的灰度分布不可能是绝对均匀的，因此实际的背景输入中还应当包含有背景噪声的影响。式（4-72）的红外仿真图像降质模型可重写为

$$g_k(x,y)=[I(x,y)+n_k(x,y)]\otimes h(x,y)+n(x,y) \tag{4-84}$$

式中：$I(x,\ y)$ 为输入带噪声的背景图像；$n_k(x,\ y)$ 为背景噪声；$n(x,\ y)$ 为系统噪声。

为讨论方便，现就这两种噪声分别进行讨论，即分别令背景噪声 $n_k(x,\ y)=0$ 和系统噪声 $n(x,\ y)=0$，来分析系统噪声和背景噪声对 MTF 计算的影响。为了表征刀刃的边缘纹理在图像中是否明显，噪声干扰是否严重，首先引入信噪比的概念，信噪比 SNR 的定义为

$$\mathrm{SNR}=\frac{\mathrm{DN\_difference}}{(\mathrm{STD\_bright}+\mathrm{STD\_dark})/2} \tag{4-85}$$

式中：DN _ difference 为亮边区域与暗边区域灰度级之差；STD _ bright 和 STD _ dark 分别为亮边区域与暗边区域采样点的 σ 方差。

1. 系统噪声对提取 MTF 精度的影响

令背景噪声 $n_k(x,\ y)=0$，此时输入的图像 $I(x,\ y)$ 背景灰度分布均匀，式（4-84）可写为

$$g(x,y)=I(x,y)\otimes[h(x,y)]+n(x,y) \tag{4-86}$$

首先把原始刀刃图像作为系统的输入图像 $I(x,\ y)$，模拟系统成像特性的高斯函数记为 $h(x,\ y)$，加入均值为 0、方差相同的噪声 $n(x,\ y)$，得到输出图像 $g(x,\ y)$，然后分别从各输出图像中的相同区域取适当的计算子图，计算 MTF 值，MTF 值的统计结果如图 4-35（a）所示。可以看出，当 SNR 逐渐减小，刀刃法计算的 MTF 值的波动幅度急剧增大，因此计算误差也大；当 SNR 逐渐增大时，计算的 MTF 值越来越接近稳定值，误差也越来越小。在实际的图像 MTF 计算中，SNR 最好能达到 50 以上，以保证计算结果的精确。随着 SNR 进一步增大，刀刃法计算的结果更加精确。

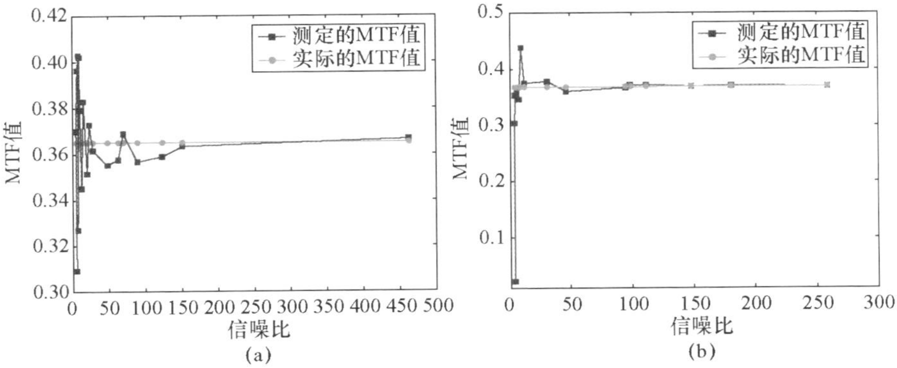

图 4-35 噪声影响下的 MTF 变化曲线

（a）系统噪声；（b）背景噪声。

2. 背景噪声对提取 MTF 精度的影响

在实际输入的刀刃图像中，其刀刃边缘两侧的灰度分布一般不会是绝对均匀的，这种灰度的不均匀性可以认为是背景噪声，因此下面也采用人工加入噪声的方法进行仿真实验。此时不考虑系统的噪声，即令系统噪声 $n(x, y)=0$，那么式（4-86）可写为

$$g_k(x,y)=[I(x,y)+n_k(x,y)]\otimes h(x,y) \tag{4-87}$$

仍然采用原始刀刃图像作为输入图像 $I(x, y)$ 进行分析，模拟系统成像特性的高斯函数记为 $h(x, y)$，加入的背景噪声 $n_k(x, y)$ 的均值为 0、方差不同，从而得到不同方差下噪声污染的图像，然后将它与 $h(x, y)$ 进行卷积，得到输出图像 $g_k(x, y)$，最后从输出图像中的相同位置分别选取相同大小的刀刃子图，进行 MTF 计算，统计各计算结果的 SNR 和 MTF 值，结果如图 4-35（b）所示。可以看出，在不同 SNR 时，MTF 的值围绕一个稳定值上下波动。当 SNR 较小时，这种波动的幅度较大，随着 SNR 的逐渐增大，MTF 值越来越趋于稳定值。当 SNR 达到 20 以上时，偏差就比较小了。

4.6.2 基于多尺度分解的联合去噪

从上面的分析可以看出，无论是系统噪声还是背景噪声都对 MTF 的计算影响很大，因此在进行 MTF 检测之前，应该对图像进行降噪处理。下面采用一种多尺度分解的图像降噪方法，利用小波变换将图像分为低频和高频段：对于低频段图像，采用数学形态学对图像对比度和噪声进行处理，提高目标与背景对比度，同时降低噪声；对于高频段，利用噪声信息在各个尺度下的不相关性来判断是否为噪声并进行去噪处理，然后将低频系数和高频系数进行重构。

4.6.2.1 基于小波变换的红外仿真图像多尺度分解

为了实现红外仿真图像全频段去噪处理，首先需要将图像进行多尺度分解，将图像分成低频和高频段。由于小波变换理论成熟和广泛应用，下面选用小波变换实现图像的多尺度分解。小波变换是一种时间-尺度分析方法，并具有多分辨率的特点，即在低频部分具有较高的频率分辨率和较低的时间分辨率，而在高频部分则具有较低的频率分辨率和较高的时间分辨率。一幅图像经过 db2 小波分解后，可以得到一系列不同分辨率的子图像，如图 4-36 所示为一层分解得到的低频子带 LL 图、水平方向高频子带 LH 图、垂直方向高

频子带 HL 图以及对角线方向的高频子带 HH 图。

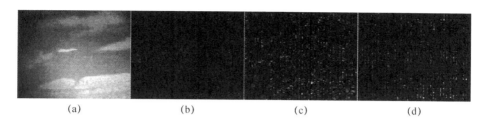

(a) (b) (c) (d)

图 4-36 红外仿真图像小波分解结果

(a) LL 图；(b) LH 图；(c) HL 图；(d) HH 图。

4.6.2.2 基于数学形态学滤波的低频图像降噪

数学形态学滤波算法是一种非线性滤波方法，在图像噪声抑制、边缘提取和目标检测等方面效果较好，因此得到了广泛的应用[45-47]。数学形态学的基本运算包括膨胀、腐蚀、开运算和闭运算。

1. 膨胀与腐蚀

膨胀是最基本的形态学运算，它在二值图像中具有拉长或加粗图像的效果。二值形态学中的运算对象是集合。设 A 和 B 是二维整数空间 Z^2 中的集合，集合 A 被集合 B 膨胀，定义为

$$A \oplus B = \{z \mid (\hat{B})_z \cap A \neq \phi\} \tag{4-88}$$

式中：B 为结构元素，即膨胀可以通过将 A 平移 b（$b \in B$），计算所有平移的并集得到。

腐蚀是膨胀的对偶运算，它具有收缩图像的效果。使用 B 对 A 进行腐蚀，记为 $A \Theta B$，定义为

$$A \Theta B = \{z \mid (B)_z \subseteq A\} \tag{4-89}$$

2. 开运算与闭运算

开运算一般使图像的轮廓变得光滑，断开狭窄的间断并消除细的突出物。使用结构元素 B 对集合 A 的进行开运算，也就是指 B 对 A 先进行腐蚀再进行膨胀，记为 $A \circ B$，定义为

$$A \circ B = (A \Theta B) \oplus B \tag{4-90}$$

闭运算同样使轮廓更加光滑，但与开运算相反的是，它通常消弥狭窄的间断和长细的鸿沟，消除小的孔洞，并填补轮廓线中的断裂。使用结构元素 B 对集合 A 闭运算，记为 $A \bullet B$，定义为

$$A \bullet B=(A \oplus B) \Theta B \tag{4-91}$$

3. 结构元素的选取

这里采用如图 4-37 所示的结构进行对比度增强和噪声去除。其中，L_1 为水平方向长度为 6 的线结构，L_2 为 45°方向长度为 8 的线结构，L_3 为 135°方向长度为 10 的线结构，L_4 为垂直方向长度为 12 的线结构，L_5 为垂直方向长度为 14 的线结构，D 为半径为 3 的圆盘结构。

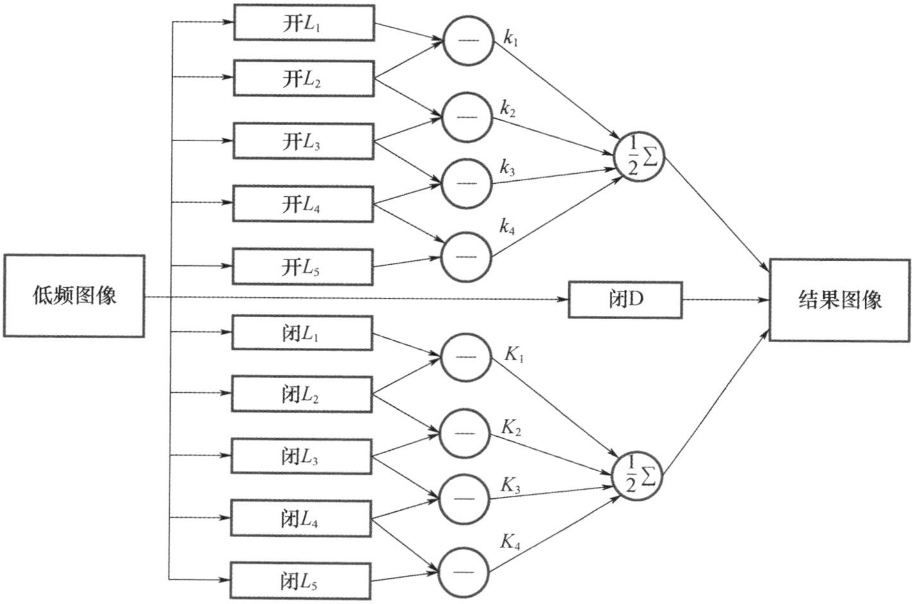

图 4-37　滤波算法结构

在图 4-37 中，对于 5 个线性结构分别采用开运算提取图像中的亮特征和闭运算提取图像中的暗特征，再根据运算结果设置不同的权值 k_i（$i=1$，2，3，4）和 K_i（$i=1$，2，3，4），这里采用最大值原则：

$$k_i=\max(A \circ B), \qquad K_i=\max(A \bullet B) \tag{4-92}$$

图 4-38 给出了对某型飞机红外仿真图像进行数学形态学滤波处理后的结果，其中图 4-38（a）为小波分解后的低频图像，图 4-38（b）为数学形态学滤波去噪后的图像。

4.6.2.3　基于噪声不相关性的高频图像降噪处理

通常情况下，信号经过小波变换后，小波系数在各个尺度上有较强的相关性，尤其在边缘附近，相关性更加明显，而噪声对应的小波系数在尺度上

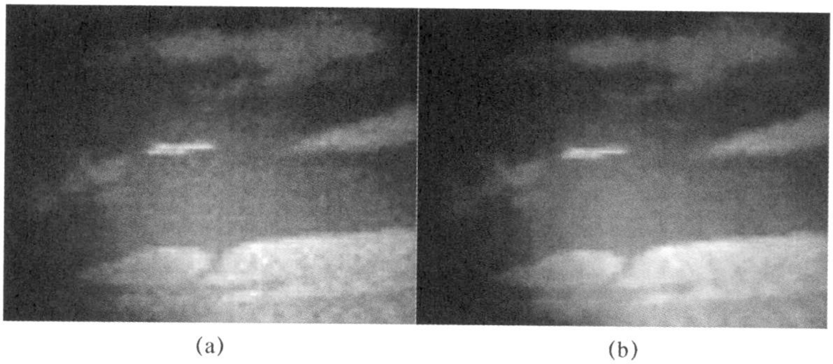

图 4-38　低频图像的去噪结果

（a）小波变换后的低频图像；（b）数学形态学去噪后的图像。

没有明显的相关性。因此，可以利用小波系数在不同尺度间没有明显相关性的特点来区别小波系数的类别，从而进行取舍，达到去噪的目的。

图 4-39 分别给出了不同尺度下的高频系数图像。可以看出，信号在不同尺度间相对应的系数具有很强的相关性，如图 4-39（a）、（d）中的①符号所标示的部分，图 4-39（b）、（e）中的②符号所标示的部分，图 4-39（c）、（f）中的③符号所标示的部分。因此，可以利用不同尺度间系数的相关性来判断是否为噪声。

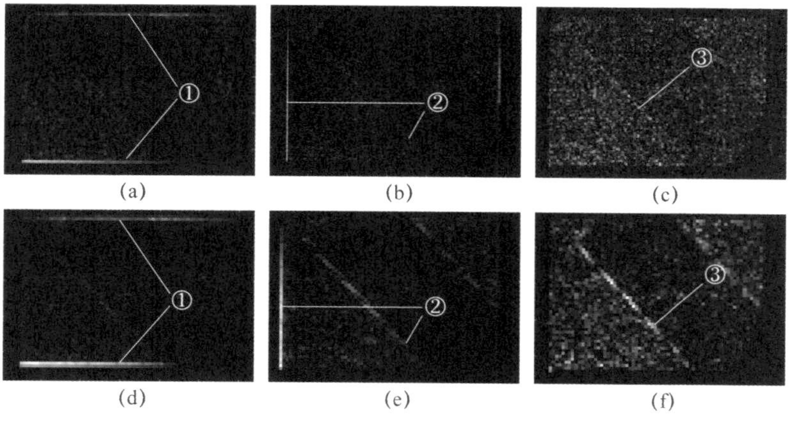

图 4-39　红外仿真图像不同尺度下的高频系数图像

（a）第一层的 LH 图；（b）第一层的 HL 图；（c）第一层的 HH 图；（d）第二层的 LH 图；（e）第二层的 HL 图；（f）第二层的 HH 图。

为此，定义相关测度 M 为

$$M = \frac{\| w_{\text{level}\_k}(i,j) - w_{\text{level}\_k+1}(m,n) \|}{\max(w_{\text{level}\_k}(i,j), w_{\text{level}\_k+1}(m,n))} \tag{4-93}$$

式中：k 为分解的层次；i、j 为 k 层分解的高频系数的坐标；m、n 为 $k+1$ 层分解的坐标，满足

$$m = \text{floor}\left(\frac{H_k}{H_{k+1}} i\right), \quad n = \text{floor}\left(\frac{W_k}{W_{k+1}} j\right) \tag{4-94}$$

式中：H_k、H_{k+1}分别为 k、$k+1$ 层分解的高频图像的高度；W_k、W_{k+1}分别为 k、$k+1$ 层分解的高频图像的宽度；floor(・) 表示向下取整。

图 4-40 给出了对于一组刀刃测试图形红外仿真图像，分别采用中值滤波、频域低通滤波及联合去噪算法进行处理后的结果。可以看出，联合去噪后的图像目标与背景对比度得到了提高，噪声得到了较好的抑制，动态范围变大，图像的视觉效果得到了一定的改善。

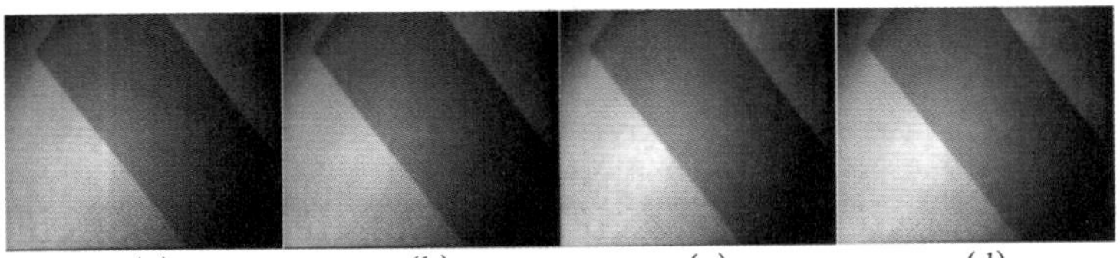

(a)　(b)　(c)　(d)

图 4-40　不同去噪算法对红外仿真图像的处理结果

(a) 红外仿真图像；(b) 中值滤波结果；(c) 频域低通滤波结果；(d) 联合去噪的结果。

4.6.3　基于图像调制传递函数检测的自适应校正方法

4.6.3.1　自适应校正算法流程和处理策略

提出的红外图像自适应校正算法处理流程如图 4-41 所示。通过设定自动更新 MTF 的时间，确定是否自动检测 MTF，系统在没有达到更新 MTF 的时间要求或者取消自动检测时，将加载 MTF 模板，直接进入噪声估计和图像复原操作环节。

在系统进行自动检测 MTF 时，根据检测结果，并与模板比较确定是否更新 MTF 模板，检测成功后转入后续处理。在运行该算法的过程中，有两个阶段需要进行选择判断，即是否检测 MTF 和是否检测成功。第一个选择开关是通过时间间隔大小来实现，实时检测、隔段时间和不检测检测分别对应 $\Delta t=0$，$\Delta t=t$，$\Delta t=\infty$。第二个选择开关是通过检测结果以及计算出的 MTF 值与 MTF 模板比较结果来实现的，对于图像中不存在线性边缘或者算法无法提

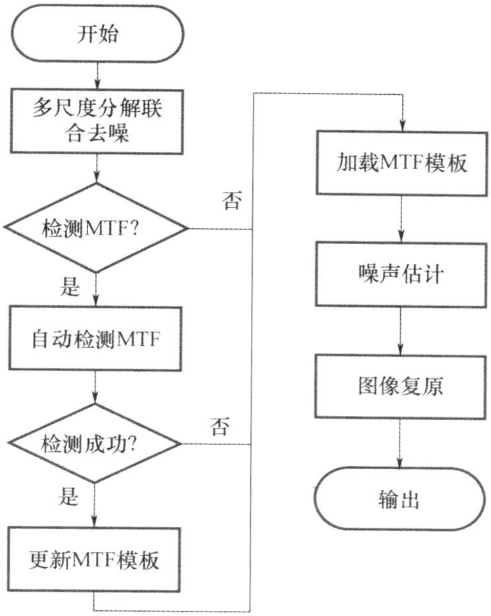

图 4-41 基于图像 MTF 检测的红外仿真图像自适应校正算法流程

取刀刃图像，则检测失败；在此基础上，假设当前图像的 MTF 值为 MTF_{now}，MTF 模板的 MTF 值为 $MTF_{template}$，只有满足 $MTF_{now} \leqslant MTF_{template}$，才需要更新 MTF 模板。

对于初始 MTF 模板的加载，可以设计一个测试图像或者通用的测试图像，将其注入 DMD，利用红外热像仪采集目标红外图像，首先利用多尺度分解联合去噪算法进行降噪处理，然后通过 MTF 的自动检测算法获取系统的 MTF 作为初始的 MTF 模板。

4.6.3.2 图像复原

这里采用维纳滤波，它是一种使原始图像 $f(x,y)$ 与恢复图像 $f'(x,y)$ 之间均方误差最小的恢复方法：

$$g(x,y) = \iint h(x-\alpha, y-\beta) f(\alpha,\beta) \mathrm{d}\alpha \mathrm{d}\beta + n(x,y) \tag{4-95}$$

给定了 $g(x,y)$ 并不能精确求解出 $f(x,y)$，故只能找到一个估算值 $f'(x,y)$，使得均方误差最小：

$$e^2 = E\{[f(x,y) - f'(x,y)]^2\} \tag{4-96}$$

最小二乘滤波器的传递函数表示形式：

$$M(u,v)=\frac{1}{h(u,v)}\cdot\frac{|H(u,v)^2|^2}{|H(u,v)^2|^2+\Gamma} \tag{4-97}$$

式中：Γ 是噪声对信号的功率密度比，它近似为一个适当的常数。

在获得系统的 MTF 后，可以使用维纳滤波对图像进行复原处理，可将式（4-97）转换为

$$\hat{F}(u,v)=\left[\frac{1}{H(u,v)}\cdot\frac{|H(u,v)|^2}{|H(u,v)|^2+S_n(u,v)/S_f(u,v)}\right]G(u,v) \tag{4-98}$$

式中：$G(u,v)$ 为退化图像的傅里叶变换；$H(u,v)$ 即为 MTF；$S_n(u,v)$ 为噪声功率谱；$S_f(u,v)$ 为图像的功率谱；$\hat{F}(u,v)$ 为复原图像的傅里叶变换，对其进行傅里叶逆变换，就可以得到复原图像。

4.6.3.3 试验与结果分析

分别采用测试图像、某型飞机、海天背景红外仿真图像等数据进行试验，从复原前后的非均匀性、峰值信噪比、标准偏差、信息熵及视觉效果等方面进行分析。

由于被试红外系统热像仪单元的响应性存在差异，造成生成的 DMD 红外图像均匀性较差，取第 0 帧和第 24 帧测试图像，如图 4-42（a）和（b）所示；利用上述方法对红外仿真测试图像进行复原处理，处理结果分别为如图 4-42（d）和（e）所示；对校正前后进行非均匀性计算，结果分别如图 4-42（c）和（f）所示。对校正前后图像的非均匀性进行统计分析可得：校正前图像非均匀性的平均像素灰度值为 1.1931，方差为 2.0827；校正后的平均像素灰度值为 0.5561，方差为 0.7670。从校正前后的非均匀性图像来看，校正前的图像明显存在亮度不均匀，而校正后的均匀性较好。

图 4-43 是利用上述方法对海天背景的红外仿真图像和某型飞机的红外仿真图像分别进行处理的结果。从图中可以看出，复原后的图像比复原前图像明显提高，且采用 MTF 方法比直方图均衡化复原效果要好。从视觉上可以看出，MTF 复原后图像的清晰度、对比度比 MTF 复原前及直方图均衡化的效果要好；再对其进行定量分析，计算 MTF 复原前后及直方图均衡化相对原始图像（仿真前的图像）的 PSNR，海天背景对应的 PSNR 分别为 8.38、10.96、5.74，飞机对应的 PSNR 分别为 12.54、15.55、7.79，可以看出复原后峰值信噪比明显增大。复原后的图像比复原前图像的对比度得到了明显提高，且采用 MTF 方法复原效果更佳。

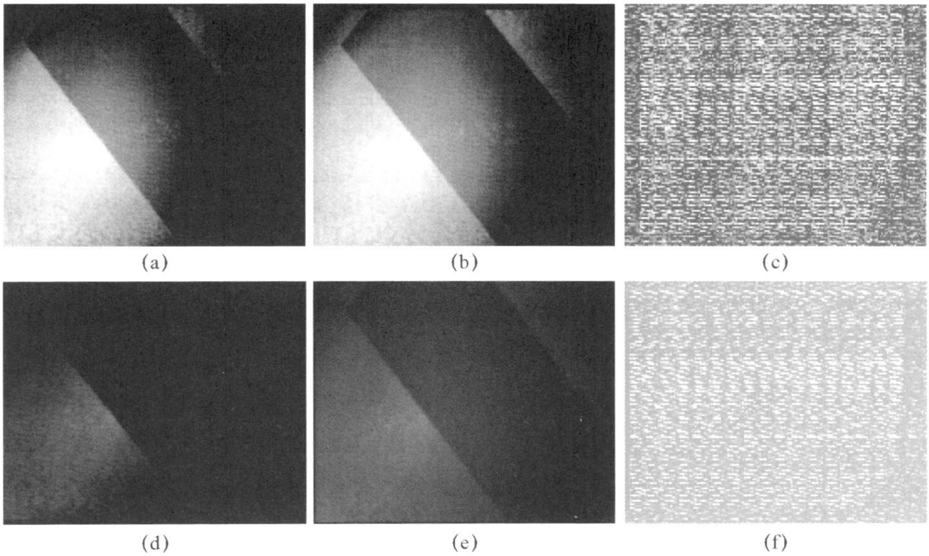

图 4-42 不同序列的刀刃测试红外图像及校正结果

（a）校正前第 0 帧测试图像；（b）校正前第 24 帧测试图像；（c）校正前非均匀；（d）校正后第 0 帧测试图像；（e）校正后第 24 帧测试图像；（f）校正后非均匀。

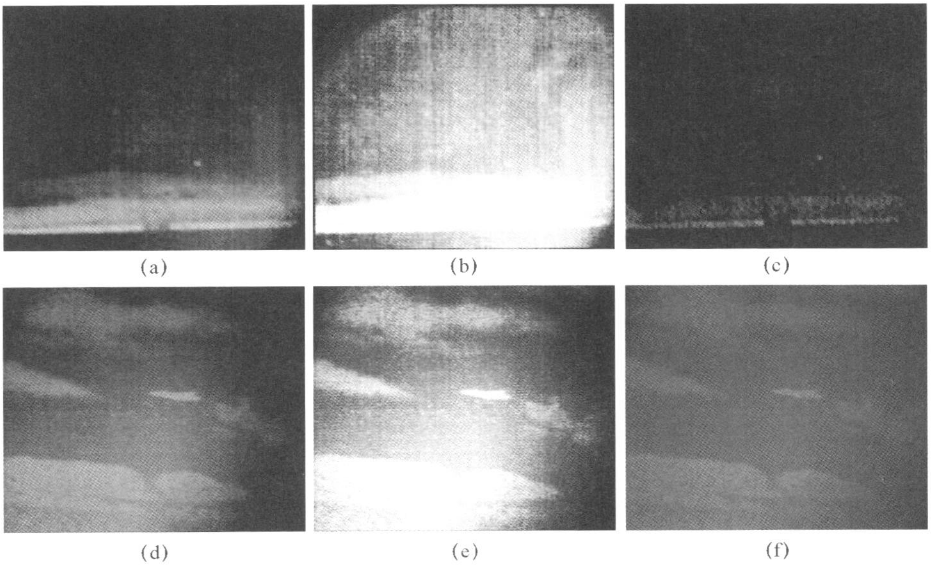

图 4-43 红外仿真图像复原效果对比

（a）海天背景仿真图像；（b）海天背景直方图均衡化结果；（c）本节提出的方法复原海天背景；（d）某型飞机红外仿真图像；（e）某型飞机直方图均衡结果；（f）用本节提出的方法复原某型飞机。

参考文献

[1] 蒙源愿，宋锦武．便携式红外寻的防空导弹抗干扰技术［J］．弹道学报，2007，19（1）：86-91.

[2] RENGARAJAN R，SCHOTT J R. Modeling and simulation of deciduous forest canopy and its anistropic reflectance properties using the digital image and remote sensing image generation（DIRSIG） tool［J］. IEEE Journal of Selected Topics in Applied Earth Observation and Remote Sensing，2017，10（11）：4805-4817.

[3] 邹涛，童中翔，王超哲，等．基于战技融合的空中目标红外图像仿真研究［J］．激光与红外，2016，46（4）：444-451.

[4] 李冰，苏娟，郝媛媛．基于 SE-Workbench-IR 的红外图像仿真［J］．红外技术，2016，38（8）：683-687.

[5] 吴令夏．基于实测数据的飞机与诱饵弹红外序列图像生成技术［D］．合肥：陆军军官学院，2013.

[6] KENY K V T，NOR A M I. Noise adaptive fuzzy switching median filter for salt-and-pepper noise reduction［J］. IEEE Signal Processing Letters，2010，17（3）：281-284.

[7] HUANG Z H，ZHANG Y Z，QIAN L，et al. Progressive dual-domain filter for enhancing and denoising optical remote-sensing images［J］. IEEE Geoscience and Remote Sensing Letters，2018，15（5）：759-763.

[8] STARCK J L，ELAD M，DONOHO D. Image decomposition via the combination of sparse representation and a variational approach［J］. IEEE Trans. on Image Processing，2005，14（10）：1570-1582.

[9] CHEN S，DONOHO D，SAUNDERS M. Atomic decomposition by basis pursuit［J］. SIAM Journal on Scientific Computing，1999，20（1）：33-61.

[10] AHARON M，ELAD M，BRUCKSTEIN A M. The K-SVD：An algorithm for designing of overcomplete dictionaries for sparse representation［J］. IEEE Trans. on Signal Processing，2006，54（11）：4311-4322.

[11] 蔡泽民，赖剑煌．一种基于超完备字典学习的图像去噪方法［J］．电子学报，2009，37（2）：347-350.

[12] YANG X B，LIAO A P，XIE J X. A remark on joint sparse recovery with OMP algorithm under restricted isometry property［J］. Applied Mathematics and Computation，2018，316：18-24.

[13] ELAD M，AHARON M. Image denoising via sparse and redundant representations o-

ver learned dictionaries [J]. IEEE Trans. on Image Processing, 2006, 15 (12): 3736-3737.

[14] PORTILLA J, STRELA V, et al. Image de-noising using scale mixtures of Gaussians in the wavelet domain [J]. IEEE Trans. on Image Processing, 2003, 12 (11): 1338-1351.

[15] 赵晓理，周浦城，薛模根．一种基于改进 Chan-Vese 模型的红外图像分割方法 [J]．红外技术，2016，38 (9)：774-778.

[16] OSHER S, SETHIAN J A. Fronts propagating with curvature dependent speed: Algorithms based on Hamilton-Jacobi formulations [J]. Journal of Computational Physics, 1988, 79 (1): 12-49.

[17] CHAN T, VESE L. Active contours without edges [J]. IEEE Trans. on Image Processing, 2001, 10 (2): 266-277.

[18] WANG X F, HUANG D S, XU H. An efficient local Chan-Vese model for image segmentation [J]. Pattern Recognition, 2010, 43 (3): 603-618.

[19] LI C, XU C, GUI C, et al. Level set evolution without re-initialization: A new variational formulation [C] //Proc of IEEE Conference on Computer Vision & Pattern Recognition, 2005: 430-437.

[20] LI C, XU C, GUI C, et al. Distance regularized level set evolution and its application to image segmentation [J]. IEEE Trans. on Image Processing, 2010, 19 (12): 3243-3254.

[21] CASELLES V, KIMMEL R, SAPIRO G. Geodesic active contours [J]. International Journal of Computer Vision, 1997, 22 (1): 61-79.

[22] ZHANG K, ZHANG L, SONG H, et al. Re-initialization free level set via reaction diffusion [J]. IEEE Trans. on Image Processing, 2013, 32 (1): 258-271.

[23] 章毓晋．图像分析 [M]．2 版．北京：清华大学出版社，2005.

[24] 闫成新，桑农，张天序，等．基于局部复杂度的图像过渡区提取与分割 [J]．红外与毫米波学报，2005，24 (4)：312-316.

[25] 徐国明，薛模根，崔怀超．基于过完备字典的鲁棒性单幅图像超分辨率重建模型及算法 [J]．计算机辅助设计与图形学学报，2012，24 (12)：1599-1605.

[26] YANG J C, WRIGHT J, HUANG T, et al. Image super-resolution via sparse representation [J]. IEEE Trans. on Image Processing, 2010, 19 (11): 2861-2873.

[27] ZEYDE R, ELAD M, PROTTER M. On single image scale-up using sparse-representations [C] //Avignon, France: Lecture Notes in Computer Science, 2010: 1-22.

[28] LEE H, BATTLE A, RAINA R, et al. Efficient sparse coding algorithms [C] // Proc of the Neural Information Processing Systems, 2007: 801-808.

[29] KIM S J, KOH K, LUSTIG M, et al. An interior-point method for large-scale l_1-regularized least squares [J]. IEEE Journal on Selected Topics in Signal Processing, 2007, 1 (4): 606-617.

[30] WU L X, XUE M G. Research on method for generating infrared images of aerial target based on image synthesis [C] //Proc of SPIE, 2013: 8907.

[31] 吴令夏，王勇．基于实测数据的红外诱饵弹图像仿真生成方法研究［J］．陆军军官学院学报，2016，36（1）：104-108.

[32] 牛绿伟，董景渲．机载红外诱饵弹干扰效果研究与仿真［J］．计算机仿真，2013，30（12）：21-24.

[33] 刘小军，宋凯．机载红外干扰弹的干扰原理分析［J］．弹箭与制导学报，2003，23（1）：174-176.

[34] WU L X, WANG Y, YUAN H W. Infrared image simulation for dynamic decoy [C] //Proc of SPIE, 2017: 10462.

[35] 吴令夏，薛模根．基于图像合成的空中目标红外图像仿真生成［J］．陆军军官学院学报，2013，33（1）：98-100.

[36] 潘越，徐熙平，乔杨．双 DMD 红外双波段场景模拟器光机结构设计［J］．仪器仪表学报，2017，38（12）：2994-3002.

[37] PAN Y, XU X P, QIAO Y. Design of two-DMD based zoom MW and LW dual-band IRSP using pixel fusion [J]. Infrared Physics and Technology, 2018, 91: 90-100.

[38] WU Z M, WANG X. DMD mask construction to suppress blocky structural artifacts for medium wave infrared focal plane array-based compressive imaging [J]. Sensors, 2020, 20 (3): 1-19.

[39] 崔怀超．基于数字微镜阵列的红外仿真图像预处理研究［D］．合肥：陆军军官学院，2012.

[40] 崔怀超，袁宏武，韩裕生．基于 DMD 的红外仿真图像特征分析［J］．数据采集与处理，2012，27（S2）：315-319.

[41] 张旭升，周桃庚，沙定国．数字图像噪声估计的方法及数学模型［J］．光学技术，2005，31（5）：719-722.

[42] 袁宏武，吴令夏，崔怀超，等．基于 DMD 红外视景图像自适应增强算法研究［J］．红外技术，2012，34（8）：467-471.

[43] BU F, QIU Y H, YAN X T. Improvement of MTF measurement and analysis using knife-edge method [J]. Journal of Computational Information Systems, 2013, 9 (3): 987-994.

[44] MASAOKA K. Practical edge-based modulation transfer function measurement [J]. Optics Express, 2019, 27 (2): 1345-1352.

[45] CHALLA A, DANDA S, DAYA S, et al. Some properties of interpolations using mathematical morphology [J]. IEEE Trans. on Image Processing, 2018, 27 (4): 2038-2048.

[46] ARYA A, BHATEJA V, NIGAM M, et al. Enhancement of brain MR-T1/T2 images using mathematical morphology [J]. Advances in Intelligent Systems and Computing, 2020, 933: 833-840.

[47] HUANG W L, LIU J X. Robust seismic image interpolation with mathematical morphological constraint [J]. IEEE Trans. on Image Processing, 2020, 29: 819-829.

第5章 红外与微光夜视图像融合

5.1 概述

现代战争范围已经扩大到陆、海、空、天、电磁等多维空间，作战环境以及所要执行的任务变得越来越复杂，战场目标的可探测性正在变得越来越微弱，在许多场合仅仅依靠单一传感器获取的数据信息量有限，已经很难完成多样化的任务需求、适应复杂多变的战场环境，必须大力发展新的技术与方法来解决当前所面临的新问题。图像融合技术[1]正是为满足这种需求而发展起来的。

图像融合技术的主要思想是采用一定的方法把工作于不同波长范围、具有不同成像机理的图像传感器对同一场景的多种成像信息融合成一幅新图像，从而使融合的图像可信度更高、模糊较少、可理解性更好，更适合人的视觉及计算机监测、分类、识别、理解等处理[2]。红外与微光夜视图像融合是图像融合的一个重要分支，在军事和民用领域展现出很好的发展前景和应用价值。尤其在军事领域，各种热红外成像和微光成像系统在夜视驾驶瞄准、高分辨远距离探测预警、高精度光电火控等方面发挥了极其重要的作用。其中，微光成像是通过获取目标反射光的强度信息来反演目标的特征，得到的微光图像具有较高的时空分辨率；但是当照度不佳时获取的微光图像对比度较低，且在雾霾等不良天气条件下存在目标和细节缺失等缺点。热红外成像是通过检测目标自身热辐射获得辐射光的强度信息，以反演目标特征。尽管红外成像具有抗干扰性强、独立于可见光源等优点，但红外图像是辐射图像，灰度由目标与背景的温差决定，不能反映真实的场景。单独使用微光或红外图像均存在不足之处，对于这两种具有互补性的图像，图像融合技术能够有效地综合和挖掘它们的特征信息，增强场景理解，突出目标，从而更快、更精确地探测目标[3]。

红外与微光夜视图像融合方法的早期研究主要集中在灰度融合上，并取得了大量成果。由于彩色图像融合技术能够使夜视图像的场景更加清晰、目标更为突出，从而大大增强人眼对场景的理解和对目标的快速识别，因此近20年来引起了人们的高度重视，成为红外与微光夜视图像融合技术的研究热点[4]。夜视图像彩色融合方法按照色彩的自然性，大致可以分为四类：灰度图像的彩色编码方法、颜色通道映射方法、基于颜色迁移的彩色融合方法以及基于颜色查找表的彩色融合方法。

（1）彩色编码方法。直接将灰度夜视图像的灰度值进行彩色编码。该方法简单，实时性强，但图像色彩与真实的自然色相差较大，不适于人眼直接观察。

（2）颜色通道映射方法。直接将多波段图像的信息或组合信息映射到RGB颜色空间。颜色通道映射方法按照其映射的组合方式可区分为线性方法和非线性方法。其中，线性方法的处理量小；但生成的彩色图像的色调与人眼视觉不一致，不适于人眼长时间观察。1995年以来，美国麻省理工学院（MIT）在非线性组合方式上逐年取得进展，其中比较典型的一种是该实验室Waxman等提出MIT法[5]，该方法基于响尾蛇双模式细胞的工作机理，可以构建比较接近真实彩色影像的彩色融合图像。受该方法启发，荷兰人力因素研究所Toet等提出了TNO方法，北京理工大学金伟其等提出了BIT方法[6]。从实际效果来看，颜色通道映射方法得到的色彩还不能达到自然色彩效果。

（3）基于颜色迁移的彩色融合方法。2001年，美国犹他大学（University of Utah）Reinhard等[7]利用$l\alpha\beta$颜色空间进行了彩色图像间的颜色迁移。2003年，Toet[8]将颜色迁移技术用于多波段夜视图像融合，即以日光彩色图像作为目标图像使夜视图像看起来与白天类似清晰和丰富多彩的视觉效果。该方法具有算法简单、生成的彩色图像与自然彩色图像相近等优点，被认为是一种革命性的夜视融合方法，由此衍生出一系列改进方法[9-12]。

（4）基于颜色查找表的彩色融合方法。2010年，Hogervorst等[13]提出了一种基于查找表的颜色迁移融合方法。该方法首先利用基于颜色迁移的彩色融合方法，得到输入图像的近自然彩色融合图像；其次逐行逐列的扫描输入图像的灰度值和彩色融合图像的颜色值，建立输入的灰度图像与彩色融合图像之间的颜色查找表；最后逐行逐列扫描输入图像相同位置处的灰度值，以灰度值作为索引，从颜色查找表中选择相应的色彩，作为其融合图像的色彩。与基于颜色迁移的彩色融合方法相比，基于颜色查找表的彩色融合方法的视觉效果更加接近真实的白天场景。

综上所述，由于红外与微光图像融合技术应用广泛，得到了各国高度重视和广泛关注，相继取得了很多研究成果。尤其美军更是将彩色夜视技术作为在现代战争“共享黑暗”条件下，保持其夜视技术优势的关键技术之一重点发展。例如，美国 ITT 公司在美国陆军的协助下，于 2009 年成功开发出了微光与红外数字视频实时融合的原理样机 ENVG（D），它可以很容易地将前方作战人员与后方指挥员联系起来，极大地增加战场感知、评估与控制能力。美军正在开展的多光谱自适应网络战术图像系统，可以将可见光、短波和长波红外侦察设备的图像进行融合，从而形成更加完整的战场态势感知。此外，美国 HARRIS 公司的增强型夜视镜 AN/PSQ-20A（图 5-1（a））、L3 Insight Technology 公司的 AN/PSQ-36 FGS（图 5-1（b））、OKSI 的真彩色夜视融合系统 TCNV-F、加拿大 GSCI 公司的 DSQ-20QUADRO 彩色成像仪以及荷兰 TNO 设计的 VIPER SYSTEM 等，都是典型的彩色夜视融合系统。

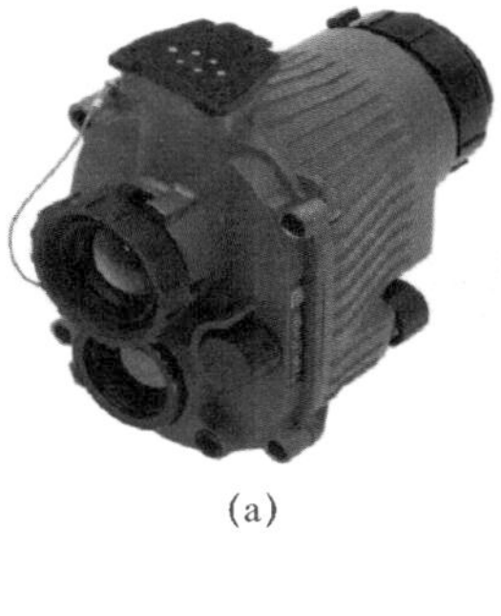

(a)

(b)

图 5-1　两款单兵彩色夜视装备

（a）AN/PSQ-20A；（b）AN/PSQ-36 FGS 及其夜视观察效果。

与国外相比，我国在相关领域的研究起步较晚，北京理工大学是我国最早研究红外与微光图像融合技术的单位之一。近年来，南京理工大学、中国科学院长春光学精密机械与物理研究所、西安电子科技大学、上海交通大学等科研院所也在开展相关方面的研究。

5.2 红外与微光图像融合理论基础

围绕红外与微光图像的融合，下面首先概述红外与微光成像的特点，重点对红外与微光图像特征进行分析，然后介绍图像融合的相关理论与图像融合质量评价方法，作为后续章节的理论基础。

5.2.1 红外与微光成像

5.2.1.1 红外成像原理与特点

1. 红外辐射基本定律

在自然界中，温度高于0K的任何物体，都会产生波长范围在0.76～1000μm的电磁波，称为红外辐射。红外辐射遵循若干基本规律。基尔霍夫（Kirchhoff）定律是热辐射理论的基础之一。根据基尔霍夫定律，在热平衡条件下，物体发射本领和吸收本领的比值仅与辐射波长和温度有关，与物体的性质无关。对于黑体，所有光谱的发射率等于吸收率（等于1）。

普朗克（Plank）黑体辐射定律是所有定量计算红外辐射的基础。根据普朗克定律，一个热力学温度为T（K）的黑体，单位表面积在波长λ（μm）附近、单位波长间隔内、向整个半球空间发射的光谱辐射出射度（$\mathrm{W \cdot m^{-2} \cdot \mu m^{-1}}$），与波长$\lambda$、温度$T$满足下列关系：

$$M_{\lambda bT}=\frac{2\pi hc^2}{\lambda^5}\cdot\frac{1}{\exp\left(\frac{hc}{\lambda k_B T}\right)-1}=\frac{c_1}{\lambda^5}\frac{1}{\exp\left(\frac{c_2}{\lambda T}\right)-1} \tag{5-1}$$

式中：c为光速（m/s）；c_1为第一辐射常数，$c_1=2\pi hc^2=3.7415\times10^8$（$\mathrm{W \cdot \mu m^4 \cdot m^{-2}}$）；$k_B$为玻耳兹曼常数（J/K）；$c_2$为第二辐射常数，$c_2=hc/k_B=1.43879\times10^4$（$\mathrm{\mu m \cdot K}$）。

黑体在给定波长范围内的光谱辐射出射度与温度的关系如下式：

$$M_{(\lambda_1,\lambda_2)bT}=\int_{\lambda_1}^{\lambda_2}M_{\lambda bT}\mathrm{d}\lambda \tag{5-2}$$

根据普朗克定律对波长求导并令导数等于零，就可以得到黑体辐射分布的峰值波长与温度之间的关系，即维恩（Wein）位移定律：

$$\lambda_m T=2898.79\ (\mathrm{\mu m \cdot K}) \tag{5-3}$$

通过对普朗克定律在0～∞对波长积分，可以得到全光谱辐射出射度M_b

与温度 T 之间的关系，即斯蒂芬-玻耳兹曼（Stefan-Boltzmann）定律：

$$M_b = \sigma T^4 \tag{5-4}$$

其中：σ 为斯蒂芬-玻耳兹曼常量，$\sigma = 5.6697 \times 10^{-8}$（$W \cdot m^{-2} \cdot K^{-4}$）。

2. 大气窗口

尽管红外辐射的范围为 0.76～1000μm，但是红外辐射在大气中传输时会受到大气影响，主要是大气中的二氧化碳（CO_2）、水汽和臭氧等的吸收以及云雾、雪、雨等微粒的散射。虽然水汽、CO_2 在大气中的含量非常少，但对特定波长红外辐射具有强烈的吸收作用。实验表明，在大气中只有 1～2.5μm（短波红外）、3～5μm（中波红外）和 8～14μm（长波红外）的红外辐射才能以较少的损耗顺利地通过大气而传输，这三个波段范围称为大气窗口。红外辐射在大气中的传输能力可以用透射率来表征。透射率定义为辐射穿过大气未被吸收衰减的能量与总能量之比。光谱透射系数 $\tau(\lambda)$ 与作用距离 R 以及衰减系数 $\mu(\lambda)$ 的关系可以用布格-朗伯定律来描述：

$$\tau(\lambda) = \exp(-\mu(\lambda) \cdot R) \tag{5-5}$$

3. 红外成像及其特点

人眼对红外辐射并不敏感，必须借助于红外探测器件。依靠红外镜头，遵循红外辐射基本定律，摄取景物的红外辐射分布图像，并将其转换为人眼可见图像的光电成像装置就是红外热成像系统（简称热像仪）。红外热成像系统综合利用了红外物理技术、微电子、半导体、真空、低温制冷、精密光学器械、显示等技术来实现红外辐射的可视化。常见的红外热成像形成过程如图 5-2 所示。

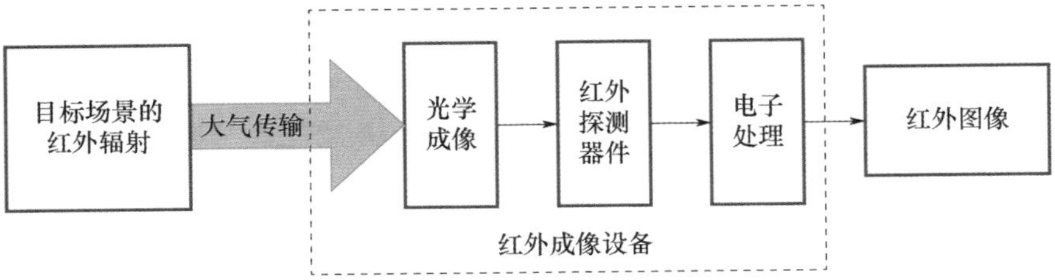

图 5-2　红外图像的形成过程

红外图像的成像原理使其能够克服透雨雾、烟尘等视觉障碍探测到目标，并且能够在夜间工作，一些场景中人眼不能很好辨别的目标，红外成像传感器却能利用红外辐射差探测得到，这样所成的红外图像虽然不能直接清晰地观察目标，但是能够将目标的轮廓显示出来，并依据物体表面的温度和发射率的高低把重要目标从背景中分离出来，方便人眼的判读。红外成像传感器虽然对具有一定温度的目标具有很好的探测性能，但由于其自身成像原理和使用条件的原因，所成的图像往往具有噪声大、对比度低、模糊不清、视觉效果差等问题。研究表明，红外成像有以下特点：

（1）太阳辐射因素对红外成像具有一定影响。白天由于不同物质对太阳辐射的吸收和反射不同，使得物体之间的发射率和温度分布的差异较大，再叠加上自身的热辐射，所以景物细节较清晰；而夜间的景物主要依靠自身的温度差异成像，且夜间物体间温度会趋于平衡，导致图像层次感不强。

（2）红外图像的整体灰度分布低且集中。这一特点主要是红外探测器可探测的温度范围较广而实际景物温度相对该探测器较低且分布差异较小，因此景物红外图像整体灰度分布低且集中。

（3）红外图像的信噪比较低。这一特点主要是红外图像的噪声来源很多，如自然界中分子的热运动，而且红外热成像系统本身也会引入多种噪声。

（4）红外图像的对比度较低。由于景物和周围环境存在着热交换、空气热辐射和吸收，从而导致自然状态下景物间的温度差别不大，红外图像中景物与背景的对比度较低。

5.2.1.2 微光夜视成像原理与特点

由于人眼生理上固有的特点，低照度的微光不足以引起人眼的视觉感知。为了将微弱的光照图像转变为人眼可见的图像，扩展人眼在低照度下的视觉能力，人们发展了微光夜视技术。其核心器件是像增强器，它是将微光作用在光电阴极靶面上，然后经过微通道板进行光电倍增，轰击荧光屏产生人眼可视图像。通过将像增强器和CCD耦合，可以将直视式微光图像转化为视频图像。

微光图像与一般的可见光图像不同之处在于，它是在经过数次光电转换和电子倍增后形成的，所以微光图像不仅与夜晚的天气情况和景物的反射率分布有关，而且与成像器件的信号转换、像增强器的增益和系统噪声有关。由于微光夜视工作在可见光波段，因此具有可见光成像的许多特点：

（1）微光图像符合人眼视觉习惯，空间分辨率高，刻画细节能力强。

（2）微光图像经过像增强器和CCD的耦合作用，会产生固定的图像噪声，该噪声不仅来自微通道板的颗粒噪声，而且CCD自身也会产生相应的噪声。

（3）微光图像受外界天气环境影响较大。它必须在一定的照度下才能很好地成像，如果天气全黑、照度太低，噪声将非常大，甚至淹没图像信号。

（4）微光图像的产生受外界环境的影响较大，当环境中有强光入射时，通过微光成像器件采集到的图像中往往会有明显的光晕现象；另外，在天气条件非常恶劣的情况下甚至不能工作。

（5）微光像增强器成像响应速度快。由于采用的是光电阴极接收，微通道倍增，响应速度非常快，因此具有很高的时间分辨率。

5.2.1.3 红外和微光图像融合的必要性

由于红外与微光成像的工作波段和成像机理不同，导致两者获取的夜晚图像各具有其优缺点：

（1）微光成像器件比红外成像器件在图像空间分辨率和时间分辨率要大，因此在刻画图像细节方面比红外成像器件要强，获得信息更多，对同一个目标，微光成像更容易识别，红外成像看到的细节没有微光多。

（2）红外成像与微光成像工作波长不一样，红外成像穿透大气能力要强于微光，因而红外探测器的探测距离要远于微光，看得更远。

（3）微光图像是靠外界反射微弱光线而成像，图像符合人的正常视觉习惯，所获取的微光图像具有较高的时空分辨率；但对外界依赖性比较大，对光照有要求，尤其在雨、雾、霭等复杂天候下存在目标细节缺失等。红外图像是依靠目标（背景）本身红外辐射分布不同而成像，图像虽然不符合人的正常视觉习惯；但是红外辐射无处不在，因此它能穿透一定的遮蔽物而发现目标，可以提供温度梯度较大或与背景有较大热对比的低可视目标的红外图像，而且它对环境依赖性小，还可以全天候工作。

图 5-3 给出了两组室外环境中不同场景的红外与微光图像，在图像中目标没有遮挡。其中，图 5-3（a）、（c）表示红外热像仪获取的红外图像，图 5-3（b）、（d）表示微光夜视仪获取的微光图像。从图 5-3（a）、（c）中可以清楚地看到热目标，但是由于场景中的景物温度差异较小，导致图像层次感不强，场景模糊，细节不清楚；在图 5-3（b）、（d）中场景较为清晰，图像分辨率较高，相对于图 5-3（a）、（c）场景更加清晰、细节清楚，但隐藏在丛林里的坦克、人员等目标不突出，不如图 5-3（a）、（c）中的热目标清晰。

图 5-4 为另外两组不同场景的红外与微光图像，在图像中目标存在遮挡。其中，图 5-4（a）、（c）表示红外热像仪获取的红外图像，图 5-4（b）、（d）表示微光夜视仪获取的微光图像。由于红外热像仪具有穿透雨、雪、雾、霭等不良天气的能力，并且能透过一般光学伪装遮障而探测到伪装目标，因此图 5-4（a）中的人（躲藏在草丛中）和图 5-4（c）中的人清晰可见，而在图 5-4（b）、（d）中则无法看到场景中的目标。

(a) (b) (c) (d)

图 5-3 目标无遮挡的红外与微光图像

(a) 热红外图像 ;(b) 微光图像 ;(c) 热红外图像;(d) 微光图像。

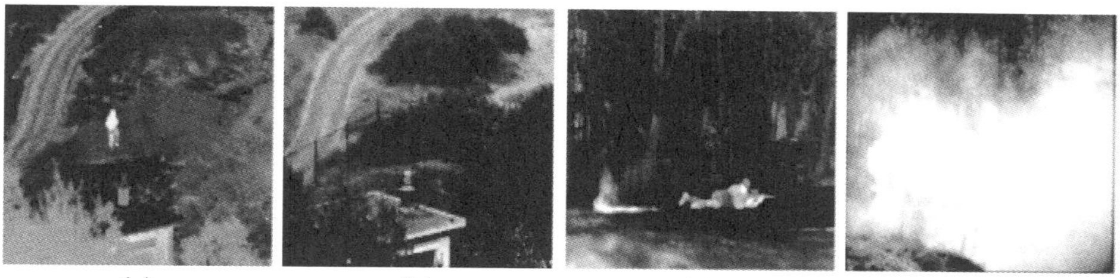

(a) (b) (c) (d)

图 5-4 目标有遮挡的红外与微光图像

(a) 热红外图像;(b) 微光图像;(c) 热红外图像;(d) 微光图像。

通过以上比较分析可知，红外与微光图像各有其优缺点。红外图像中目标突出，能将远处微光探测不到或隐藏在遮挡物中的热目标显现出来；但图像中场景模糊，分辨率低。微光图像是利用光的反射而成像，图像的分辨率高，场景清晰，但有时会丢失图像中的目标信息，不利于人眼对目标的识别。如果把两者获得的图像信息加以综合、取长补短，获得一幅融合图像，那么将会得到更详细、准确的战场态势。微光和红外图像融合不仅是简单地结合了两者的优点，而且经过融合以后能更加准确地识别出目标。正因为如此，将微光和红外图像进行融合是夜视技术的重要发展方向。

5.2.2 图像融合技术简介

图像融合技术是将不同类型传感器所提供的信息或单一传感器的多波段信息，通过一定的方法综合成一幅新图像，从而减少图像模糊性，提高图像的可理解性和可信度。

5.2.2.1 图像融合的基本概念

图像融合最早于 20 世纪 70 年代后期提出，旨在将多源信道（或不同时相）所采集的关于同一目标与背景的图像经过一定的处理，提取各自信道的信息，最后在系统输出端输出统一的图像或综合图像特征，以供进一步观测或进行决策和估计任务。图像融合能克服各单一传感器在时间、光谱和空间分辨力等方面的局限性，并利用其互补性提高图像质量，为后续处理节约时间、降低成本，并提高图像综合应用效能。因此从图像融合技术发展至今，一直受到各国普遍关注。

目前，美、英、德、法、日等国家都有学者和技术人员从事图像融合技术相关研究工作，在不同层次上开展了大量的模型和方法研究，相关的研究内容大量出现在美国三军数据融合年会、SPIE 年会及 IEEE 会议和相关的期刊中。多传感器图像融合在军事领域、民用制造业、医学影像诊断、航空交通管理等领域均得到了广泛的应用。

5.2.2.2 图像融合系统的层次划分

根据融合在处理流程中所处的阶段，按照信息抽象的程度，图像融合的处理一般可以分为三个层次，即像素级图像融合、特征级图像融合和决策级图像融合[14]。

1. 像素级图像融合

像素级图像融合是图像最低级层次的融合，主要针对直接采集到的原始图像数据进行，便于后续的图像分割、分类和增强。像素级图像融合的主要优点是能够提供其他融合层次所不能提供的更丰富、精确、可靠的信息，有利于对图像的进一步分析、处理与理解。在进行像素级图像融合之前，必须对参与融合的各幅图像进行配准，其配准精度一般应达到像素级甚至是亚像素级。

2. 特征级图像融合

特征级图像融合是先提取源图像中的特征信息，然后对提取的特征信息进行综合分析并处理的中间层次的融合。该层次融合提取的特征信息必须满足能够充分表示源图像的信息，接着把这些特征信息归类、汇聚和综合，按照具体条件下的应用目的进行融合。特征级融合的优点是对融合的数据量进行了大量的压缩，减少了运行时间，便于实时处理；缺点是融合过程会出现图像信息的丢失，不能为图像融合提供细微的信息。常用的特征级融合方法有 Dempster-Shafer 证据推理方法、聚类分析方法、表决方法、信息熵方法等。

3. 决策级图像融合

决策级图像融合是先对源图像的信息进行初步决策处理，然后对得到的初步决策处理结果进行关联处理、决策判决。决策级图像融合的优点是分析能力强，容错性能高，实时性好，通信及传输要求低；缺点是对预处理和特征提取有较高的要求，信息损失最多。由于这种联合决策比任何单一传感器决策更精确、更明确，融合系统具有很高的灵活性，对信息传输的带宽要求低，因此许多有关信息融合的研究是在决策级融合上取得的。常用的决策级图像融合方法有基于神经网络的融合方法、基于模糊聚类的融合方法、贝叶斯估计法和专家系统等。

5.2.2.3 常用的图像融合方法

各个层次上的融合各有其优缺点，融合策略存在互补性。由于不同层次的图像融合所涉及的学科领域十分广泛，依据图像融合发展过程及其融合方法所属学科，可以将其大致区分为以下四大类。

1. 基于数学/统计学的图像融合方法

该类融合方法主要有加权平均法、期望最大（expectation maximization，EM）方法、贝叶斯估计融合方法、主成分分析（principal component analysis，PCA）方法等。从效果来看：加权平均法方法简单、实时性强，但降低了图像的对比度；EM方法和贝叶斯估计融合方法得到的融合图像能够较好去除图像中的噪声，且受外界环境影响较小，但是该方法需要一定的先验知识，因此应用范围受到限制；PCA方法通过对两幅图像赋予权值进行加权融合，但有时会因为权值不当而影响融合结果。

2. 基于多分辨率分析的图像融合方法

基于多分辨率分析（multi-resolution analysis，MRA）的图像融合方法的基本思想：首先把输入的图像进行多尺度分解，得到高频系数和低频系数，然后按照一定的融合规则将高频和低频系数分别进行融合，最后进行系数重构得到融合后的结果图像，如图5-5所示。按照多分辨率分析的发展过程，可以将其分为基于金字塔变换的融合方法、基于小波变换的融合方法、基于多尺度几何分析（multi-scale geometric analysis，MGA）的融合方法。其中，基于金字塔变换的融合方法是冗余的、无方向性的分解，高频细节损失较大；基于小波变换的融合方法具有较好的方向性和时频局部性，但融合后图像容易出现局部畸变或缺失等缺点。

为了更好地检测、表示和处理图像等高维空间数据，最近十余年来又先后出现了Ridgelet变换、Curvelet变换、Contourlet变换、Shearlet变换等多

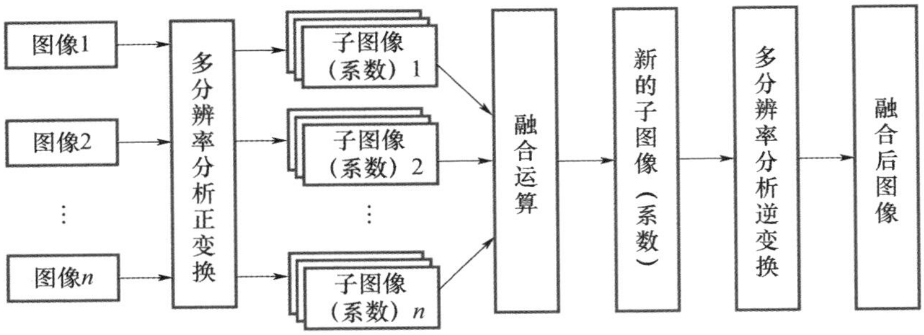

图 5-5　基于多分辨率分析的图像融合框架

尺度几何分析方法。多尺度几何分析方法不仅具有多尺度和时（空）频局部特性，而且具有多方向和各向异性，能有效捕捉图像中的高维奇异性，对图像进行稀疏表示。鉴于多尺度几何分析优良的稀疏表示性能和多方向性能，更利于跟踪图像中的重要几何特征，近年来基于多尺度几何分析的图像融合方法也越来越受到人们的关注[15-16]。

3. 基于压缩感知的融合方法

2006 年，美国国家科学院院士 Donoho、斯坦福大学教授 Candes 以及华裔数学家陶哲轩等提出压缩感知（compressed sensing，CS）理论。近几年来，CS 理论在图像处理领域引起了人们的广泛关注，观测矩阵、稀疏优化及稀疏字典是 CS 理论的主要内容。随着稀疏表示理论的不断发展和完善，稀疏字典的构造由单尺度逐渐向多尺度过渡，基于 CS 理论和稀疏表示的图像融合方法的优势逐渐显现出来[17-18]。

4. 基于人工智能的图像融合方法

近年来，基于人工智能技术的融合方法不断被提出，遗传算法、进化计算、人工神经网络、模糊集理论等都是研究非常成熟的人工智能技术，并且已经在图像融合领域获得了成功应用。此外，粒子群优化算法、模拟退火、脉冲耦合神经网络（pulse-coupled neural networks，PCNN）[19]、深度卷积神经网络[20]等方法应用于图像融合也取得了令人满意的实验结果。

5.2.3　图像融合质量评价

5.2.3.1　图像融合质量的主观评价

图像融合质量的主观评价方法将可能的用户作为观测者，按照一定的标准由观察者的主观感觉和统计结果对融合图像的优劣做出主观定性评价[21]。

这种方法对那些具有明显的图像信息的融合结果可以进行快捷、方便的评价。例如，通过比较图像差异来判断光谱是否扭曲、空间信息的传递性能；判断融合图像纹理及色彩信息是否一致；判断融合图像整体亮度、反差是否合适，清晰度是否降低，图像边缘是否清楚等。在美国国防高级研究计划局（DARPA）资助的先进夜视系统开发计划中，研究者就是采用主观评价方法来比较两种假彩色图像融合方法的优劣[22]。

主观评价的观察者通常选择两类人进行考虑：一类是没有先验知识、未受训练的观察者；另一类是有一定的先验知识、训练有素的观察者。参加评价的观察者应足够多，这样图像主观评价方法在统计上才有意义。图像融合效果的主观评价方法不仅需要耗费大量人力、物力和时间，而且人们在对融合图像的质量进行主观评价时，评价标准很难掌握，其主要原因是[23]，一方面在多数情况下评价人员没有评价的参照物，另一方面由于图像融合应用场合和目的可能千差万别，对图像融合效果进行主观评价的人员应该具有相当的专业知识水平，在某些情况下，图像的融合服务对象是机器或计算机，严格地说此时人的主观评价并不能完全代表计算机或机器的评价。

5.2.3.2 灰度融合图像质量的客观评价

目前通常采用的客观评价方法大致可以分为四大类：①基于信息量统计的图像质量评价，如信息熵（entropy）、交叉熵（cross entropy，CE）、联合熵、互信息（mutual information，MI）等；②基于图像统计特性的评价方法，如均值、标准差（standard deviation，SD）、均方误差、均方根误差（RMSE）、平方绝对误差（MAE）、归一化最小方差（NLSE）、PSNR、平均梯度、空间频率（spatial frequency，SF）等；③基于相关性的评价方法，如相关系数、扭曲程度、结构相似度等；④基于人眼视觉特性的评价方法。下面重点介绍部分图像融合质量客观评价指标。

1. 信息熵

信息熵是度量图像中信息量丰富程度的指标。设图像灰度级数为 L，P_i 为灰度值等于 i 的像素数与图像总像素数量的比值，则信息熵 H 定义为

$$H = -\sum_{i=1}^{L} P_i \log_2 P_i \tag{5-6}$$

2. 互信息

Qu 等提出了用融合结果与源图像的互信息来描述融合方法对源图像信息的保持能力[24]。互信息的值越大，表明融合图像从源图像中获取的信息越多，

融合图像的质量越高。互信息定义为

$$\mathrm{MI}_F^{AB}=\sum_{i=1}^{L}\sum_{j=1}^{L}p_{A,F}(i,j)\log_2\frac{p_{A,F}(i,j)}{p_A(i)p_F(j)}+\sum_{i=1}^{L}\sum_{j=1}^{L}p_{B,F}(i,j)\log_2\frac{p_{B,F}(i,j)}{p_B(i)p_F(j)} \tag{5-7}$$

式中：$p_A(i,j)$、$p_B(i,j)$、$p_F(i,j)$ 分别为源图像 A、B 和融合图像 F 的灰度分布；$p_{A,F}(i,j)$、$p_{B,F}(i,j)$ 分别为两组图像的联合灰度分布。

3. 交叉熵

交叉熵能够反映源图像和融合图像间的差异程度。设图像 $I_A=\{p_0, p_1, \cdots, p_{L-1}\}$，$I_B=\{q_0, q_1, \cdots, q_{L-1}\}$，则交叉熵定义为

$$\mathrm{CE}(I_A,I_B)=\sum_{i=0}^{L-1}p_i\ln\frac{p_i}{q_i} \tag{5-8}$$

4. 均方根误差

均方根误差用于衡量两幅图像间的差异程度，该值越大，说明融合图像 I_F 与源图像 I_R 差异越大，融合效果越差，其定义为

$$\mathrm{RMSE}=\sqrt{\frac{1}{M\times N}\sum_{x=1}^{M}\sum_{y=1}^{N}\left(I_F(x,y)-I_R(x,y)\right)^2} \tag{5-9}$$

5. 标准差

标准差用于衡量图像灰度分布与图像平均灰度值 μ 之间的离散程度，反映了图像整体灰度的变化剧烈程度，其值越大，说明融合图像的灰度级别越多，层次越丰富。

$$\mathrm{SD}=\sqrt{\frac{1}{M\times N}\sum_{x=1}^{M}\sum_{y=1}^{N}\left(I(x,y)-\mu\right)^2} \tag{5-10}$$

6. 空间频率

空间频率表示图像中的空间像素总体活跃度，融合图像的空间频率值越大，其空间域的总体活跃程度就越高，图像融合的效果就越好。SF 的计算公式为

$$\mathrm{SF}=\sqrt{\frac{1}{(M-1)\times(N-1)}\left(\sum_{x=1}^{M-1}\sum_{y=1}^{N-1}(\nabla F_x)^2+\sum_{x=1}^{M-1}\sum_{y=1}^{N-1}(\nabla F_y)^2\right)} \tag{5-11}$$

式中：∇F_x、∇F_y 分别为 x 和 y 方向的一阶导数。

7. 边缘信息保留值（edge information preservation values，EIPV）

研究表明，边缘信息完整性对目标区域的定位识别起到重要的作用。Xydeas 等根据人类视觉对局部变化较敏感的特性，提出了边缘信息保留值来衡量融合图像保留源图像信息的能力[25]：

$$Q^{AF}(i,j)=Q_a^{AF}(i,j)Q_b^{AF}(i,j) \tag{5-12}$$

$$Q^{AB/F}=\frac{\sum_{i=1}^{M}\sum_{j=1}^{N}(Q^{AF}(i,j)w^A(i,j)+Q^{BF}(i,j)w^B(i,j))}{\sum_{i=1}^{M}\sum_{j=1}^{N}(w^A(i,j)+w^B(i,j))} \tag{5-13}$$

式中：$0\leqslant Q^{AF}(i,j)$，$Q^{BF}(i,j)\leqslant 1$，当 $Q^{AF}(i,j)=1$ 时，融合图像 F 完全保留了图像 A 的边缘信息，$Q^{AF}(i,j)=0$ 时，融合图像 F 完全丢失了 A 的边缘信息；$w^A(i,j)$ 和 $w^B(i,j)$ 反映 $Q^{AF}(i,j)$ 与 $Q^{BF}(i,j)$ 的权重。

5.2.3.3 彩色融合图像质量评价

在夜视彩色融合图像的评价指标中，最基本的指标是目标探测性，其余指标与图像中的细节相关。夜视彩色融合方法应当重点考虑图像的自然性。色彩不仅可以增强识别准确度和目标的探测性，缩短判断时间，而且影响人的心理。综合以上分析表明，可以采用目标探测性、细节和色彩 3 个视觉评价指标作为夜视彩色融合图像的质量评价指标[26]。

1. 目标探测性

红外与微光夜视融合图像的最基本要求是提高目标探测性，以达到快速识别目标的效果。对于目标探测性的评价，关于人眼视觉系统研究表明，目标与背景的对比度越高，目标的探测性越好。

2. 细节

人们对图像的细节虽然没有确切的定义，但是在基于人类视觉系统的感知评价中经常使用，如对于夜视融合图像的基本要求是保留源图像中的细节或内容。研究表明，图像的细节与其对比度、边缘、纹理和锐度等因素相关。

3. 色彩

研究结果表明，颜色自然性和视觉舒适度是色彩中两个最主要的属性，可以通过对两者的综合评判，得出一幅夜视彩色融合图像色彩的好坏。颜色自然性定义为夜视彩色融合图像颜色逼真度的主观印象，反映了与真实颜色的相似程度。视觉舒适度定义为观看外界事物眼睛主观的舒适感觉，具体表现在人眼观看事物一段时间后眼睛的疲劳程度、视力状况、眨眼频率等，因此是一个复杂的心理现象。影响视觉舒适度的因素包括事物的颜色协调性、人的主观偏爱、事物的美感等。

5.2.3.4 基于逼近理想解排序的图像融合效果评价方法

由于图像融合的应用场合、目标的差异，导致从不同角度建立的客观评价指标之间存在不一致性，甚至是相互矛盾。在许多融合应用中最终的用户都是人，人眼的视觉特性是非常重要的考虑因素，然而在人为评价融合方法的过程中，会有很多主观因素影响评价结果。同时，由于图像融合往往作为特定任务的预处理部分，因而融合评价取决于是否能够提高后续任务的性能。这就需要研究通用的、主观与客观因素相一致的图像融合效果评价准则。因此，图像融合效果评价应该是一种主观与客观相结合的过程，既要考虑图像的客观评价准则，又要考虑人的主观感受、个人偏好以及图像融合评价的具体应用场合等非客观因素，而后者往往难以量化。若把各种图像融合效果客观评价的单项指标看作是用来描述图像融合效果的某些属性描述，那么对图像融合效果的评价就可以看作是一种多属性决策问题。为此，借鉴多属性决策理论中的逼近理想解的排序法[27]（technique for order preference by similarity to ideal solution，TOPSIS）的思想，下面介绍一种主观和客观因素相结合的图像融合效果综合评价方法[28]。

1. 图像融合效果综合评价模型

设有 m 幅待评价的图像，记为 $\mathrm{IM}=\{I_1, I_2, \cdots, I_m\}$，假设选取的图像融合效果客观评价指标有 n 项，记为 $Y=\{y_1, y_2, \cdots, y_n\}$。此时，集合 IM 中的每一幅图像 I_i（$i=1, \cdots, m$）的 n 个属性值就构成了一个向量 $\boldsymbol{Y}_i=(y_{i1}, y_{i2}, \cdots, y_{in})$，它表示该幅图像在不同效果评价指标下的取值，可以看作是 n 维欧几里得空间的一个点，能够唯一地表征 I_i。显然，所有待评价的 m 幅融合图像的 n 个属性值就构成了一个 $m\times n$ 的属性矩阵，这里称为图像融合效果评价矩阵（performance evaluation matrix，PEM），即

$$\mathrm{PEM}=\{y_{ij}\}_{m\times n}=\begin{bmatrix} y_{11} & y_{12} & \cdots & y_{1n} \\ y_{21} & y_{22} & \cdots & y_{2n} \\ \vdots & \vdots & & \vdots \\ y_{m1} & y_{m2} & \cdots & y_{mn} \end{bmatrix} \tag{5-14}$$

图像融合评价指标有多种类型，有些评价指标的属性值越大，说明图像融合效果越好，如信息熵、信噪比、峰值信噪比、结构相似度、边缘信息保留值等，这里称为效益型评价指标，记为 Class-B。有些评价指标的值越小越好，如均方误差、交叉熵等，这里称为成本型评价指标，记为 Class-C。还有

一些评价指标，其属性值既非效益型又非成本型，如图像灰度平均值，取值过高或过低均不合适，这类指标称为适中型评价指标，记为 Class-M。

由于不同的图像融合效果评价指标类型不同，不便于直接从数值大小判断图像融合效果的优劣，加上不同的评价指标具有不同的取值范围（量纲），即评价指标之间存在不可公度性，为了消除量纲的选用对评价结果的影响，需要对图像融合效果评价矩阵 PEM 中的数据进行规范化处理。这里采用统计平均方法进行数据预处理。设变换后的图像融合效果评价矩阵为 NPEM＝$\{z_{ij}\}$ （$i=1$，…，m；$j=1$，…，n）。当图像融合效果评价指标的类型为 Class-B 或 Class-C 时，采用如下变换形式：

$$z_{ij}=\min\left\{C_1\frac{y_{ij}-\dfrac{1}{m}\sum\limits_{i=1}^{m}y_{ij}}{\sqrt{\dfrac{1}{m-1}\sum\limits_{i=1}^{m}\left(y_{ij}-\dfrac{1}{m}\sum\limits_{i=1}^{m}y_{ij}\right)^2}}+C_2,\quad 1\right\} \tag{5-15}$$

当图像融合效果评价指标的类型为 Class-M 时，采用如下变换形式：

$$\begin{cases} z_{ij}=\min\left\{1-\dfrac{y_j^0-y_{ij}}{y_j^0-y_j'},1\right\} & (y_j'<y_{ij}\leqslant y_j^*) \\ z_{ij}=0 & (y_{ij}\leqslant y_j') \\ z_{ij}=\max\left\{1-\dfrac{y_{ij}-y_j^*}{y_j''-y_j^*},0\right\} & (y_{ij}>y_j^*) \end{cases} \tag{5-16}$$

式中：C_1、C_2 为控制变量；$[y_j^0,\ y_j^*]$ 为最优取值区间；y_j' 为无法容忍下限；y_j'' 为无法容忍上限。

在区分了图像融合效果评价指标的不同类型之后，引入以下两个概念：

定义 5-1　理想融合图像 I^* 是 IM 中一幅虚拟的最佳融合图像，它的每个属性值 y_j^* （$j=1$，…，n）都是 PEM 中对应属性项的最好取值，即

$$\begin{cases} y_j^*=\arg\max\limits_{1\leqslant k\leqslant m}\{y_{kj}\} & (y_{kj}\in \text{Class-B}) \\ y_j^*=\arg\min\limits_{1\leqslant k\leqslant m}\{y_{kj}\} & (y_{kj}\in \text{Class-C}) \\ y_j^*=\arg\operatorname*{Mod}\limits_{1\leqslant k\leqslant m}\{y_{kj}\} & (y_{kj}\in \text{Class-M}) \end{cases} \tag{5-17}$$

其中，argMod 表示适中型图像融合效果评价指标中取最适中的值。

定义 5-2　负理想融合图像 I^0 是 IM 中一幅虚拟的最差融合图像，它的每个属性值 y_j^0 （$j=1$，…，n）都是 PEM 中对应属性项的最差取值，即

$$\begin{cases} y_j^0 = \arg\min\limits_{1\leqslant k\leqslant m}\{y_{kj}\} & (y_{kj}\in \text{Class-B}) \\ y_j^0 = \arg\max\limits_{1\leqslant k\leqslant m}\{y_{kj}\} & (y_{kj}\in \text{Class-C}) \\ y_j^0 = \arg\text{Ultra}_{1\leqslant k\leqslant m}\{y_{kj}\} & (y_{kj}\in \text{Class-M}) \end{cases} \tag{5-18}$$

式中：argUltra 为适中型图像融合效果评价指标中取最极端的值。

在 n 维空间中，分别计算 IM 中所有参加评价的融合图像 I_i（$i=1$，…，m）与理想融合图像 I^* 的距离 d_i^*，以及到负理想融合图像 I^0 的距离 d_i^0，则既靠近理想融合图像又远离负理想融合图像的就是 IM 中的最佳的图像融合结果，并由此可确定 IM 中各幅图像融合结果之间的优劣次序。在上述评价模型中，人的主观因素主要体现在图像融合评价指标的选取上，可根据应用场合或个人偏好进行选择。另外，对于各单项评价指标，还可以根据实际应用场合或需要赋予不同的权重。

2. 图像融合效果综合评价算法

根据上面的图像融合效果综合评价模型，表 5-1 给出综合评价算法的形式化描述。

表 5-1　基于逼近理想解排序的图像融合效果综合评价算法

输入：待评价的 m 幅图像融合结果；n 项评价指标及其相应的权值 w_i（$i=1$，2，…，n）；

输出：m 幅图像融合效果的综合评价结果。

步骤 1：分别计算 m 幅融合图像对应于 n 项评价指标的值，得到图像融合评价矩阵 PEM；

步骤 2：对 PEM 中的每一列按照式（5-15）或式（5-16）进行规范化处理，得到处理后的矩阵 NPEM；

步骤 3：根据式（5-17）或式（5-18），确定理想融合图像 I^* 和负理想融合图像 I^0；

步骤 4：依次计算 m 幅融合图像分别到理想融合图像 I^* 的距离 d_i^*，和负理想融合图像 I^0 的距离 d_i^0；如果采用 Manhattan 距离，可以按下式计算，即

$$\begin{cases} d_i^* = \sum\limits_{j=1}^{n} w_j \mid x_{ij} - x_j^* \mid \\ d_i^0 = \sum\limits_{j=1}^{n} w_j \mid x_{ij} - x_j^0 \mid \end{cases} \quad (i=1,\cdots,m) \tag{5-19}$$

步骤 5：计算 m 幅融合图像的综合评价指数：

$$C_i = \frac{d_i^0}{d_i^0 + d_i^*} \quad (i=1,\cdots,m) \tag{5-20}$$

3. 评价指标的选取

一方面需要根据融合的目的来选取合适的评价指标，另一方面是通过比较融合结果来分析判断不同图像融合方法的优劣。对于不同融合目的的图像，应当采取不同的评价指标。

（1）提高空间分辨率。提高空间分辨率是图像融合的一个重要目的，例如红外图像的分辨率不高，这就要求用其他传感器得到的图像（如可见光图像）与红外图像进行融合来提高分辨率，对于这种方法的融合效果评价可以采用基于统计特性的评价方法，如选用图像均值、标准差等指标。

（2）提高信息量。在图像传输、图像特征提取等方面需要提高图像的信息量，图像融合是提高信息量的一个重要手段，对于融合图像的信息量是否提高，可以采用基于信息量的评价方法，如可以采用图像信息熵、交叉熵、互信息、联合熵等指标来评价。

（3）提高清晰度。在图像处理中，往往需要在保持原有主要信息不丢失的情况下，提高图像的质量、增强图像的细节信息和纹理特征、保持边缘细节及能量，这时融合效果评价可以选用平均梯度、空间频率等指标。

（4）比较融合方法。通过对同样一组源图像采用不同的融合方法进行融合，可以得到不同的融合结果。要从这些融合方法中挑选出最适合的方法，可以采用均方根误差、交叉熵、互信息、联合熵等评价方法来评估。

（5）降低图像噪声。如果把融合图像与标准参考图像的差异当作是噪声，而标准参考图像就是信息，就可以采用融合的方法来降低噪声，提高信噪比。对于这种用途，评价方法一般可以选用信噪比和峰值信噪比、等效视数等指标。

4. 试验结果与分析

为了验证提出的融合图像效果综合评价方法，选取与文献[29]一致的融合数据进行试验。为了检验提出的方法在等权值时的抗失效性，采用等权方式。选取的融合方法有加权平均（AV）法、拉普拉斯金字塔（LP）法、比率金字塔（RP）法、对比度金字塔（CP）法和离散小波变换（DWT）法。采用的单因素及联合单因素性能评价指标如表5-2所列。

对表5-2的数据采用式（5-15）进行预处理，并取 $C_1=0.1$，$C_2=0.75$，得到的结果如表5-3所列。

表 5-2　运动模糊坦克图像的融合图像性能评价指标

融合方法	交叉熵	互信息	均方误差	均方根误差	峰值信噪比
AV	0.0137	4.3929	17.4754	4.1804	35.7065
LP	0.0051	4.4126	2.4301	1.5589	44.2746
RP	0.0116	4.3928	17.5838	4.1933	35.6797
CP	0.0050	4.4134	2.6213	1.6191	43.9456
DWT	0.0035	4.4233	2.4656	1.5702	44.2116

表 5-3　预处理后的融合图像性能评价指标

融合方法	交叉熵	互信息	均方误差	均方根误差	峰值信噪比
AV	0.8801	0.6462	0.8589	0.8591	0.6408
LP	0.6911	0.7912	0.6761	0.6753	0.8258
RP	0.8339	0.6455	0.8602	0.8600	0.6402
CP	0.6889	0.7971	0.6784	0.6795	0.8187
DWT	0.6560	0.8700	0.6765	0.6761	0.8245

因此，理想融合图像的各项评价指标取值为 $I^* = \{0.6560, 0.8700, 0.6761, 0.6753, 0.8258\}$，负理想融合图像的各项指标取值为 $I^0 = \{0.8801, 0.6455, 0.8602, 0.8600, 0.6402\}$。若采取等权方式，则令权值 $w = \{0.2, 0.2, 0.2, 0.2, 0.2\}$。由此根据式（5-19）可以计算出各幅融合图像 I_i 分别到理想融合图像 I^* 和负理想融合图像 I^0 的距离，最后采用式（5-20）即可得到各幅融合图像的综合评价指数，从而确定出不同图像融合效果的优劣，如表 5-4 所列。可以看出，该评价结果与文献［29］一致，且评价结果物理意义更为直观，评价方法实时性好，融合结果易于定量表示、性能优劣的区分度更加明显，评价结果更为精确、客观。

表 5-4　不同图像融合效果评价的结果

融合方法	综合评价指数 C_i^*	本节提出的方法排序	文献［29］排序
AV	0.0035	5	5
LP	0.8864	2	2
RP	0.0460	4	4
CP	0.8809	3	3
DWT	0.9974	1	1

为了进一步验证提出的图像融合效果综合评价方法的性能，利用一组露营地图像进行试验，选取的融合方法有 AV 法、GP 法、LP 法、RP 法、CP

法以及 DWT 法，融合的结果如图 5-6 所示。选取的图像融合效果单项评价指标为 EIPV、图像信息熵和平均梯度，各图像融合结果在单项指标下的计算结果如表 5-5 所列。采用提出的图像融合效果评价方法的计算结果如表 5-6 所列。不难看出，上述评价结果与人眼视觉主观评价结果也是一致的。

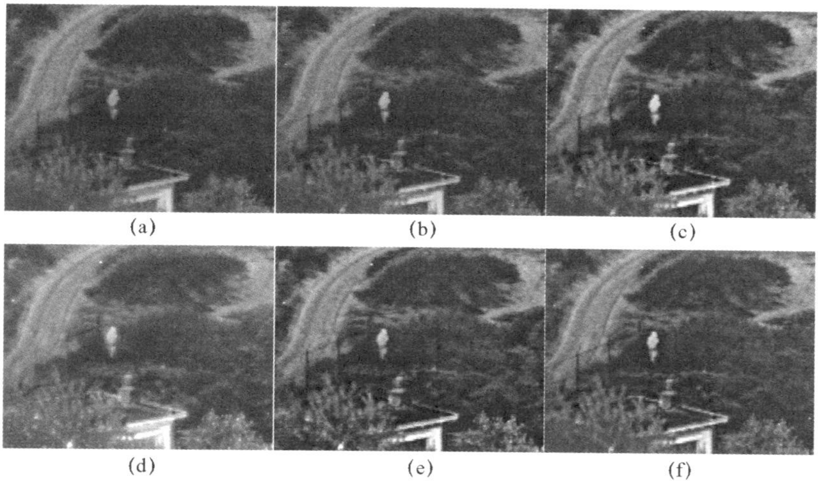

图 5-6 不同方法的融合结果

(a) AV；(b) GP；(c) LP；(d) RP；(e) CP；(f) DWT。

表 5-5 露营地图像的融合结果性能指标

融合方法	信息熵	EIPV	平均梯度
AV	2.8225	0.3360	72.3812
GP	2.8686	0.4274	72.2800
LP	2.9859	0.4543	73.4352
RP	2.9155	0.3778	81.1421
CP	2.9847	0.4436	72.4641
DWT	2.9490	0.4702	72.7668

表 5-6 综合评价指标的计算结果

融合方法	d_i^*	d_i^0	C_i^*	排序结果
AV	0.6341	0.0014	0.0023	6
GP	0.5117	0.1312	0.2041	5
LP	0.1397	0.4959	0.7802	1
RP	0.2863	0.3493	0.5496	4
CP	0.1758	0.4597	0.7234	3
DWT	0.1754	0.4601	0.7240	2

5.3 基于颜色通道映射的红外与微光图像伪彩色融合

在灰度图像中，人眼只能同时区分出由黑到白的大约 100 种不同的灰度级，然而人眼对彩色的分辨力可达到成千上万种[30]。利用人眼彩色视觉高灵敏度和高分辨率特性，将微光与红外图像融合为彩色图像，不仅可以增强对场景的理解，更精确地探测和识别目标，而且可以减轻观察者的视觉疲劳。早期的彩色融合方法是建立在灰度彩色编码和简单的颜色通道映射的基础上的，得到的融合图像尽管还不能达到期望的符合自然感觉的效果，但显著增强了人眼观察的兴奋度。

5.3.1 颜色通道映射法的基本原理

对微光图像与红外图像进行比较，由于探测器工作的波段范围不同，因此两幅原始图像之间灰度差异比较明显。微光图像主要体现的是目标或景物的辐射能和反射辐射能特性；红外图像主要体现目标和背景的红外热辐射特性，并且红外图像的边缘细节会产生模糊。对于图像配准和灰度融合，这种差异会增加以上操作的难度；但对于彩色图像融合而言，正好利用这种差别，可以研究出不同的方法，适当地调整色差，使得融合图像的分辨率及被识别能力得到提高。

颜色通道映射法的基本原理[31]是：利用来自微光与红外图像的不同灰度分布，提取灰度差异（有的不经过提取灰度差异这一过程），分别送至 R、G、B 三个通道进行显示，其原理框图如图 5-7 所示。

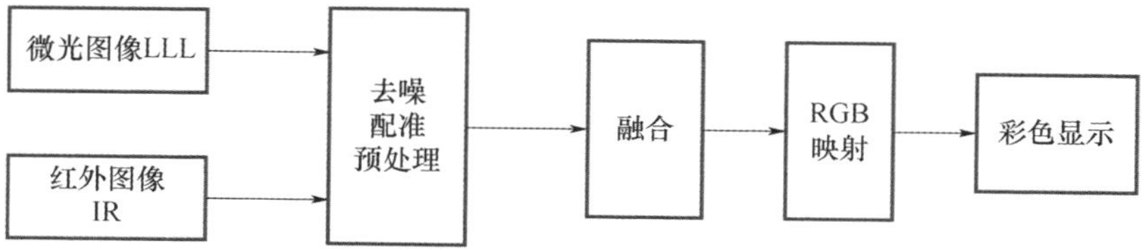

图 5-7 颜色通道映射法原理框图

采集到的微光（Low-Level Light，LLL）图像与红外 IR 图像会有偏差，需要先进行配准等预处理，再进行图像信号合成，然后在 RGB 空间进行颜色通道映射去驱动彩色监视器。如果希望获得具有较好视觉效果的融合图像，就需要基于人眼颜色视觉的生理特征确定合理的彩色映射方法。例如，根据人眼颜色视觉的对立色（opponent color）原理，红色和绿色是一对对立色，因此，可以将红外图像和微光图像分别送到红色、绿色两个对立色通道上进行显示，从而使二者具有很高的颜色对比度。这就是美国海军研究实验室（NRL）提出的伪彩色融合方法，其融合公式为

$$\begin{pmatrix} R \\ G \\ B \end{pmatrix} = \begin{pmatrix} \mathrm{IR} \\ \mathrm{LLL} \\ \mathrm{LLL} \end{pmatrix} \tag{5-21}$$

由式（5-21）可以看出，融合图像的红色分量值与红外图像的灰度值成正比，青色分量值（绿色与蓝色的叠加）与微光图像的灰度值成正比。这种映射规则的原因是：在人的视觉感受中红色为暖色调，温度高的物体在红外图像中灰度值高，映射后在融合图像中红色分量更多；温度低的物体在红外图像中灰度值低，在融合图像中红色分量偏少，正好符合人眼心理视觉感受。另外，人眼对绿色最敏感，而微光图像有丰富的背景细节信息，将它赋予绿色通道是合适的。从颜色视觉的对立色原理来看，这种映射方式使得伪彩色融合后的热红外目标（红外图像）及其周围背景（微光图像）具有很高的颜色对比度，从而更加有利于突出热目标。

5.3.2 荷兰 TNO 方法

由人眼视觉系统的特点可知，人眼视锥细胞对于红色、绿色两种颜色的感知具有很大的相关性，因此，直接将微光和红外图像映射到这两个颜色通道上很难凸显各自的差异性。应该寻找办法减少微光和红外图像相关性，而保留各自的差异性。为此，荷兰国家应用科学研究院（TNO）人力因素（Human Factors）研究所的 AlexanderToet 等基于颜色视觉的对立色原理，提出了一种假彩色图像融合方法——TNO 方法。TNO 方法将不同源图像间不同灰度分布所表现的信息差异，图像融合的分量独立或组合作为伪彩色 RGB 空间的颜色分量，直接用色彩表述并强化显示，原理如图 5-8 所示。

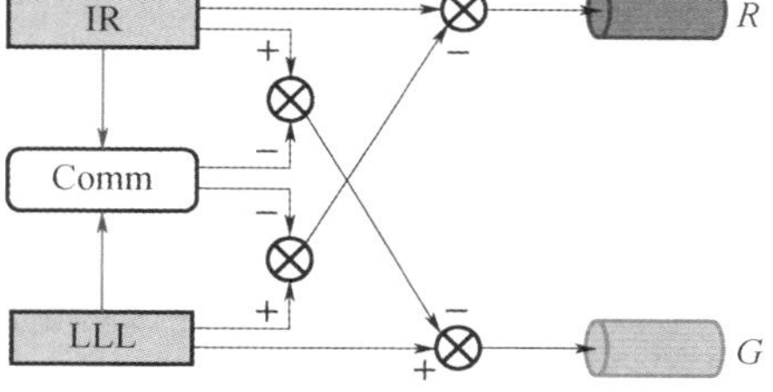

图 5-8 TNO 方法原理

5.3.2.1 算法描述

假设参与融合的 IR 和 LLL 已经过了配准等预处理，则算法的实现流程如下：

（1）计算 IR 和 LLL 的共有部分 Comm。这里采用最小算子来实现，即用下式来表示：

$$\text{Comm}(\boldsymbol{x}) = \text{IR} \cap \text{LLL}(\boldsymbol{x}) = \min\{\text{IR}(\boldsymbol{x}), \text{LLL}(\boldsymbol{x})\} \tag{5-22}$$

式中：$\boldsymbol{x}$ 表示参与融合的像素点的位置，{IR，LLL} ∈ [0，255]。

（2）找出两幅原图像的特有部分。这里采用减法算子来实现，即两幅图像各减去两者的共有部分得到 IR 和 LLL 的特有部分，表达式如下：

$$\begin{cases} \text{IR}^*(\boldsymbol{x}) = \text{IR}(\boldsymbol{x}) - \text{Comm}(\boldsymbol{x}) \\ \text{LLL}^*(\boldsymbol{x}) = \text{LLL}(\boldsymbol{x}) - \text{Comm}(\boldsymbol{x}) \end{cases} \tag{5-23}$$

（3）图像融合。将 IR 和 LLL 中的特有部分以及两者之间的信息差异分别映射到 RGB 颜色空间的不同颜色通道，最终用色彩表述并显示。可以采用如下方式进行：

$$F(\boldsymbol{x}) = \begin{bmatrix} R(\boldsymbol{x}) \\ G(\boldsymbol{x}) \\ B(\boldsymbol{x}) \end{bmatrix} = \begin{bmatrix} \text{IR}(\boldsymbol{x}) - \text{LLL}^*(\boldsymbol{x}) \\ \text{LLL}(\boldsymbol{x}) - \text{IR}^*(\boldsymbol{x}) \\ 0 \end{bmatrix} \tag{5-24}$$

5.3.2.2 算法分析

不失一般性，设像素 $\boldsymbol{x}$ 处 $\text{IR}(\boldsymbol{x}) > \text{LLL}(\boldsymbol{x})$，那么 $\text{Comm}(\boldsymbol{x}) = \text{LLL} \cap \text{IR}(\boldsymbol{x}) = \text{LLL}(\boldsymbol{x})$，$\text{LLL}^*(\boldsymbol{x}) = 0$，$\text{IR}^*(\boldsymbol{x}) = \text{IR}(\boldsymbol{x}) - \text{LLL}(\boldsymbol{x})$，从而有 $R(\boldsymbol{x}) = \text{IR}(\boldsymbol{x}) - \text{LLL}^*(\boldsymbol{x}) = \text{IR}(\boldsymbol{x})$，$G(\boldsymbol{x}) = \text{LLL}(\boldsymbol{x}) - \text{IR}^*(\boldsymbol{x}) = 2\text{LLL}(\boldsymbol{x}) - \text{IR}(\boldsymbol{x})$。

首先来分析颜色对比度的变化。根据对比度的定义

$$C(\boldsymbol{x}) = \frac{|T(\boldsymbol{x}) - B(\boldsymbol{x})|}{T(\boldsymbol{x}) + B(\boldsymbol{x})}$$

若直接将 $\text{IR}(\boldsymbol{x})$ 和 $\text{LLL}(\boldsymbol{x})$ 分别送到 R 和 G 通道进行显示，则融合图像在 $\boldsymbol{x}$ 处的颜色对比度为

$$C_1(\boldsymbol{x}) = \frac{|\text{IR}(\boldsymbol{x}) - \text{LL}(\boldsymbol{x})|}{\text{IR}(\boldsymbol{x}) + \text{LL}(\boldsymbol{x})}$$

若将增强后的图像 $(\text{IR}(\boldsymbol{x}) - \text{LLL}^*(\boldsymbol{x}))$ 和 $(\text{LLL}(\boldsymbol{x}) - \text{IR}^*(\boldsymbol{x}))$ 分别送到 R 和 G 通道进行显示，那么融合后的图像在 $\boldsymbol{x}$ 处的颜色饱和度为

$$C_2(\boldsymbol{x}) = \frac{|(\text{IR}(\boldsymbol{x}) - \text{LLL}^*(\boldsymbol{x})) - (\text{LLL}(\boldsymbol{x}) - \text{IR}^*(\boldsymbol{x}))|}{(\text{IR}(\boldsymbol{x}) - \text{LLL}^*(\boldsymbol{x})) + (\text{LLL}(\boldsymbol{x}) - \text{IR}^*(\boldsymbol{x}))}$$

$$=\frac{|\mathrm{IR}(\boldsymbol{x})-(2\mathrm{LLL}(\boldsymbol{x})-\mathrm{IR}(\boldsymbol{x}))|}{\mathrm{IR}(\boldsymbol{x})+(2\mathrm{LLL}(\boldsymbol{x})-\mathrm{IR}(\boldsymbol{x}))}=\frac{|\mathrm{IR}(\boldsymbol{x})-\mathrm{LLL}(\boldsymbol{x})|}{\mathrm{LLL}(\boldsymbol{x})}$$

可见，融合后图像颜色对比度有了提高。接下来分析色饱和度的变化。根据色饱和度的计算公式

$$S(\boldsymbol{x})=1-\frac{3[\min(R(\boldsymbol{x}),G(\boldsymbol{x}),B(\boldsymbol{x}))]}{R(\boldsymbol{x})+G(\boldsymbol{x})+B(\boldsymbol{x})}$$

若直接将 $\mathrm{IR}(\boldsymbol{x})$ 和 $\mathrm{LLL}(\boldsymbol{x})$ 分别送到 R 和 G 通道进行显示，则融合图像在 $\boldsymbol{x}$ 处的色饱和度为

$$S_1(\boldsymbol{x})=1-\frac{3\mathrm{LL}(\boldsymbol{x})}{\mathrm{IR}(\boldsymbol{x})+\mathrm{LL}(\boldsymbol{x})}=-2+\frac{3\mathrm{IR}(\boldsymbol{x})}{\mathrm{IR}(\boldsymbol{x})+\mathrm{LL}(\boldsymbol{x})}$$

若将处理结果（$\mathrm{IR}(\boldsymbol{x})-\mathrm{LLL}^*(\boldsymbol{x})$）和（$\mathrm{LLL}(\boldsymbol{x})-\mathrm{IR}^*(\boldsymbol{x})$）分别送到 R 和 G 通道，因为 $\mathrm{IR}(\boldsymbol{x})-\mathrm{LLL}^*(\boldsymbol{x})=\mathrm{IR}(\boldsymbol{x})$，$\mathrm{LLL}(\boldsymbol{x})-\mathrm{IR}^*(\boldsymbol{x})=\mathrm{LLL}(\boldsymbol{x})+\mathrm{LLL}(\boldsymbol{x})-\mathrm{IR}(\boldsymbol{x})$，所以融合后的图像在 $\boldsymbol{x}$ 处的色饱和度为

$$\begin{aligned}S_2(\boldsymbol{x})&=1-\frac{3(2\mathrm{LLL}(\boldsymbol{x})-\mathrm{IR}(\boldsymbol{x}))}{\mathrm{IR}(\boldsymbol{x})+2\mathrm{LLL}(\boldsymbol{x})-\mathrm{IR}(\boldsymbol{x})}\\&=-2+\frac{6\mathrm{LLL}(\boldsymbol{x})-3(2\mathrm{LLL}(\boldsymbol{x})-\mathrm{IR}(\boldsymbol{x}))}{2\mathrm{LLL}(\boldsymbol{x})}=-2+\frac{3\mathrm{IR}(\boldsymbol{x})}{2\mathrm{LLL}(\boldsymbol{x})}\end{aligned}$$

通过分析不难得出，融合后的图像不仅颜色对比度提高，而且颜色饱和度也得到提升，这样融合图像中的目标就变得更加易于识别。对于 $\mathrm{IR}(\boldsymbol{x})<\mathrm{LLL}(\boldsymbol{x})$ 的情况，也可以产生相同的结论。此外，融合前在像素 $\boldsymbol{x}$ 处的图像亮度为 $\mathrm{IR}(\boldsymbol{x})+\mathrm{LLL}(\boldsymbol{x})$，融合后变成 $\mathrm{IR}(\boldsymbol{x})+\mathrm{LLL}(\boldsymbol{x})-\mathrm{IR}^*(\boldsymbol{x})-\mathrm{LLL}^*(\boldsymbol{x})$，由此可见，图像整体亮度出现降低。为了补偿融合后图像亮度的损失，可以采用如下融合方式：

$$\boldsymbol{F}'(\boldsymbol{x})=\begin{bmatrix}R(\boldsymbol{x})\\G(\boldsymbol{x})\\B(\boldsymbol{x})\end{bmatrix}=\begin{bmatrix}\mathrm{IR}(\boldsymbol{x})-\mathrm{LLL}^*(\boldsymbol{x})\\\mathrm{LLL}(\boldsymbol{x})-\mathrm{IR}^*(\boldsymbol{x})\\\mathrm{LLL}^*(\boldsymbol{x})+\mathrm{IR}^*(\boldsymbol{x})\end{bmatrix} \tag{5-25}$$

5.3.2.3 试验结果与分析

两组微光图像与红外图像的伪彩色融合结果如图5-9所示。可以看出，得到的伪彩色融合结果既保留了微光图像的信息（如屋顶、栅栏、电线杆等），又保留了热红外图像的特征。从伪彩色融合图像中还可以推断出这些细节信息的来源。例如，在红外图像中人的亮度很高，对比度为正值。在微光图像中人很暗，几乎看不到，对比度为负值。所以，在最后的融合图像中，人的颜色为红色。从人的红色也可推断出这一细节信息来自于热红外图像。TNO

方法和 NRL 方法均体现了人眼对色调、亮度和饱和度的反映，并且直接在 RGB 颜色空间实现伪彩色融合，因此具有计算简单、速度快、易于硬件实现等优点。但是，由于微光图像增强程度不够，融合结果整体亮度较低，且色彩过渡不是很自然，颜色比较突兀，不太符合人眼观察习惯。

(a) (b) (c) (d)

图 5-9 两组微光图像与红外图像的伪彩色融合效果

（a）微光图像；（b）红外图像；（c）NRL 融合结果；（d）TNO 融合结果。

5.3.3 基于感受野模型的伪彩色融合

5.3.3.1 图像融合的生物视觉基础

现实世界中最优的图像融合系统莫过于生物视觉系统。生物学的研究表明，在人眼视觉和响尾蛇的视觉顶盖中确实存在多幅图像的融合现象。如果能够了解生物视觉的基本原理，建立其数学模型，并应用于多传感器图像融合实践中，将会对多传感器图像融合技术的发展起到很大的促进作用。

1. *感受野分层等级假设*

研究证明：在视觉系统中，视神经细胞由简单到复杂，以高度有组织的形式发挥作用，从而检测出图像的线条、边界及角这样的具体特征，位于外侧膝状体中的细胞与视网膜上的节细胞具有围绕着中心的同心视野。这就是著名的感受野（Receptive Field）与感受野等级假设[32]。

早在 1953 年，Kuffler 就首次阐明，猫的视网膜节细胞感受野在反应敏感性的空间分布是一个同心圆。敏感区域分为兴奋区和抑制区，按兴奋区与抑制区的位置差异节细胞分为 ON 中心（ON-center）感受野节细胞和 OFF

中心（OFF-center）感受野节细胞。后来在对猴视网膜的实验中，证实了ON型和OFF型是一种均匀镶嵌式的排列，其总数基本相等。感受野是生物学中的一个基本概念，A细胞感受野的含义是能使A细胞出现响应的被刺激区域。视觉系统通路各层面细胞如感受器、双极性细胞、节细胞、LGN、视皮层都有感受野概念的存在，但各层面细胞的感受野大小和几何形状存在很大差异。在视觉通路中随着层次的加深感受野的尺寸逐渐变大，视皮层细胞的感受野远大于视网膜节细胞，而且视皮层细胞的感受野可以呈现非常不规则的形状。对节细胞而言，感受野尺寸随着视角的变大而变大，从中央窝区到周边它的尺寸快速变大。

感受野有两种模型：ON中心OFF环绕型感受野和OFF中心ON环绕型感受野。在一个ON中心感受野中，如果光照充满中心，则光照引起最强的激活反应；如果光照充满了周围的全部环形，则对细胞的发放活动产生最大的抑制。此外，如果这种感受野中的ON区和OFF区被同时照亮，则它们之间存在彼此趋于抵消的作用。同理，OFF中心感受野具有与ON中心感受野相反的特性。

2. ON型感受野模型

ON型感受野模型是讨论最多的模型，Rodieck以高斯函数作为兴奋区域或抑制区域的影响强度，给出了双高斯差（difference of gaussian，DOG）模型。该模型认为视网膜节细胞的输出是兴奋型通道与抑制型通道的整合结果。试验证实这种模型的模拟结果很好地符合了节细胞的脉冲发放。以正值代表兴奋性影响，x代表距离感受野圆心位置的空间距离，那么兴奋性空间特性函数为

$$f_1(x)=\frac{1}{\sqrt{2\pi}\sigma_1}\exp\left(-\frac{x^2}{2\sigma_1^2}\right) \tag{5-26}$$

抑制性空间特性对应数学描述为

$$f_2(x)=\frac{1}{\sqrt{2\pi}\sigma_2}\exp\left(-\frac{x^2}{2\sigma_2^2}\right) \tag{5-27}$$

ON型感受野特性表现为抑制区域大于兴奋区域，兴奋性生物电发放强度高于抑制强度，因此以上两式满足$\sigma_1<\sigma_2$。DOG模型为

$$f(x)=f_1(x)-f_2(x) \tag{5-28}$$

5.3.3.2 基于感受野模型的伪彩色融合

为了将生物机理运用到微光与红外图像融合中，首先要建立感受野的数学模型。在位置（i，j）处，设一个ON中心的细胞活性为x_{ij}，它服从下面

的方程：

$$\frac{\mathrm{d}x_{ij}}{\mathrm{d}t}=-Ax_{ij}+(B-x_{ij})C_{ij}-(x_{ij}+D)E_{ij} \tag{5-29}$$

式中：C_{ij}、E_{ij}分别为输入到x_{ij}的总的兴奋输入和抑制性输出；A为衰减率；B、D分别为最大和最小激活等级；C_{ij}、E_{ij}为输入I_{ij}与高斯核的离散卷积，即

$$\begin{cases} C_{ij}=\sum\limits_{p,q} I_{pq}C_{pqij} \\ E_{ij}=\sum\limits_{p,q} I_{pq}E_{pqij} \end{cases} \tag{5-30}$$

其中

$$\begin{cases} C_{pqij}=\dfrac{C}{2\pi\sigma_1^2}\exp\left[-\dfrac{(p-i)^2+(q-j)^2}{2\sigma_1^2}\right] \\ E_{pqij}=\dfrac{E}{2\pi\sigma_2^2}\exp\left[-\dfrac{(p-i)^2+(q-j)^2}{2\sigma_2^2}\right] \end{cases} \tag{5-31}$$

式中：p、q为（i，j）邻域内的点；C为兴奋核的系数；E为抑制核的系数；σ_1为兴奋传播半径；σ_2为抑制传播半径。

为了实现ON中心OFF环绕型感受野结构，应当选择$C>E$，$\sigma_1<\sigma_2$，在稳定状态时，令式（5-29）中的$\mathrm{d}x_{ij}/\mathrm{d}t=0$，从而可以解得

$$x_{ij}=\frac{\sum\limits_{p,q}(BC_{pqij}-DE_{pqij})I_{pq}}{A+\sum\limits_{p,q}(C_{pqij}+E_{pqij})I_{pq}} \tag{5-32}$$

由于C_{ij}和E_{ij}都是同一幅输入图像I_{ij}与高斯核的离散卷积，因此输出图像比输入图像模糊。若要使输出图像和输入图像保持相同的空间分辨率，则其数学模型可以变为

$$x_{ij}=\frac{BC_{ij}-\sum\limits_{p,q}DE_{pqij}I_{pq}}{A+CI_{ij}+\sum\limits_{p,q}E_{pqij}I_{pq}} \tag{5-33}$$

如果选择$C>E$，则输出图像不仅与输入图像的分辨率相同，而且具有高频增强的作用。因此，若将中心兴奋区图像和周围抑制区图像看作是两幅图像，则此公式可以用于两幅图像的融合，即

$$I_{ij}^F=\frac{[C\cdot I_1-E\cdot G_s * I_2]_{ij}}{A+[C\cdot I_1+E\cdot G_s * I_2]_{ij}} \tag{5-34}$$

式中：I_1为第一幅待融合的图像，也就是中心兴奋区输入的图像；I_2为第二幅

待输入的图像，也就是周围抑制区输入的图像；G_s 为高斯核函数；I_{ij}^F 为融合后的图像。

从信息的保留程度上讲，上式的输出值很大程度上反映的是两幅图像的相关程度。在某一像素点位置，如果输出图像为亮点（感受野的输出为 1），说明两幅图像在此位置不相似，从第一幅图像到第二幅图像有一个从亮到暗的变化。如果输出图像在这一位置的亮度中等（感受野的输出为 0），说明两幅图像的相关程度较大。如果输出图像在这一位置较暗（感受野的输出为−1），说明两幅图像不相似，但变化是由暗到亮。为此，引入阈值参数 α 并进行如下修改[33]：

$$\begin{cases} I_{ij}^F = \dfrac{[C \cdot I_1 - E \cdot G_s * I_2]_{ij}}{A + [C \cdot I_1 + E \cdot G_s * I_2]_{ij}} & (I_2(i,j) < \alpha) \\ I_{ij}^F = \dfrac{[C \cdot I_1 - E \cdot G_s * (255 - I_2)]_{ij}}{A + [C \cdot I_1 + E \cdot G_s * (255 - I_2)]_{ij}} & (I_2(i,j) \geqslant \alpha) \end{cases} \tag{5-35}$$

5.3.3.3 试验结果与分析

选择两个场景应用感受野模型进行伪彩融合，结果如图 5-10 所示。可以看到，感受野模型在目标位置的突出上具有其他方法无可比拟的优点，便于人眼对目标的识别和观察，不会使人产生错觉做出错误的判断。与此同时，图像整体的色彩信息还不够丰富，有些区域的着色还不太自然。

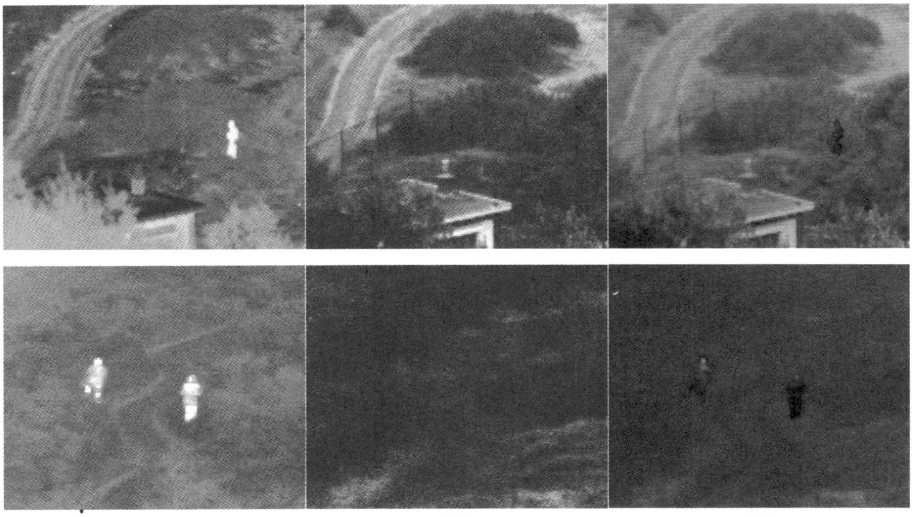

(a)　　(b)　　(c)

图 5-10　感受野模型融合效果

(a) 红外图像；(b) 微光图像；(c) 融合结果。

5.4 基于颜色迁移的红外与微光图像自然色彩融合

2001 年，美国犹他大学的 Reinhard 等结合 $l\alpha\beta$ 变换，提出了一种在两幅彩色图像之间进行颜色迁移（color transfer）的方法[7]。2003 年，Toet[8]将该方法引入红外与微光图像融合中，以日光彩色图像作为参考图像，利用颜色迁移方法获得了近自然的彩色融合效果。

5.4.1 颜色迁移技术

5.4.1.1 颜色迁移概述

颜色迁移是以一幅或多幅彩色图像作为参考图像，改变待处理的源图像的颜色信息，从而使结果图像既具有源图像的形状和概貌特征又具有与参考图像类似的色彩分布特征[34]。

如果设 $S(x, y)$ 代表源图像，$R(x, y)$ 是参考图像，$C(x, y)$ 是颜色迁移的结果，则颜色迁移过程可以表示为某种变换 T：

$$C(x,y) = T(S(x,y),R(x,y)) \tag{5-36}$$

颜色迁移技术实现了将参考图像的色彩分布效果迁移到源图像中，当源图像是一幅彩色图像时，颜色迁移将改变它的色彩感觉；当源图像是一幅灰度图像时，颜色迁移实际上是对源图像的上色处理。颜色迁移可以通过参考其他的图像色彩来改变源图像所呈现的色彩面貌，具有广泛的应用价值，例如医学图像的上色，受损平面文物（如褪色、变色的建筑彩绘）的修复，色彩艺术特效等。

颜色迁移需要解决两个关键问题：一是颜色空间的选择；二是在该颜色空间中，如何完成颜色迁移工作[35]。其中，颜色空间是进行图像颜色迁移研究的基础。常用的颜色空间有 RGB、LMS、YIQ、YCbCr、CIELab 等，每一种颜色空间都有其特点和用途，例如：RGB 是最常用、最基础的颜色空间；Smith 等提出的 LMS 颜色空间的三个通道分别表示长（L）、中（M）、短（S）激发光谱，正好对应于人眼视网膜中三种分别敏感不同波长的视锥细胞；CIELab 颜色空间是采用数字化的方式来描述人的视觉感知，它与设备无关。然而，以上这些颜色空间的各分量间都存在一定的相关性。1999 年，Ruderman 等提出了 $l\alpha\beta$ 颜色空间，其中 l 是非彩色分量表示亮度值，α 表示蓝-黄相关颜色值，β 表示红-绿相关颜色值。$l\alpha\beta$ 颜色空间将色彩和灰度进行分离，并且基本消除了各分量之间的相关性，可以近似地模拟人对颜色的感知。

5.4.1.2 全局颜色迁移方法

$l\alpha\beta$ 颜色空间的提出为颜色迁移的发展奠定了坚实的基础。2001 年，Reinhard 等首次提出颜色迁移的概念，通过对 $l\alpha\beta$ 颜色空间各分量进行统计分析，提出了一组非常具有统计意义的全局颜色迁移公式，从而有效地完成了对两幅彩色图像之间的颜色迁移。2002 年，Welsh 等在 Reinhard 等的彩色图像间颜色迁移算法研究基础上，提出了灰度图像彩色化方法[36]。

1. Reinhard 算法

Reinhard 算法的输入是源图像和参考图像两幅彩色图像，该算法在 $l\alpha\beta$ 彩色空间上匹配两幅图像各个颜色通道的统计信息——均值和标准差，然后改变源图像中的颜色分布，使它匹配参考图像的分布，看起来和参考图像的颜色接近。该整体颜色迁移算法的主要步骤如下：

（1）根据输入的源图像 S，人工选取一幅参考图像 R。

（2）将源图像 S 和参考图像 R 分别转换到 $l\alpha\beta$ 颜色空间中，并分别计算源图像和参考图像对应于的 l、α、β 三个通道的标准差和均值。

（3）利用参考图像 R 和源图像 S 在 $l\alpha\beta$ 颜色空间各颜色通道的统计信息，对源图像的 $l\alpha\beta$ 分量进行线性变换：

$$\begin{cases} l' = \dfrac{\sigma_R^l}{\sigma_S^l}(l_S - \langle l_S \rangle) + \langle l_R \rangle \\ \alpha' = \dfrac{\sigma_R^\alpha}{\sigma_S^\alpha}(\alpha_S - \langle \alpha_S \rangle) + \langle \alpha_R \rangle \\ \beta' = \dfrac{\sigma_R^\beta}{\sigma_S^\beta}(\beta_S - \langle \beta_S \rangle) + \langle \beta_R \rangle \end{cases} \tag{5-37}$$

式中：$<\cdot>$表示求平均值；σ 为相应颜色通道对应的标准差。

（4）将结果从 $l\alpha\beta$ 颜色空间变换回 RGB 颜色空间，得到最终的颜色迁移结果。

Reinhard 等的颜色迁移算法是一种整体颜色迁移技术，因此它对全局颜色基调单一的图像具有良好的迁移效果，而对于颜色内容丰富的图像则着色效果一般。

2. Welsh 算法

Welsh 等在 Reinhard 等的彩色图像间颜色迁移算法的基础上，提出了灰度图像彩色化的思想，并给出了相应的算法。该算法主要利用查找匹配像素来实现灰度图像的颜色迁移，因为灰度图像只有亮度信息，所以该算法主要通过像素的亮度值匹配来完成。算法主要步骤如下：

（1）将参考图像 R 转换到 $l\alpha\beta$ 颜色空间。

（2）根据源灰度图像 S 的亮度和标准差，对参考图像 R 进行亮度重映射（直方图匹配）：

$$l'_R = \frac{\sigma_S^l}{\sigma_R^l}(l_R - \langle l_R \rangle) + \langle l_S \rangle \tag{5-38}$$

（3）从参考图像 R 中随机选取一批样本点，将像素点的亮度和邻域内亮度的线性组合值作为权值：

$$w = \frac{l_R}{2} + \frac{\sigma_R}{2} \tag{5-39}$$

（4）对灰度图像 S 每个像素计算权值，在参考图像 R 中寻找最接近的样本点，从而获得源灰度图像 S 中各样本点的 α 和 β 分量。

（5）将处理结果从 $l\alpha\beta$ 颜色空间变换回 RGB 颜色空间，得到最终的颜色迁移结果。

Welsh 等的算法虽然能有效地实现彩色化灰度图像，但仍存在潜在的缺点：第一是由于要寻找最佳匹配样本点，花费时间较长，因此大大降低了算法的执行效率；第二是该算法仅仅利用亮度来进行最佳匹配，因此对亮度与颜色对应要求很高。

无论是 Reinhard 的彩色图像全局颜色迁移算法还是 Welsh 等的灰度图像颜色迁移算法，都是依靠提取参考图像的色彩特征的均值和标准差等简单统计信息，然后将这些统计信息融合到源图像中，完成颜色迁移。对于彩色图像之间的颜色迁移算法，通过简单的统计信息在相似性较强的图像之间可以完成有效的颜色迁移，但对于相似性差的图像之间，算法可能会失败。因此，在上述算法的基础上，后来又出现了一系列改进算法[37-38]。

5.4.2 基于颜色迁移的近自然彩色融合方法

基于 Reinhard 等提出的颜色迁移技术，Toet 等首先将该方法引入到红外图像与微光图像融合中，获得了近自然的彩色融合效果。算法具体步骤如下：

（1）采用 TNO 方法，对红外图像 IR 和微光图像 LLL 进行融合，得到伪彩色图像 F。

（2）人工选取一幅与参与融合的图像场景接近的参考图像 R，并分别将参考图像 R 和伪彩色图像 F 由 RGB 颜色空间变换到 $l\alpha\beta$ 空间。为此，先将

RGB 颜色空间转换到 LMS 空间：

$$\begin{bmatrix} L \\ M \\ S \end{bmatrix} = \begin{bmatrix} 0.3811 & 0.5783 & 0.0402 \\ 0.1967 & 0.7244 & 0.0782 \\ 0.0241 & 0.1288 & 0.8444 \end{bmatrix} \begin{bmatrix} R \\ G \\ B \end{bmatrix} \tag{5-40}$$

由于变换后的 LMS 值域的分布比较发散，为使 LMS 的数据点收敛，采用下式来代替 LMS 的值：

$$\begin{cases} L' = \log L \\ M' = \log M \\ S' = \log S \end{cases} \tag{5-41}$$

然后利用

$$\begin{bmatrix} l \\ \alpha \\ \beta \end{bmatrix} = \begin{bmatrix} \frac{1}{\sqrt{3}} & 0 & 0 \\ 0 & \frac{1}{\sqrt{6}} & 0 \\ 0 & 0 & \frac{1}{\sqrt{2}} \end{bmatrix} \begin{bmatrix} 1 & 1 & 1 \\ 1 & 1 & -2 \\ 1 & -1 & 0 \end{bmatrix} \begin{bmatrix} L' \\ M' \\ S' \end{bmatrix} \tag{5-42}$$

将 LMS 空间变换到 $l\alpha\beta$ 空间，进一步消除各个通道之间的相关性。

（3）利用参考图像 R 和伪彩色图像 F 在 $l\alpha\beta$ 颜色空间中不同通道的颜色统计信息分别对两幅图像在 $l\alpha\beta$ 空间的分量进行操作，即分别减去其自身的均值：

$$\begin{cases} l^*_{\{R,F\}} = l_{\{R,F\}} - \langle l_{\{R,F\}} \rangle \\ \alpha^*_{\{R,F\}} = \alpha_{\{s,t\}} - \langle \alpha_{\{R,F\}} \rangle \\ \beta^*_{\{R,F\}} = \beta_{\{R,F\}} - \langle \beta_{\{R,F\}} \rangle \end{cases} \tag{5-43}$$

（4）分别计算参考图像 R 和伪彩色图像 F 在 $l\alpha\beta$ 颜色空间中不同通道的标准差，然后按下式进行调整：

$$l'_F = \frac{\sigma^l_R}{\sigma^l_F} l^*_F,\quad \alpha'_F = \frac{\sigma^\alpha_R}{\sigma^\alpha_F} \alpha^*_F,\quad \beta'_F = \frac{\sigma^\beta_R}{\sigma^\beta_F} \beta^*_F \tag{5-44}$$

式中：σ 为相应颜色通道对应的标准差。

（5）通过上式，参考图像 R 的颜色分布规律就传递到伪彩色图像 F 中。在此 $l\alpha\beta$ 颜色空间中加上式（5-43）中减去的各通道的均值：

$$\begin{cases} l_s = l'_s - \langle l_s \rangle \\ \alpha_s = \alpha'_s - \langle \alpha_s \rangle \\ \beta_s = \beta'_s - \langle \beta_s \rangle \end{cases} \tag{5-45}$$

（6）将融合结果从 $l\alpha\beta$ 颜色空间变换回 LMS 空间：

$$\begin{bmatrix} L_s \\ M_s \\ S_s \end{bmatrix} = \begin{pmatrix} 1 & 1 & 1 \\ 1 & 1 & -1 \\ 1 & -2 & 0 \end{pmatrix} \begin{pmatrix} \frac{\sqrt{3}}{3} & 0 & 0 \\ 0 & \frac{\sqrt{6}}{6} & 0 \\ 0 & 0 & \frac{\sqrt{2}}{2} \end{pmatrix} \begin{bmatrix} l_s \\ \alpha_s \\ \beta_s \end{bmatrix} \tag{5-46}$$

（7）对 LMS 空间的三个颜色通道进行指数运算：

$$\begin{cases} L = 10^{L_s} \\ M = 10^{M_s} \\ S = 10^{S_s} \end{cases} \tag{5-47}$$

（8）将处理结果从 LMS 空间变换回 RGB 颜色空间：

$$\begin{bmatrix} R \\ G \\ B \end{bmatrix} = \begin{pmatrix} 4.4679 & -3.5873 & 0.1193 \\ -1.2186 & 2.3809 & -0.1624 \\ 0.0497 & -0.2439 & 1.2045 \end{pmatrix} \begin{bmatrix} L \\ M \\ S \end{bmatrix} \tag{5-48}$$

至此，经过颜色迁移后，参考图像 R 的颜色分布规律已经在融合结果图像中表现出来，即可对得到的 RGB 空间的图像进行显示和写入操作。

下面基于颜色迁移技术进行伪彩色融合实验，选择在日光条件下的两幅自然场景图像作为参考图像，得到的伪彩色融合效果如图 5-11 和图 5-12 所示。

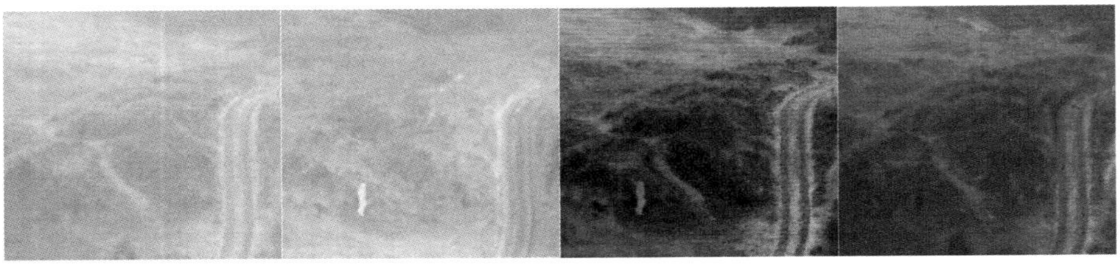

(a) (b) (c) (d)

图 5-11　基于颜色迁移的彩色融合结果 1

（a）微光图像；（b）红外图像；（c）参考图像 1 传递结果；（d）参考图像 2 传递结果。

可以看出，相对于 5.3 节介绍的基于颜色通道映射法得到的伪彩效果，颜色迁移得到的彩色图像更加符合参考图像的颜色分布规律。例如，图 5-12 中的栅栏背景呈现草绿色，与人眼视觉习惯是基本一致的。由此可见，只要选取的参考图像适当，就可以得到视觉效果较好的伪彩色融合结果，从而更加利于人眼对目标的观察和分析判断。但不难发现，颜色迁移对参考图像的选取依赖性很大，同一场景在传递不同的参考图像颜色分布特性时，得到的伪彩色融合图像有较大的差异，所以如何选择理想的参考图像对基于颜色迁移的伪彩色融合非常重要。

图 5-12 基于颜色迁移的彩色融合结果 2

(a) 微光图像；(b) 红外图像；(c) 参考图像 1 图像；(d) 融合结果 1；(e) 参考图像 2；(f) 融合结果 2。

5.4.3 基于颜色迁移和对比度增强的彩色融合方法

为了克服颜色迁移算法得到的融合结果中目标不突出的问题，下面介绍一种基于颜色迁移和对比度增强的红外与微光图像彩色融合方法[39]。首先，在 YCbCr 颜色空间将红外与微光图像仿照 TNO 方法生成伪彩色融合图像，并利用颜色迁移技术得到初步彩色融合图像；其次，采用基于稀疏表示的最优化融合方法，生成红外与微光图像的灰度融合图像；再次，对灰度融合图像和微光图像分别进行非线性扩散，并采用迭代阈值分割方法从二者的差值图像中提取出热目标；接着，在 HSI 颜色空间利用提取的热目标和灰度融合图像对初步彩色融合图像中的 H、S、I 分量进行调整；最后，将调整结果从 HSI 颜色空间变换回 RGB 颜色空间，得到最终的彩色融合图像。具体融合方案如图 5-13 所示。

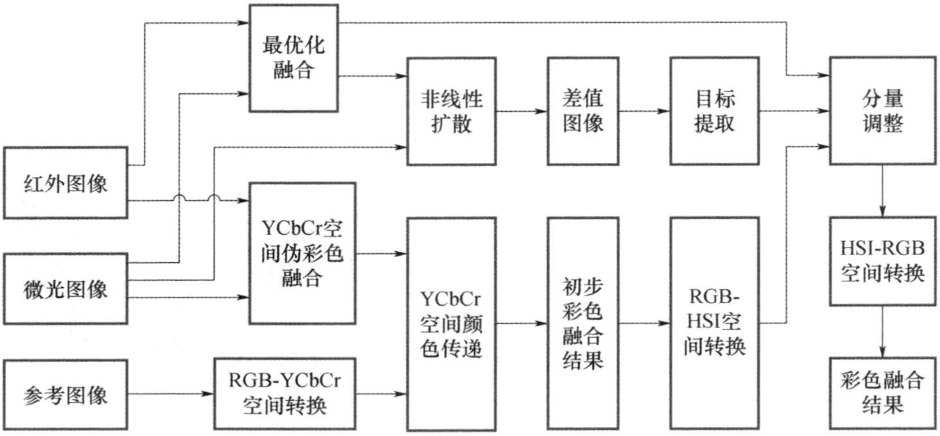

图 5-13　基于目标对比度增强的红外与微光图像彩色融合方案

5.4.3.1　基于稀疏表示的红外与微光图像最优化融合

传统的红外与微光图像融合方法有 PCA 方法、图像金字塔法、小波变换融合方法等。其中：PCA 方法实时性强，但是当输入的源图像灰度差异比较大时，会出现较明显的拼接痕迹；图像金字塔法是冗余分解，在高频融合中信息损失大且分解无方向性；小波变换不能最稀疏地表示图像结构中的直线和曲线等几何特征的奇异性。受人类视觉皮层神经元响应的稀疏性启发，Olshausen 等提出了稀疏表示（sparse representation）方法[40]，由于采用过完备字典的稀疏表示能够使分解系数更稀疏，更能反映信号的本质特征和内在结构，因此在图像融合领域具有广泛的应用前景。Hu 等较早采用稀疏表示用于遥感图像融合[41]，取得了不错的融合结果；但是该融合方法中的字典是单尺度字典，稀疏表示信号的能力有限，且该方法的融合规则采用显著性融合规则，并不能保证生成的融合图像最优。下面介绍一种基于稀疏表示的红外图像与微光图像最优化融合方法[42]。

1. 构造多尺度学习字典

由于单尺度字典对图像信号稀疏表示的能力有限，不能最稀疏表示图像信号，而多尺度字典相对于单尺度字典能够最优匹配图像中的各成分结构，具有更强的稀疏表示能力，因此，下面从训练样本中学习生成一个多尺度学习字典，并应用到红外图像与微光图像融合中。四叉树分解模型是一个典型的数据保存、表示、处理的数据结构。假设一个图像块的大小为 C，按照四叉树模型其子图像块的大小为 $C_s=C/4^s$，$s=0, \cdots, S-1$ 表示树的深度。因此不同尺度的字典 $\boldsymbol{D}_s \in \mathbf{R}^{T_s \times J_s}$ 由 J_s 个大小为 C_s 的原子组成。多尺度字典 $\boldsymbol{D} \in \mathbf{R}^{T \times J}$ 是一个字典集，由不同尺度的字典分布在四叉树不同分支处的字典组成。一个多尺度字典 $\boldsymbol{D} \in$

$\mathbf{R}^{T\times J}$在四叉树模型中有 4^S 个分支，该多尺度字典中的原子数 $J=\sum_s 4^s J_s$。

多尺度字典的构造是在 K-SVD 算法[43]基础上形成的。为了构造一个多尺度字典，把输入的源图像进行高斯金字塔图像分解，该金字塔图像通过下式得到：

$$I_p=(Y*B_p)\downarrow_{S_p} \tag{5-49}$$

式中：Y 为输入的源图像；B_p为标准方差为$\sigma^2\lg p/\lg 5$ 的高斯核；$\downarrow_{S_p}$为下采样，$S_p=(0.8)_p$，p 为分解的层数。

从高斯金字塔图像中抽取大小为$\sqrt{C}\times\sqrt{C}$ 的图像块序列 $\{Z_i\}_{i=1}{}^N$。每个图像块都可以被多尺度字典 $\boldsymbol{D}\in\mathbf{R}^{T\times J}$稀疏表示，字典 $\boldsymbol{D}$ 包含有 J 个原子，s 个不同尺度的字典。通过以下方法生成一个多尺度自适应学习字典。首先，选用 DCT 字典作为多尺度字典的初始字典，每一个原子按照四叉树的分解结构进行分解，如图 5-14 所示。

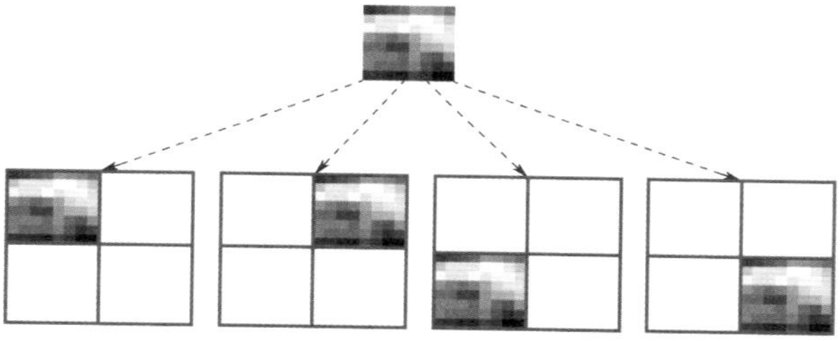

图 5-14　尺度为 2 的原子分解

其次，选择高斯金字塔中的图像块作为样本图像，用 K-SVD 算法中字典更新的方法独立地训练出不同尺度的字典，最后把同一尺度不同位置处更新后的原子取平均组成一个原子，如图 5-15 所示。

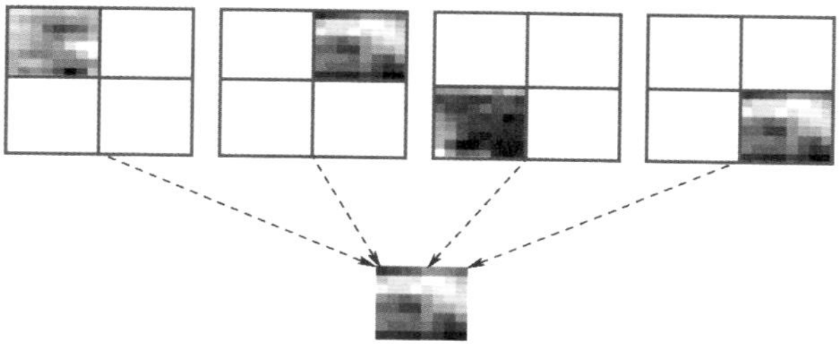

图 5-15　尺度为 2 的原子合成

按照上述方法，下面基于传统的 K-SVD 算法构造出 3 尺度自适应学习字典，如图 5-16 所示。对于一个大小为 20×20 的图像块，在该 3 尺度学习字典下的稀疏表示概图如图 5-17 所示。

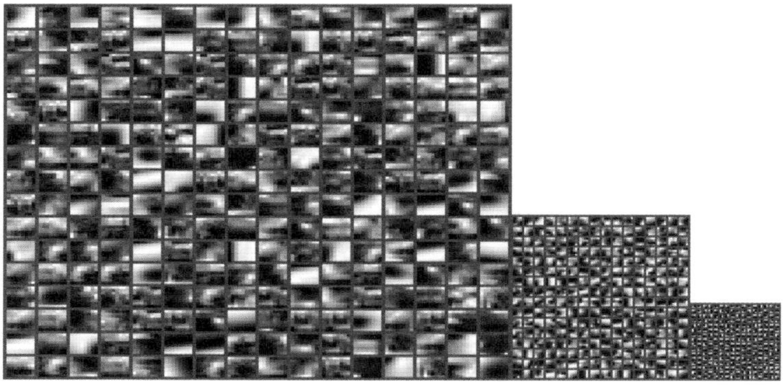

图 5-16　一个 3 尺度学习字典

(a) $s=0$；(b) $s=1$；(c) $s=2$。

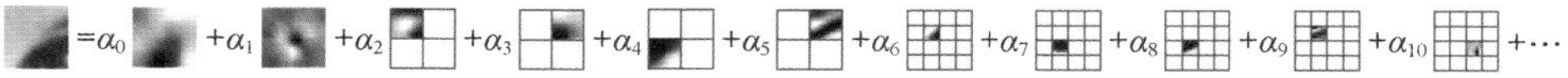

图 5-17　20×20 图像块在 3 尺度自适应学习字典下分解概图

2. 基于稀疏表示的最优化融合

红外图像与微光图像在多尺度字典 $\boldsymbol{D}$ 下，利用贪婪追踪算法中改进的正交匹配追踪——Gram-Schmidt 算法求得的稀疏系数为 $\boldsymbol{\alpha}$ 和 $\boldsymbol{\beta}$，假设融合图像的系数为 $\boldsymbol{\gamma}$。因此，融合图像的优劣等价于系数 $\boldsymbol{\gamma}$ 从 $\boldsymbol{\alpha}$ 和 $\boldsymbol{\beta}$ 中选择的好坏。为了生成一幅好的融合图像，这里采用融合图像的方差值以及融合图像和源图像的差异两个准则来评价融合结果。其中，方差是图像灰度值相对于均值的分散测度，其值越大，则图像的灰度阶调变化范围越大，图像的方差越大，图像的信息量也越大，分辨率越高。因此，可以构建一个目标函数，使融合图像中的方差最大、融合图像与源图像的差别最小，具体如下式：

$$\boldsymbol{y}^* = \arg\min_{\boldsymbol{y}} \| \nabla \boldsymbol{x}_1 (\boldsymbol{y} - \boldsymbol{x}_1) \|_2^2 + \| \nabla \boldsymbol{x}_2 (\boldsymbol{y} - \boldsymbol{x}_2) \|_2^2 \tag{5-50}$$

式中：$\boldsymbol{x}_1$ 和 $\boldsymbol{x}_2$ 分别为红外图像和微光图像；$\boldsymbol{y}$ 为融合图像；$\boldsymbol{y}-\boldsymbol{x}_1$ 和 $\boldsymbol{y}-\boldsymbol{x}_2$ 为残留量，表征了源图像与融合图像的差别；$\nabla \boldsymbol{x}_1$ 和 $\nabla \boldsymbol{x}_2$ 为残留量的权重。

由于 $\boldsymbol{x}_1=\boldsymbol{D}\alpha$，$\boldsymbol{x}_2=\boldsymbol{D}\beta$，$\boldsymbol{y}=\boldsymbol{D}\gamma$，因此式 (5-50) 等价为

$$\boldsymbol{J} = \| \nabla \boldsymbol{x}_1 \boldsymbol{D} (\boldsymbol{\gamma} - \boldsymbol{\alpha}) \|_2^2 + \| \nabla \boldsymbol{x}_2 \boldsymbol{D} (\boldsymbol{\gamma} - \boldsymbol{\beta}) \|_2^2 \tag{5-51}$$

令 $\boldsymbol{\Phi}_1=\nabla \boldsymbol{x}_1 \boldsymbol{D}$，$\boldsymbol{\Phi}_2=\nabla \boldsymbol{x}_2 \boldsymbol{D}$，则

$$\boldsymbol{J} = \| \boldsymbol{\Phi}_1 \boldsymbol{\gamma} - \boldsymbol{\Phi}_1 \boldsymbol{\alpha} \|_2^2 + \| \boldsymbol{\Phi}_2 \boldsymbol{\gamma} - \boldsymbol{\Phi}_2 \boldsymbol{\beta} \|_2^2 \tag{5-52}$$

上式目标函数可以看成是一个二次方程。为了进行进一步的分析，可将上

式等价为

$$\boldsymbol{J}=\boldsymbol{\gamma}^{\mathrm{T}}(\boldsymbol{\Phi}_1^{\mathrm{T}}\boldsymbol{\Phi}_1+\boldsymbol{\Phi}_2^{\mathrm{T}}\boldsymbol{\Phi}_2)\boldsymbol{\gamma}-2((\boldsymbol{\Phi}_1\boldsymbol{\alpha})^{\mathrm{T}}\boldsymbol{\Phi}_1+(\boldsymbol{\Phi}_2\boldsymbol{\beta})^{\mathrm{T}}\boldsymbol{\Phi}_2)\boldsymbol{\gamma}+ \\ (\boldsymbol{\Phi}_1\boldsymbol{\alpha})^{\mathrm{T}}\boldsymbol{\Phi}_1\boldsymbol{\alpha}+(\boldsymbol{\Phi}_2\boldsymbol{\beta})^{\mathrm{T}}\boldsymbol{\Phi}_2\boldsymbol{\beta} \tag{5-53}$$

$\boldsymbol{P}$、$\boldsymbol{Q}$、$\boldsymbol{C}$ 分别定义为

$$\begin{cases}\boldsymbol{P}=\boldsymbol{\Phi}_1^{\mathrm{T}}\boldsymbol{\Phi}_1+\boldsymbol{\Phi}_2^{\mathrm{T}}\boldsymbol{\Phi}_2 \\ \boldsymbol{Q}=\boldsymbol{\Phi}_1\boldsymbol{\alpha}\boldsymbol{\Phi}_1^{\mathrm{T}}+\boldsymbol{\Phi}_2\boldsymbol{\beta}\boldsymbol{\Phi}_2^{\mathrm{T}} \\ \boldsymbol{C}=(\boldsymbol{\Phi}_1\boldsymbol{\alpha})^{\mathrm{T}}\boldsymbol{\Phi}_1\boldsymbol{\alpha}+(\boldsymbol{\Phi}_2\boldsymbol{\beta})^{\mathrm{T}}\boldsymbol{\Phi}_2\boldsymbol{\beta}\end{cases} \tag{5-54}$$

则式（5-53）转化为

$$\boldsymbol{J}=\boldsymbol{\gamma}^{\mathrm{T}}\boldsymbol{P}\boldsymbol{\gamma}-2\boldsymbol{Q}^{\mathrm{T}}\boldsymbol{\gamma}+\boldsymbol{C} \tag{5-55}$$

因此，融合图像的最优化稀疏系数为

$$\boldsymbol{\gamma}^{*}=\arg\min_{\gamma}\frac{1}{2}\boldsymbol{\gamma}^{\mathrm{T}}\boldsymbol{P}\boldsymbol{\gamma}-\boldsymbol{Q}^{\mathrm{T}}\boldsymbol{\gamma}+\frac{1}{2}\boldsymbol{C}\quad(\|\boldsymbol{\gamma}\|_{l_p}<L) \tag{5-56}$$

对于上式中的 l_p 范数，虽然 l_0 范数的稀疏性最好，但这是 NP-hard 问题；l_2 范数虽然有很好的凸性和可微性，但稀疏性差；l_1 范数的稀疏性虽然没有 l_0 范数强，但 l_1 范数具有唯一性，而且有很强的鲁棒性。由于 $\boldsymbol{\gamma}$ 解集非空，同时要求其非零系数尽可能的少，因此式（5-56）可以写为

$$\boldsymbol{\gamma}^{*}=\arg\min_{\gamma}\frac{1}{2}\boldsymbol{\gamma}^{\mathrm{T}}\boldsymbol{P}\boldsymbol{\gamma}-\boldsymbol{Q}^{\mathrm{T}}\boldsymbol{\gamma}+\frac{1}{2}\boldsymbol{C}+\lambda\|\boldsymbol{\gamma}\|_1\quad(\lambda>0) \tag{5-57}$$

该问题转换为 LASSO 问题。这里采用 l_1 范数求解融合图像的稀疏系数，为了解决该最优化问题采用数值最优化工具 CVX，求得最优解 $\boldsymbol{\gamma}$，进而求得融合图像 $\boldsymbol{F}=\boldsymbol{D}\boldsymbol{\gamma}$。

3. 试验结果与分析

为了验证提出的方法的可行性与有效性，选择了四种常见的图像融合技术，即 PCA 融合方法、拉普拉斯金字塔融合方法、小波融合方法及 Hu 方法[41]提出的稀疏融合方法进行对比实验。实验中，采用荷兰 TNO 人力因素研究所提供的一组红外与微光图像进行验证。在小波融合中，小波基为 db8，分解层数为 4 层，低频系数的融合规则采取加权平均法，高频系数的融合规则采取绝对值最大；拉普拉斯金字塔融合中分解层数为 4 层，低频系数的融合规则采取加权平均法，高频系数的融合规则采取绝对值最大。得到的融合结果如图 5-18 所示。可以看出，PCA 融合方法中的目标模糊不清晰，不利于人眼对目标的观察和识别。与 Hu 方法融合结果、拉普拉斯金字塔融合结果、小波变换方法相比，利用提出的方法得到的融合结果既继承了红外图像中的

目标信息（如草丛中的人），又较好地保留了微光图像中的场景信息，使生成的融合图像场景更加清晰、目标更加突出。

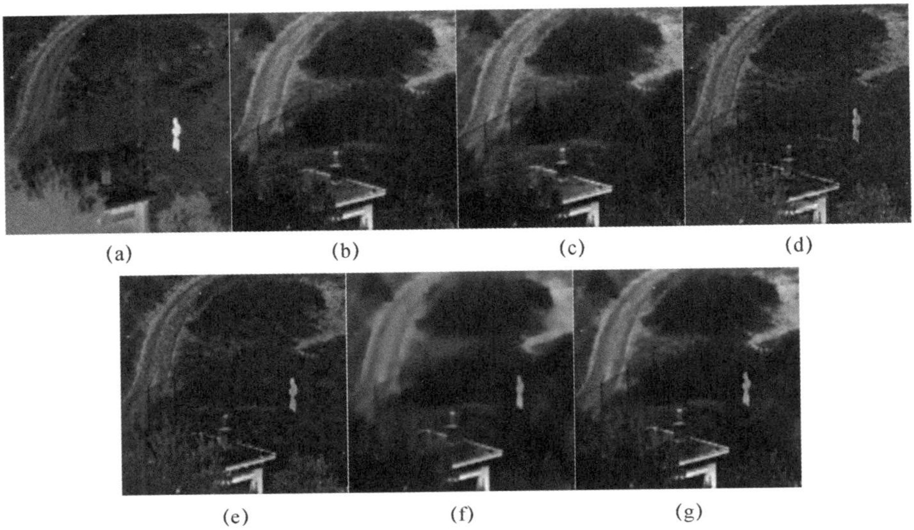

图 5-18　基于稀疏表示的最优化融合结果

（a）红外图像；（b）微光图像；（c）PCA 融合结果；（d）Hu 方法融合结果；（e）拉普拉斯融合结果；（f）小波融合结果；（g）本节提出的方法融合结果。

为了进一步定量评价不同方法得到的融合图像的质量，采用 4 种典型的图像融合结果客观评价指标来分析，即信息熵、标准差、互信息和 EIPV，对上述融合图像的计算结果如表 5-7 所列。可以看出，提出的融合方法得到的融合结果，信息熵、EIPV、MI、标准差均取得了最大值。这是因为多尺度字典相对于单尺度字典能够最优匹配图像中的各成分结构，具有更强的稀疏表示能力，对于图像的表示能力更强，又由于提出的融合方法不仅使融合图像的方差尽可能大（图像中的信息量大），又使得融合图像与源图像的差异尽可能小，因此融合效果最好。

表 5-7　不同融合方法的定量比较结果

融合方法	信息熵	EIPV	MI	标准差
PCA 融合	6.6425	0.4011	2.5986	32.1188
小波融合方法	6.7017	0.4213	2.8439	31.2996
拉普拉斯融合	6.6291	0.4161	2.6411	28.9523
Hu 方法	7.1091	0.4036	2.6607	39.1718
本节提出的方法	7.2066	0.4325	3.4602	41.3733

5.4.3.2 基于 YCbCr 空间的颜色迁移方法

通过对不同的颜色空间进行分析比较，下面选择在 YCbCr 颜色空间进行颜色迁移，主要原因是：①与 RGB、HSI、YIQ 等颜色空间相比，YCbCr 空间的亮度分量 Y 与色度分量 Cb、Cr 相互独立，且 Y 分量与 RGB 各分量具有相同的动态范围；②RGB 与 YCbCr 空间之间的变换是线性变换，相比包含反三角变换的 HSI 颜色空间及包含对数运算的 $l\alpha\beta$ 彩色空间具有更高的计算效率和信息保真度；③YCbCr 空间的相关性要小于 YUV 空间，这是因为 YCbCr 空间是 YUV 空间通过修改系数和偏离量衍变而来。研究表明[44]，基于 YCbCr 空间的颜色迁移生成的彩色融合图像效果更好。

仿照 TNO 方法的伪彩色融合结构，在 YCbCr 空间进行的伪彩色融合方案为

$$\begin{cases} Y = \mathrm{LLL} \\ Cb = \mathrm{LLL} - \mathrm{IR} + \min\{\mathrm{LLL}, \mathrm{IR}\} \\ Cr = \mathrm{IR} - \mathrm{LLL} + \min\{\mathrm{LLL}, \mathrm{IR}\} \end{cases} \tag{5-58}$$

为获得更佳的自然感彩色融合图像，采用颜色迁移的方式对伪彩色融合图像进行色彩增强，首先计算选取参考图像的颜色统计特征（均值和标准差），通过线性变换，使得伪彩色图像和参考图像在 YCbCr 空间具有相同的均值与方差，具体方法步骤如下：

（1）将参考图像从 RGB 空间变换到 YCbCr 空间，YCbCr 和 RGB 空间之间变换关系如下：

$$\begin{pmatrix} Y \\ Cb \\ Cr \end{pmatrix} = \begin{pmatrix} 0.2990 & 0.5870 & 0.1140 \\ -0.1687 & -0.3313 & 0.5000 \\ 0.5000 & -0.4187 & -0.0813 \end{pmatrix} \begin{pmatrix} R \\ G \\ B \end{pmatrix} \tag{5-59}$$

（2）分别计算参考图像在 Y、Cb 和 Cr 通道的均值与方差，计算公式如下：

$$\mu = \sum_{i=1}^{M}\sum_{j=1}^{N}\frac{x(i,j)}{M\times N},\quad \sigma^2 = \sum_{i=1}^{M}\sum_{j=1}^{n}\frac{(x(i,j)-\mu)^2}{M\times N} \tag{5-60}$$

（3）利用颜色迁移方法把参考图像的颜色特征（均值与标准差）传递给伪彩色融合图像：

$$\begin{cases} Y_F = \dfrac{\sigma_R^Y}{\sigma_S^Y}[Y_S - \mu_S^Y] + \mu_R^Y \\ Cb_F = \dfrac{\sigma_R^{Cb}}{\sigma_S^{Cb}}[Cb_S - \mu_S^{Cb}] + \mu_R^{Cb} \\ Cr_F = \dfrac{\sigma_R^{Cr}}{\sigma_S^{Cr}}[Cr_S - \mu_S^{Cr}] + \mu_R^{Cr} \end{cases} \tag{5-61}$$

式中：下标 R、S、F 分别表示参考图像、伪彩色图像和生成的彩色融合图像。

（4）将得到的融合图像从 YCbCr 空间变换到 RGB 空间进行显示：

$$\begin{pmatrix} R \\ G \\ B \end{pmatrix} = \begin{pmatrix} 1.0000 & 0.0000 & 1.4020 \\ 1.0000 & -0.3441 & -0.7141 \\ 1.0000 & 1.7720 & 0.0000 \end{pmatrix} \begin{pmatrix} Y_F \\ Cb_F \\ Cr_F \end{pmatrix} \tag{5-62}$$

5.4.3.3 非线性扩散与热目标提取

由于红外图像中噪声比较多，背景环境复杂，杂波干扰大，单一的传统图像分割方法很难得到理想的效果。为此，下面首先对红外与微光图像的灰度融合图像和微光图像分别进行非线性扩散预处理；其次取两者的扩散结果的差值；最后利用迭代阈值分割方法从差值图像中提取出热目标。

非线性扩散是一种偏微分方法，能够有效平滑掉图像中的噪声、孤立点和一些不连通区域，使图像中的高灰度区更高、低灰度区更低，增强图像中的边缘细节。在图像处理中运用非线性扩散滤波的想法最初是由 Perona 和 Malik 提出的[45]，故简称 PM 模型，其数学表达式为

$$\begin{cases} \dfrac{\partial u}{\partial t} = \mathrm{div}(d(|\nabla u|^2)\nabla u) & (\text{在}(0,T)\times\Omega\text{内}) \\ u(0,\boldsymbol{x}) = u_0(\boldsymbol{x}) & (\text{在}\ \Omega\ \text{内}) \\ \dfrac{\partial u}{\partial \boldsymbol{n}}\Big|_{\partial\Omega} = 0 & (\text{在}(0,T)\times\partial\Omega\text{上}) \end{cases} \tag{5-63}$$

式中：$|\nabla u|^2$ 为梯度函数；d 为依赖于图像的扩散函数。

在 PM 模型中，扩散函数与梯度之间的关系如图 5-19 所示。可以看出，梯度函数越小，在图像平滑区域时扩散程度越大，梯度函数越大，在图像的边缘区域扩散程度越小，从而达到既消除图像噪声又保持边缘的目的。

在实际应用中，扩散函数的选择应当根据图像的特征和所要求的平滑程度来确定。根据近年来的研究成果以及对夜视图像特点的分析，这里扩散函数采用全变分（total variation，TV）模型[46]：

$$d = \frac{1}{\nabla u} \tag{5-64}$$

在实际使用全变分模型的过程中，很容易遇到 $\nabla u = 0$ 的位置，从而使扩散函数 d 无穷大，所以在实际中扩散函数多使用参数提升的梯度：

$$|\nabla u|_\varepsilon = \sqrt{\varepsilon + |\nabla u|^2} \tag{5-65}$$

由于 PM 模型是一个病态问题，Catté 等[47]提出了如下空域正则化模型：

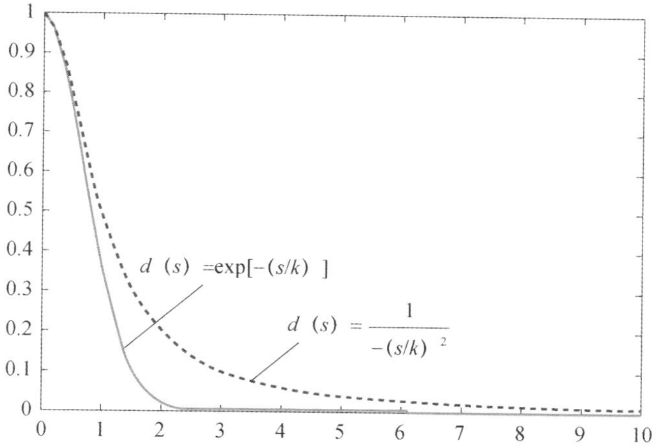

图 5-19 扩散函数与梯度的关系曲线

$$\frac{\partial u}{\partial t}(t,\boldsymbol{x}) = \mathrm{div}(d(|\nabla G_\sigma * u(t,\boldsymbol{x})|^2)\nabla u(t,\boldsymbol{x})) \tag{5-66}$$

式中：G_σ为尺度为σ的高斯函数。

式（5-66）即对 u 进行高斯正则化，用 $|\nabla G_\sigma * u(t,\boldsymbol{x})|$ 代替了 $|\nabla u|$，以便克服 $|\nabla u|$ 对噪声敏感的问题。

对于灰度融合图像与微光图像分别进行非线性扩散，得到的结果记为 E_1 和 E_2，取两者的差值 $\Delta E = |E_1 - E_2|$，然后用迭代阈值分割法从差值图像 ΔE 中分割出热目标，其算法流程如下：

（1）求得输入图像的最大灰度值 t_1 和最小灰度值 t_k，令阈值分割的初始值为 $T^0 = (t_1 + t_k)/2$。

（2）利用 T^k 将输入的图像分为前景 R_1 和背景 R_2，并求得前景均值 μ_1 和背景均值 μ_2。

（3）更新阈值 $T^{k+1} = (\mu_1 + \mu_2)/2$。

（4）若 $T^k = T^{k+1}$ 或 $k > K$（K 表示设定的最多迭代次数），则迭代结束；否则令 $k \leftarrow k+1$，转到（2）继续迭代。

（5）利用确定的阈值 T 分割出热目标 Ω_t。

5.4.3.4 基于 HSI 空间的热目标对比度增强

为了进一步突出彩色融合图像中的目标，提高目标与背景之间的对比度，使人眼能够快速识别出目标，考虑到 HSI 颜色空间符合人眼视觉系统，所以采用如下热目标颜色对比度增强方法：

（1）将得到的初步彩色融合图像 F 由 RGB 空间变换到 HSI 空间，采用如下变换[48]：

$$\begin{pmatrix} I \\ V_1 \\ V_2 \end{pmatrix} = \begin{pmatrix} 1/3 & 1/3 & 1/3 \\ 1/\sqrt{6} & 1/\sqrt{6} & -2/\sqrt{6} \\ 1/\sqrt{2} & -1/\sqrt{2} & 0 \end{pmatrix} \begin{pmatrix} R \\ G \\ B \end{pmatrix} \tag{5-67}$$

$$\begin{cases} H = \arctan(V_2/V_1) \\ S = \sqrt{V_1^2 + V_2^2} \end{cases} \tag{5-68}$$

（2）利用热目标 Ω_t 分别对 F 的色调分量 H 和色饱和度分量 S 分量进行调整：

$$H_2(i,j) = \begin{cases} H(i,j) & ((i,j) \in \Omega_t) \\ \dfrac{H(i,j) + E(H)}{2} + 180^\circ & ((i,j) \notin \Omega_t) \end{cases} \tag{5-69}$$

$$S_2(i,j) = \begin{cases} S(i,j) & ((i,j) \notin \Omega_t) \\ \dfrac{|S(i,j) - E(S)|}{E(|S(i,j) - E(S)|)} & ((i,j) \in \Omega_t) \end{cases} \tag{5-70}$$

式中：$E(\cdot)$ 表示求平均值。

可以看出，调整的基本原理是：若当前像素属于热目标 Ω_t，一方面将色调调整为自身色调与图像平均色调的平均值的补色，另一方面首先求出自身色饱度与图像平均色饱和度之差的绝对值，然后求其绝对值的平均值，利用两者的比值作为该像素点的色饱和度值。

（3）利用基于稀疏表示的最优化融合方法得到的红外与微光图像的灰度融合图像，并作为表征彩色融合图像的 I_2 分量，以便增加图像的细节信息。

（4）将融合结果在 HSI 空间的值（H_2，S_2，I_2）变换回 RGB 空间，得到一幅目标突出、色彩自然的彩色融合结果。HSI 转化为 RGB：

$$\begin{cases} V_1 = S/\sqrt{1 + \tan^2 H} \\ V_2 = S\tan H/\sqrt{1 + \tan^2 H} \end{cases} \tag{5-71}$$

$$\begin{pmatrix} R \\ G \\ B \end{pmatrix} = \begin{pmatrix} 1 & 1/\sqrt{6} & 1/\sqrt{2} \\ 1 & 1/\sqrt{6} & -1/\sqrt{2} \\ 1 & -2/\sqrt{6} & 0 \end{pmatrix} \begin{pmatrix} I \\ V_1 \\ V_2 \end{pmatrix} \tag{5-72}$$

5.4.3.5 试验结果与分析

为验证热目标提取方法的效果，选取迭代阈值分割、均值漂移[49]、水平集分割[50]等典型图像分割方法，采用两组不同场景的红外与微光图像进行对比实验。这里对于非线性扩散的数值求解使用了加性算子分裂（additive operator splitting，AOS）法，其中正则化因子 $\sigma=0.4$，扩散函数采用 TV 扩散，时间步长为 20，迭代次数为 60。红外图像热目标的提取实验如图 5-20 所示。其中，迭代阈值分割法虽然能把热目标分割出来，但与热目标像素值相近的非目标景物也被分割出来（如山路、部分草丛）；水平集分割与迭代阈值分割结果类似，不但得到热目标而且有部分干扰物；均值漂移法的分割结果较好，但仍不能完全剔除干扰（如房屋中部分物体及场景中一些其他物体）。而利用提出的热目标提取方法可以很好地去除场景中的其他（非热目标）干扰，取得较好的分割效果。

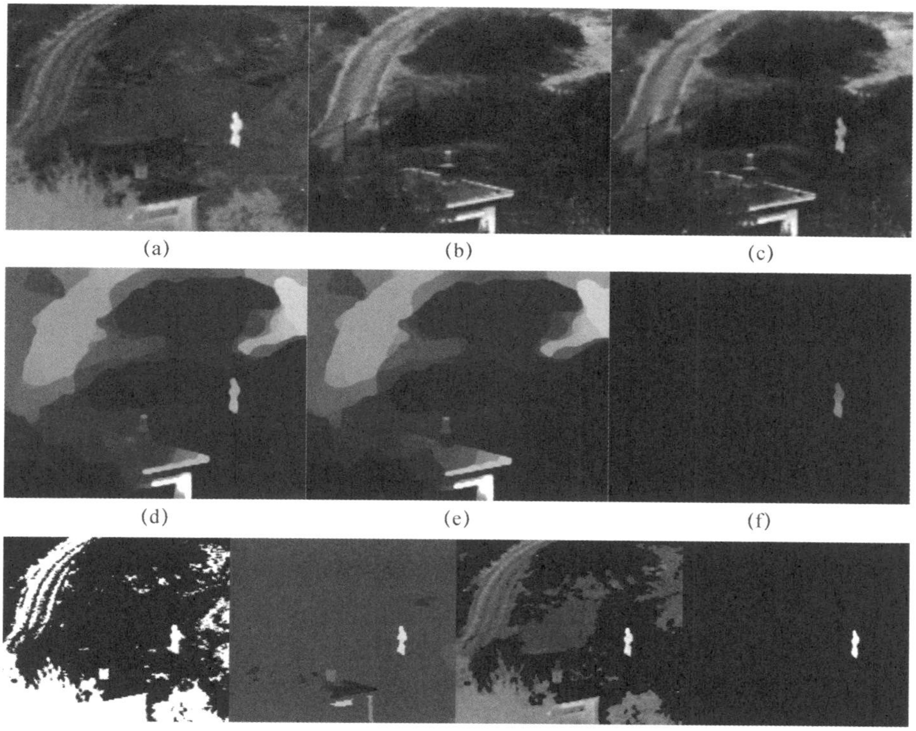

(a) (b) (c) (d) (e) (f) (g) (h) (i) (j)

图 5-20 红外图像热目标提取

（a）微光图像；（b）红外图像；（c）本节提出的方法灰度融合图像；（d）灰度融合图像非线性扩散结果；（e）微光图像非线性扩散结果；（f）差值图像；（g）迭代阈值法分割结果；（h）均值漂移法分割结果；（i）水平集法分割结果；（j）本节提出的方法分割结果。

为了进一步验证提出的彩色融合方法的可行性与有效性，选取文献［8］和文献［10］融合方法进行对比实验，三种融合方法均采用同一幅参考图像，实验结果如图 5-21 所示。文献［8］融合结果目标与背景颜色相近，致使目标不突出，场景中的一些物体（如近处的草丛变黑）色彩不自然；文献［10］融合结果中的场景清晰，红外图像中的热目标突出，但该方法是对红外图像中所有灰度值偏离平均值的区域进行对比度增强，场景中亮度较大的值（如亭子的边缘）也进行对比度增强（变为红色），与场景的实际颜色相背离；而提出的方法得到的融合结果的场景颜色与文献［8］和文献［10］相比更接近自然色，视觉效果更舒适，目标与背景的对比度更高。

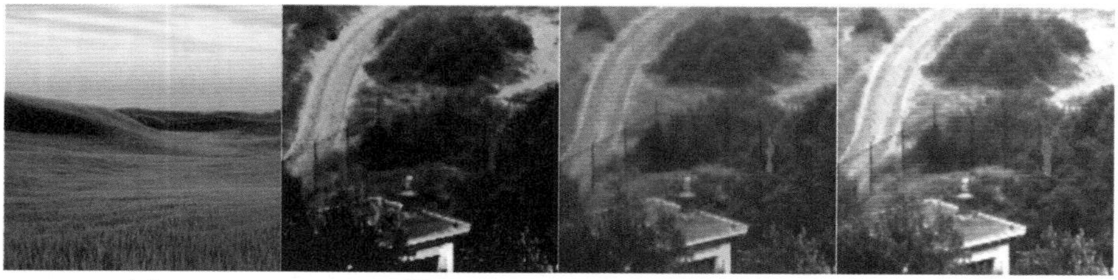

(a)　　(b)　　(c)　　(d)

图 5-21　不同方法得到的彩色融合结果

（a）参考图像；（b）文献［8］融合结果；（c）文献［10］融合结果；（d）本节提出的方法融合结果。

为了定量评价不同彩色融合结果的优劣，采取目标探测性、细节和色彩三项指标分别进行评价。研究表明，目标与背景之间的相对颜色对比度越大，目标越突出，目标探测性越好。对于彩色融合图像目标探测性的量化，采用目标与背景之间的相对颜色对比度来计算。根据 Tseng 等提出的 HSI 彩色空间色差公式[51]，目标 T 与背景 B 之间的颜色对比度定义为

$$T_{\text{color}} = \sqrt{(I_T - I_B)^2 + S_T^2 + S_B^2 - 2S_T S_B \cos\theta} \tag{5-73}$$

$$\begin{cases} \theta = |H_T - H_B|, & |H_T - H_B| \leqslant \pi \\ \theta = 2\pi - |H_T - H_B|, & |H_T - H_B| > \pi \end{cases} \tag{5-74}$$

由于彩色融合图像的细节与信息熵之间具有一定的相关性，这里采用信息熵来评价彩色融合图像的细节。彩色图像熵按照灰度图像信息熵定义，彩色图像熵定义为 R、G 和 B 三个通道熵之和：

$$E = -\sum_{i=0}^{255} p_i^R \lg(p_i^R) - \sum_{i=0}^{255} p_i^G \lg(p_i^G) - \sum_{i=0}^{255} p_i^B \lg(p_i^B) \tag{5-75}$$

对于图 5-21 中不同融合方法得到的彩色融合结果的颜色对比度、彩色熵计算结果如表 5-8 所列。可以看出，提出的方法彩色融合结果的颜色对比度、彩色熵均高于文献［8］和文献［10］的融合结果，说明该方法得到的融合结果目标探测性与细节最好。

表 5-8　彩色融合图像颜色对比度和彩色熵

融合方法	文献［8］融合结果	文献［10］融合结果	本节提出的方法融合结果
颜色对比度	0.289	0.867	0.896
彩色熵	20.013	20.041	20.539

彩色融合图像的色彩是对颜色自然性和视觉舒适度两个色彩主要感知属性的综合。由于国际上没有给出彩色融合图像色彩的定量评价方法，这里对颜色自然性和视觉舒适度采用主观评价，其视觉评价度量分数如表 5-9 所列。

表 5-9　视觉评价度量分数

分数	2	4	6	8	10
颜色自然性	很差	较差	一般	较好	很好
视觉舒适度		易疲劳	一般	不疲劳	

测试者由实验室研究人员和研究生总共 10 名组成，其中 6 名男性和 4 名女性，年龄在 22～36 岁之间，他们视力正常且无色盲。他们了解一些图像、颜色专业知识和夜视成像知识，评价结果采用测试者得分的平均值。对于图 5-21 中不同彩色融合结果的色彩得分如图 5-22 所示。

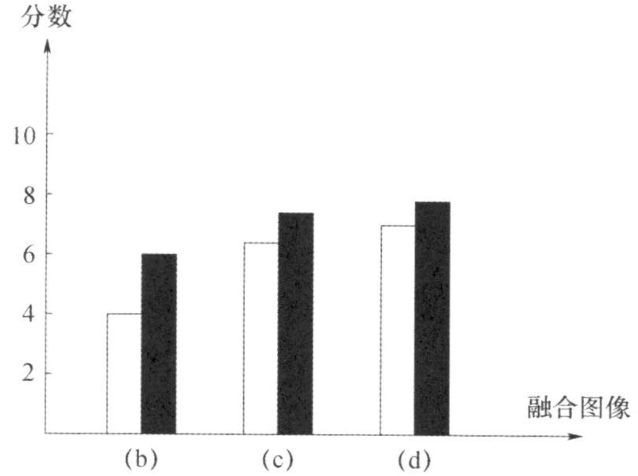

*注：白色柱表示颜色自然性，黑色柱表示视觉舒适度。

图 5-22　不同融合结果的视觉评价平均分数柱图

5.5 红外与微光图像局部自动彩色融合

Toet 提出的基于颜色迁移的彩色融合方法采用图像全局统计信息，使得图像中不同颜色特征的目标被统一处理，会导致不自然的着色效果，且需要人工选取参考图像。Zheng[9]提出一种利用图像分解与融合的夜视图像局部彩色化方法，但是在得到的融合结果中目标与背景颜色相近，不利于人眼对目标的识别。Li 等[52]提出一种基于动态查找表的局部色彩传递方法，可以抑制伪轮廓并避免细节损失。受前人研究启发，下面介绍一种红外与微光夜视图像局部自动彩色融合方法[53]。

5.5.1 基于核模糊均值聚类的图像分割

通过对红外与微光灰度融合图像的特征进行分析，这里采用核模糊 C 均值聚类（KFCM）和非线性扩散相结合的分割方法：首先对基于稀疏表示的红外与微光图像的灰度融合结果进行非线性扩散，使融合图像的边缘得到锐化，高灰度区变得更高，低灰度区变得更低，并达到图像平滑的效果，去除融合图像中孤立的噪声点和不连续区域；然后采用核模糊 C 均值聚类（KF-CM）算法对融合图像的扩散结果进行图像分割。

KFCM 算法的本质是把输入模式空间 $\mathbf{R}^s$ 运用非线性变换 Φ（x）转换到一个高维特征空间 $\mathbf{R}^q$，并在该空间中进行模糊 C 均值聚类[54]。该方法使非线性可分的数据达到线性可分，增大了模式类别之间的差别。核模糊聚类算法的目标函数为

$$J_m(U,V)=\sum_{i=1}^{c}\sum_{k=1}^{n}u_{ik}^{m}\ \|\Phi(x_k)-\Phi(v_i)\|^2 \tag{5-76}$$

式中：x_k（$k=1,2,\cdots,n$）为图像像素的灰度值；c 为聚类个数；u_{ik} 为像素 k 属于第 i 个聚类的隶属度；v_i（$i=1,2,\cdots,c$）是输入空间的聚类中心；m 为隶属度的加权指数；Φ 为非线性映射。

其约束条件为

$$\sum_{i=1}^{c}u_{ik}=1\quad(k=1,2,\cdots,n) \tag{5-77}$$

$$\|\Phi(x_k)-\Phi(v_i)\|^2=K(x_k,x_k)+K(v_i,v_i)-2K(x_k,v_i) \tag{5-78}$$

式中：$K(x_k, x_k)$、$K(v_i, v_i)$、$K(x_k, v_i)$ 为核函数。

这里选用高斯核函数：

$$K(x,y)=\exp\left(\frac{-\|x-y\|^2}{\sigma^2}\right) \tag{5-79}$$

将式（5-79）代入式（5-78），在式（5-77）的约束下，第 $t+1$ 次迭代隶属度和聚类中心为

$$u_{ik}^{(t+1)}=\frac{\left(K(x_k,x_k)+K(v_i^{(t)},v_i^{(t)})-2K(x_k,v_i^{(t)})\right)^{\frac{-1}{m-1}}}{\sum_{i=1}^{c}\left(K(x_k,x_k)+K(v_i^{(t)},v_i^{(t)})-2K(x_k,v_i^{(t)})\right)^{\frac{-1}{m-1}}} \tag{5-80}$$

$$v_i^{(t+1)}=\frac{\sum_{k=1}^{n}(u_{ik}^{(t)})^m K(x_k,v_i^{(t)})x_k}{\sum_{k=1}^{n}(u_{ik}^{(t)})^m K(x_k,v_i^{(t)})} \tag{5-81}$$

当 $|v_i^{(t+1)}-v_i^{(t)}|\leqslant\varepsilon,\varepsilon\in(0,1)$ 或 t 大于最大迭代次数 T 时，停止迭代。KFCM 算法一般流程如下：

（1）对高斯核函数 $K(x, y)$ 中的参数初始化，设定迭代终止条件 ε、模糊加权指数 m、最大迭代次数 T、聚类个数 c 及参数 σ。

（2）初始化隶属度矩阵 $\boldsymbol{u}_{ik}^0$ 和聚类中心 v_i^0，迭代次数 $t=0$。

（3）如果聚类中心 v_i^t 小于某个确定的阈值或它相对上次的改变量小于 ε 或 $t\geqslant T$，则算法停止。否则，重复以下步骤：①根据式（5-80）更新隶属度；②根据式（5-81）更新聚类中心；③$t\leftarrow t+1$。

5.5.2 结合 LBP 和 Gabor 滤波的参考图像自适应选取

颜色迁移方法要求选择的彩色参考图像必须与目标微光夜视图像的内容相近，否则彩色融合图像效果会变坏。显然，仅仅依靠人工来选择参考图像并不利于计算机的自动处理。下面重点讨论参考图像的自动选择，该问题本质上可以视为图像检索问题。鉴于微光图像的分辨率较高、细节较清晰，便于纹理特征的提取，因此下面利用微光图像的纹理特征从图像库中匹配出与场景相似的彩色图像，作为后续彩色融合方法中的参考图像。近年来，各国学者研究了很多种纹理特征提取方法，其中效果比较好的有局部二值模式（local binary pattern，LBP），该方法在空域能有效地提取纹理特征，对图像纹理特征进行较好的描述，得到了广泛的应用和研究[55]。研究表明，人眼视觉系统对于纹理的辨别不仅依赖于组织结构相似性，而且与形状相似性密切相关，这就需要找到一

种既能对空域又能对频域进行有效描述的方法，Gabor 变换正是对信号频率域和空间域的有效描述方法之一。然而，具有相似 LBP 直方图特征或者具有相似的 Gabor 统计特性的两幅图像，在视觉感受上可能完全不同。为此，下面介绍一种结合 LBP 和 Gabor 滤波的自适应源图像选择方法。

5.5.2.1 基于局部二值模式的图像纹理分析

Ojala 等[56]提出的局部二值模式方法是一种空域纹理分析方法，它描述了中心像素与其周围邻域像素之间的相对灰阶关系。该方法将一个 3×3 窗口中的中心像素与窗口中的其余像素进行比较，若周围的像素值小于中心像素值，则将该点值设为 0，否则设为 1，从而得到一个二进制模式，最后将该二进制模式转换为十进制，即获得该中心像素点的 LBP 码值，取值范围［0，255］。图 5-23 给出的是计算 LBP 的一个示例。

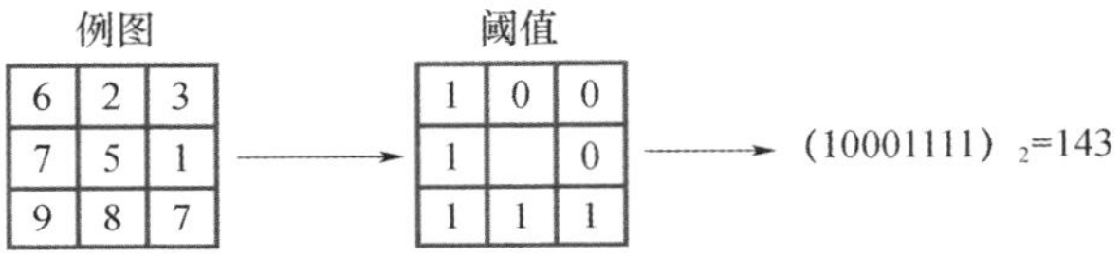

图 5-23 计算 LBP 码值示意图

由于该 LBP 算子局限于 3×3 大小的窗口提取 LBP 纹理特征，无法计算任意大小尺度邻域 LBP 纹理特征，为此 Ojala 和一些学者陆续对其进行了改进，以将 3×3 大小的邻域扩展到任意尺度的邻域，同时将矩形区域替换为圆形邻域 (P,d)，其中 P 表示圆形邻域中总像素数，d 表示其半径。假设 C 是一个像素点，其坐标为 (x,y)，以 d 为半径、C 为中心点的圆环上等间距分布 P 个点，该环形局部结构称为 P 邻域。当像素点没有落在整数坐标点时，采用双线性插值求得该点的像素值，那么中心像素的 LBP 值可以通过下式求得

$$\mathrm{LBP}_{P,d}(x,y)=\sum_{i=0}^{P-1}2^{i}s(g(x,y)-g(x_i,y_i)) \tag{5-82}$$

式中：$s(z)$ 为阈值函数，满足当 $z\geqslant 0$ 时 $s(z)=1$；否则，$s(z)=0$。

图像 $M(x,y)$ 的 LBP 特征直方图为

$$H(h)=\sum_{x,y}I\{g(x,y)=h\} \tag{5-83}$$

式中：h 为 LBP 值，取值范围取决于具体的 LBP 算子，当 $z=\mathrm{TRUE}$ 时，$I(z)=1$；否则，$I(z)=0$。

5.5.2.2 基于 Gabor 滤波的纹理特征提取

Gabor 滤波器是一种带通滤波器，其输出可以看作输入信号的 Gabor 小

波变换。研究表明，二维 Gabor 滤波器可以模拟生物的视觉系统，因而在图像分析中具有重要的作用，并且 Gabor 滤波器可以看成是方向、尺度可调的边界和直线检测器，是信号表示、尤其是图像辨识的最好方法之一。

由于 Gabor 滤波可以看作是一种小波变换，取如下 Gabor 函数 $g(x, y)$ 作为母小波函数：

$$g(x,y)=\frac{1}{2\pi\sigma_x\sigma_y}\exp\left[-\frac{1}{2}\left(\frac{x^2}{\sigma_x^2}+\frac{y^2}{\sigma_y^2}\right)+2\pi \mathrm{j}wx\right] \tag{5-84}$$

其傅里叶变换 $G(u, v)$ 为

$$G(u,v)=\exp\left\{-\frac{1}{2}\left[\frac{(u-w)^2}{\sigma_u^2}+\frac{v^2}{\sigma_v^2}\right]\right\}$$

式中

$$\sigma_u \triangleq \frac{1}{2\pi\sigma_x},\ \sigma_v \triangleq \frac{1}{2\pi\sigma_y} \tag{5-85}$$

以 $g(x, y)$ 为母小波进行尺度变换和旋转变换，就可得到一组自相似的滤波器（称为 Gabor 小波）：

$$\begin{cases} g_{mn}(x,y)=a^{-m}g(x',y') \quad (a>1,m,n\in \mathbf{Z}) \\ x'=a^{-m}(x\cos\theta+y\sin\theta) \\ y'=a^{-m}(x\sin\theta+y\cos\theta) \end{cases} \tag{5-86}$$

式中：$\theta=n\pi/K$，K 为滤波器总的方向数；a^{-m} 为尺度因子；$m=0, 1, \cdots, S-1$。

由于 Gabor 小波变换是非正交变换，经其变换输出的图像存在冗余信息。为了减少图像间的冗余性，设计一组多通道滤波器，其中心频率范围为 $[U_\mathrm{l}, U_\mathrm{h}]$，$S$ 表示尺度数，k 表示方向数。Gabor 小波参数的计算公式如下[57]：

$$\begin{cases} a=\left(\dfrac{U_\mathrm{h}}{U_\mathrm{l}}\right)^{\frac{1}{S-1}} \\ \sigma_n=\dfrac{(a-1)U_\mathrm{h}}{(a+1)\sqrt{2\ln 2}} \\ \sigma_v=\tan\dfrac{\pi}{2k}\left[U_\mathrm{h}-2\ln\left(\dfrac{\sigma_u^2}{U_\mathrm{h}}\right)\right]\left[2\ln 2-\dfrac{(2\ln 2)^2\sigma_n^2}{U_\mathrm{h}^2}\right] \end{cases} \tag{5-87}$$

其中，$U_\mathrm{h}=w$。

接下来利用 Gabor 小波变换提取图像的纹理特征。对于一幅灰度图像 $M(x, y)$，Gabor 小波变换定义为

$$W_{mn}(x,y)=\int M(x_1,y_1)g_{mn}^{*}(x-x_1,y-y_1)\mathrm{d}x\mathrm{d}y \tag{5-88}$$

因此，可以采用其变换系数模的均值和标准方差作为图像匹配中的纹理特征量：

$$\begin{cases}\mu_{mn}=\iint |W_{mn}(xy)|\,\mathrm{d}x\mathrm{d}y \\ \sigma_{mn}=\sqrt{\iint (|W_{mn}(xy)|-\mu_{mn})^2\,\mathrm{d}x\mathrm{d}y}\end{cases} \tag{5-89}$$

5.5.2.3 参考图像自适应选取

结合 LBP 和 Gabor 滤波的参考图像自适应选取流程如下：

（1）由于 HSI 空间与人眼视觉系统相符，首先把彩色图像库中的彩色图像变换到 HSI 空间，用其 I 分量作为其灰度图像。

（2）基于 Gabor 滤波进行图像纹理特征提取：

①选取中心频率分别为 4、8、12，方向分别取为 0°、45°、90°、135°，共构造 12 个滤波器，作为 Gabor 滤波器组。

②用 Gabor 小波变换系数的模的均值 μ_{mn} 和标准方差 σ_{mn}，来代表某个区域的纹理特征，这样就得到了一个 24 维的纹理特征矢量。

③分别计算微光夜视图像和彩色参考图像的 Gabor 滤波器的特征矢量。

（3）分别度量微光夜视图像和彩色参考图像的 LBP 特征矢量和 Gabor 特征向量的相似度。

用于图像检索的相似性度量规则有很多种，这里采用堪培拉（Canberra）距离，因其在相同的外界条件下具有较高的检索率。Canberra 距离定义为

$$S(I_1,I_2)=\sum_i \frac{|F_{1i}-F_{2i}|}{F_{1i}+F_{2i}} \tag{5-90}$$

式中：I_1、I_2 为输入的两幅图像；F_{1i}、F_{2i} 为输入图像 I_1 和 I_2 的第 i 个特征量。

因此，基于 Gabor 滤波的图像相似性度量为

$$S_G(I_1,I_2)=\sum_i^n \frac{|F_{1i}-F_{2i}|}{F_{1i}+F_{2i}} \tag{5-91}$$

由于在空域中 LBP 特征矢量有可能为 0，h 表示所有的 LBP 算子，因此对 Canberra 距离进行改进：

$$S_{\mathrm{LBP}}(I_1,I_2)=\sum_{i=1}^h d(F'_{1i},F'_{2i}) \tag{5-92}$$

$$\begin{cases}s(F'_{1i},F'_{2i})=0 \quad (F'_{1i}=0\ \text{且}\ F'_{2i}=0) \\ s(F'_{1i},F'_{2i})=\dfrac{|F'_{1i}-F'_{2i}|}{F'_{1i}+F'_{2i}} \quad (\text{其他})\end{cases} \tag{5-93}$$

（4）计算查询图像 I_1 与微光夜视图像 I_2 的综合纹理特征的相似度量 S：

$$S(I_1, I_2) = k_1 S_G(I_1, I_2) + (1 - k_1) S_{LBP}(I_1, I_2) \tag{5-94}$$

其中，k_1 为加权系数（$0 \leqslant k_1 \leqslant 1$）。依据查全率最大的寻优准则，引入闭环反馈策略[58]，以便根据微光夜视图像的内在特征自适应地获取加权系数 k_1。

根据典型夜视场景中的不同内容，构造一个包含树木、草地、天空、道路、土壤、房屋、桥梁以及其他与夜视场景语义相似的数百幅不同类别的自然场景的彩色图像，作为参考图像库。当输入一幅如图 5-24（a）所示的目标微光夜视图像时，按照上述源图像自动选择方法，就可以从建立的图像库中选取与之纹理特征相似的彩色图像，具体检索结果及其相似度排序分别如图 5-24（b）～（f）所示。

图 5-24 结合 LBP 和 Gabor 滤波器自适应选取的参考图像

（a）目标微光夜视图像；（b）最佳源图像；（c）次佳源图像；（d）第 3 佳源图像；（e）第 4 佳源图像；（f）第 5 佳源图像。

5.5.3 红外图像与微光图像局部自动彩色融合方法

综上所述，提出的红外图像与微光图像局部自动彩色融合的方案如图 5-25 所示，具体步骤如下：

（1）采用基于稀疏表示的最优化融合方法，得到红外图像与微光图像的灰度融合图像；

（2）将灰度融合图像进行非线性扩散，对非线性扩散的结果采用 KFCM

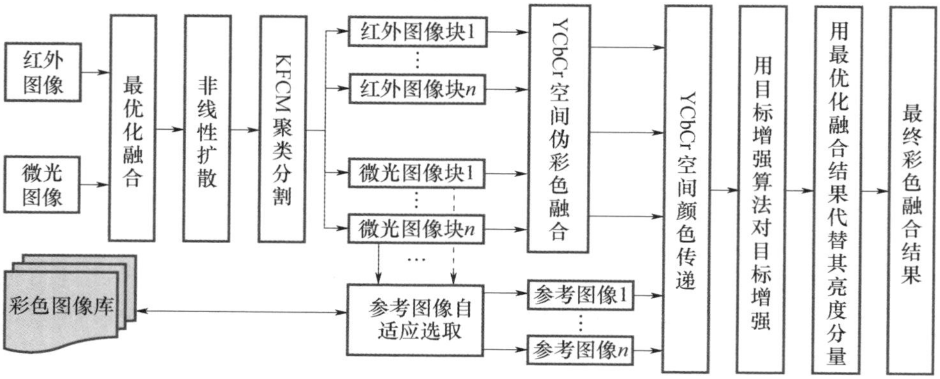

图 5-25　红外图像与微光图像局部自动彩色融合方案

聚类分割方法，把特征相近的分为一类，利用分割出的区域，映射到红外图像与微光图像中求得其对应的分割区域；

（3）利用微光图像中分割出的图像块，采用基于局部二值模式和 Gabor 滤波的参考图像自适应选择方法，从图像库中选出纹理特征与之相近的彩色图像作为其参考图像，在 YCbCr 空间进行局部颜色迁移，得到一幅初始彩色融合图像；

（4）利用前面的热目标增强方法，对得到的初始彩色融合图像中的热目标进行增强，并用红外图像与微光图像的灰度融合图像来表征其亮度分量，即可获得最终的彩色融合结果。

5.5.4　试验结果与分析

为验证本节提出的方法的效果，下面与文献 [8]、[10] 和 [11] 的彩色融合方法进行比较。这里对于融合图像的非线性扩散的数值求解依然使用 AOS 法，正则化因子 $\sigma=0.4$，扩散函数采用全变分扩散，时间步长为 20，迭代次数为 60。对最优化融合后的图像的非线性扩散结果，采用 KFCM 方法进行分割，聚类数为 2，窗口大小为 8，最大迭代次数为 500，误差为 10^{-5}。对于场景 1 的图像分割结果如图 5-26 所示，得到的图像局部区域颜色迁移如图 5-27 所示。

不同方法得到的彩色融合图像如图 5-28 所示。可以看出：文献 [8] 的彩色融合结果色彩分布不太自然、场景模糊，目标可探测性不强；文献 [10] 与文献 [11] 的融合结果虽然目标与背景对比度较高，场景较为清

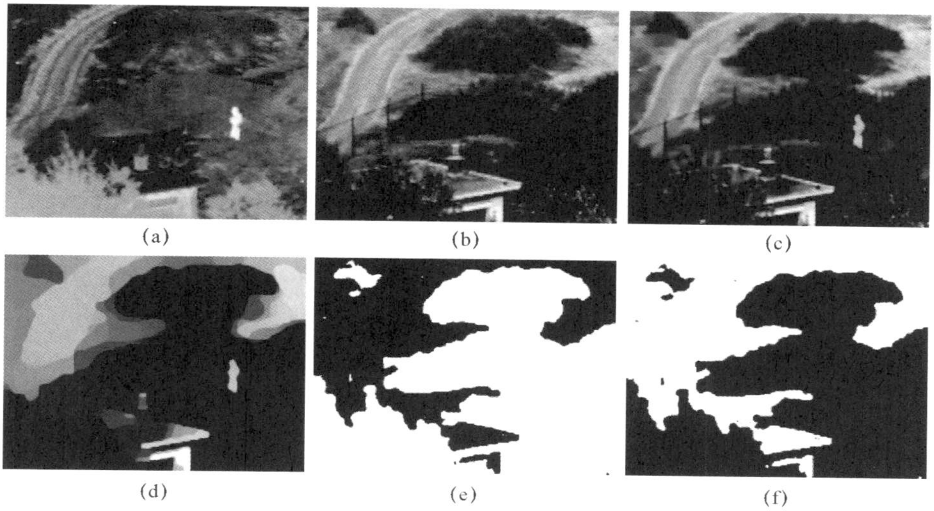

图 5-26 场景 1 的红外图像与微光融合图像聚类结果

(a) 红外图像；(b) 微光图像；(c) 本节提出的方法灰度融合图像；(d) 融合图像非线性扩散结果；(e) 聚类结果 1；(f) 聚类结果 2。

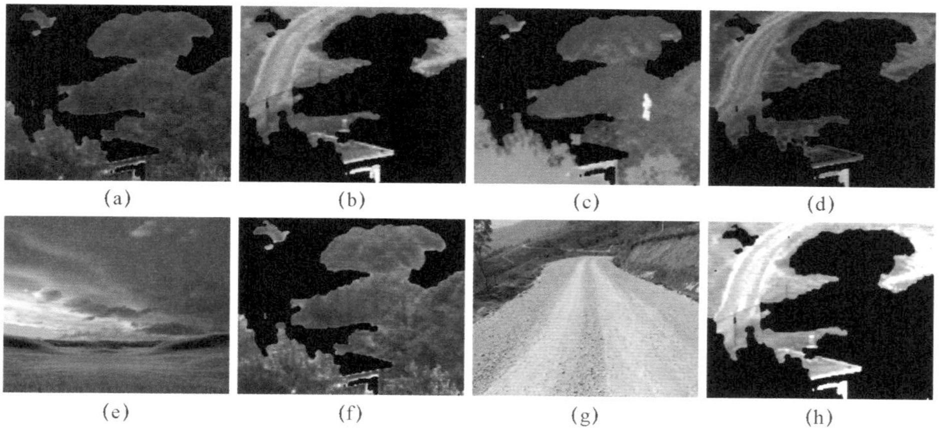

图 5-27 场景 1 的红外图像与微光图像局部彩色融合结果

(a) 微光区域 1；(b) 微光区域 2；(c) 红外区域 1；(d) 红外区域 2；(e) 区域 1 参考图像；(f) 图像区域 1 融合结果；(g) 区域 2 参考图像；(h) 图像区域 2 融合结果。

晰，但是色彩分布不够自然。利用本节提出的方法得到的融合图像场景颜色更加自然，细节清晰，尤其是局部区域更加接近自然色，目标探测性强，图像更利于人眼观察与识别。为了定量比较不同彩色融合方法生成的图像质量的优劣，仍然采用彩色融合图像质量评价方法，图中不同彩色融合结果的颜色对比度和彩色熵如表 5-10 所列，色彩评分结果如图 5-29 所示。不难看出，本节提出的方法得到的彩色融合结果不仅颜色对比度和彩色熵最大，而且视觉评价得分最高。

(a) (b) (c) (d)

图 5-28 场景 1 红外图像与微光图像彩色融合结果

(a) 文献 [8] 融合结果；(b) 文献 [10] 融合结果；(c) 文献 [11] 融合结果；(d) 本节提出的方法融合结果。

表 5-10 场景 1 彩色融合图像对比度和彩色熵

评价方法	文献 [8]	文献 [10]	文献 [11]	本节提出的方法
颜色对比度	0.301	0.891	0.908	0.921
彩色熵	20.013	20.041	20.5040	21.693

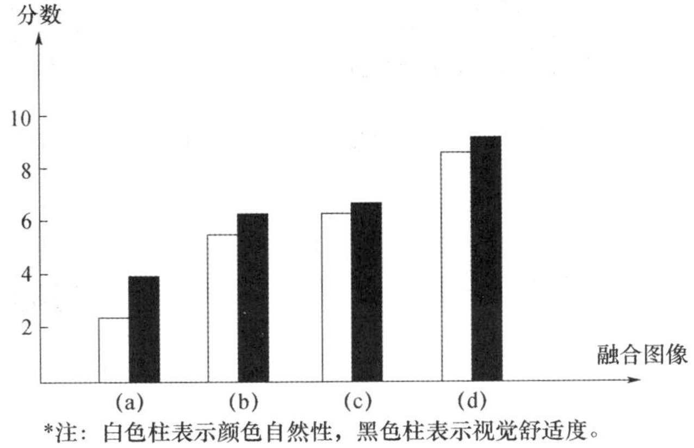

图 5-29 场景 1 融合结果的视觉评价平均分数柱图

不同融合方法对于另一组场景下的红外图像与微光图像进行处理的结果如图 5-30 所示。与前面的结果类似，利用本节提出的融合方法生成的彩色融合图像视觉效果同样要更好一些。

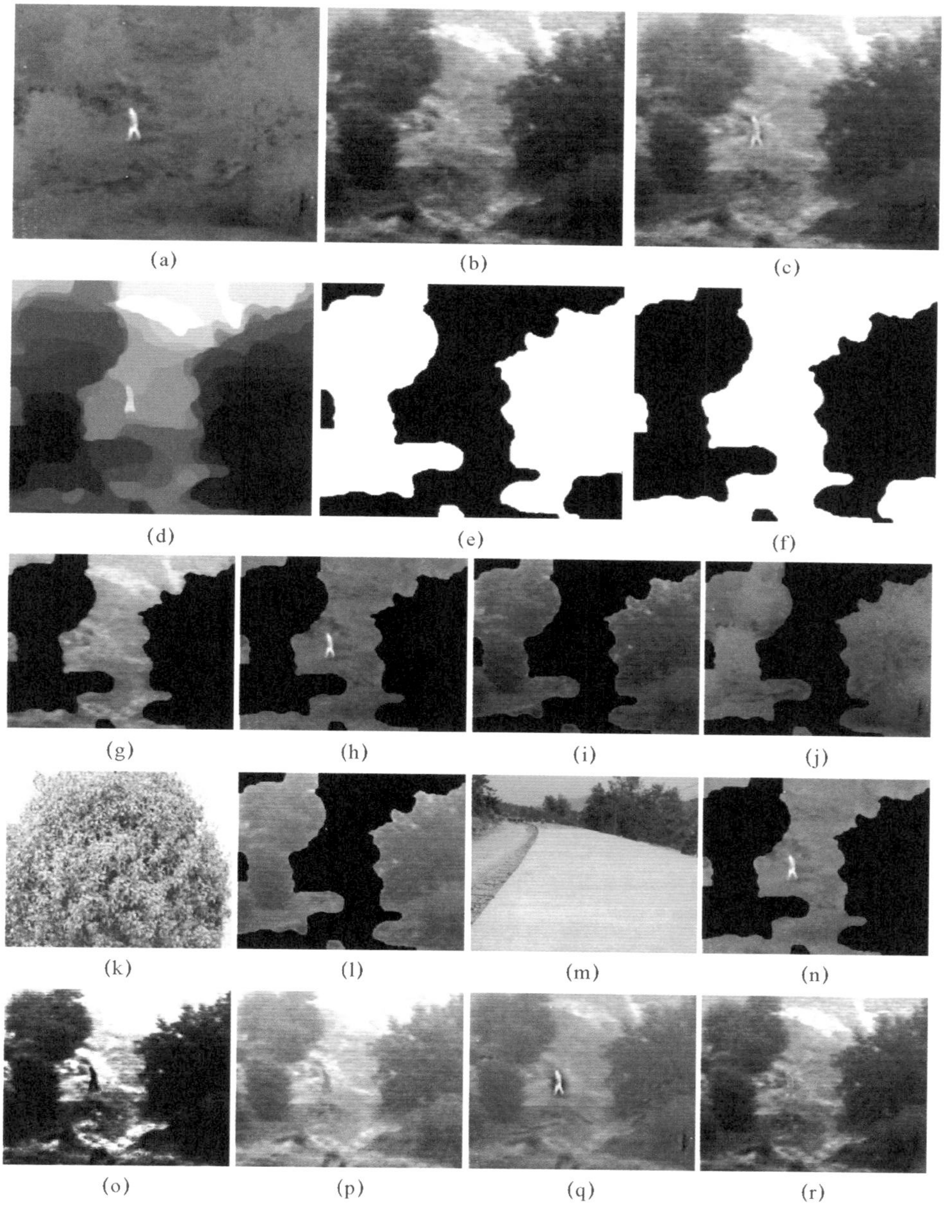

图 5-30 场景 2 的红外图像与微光图像彩色融合结果

(a) 红外图像；(b) 微光图像；(c) 本节提出的方法灰度融合图像；(d) 融合图像非线性扩散结果；(e) 聚类结果 1；(f) 聚类结果 2；(g) 微光区域 1；(h) 微光区域 2；(i) 红外区域 1；(j) 红外区域 2；(k) 区域 1 参考图像；(l) 区域 1 融合结果；(m) 区域 2 参考图像；(n) 区域 2 融合结果；(o) 文献 [8] 融合结果；(p) 文献 [10] 融合结果；(q) 文献 [11] 融合结果；(r) 本节提出的方法。

参考文献

[1] 郭雷，李晖晖，鲍永生．图像融合［M］．北京：电子工业出版社，2008.

[2] KULKARNI S C. Pixel level fusion techniques for SAR and optical images：A review［J］. Information Fusion，2020，59：13-29.

[3] 刘存超．红外与微光图像融合算法研究［D］．合肥：陆军军官学院，2014.

[4] TOET A，HOGERVORST M A. Progress in color night vision［J］. Optical Engineering，2012，51（1）：010901.

[5] WAXMAN A M，FAY D A，GOVE A N，et al. Color night vision：Opponent processing in the fusion of visible and IR imagery［J］. Neural Networks，1997，10（1）：1-6.

[6] 金伟其，王岭雪，赵源萌，等．彩色夜视成像处理算法的新进展［J］．红外与激光工程，2008，37（1）：147-150.

[7] REINHARD E，ADHIKHMIN M，GOOCH B，et al. Color transfer between images［J］. IEEE Computer Graphics and Applications，2001，21（5）：34-40.

[8] TOET A. Natural color mapping for multiband nightvision imagery［J］. Information Fusion，2003，4：155-166.

[9] ZHENG Y F，ESSOCK E A. A local-coloring method for night-vision colorization utilizing image analysis and fusion［J］. Information Fusion，2008，9：186-199.

[10] YIN S F，CAO L C，LIN Y S，et al. One color contrast enhanced infrared and visible image fusion method［J］. Infrared Physics & Technology，2010，53（2）：146-150.

[11] 何卫华，郭永彩，高潮，等．利用 NSCT 实现夜视图像彩色化增强［J］．计算机辅助设计与图形学学报，2011，23（5）：884-890.

[12] 鲁佳颖，谷小婧，顾幸生．面向微光/红外融合彩色夜视的场景解析方法［J］．红外与激光工程，2017，46（8）：0804002.

[13] HOGERVORST M A，TOET A. Fast natural color mapping for night-time imagery［J］. Information Fusion，2010，11：69-77.

[14] 韩崇昭，朱洪艳，段战胜，等．多源信息融合［M］. 2 版．北京：清华大学出版社，2010.

[15] WEI C Y，ZHOU B Y，GUO W. Multi-focus image fusion based on nonsubsampled compactly supported shearlet transform［J］. Multimedia Tools and Applications，2018，77（7）：8327-8358.

[16] CAI J J，CHENG Q M，PENG M J，et al. Fusion of Infrared and visible images based

on nonsubsampled contourlet transform and sparse K-SVD dictionary learning [J]. Infrared Physics & Technology，2017，82：85-95.

[17] LI H，HE X，YU Z，et al. Noise-robust image fusion with low-rank sparse decomposition guided by external patch prior [J]. Information Sciences，2020，523：14-37.

[18] SINGH S，ANAND R S. Multimodal medical image sensor fusion model using sparse K-SVD dictionary learning in nonsubsampled shearlet domain [J]. IEEE Trans. on Instrumentation and Measurement，2020，69 (2)：593-607.

[19] TANG M，LIU C，WANG X P. Auto focusing and image fusion for multi-focus plankton imaging by digital holographic microscopy [J]. Applied Optics，2020，59 (2)：333-345.

[20] ZHANG Y，LIU Y，SUN P，et al. IFCNN：A general image fusion framework based on convolutional neural network [J]. Information Fusion，2020，54：99-118.

[21] Petrovic V. Subjective tests for image fusion evaluation and objective metric validation [J]. Information Fusion，2007，8：208-216.

[22] NERIANI K E，PINKUS A R，DOMMETT D W. An investigation of image fusion algorithms using a visual performance-based image evaluation methodology [C]. Proc. of SPIE，2008，6968：1-9.

[23] DIXON T D，CANGA E F，NIKOLOV S G，et al. Selection of image fusion quality measures：Objective，subjective，and metric assessment [J]. Journal of Optical Society of America，2007，24 (12)：125-135.

[24] QU G，ZHANG D，YAN P. Information measure for performance of image fusion [J]. Electronics Letters，2002，38 (7)：313-315.

[25] XYDEAS C S，PETROVIC V. Objective image fusion performance measure [J]. Electronics Letters，2000，36 (4)：308-309.

[26] 石俊生，金伟其，王岭雪．视觉评价夜视彩色融合图像质量的实验研究 [J]．红外与毫米波学报，2005，24 (3)：236-240.

[27] 岳超源．决策理论与方法 [M]．北京：科学出版社，2003.

[28] 周浦城，王峰，崔逊学，等．基于逼近理想解排序的图像融合效果评价方法 [J]．系统工程与电子技术，2011，33 (3)：681-684.

[29] 何贵青，陈世浩．多传感器图像融合效果综合评价研究 [J]．计算机学报，2008，31 (3)：486-492.

[30] SOLOMON S G，LENNIE P. The machinery of colour vision [J]. Nature Reviews，2007，8：276-286.

[31] 杨少魁．微光与红外图像彩色融合算法研究 [D]．北京：中国科学院大学，2013.

[32] 寿天德．视觉信息处理的脑机制 [M]．上海：上海科学教育出版社，1997.

[33] 赵巍. 多传感器图像融合算法研究 [R]. 北京航空航天大学博士后工作报告，2003.

[34] 蔡连杰. 图像色彩迁移技术研究 [D]. 西安：西安电子科技大学，2013.

[35] 向遥. 基于视觉感知的图像处理方法研究 [D]. 长沙：中南大学，2011.

[36] WELSH T, ASHIKHMIN M, MUELLER K. Transferring color to greyscale images [J]. ACM Trans. on Graphics, 2002, 21 (3): 1-12.

[37] FLOREA L. Directed color transfer for low-light image enhancement [J]. Digital Signal Processing, 2019, 93: 1-12.

[38] ISERINGHAUSEN J, WEINMANN M, HUANG W Z, et al. Computational parquetry: Fabricated style transfer with wood pixels [J]. ACM Transactions on Graphics, 2020, 39 (2): 1-14.

[39] 薛模根，刘存超，周浦城. 基于颜色迁移和对比度增强的夜视图像彩色融合 [J]. 图学学报，2014，35 (6)：864-868.

[40] OLSHAUSEN B A, FIELD D J. Emergence of simple-cell receptive field properties by learning a sparse code for natural images [J]. Nature, 1996, 381: 607-609.

[41] HU J, LI S T, YANG B. Remote sensing image fusion based on HSI transform and sparse representation [C] //Pattern Recognition (CCPR), 2010 Chinese Conference on IEEE, 2010: 1-4.

[42] 薛模根，刘存超，袁宏武，等. 基于多尺度字典的红外与微光图像融合 [J]. 红外技术，2013，35 (11)：696-701.

[43] AHARON M, ELAD M, BRUCKSTEIN A. The K-SVD: An algorithm for designing of overcomplete dictionaries for sparse representation [J]. IEEE Trans. on Signal Processing, 2006, 54 (11): 4311-4322.

[44] 李光鑫，徐抒岩，赵运隆，等. 颜色传递技术的快速彩色图像融合 [J]. 光学精密工程，2010，18 (7)：1637-1647.

[45] PERONA P, MALIK J. Scale space and edge detection using anisoropic diffusion [J]. IEEE Trans. on Pattern Analysis and Machine Intelligence, 1990, 12 (7): 629-639.

[46] RUDIN L, OSHER S, FATEMI E. Nonlinear total variation based noise removal algorithms [J]. Physica D, 1992, 60 (1): 259-268.

[47] CATTÉ F, LIONS P L, MOREL J M, et al. Image selective smoothing and edge detection by nonlinear diffusion [J]. SIAM Journal of Numerical Analysis, 1992, 29 (1): 182-193.

[48] TU T M, SU S C, SHYU H C, et al. A new look at HIS-like image fusion methods [J]. Information Fusion, 2001, 2: 177-186.

[49] COMANICIU D, MEER P. Mean shift: A robust approach toward feature space anal-

ysis [J] . IEEE Trans. on Pattern Analysis and Machine Intelligence, 2002, 24 (5): 603-619.

[50] LI C M, HUANG R, DING Z H, et al. A level set method for image segmentation in the presence of intensity inhomogeneities with application to MRI [J] . IEEE Trans. on Image Processing, 2011, 20 (7): 2007-2016.

[51] TSENG D C, CHANG C H. Color segmentation using perceptual attributes [C] // Procc of 11th International Conference on Pattern Recognition. Hague, Netherlands, 1992: 228-231.

[52] LI Z J, TAN Z S, CAO L Q, et al. Directive local color transfer based on dynamic look-up table [J] . Signal Processing: Image Communication, 2019, 79: 1-12.

[53] 薛模根，周浦城，刘存超．夜视图像局部颜色迁移算法 [J] ．红外与激光工程，2015，44 (2)：781-785.

[54] DING Y, FU X. Kernel-based fuzzy c-means clustering algorithm based on genetic algorithm [J] . Neurocomputing, 2016, 188: 233-238.

[55] KAS M, EL-MERABET Y, RUICHEK Y, et al. A comprehensive comparative study of handcrafted methods for face recognition LBP-like and non LBP operators [J]. Multimedia Tools and Applications, 2020, 79 (1-2): 375-413.

[56] OJALA T, PIETIK I M, HARWOOD D. A comparative study of texture measures with classification based on featured distributions [J] . Pattern Recognition, 1996, 29 (1): 51-59.

[57] 商露兮．自然彩色夜视系统图像库检索关键技术的研究与实现 [D] ．上海：东华大学，2009.

[58] 杨晓慧，贾建，焦李成．基于活性测度和闭环反馈的非下采样 Contourlet 域图像融合 [J] ．电子与信息学报，2010，32 (2)：422-426.

第6章 伪装目标光谱偏振成像检测

6.1 概述

在现代战场中，一切有价值的军事目标都将可能采取各种伪装技术与手段来模拟周围环境的反射辐射特征，以减少与周围环境的特征差异，从而达到降低目标被发现概率、提高战场生存能力的目的。随着伪装技术的日益发展及其在现代战争中的广泛应用，伪装目标检测已经成为未来战场侦察与监视、国土安全防空预警乃至精确制导等领域面临的一项重要而又亟待解决的课题[1]。

传统的光度学和辐射度学探测手段只能获得目标的反射或辐射部分信息，为适应未来战争对低可探测威胁目标的防范与摧毁，必须大力发展先进的目标探测与识别技术。光谱成像探测（多/高光谱）能够同时获得目标的光谱、空间和强度信息，因而可以通过光谱匹配或光谱异常检测等技术实现对目标的探测与识别[2]。在高/多光谱成像探测中，光谱匹配检测需要使用目标与背景的光谱特征先验信息，这在战场对抗环境中很难满足要求。此外，由于“同物异谱”“异物同谱”等现象的存在，目标的光谱特征往往存在高动态性，这也使得光谱匹配检测结果具有模糊性和不确定性[3]。由于受未知环境的影响或者杂乱背景的干扰，也会使光谱异常检测产生较高的虚警率[4]。随着现代伪装技术朝着多波段兼容方向发展，单纯依靠光谱特征来检测伪装目标面临的难度将会越来越大[5]。

位于地球表面和大气中的任何目标，在反射、散射和透射太阳辐射的过程中，都会产生由其自身性质决定的光谱偏振特征，而光谱偏振特征又与该物体的理化特性相关信息是紧密联系的，光谱偏振成像探测正是利用这一原理来为目标探测与识别提供传统方法无法获取的信息[6]，对这些信息进行综合利用，能有效提高目标检测和识别性能[7]。与多/高光谱成像探测方式相比，光谱偏振成像探测不仅能够获得目标的光谱、空间和强度信息，而且其中包含了与材质、几何形状、表面粗糙度等有关的偏振特征。不仅具有相同或相近光谱特征的目标可能会存在较大的偏振特征差异，而且在偏振成像下不同目标具有相同光谱特征的概率会大大减小，因而在大气参数探测、环境污染监测、物体三维重建、天文观测乃至目标探测与识别[8-9]等领域都得到了越来越广泛的应用，成为当前光学遥感和先进光电成像探测技术发展的前沿方向之一。在军事侦察中，由于目标的偏振特征受自身材质、表面形状、粗糙度等因素的影响，很难制作出与背景偏振特征完全相似的伪装目标，这就为光谱偏振成像检测伪装目标提供了有利条件，特别是当目标与背景的强度对比度较低时，利用光谱偏振数据往往也能有效识别，成为伪装目标检测的一种新兴技术手段[10-12]。

本章以伪装目标检测问题为需求牵引，基于光谱偏振成像探测机理，结合多光谱偏振图像的特点，对光谱偏振信息进行融合处理，以提高复杂背景下的伪装目标检测效果。

6.2 光谱偏振成像探测基础

6.2.1 偏振光及其表征

1. 偏振光的概念

光波是一种横波。对横波来说，通过波的传播方向且包含振动矢量的那个平面显然和不包含振动矢量的任何平面有区别，这种振动方向对于传播方向不对称的特性称为偏振（polarization）。

偏振又可以分为线偏振、圆偏振和椭圆偏振。线偏振是指偏振电场的振幅分量始终在与光波传播方向垂直的平面内，而且该平面的法线方向不随时间而变化，因此在与传播方向垂直的平面内电场分量投影为一条直线。圆偏振是光波在与传播方向垂直的方向上具有不变的电场振幅大小，但电场方向随时间而旋转，因此在与传播方向垂直的平面内电场分量投影为一个圆。椭圆偏振是指电场分量在与传播方向垂直的平面内的投影随时间变化而旋转，振幅随时间变化而不同。

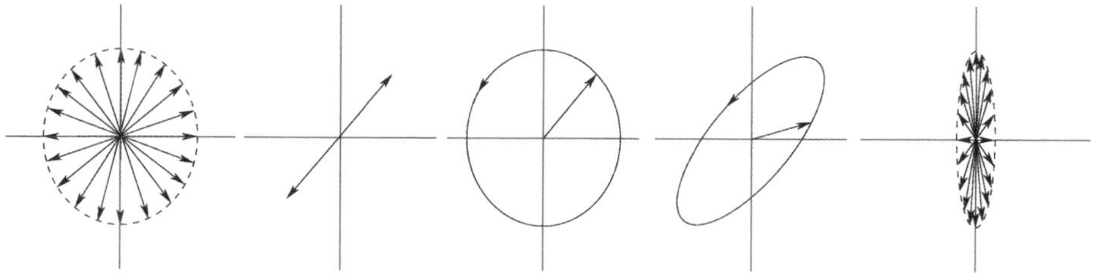

图 6-1　光波的偏振态

(a) 非偏振光；(b) 线偏振光；(c) 圆偏振光；(d) 椭圆偏振光；(e) 部分偏振光。

通常光源发出许多列光波，其振动方向可以分布在一切可能的方位上。平均来看，任何方向都有相同的振动能量，即电矢量对于光的传播方向是对称而又均匀分布的，这种光称为非偏振光，也称为自然光（图 6-1（a））。一般来说，无论是来自自然光还是人造光源的光，既不是完全的偏振光，也不是完全的非偏振光，而是部分偏振光（图 6-1（e））。此时可以把它看成一定比例的非偏振光 I_n 和偏振光 I_p 叠加的结果。共通常用偏振度（degree of polarization，DoP）来描述：

$$\mathrm{DoP}=\frac{I_p}{I_p+I_n} \tag{6-1}$$

假设单色偏振光波沿 z 轴方向传播，任意偏振态的椭圆偏振光都可认为是由 x 轴（水平轴）和 y 轴（垂直轴）方向的振动叠加而成，且电场矢量 $\boldsymbol{E}$ 随时间 t 做正弦变化，则偏振光可以写成

$$\boldsymbol{E}=\begin{bmatrix}E_x\\E_y\end{bmatrix}=\begin{bmatrix}a_x\cos(\omega t-\frac{2\pi}{\lambda}Z+\varphi_x)\\a_y\cos(\omega t-\frac{2\pi}{\lambda}Z+\varphi_x+\delta)\end{bmatrix} \tag{6-2}$$

式中：a_x、a_y 分别为偏振光的 x、y 振动分量的振幅；φ_x 为 E_x 分量的位相，δ 为相对位相差，$\delta=\varphi_y-\varphi_x$。

2. 偏振光的表征方法

定量化的偏振信息表征方法主要有三角函数表示法、Jones 矢量表示法、

斯托克斯（Stokes）矢量表示法以及图示法等[13]，下面重点介绍工程上经常采用的斯托克斯矢量表示法。1852 年斯托克斯提出利用 4 个参量来描述光波的强度和偏振态，这四个斯托克斯参量都是光强的时间平均值，组成一个 4 维的数学矢量，称为斯托克斯矢量。具体定义如下：

$$\begin{cases} S_0 = \langle |E_x|^2 \rangle + \langle |E_y|^2 \rangle \\ S_1 = \langle |E_x|^2 \rangle - \langle |E_y|^2 \rangle \\ S_2 = \langle 2E_x E_y \cos\delta \rangle \\ S_3 = \langle 2E_x E_y \sin\delta \rangle \end{cases} \tag{6-3}$$

式中：S_0 为总光场强度；S_1 为水平偏振与垂直偏振分量的强度之差；S_2 为 45°线偏振与 135°线偏振强度之差；S_3 为右旋圆偏振与左旋圆偏振强度之差。

利用斯托克斯参量可以表示任意偏振光的状态。偏振器件可以视为使入射偏振光的斯托克斯参量由 $[S_0 S_1 S_2 S_3]$ 变换成透射偏振光参量 $[S'_0 S'_1 S'_2 S'_3]$ 的器件，这两个矢量可以用一个 4×4 的矩阵 $\boldsymbol{M}$ 来联系，称为穆勒矩阵（Mueller matrix）：

$$\begin{bmatrix} S'_0 \\ S'_1 \\ S'_2 \\ S'_3 \end{bmatrix} = \begin{bmatrix} M_{11} & M_{12} & M_{13} & M_{14} \\ M_{21} & M_{22} & M_{23} & M_{24} \\ M_{31} & M_{32} & M_{33} & M_{34} \\ M_{41} & M_{42} & M_{43} & M_{44} \end{bmatrix} \begin{bmatrix} S_0 \\ S_1 \\ S_2 \\ S_3 \end{bmatrix} = \boldsymbol{M} \begin{bmatrix} S_0 \\ S_1 \\ S_2 \\ S_3 \end{bmatrix} \tag{6-4}$$

6.2.2 目标反射的偏振特性模型

光波在与目标发生相互作用过程中，反射辐射会有一定程度偏振特征的变化，这种变化反映了目标的本征状态信息。通过目标偏振态不仅可以反演其纹理特征、表面结构、材料类型等，而且包括目标的介质特性、水分含量、粗糙程度等。因此，反射辐射偏振态空间分布变化研究具有重要意义。

6.2.2.1 光谱偏振双向反射分布函数

根据地物表面光滑程度的不同，在可见光波段，光与地物相互作用，反射辐射的方向分布形式可以归结为三类：第一类是镜面反射，反射光具有严格的方向性，如入射光为自然光，反射光是部分偏振光；第二类是方向性漫反射，在不同方向观测到的地物亮度不一样，方向反射光也是部分偏振光；第三类是理想漫反射，发生漫反射的地物表面具有朗伯特性。典型光学反射示意图如图 6-2 所示。

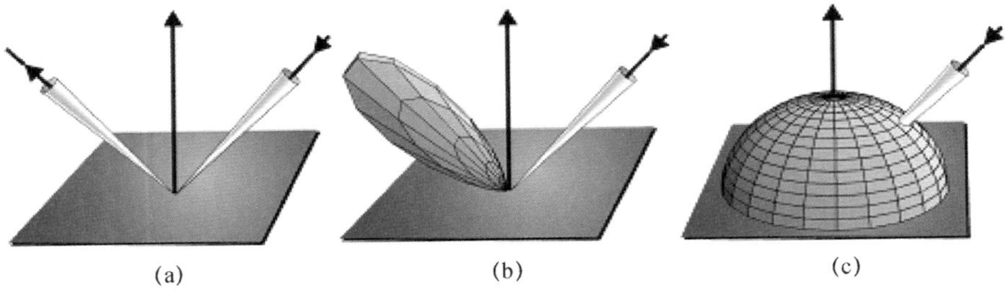

图 6-2　典型光学反射示意图

（a）镜面反射；（b）方向性漫反射；（c）理想漫反射。

当入射光波长远大于物体表面粗糙度时，一次反射主要产生镜面反射光；当入射光波长小于表面粗糙度或者两者相当时，将出现衍射和干涉现象，此时一次反射将主要产生方向性漫反射。理想漫反射与由遮蔽效应引起的多次反射、物体的体反射有关。可见，研究物体的散射光时，不仅要考虑材料的折射率、粗糙度、入射波长，而且要考虑不同入射方向的各个反射方向上的散射光分布情况。

双向反射分布函数（bidirectional reflectance distribution function，BRDF）能够较为全面地描述探测目标的空间散射分布特性。标量双向反射分布函数（标量 BRDF）是入射波长、入射天顶角、入射方位角、反射天顶角、反射方位角五个参量的函数，能够更好地描述表面反射特性与散射特性。标量 BRDF 是反射方向的辐亮度和入射方向的辐照度之间的比值，如图 6-3 所示。

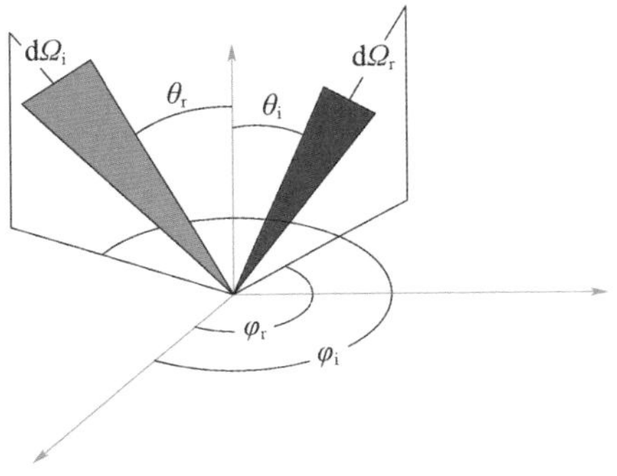

图 6-3　标量 BRDF 示意图

$$f_r(\theta_i, \varphi_i, \theta_r, \varphi_r) = \frac{dL_r(\theta_i, \varphi_i, \theta_r, \varphi_r)}{dE_i(\theta_i, \varphi_i)} \tag{6-5}$$

式中：θ、φ分别为天顶角和方位角；下标i、r分别表示入射和反射；$\mathrm{d}L_r$（θ_i，φ_i，θ_r，φ_r）为（θ_r，φ_r）方向的反射辐亮度；$\mathrm{d}E_i$（θ_i，φ_i）为（θ_i，φ_i）方向上的入射辐照度。

假设在一个小的入射光源立体角$\mathrm{d}\Omega_i$内，f_r在非零区域（即接收立体角很小并且不包括入射方向的所有方向）近似为常数，那么标量BRDF f_r可以表示为沿（θ_r，φ_r）方向反射的反射亮度与沿（θ_i，φ_i）方向入射到被测表面的入射照度之比：

$$f_r(\theta_i,\varphi_i,\theta_r,\varphi_r)=\frac{L_r(\theta_r,\varphi_r)}{E_i(\theta_i,\varphi_i)} \tag{6-6}$$

标量BRDF只关注光强信息，并没有考虑光的偏振态，这不仅会使描述光波的信息不完整，而且对于偏振敏感目标，甚至有时会导致错误。偏振BRDF（pBRDF）是标量BRDF的有力补充，它不仅包含了光强的空间分布信息，而且可以描述物体对光束偏振态的变换作用。如果用斯托克斯矢量来描述入射和反射偏振光，那么BRDF就变成矩阵的形式

$$\mathrm{d}\boldsymbol{L}_r(\theta_i,\varphi_i,\theta_r,\varphi_r)=\boldsymbol{F}_r(\theta_i,\varphi_i,\theta_r,\varphi_r)*\mathrm{d}\boldsymbol{E}_i(\theta_i,\varphi_i) \tag{6-7}$$

由于绝大多数地物目标的散射光圆偏振成分可以忽略不计，此时式（6-7）可以写成

$$\begin{bmatrix}L_0\\L_1\\L_2\end{bmatrix}=\begin{bmatrix}f_{00}&f_{01}&f_{02}\\f_{10}&f_{11}&f_{12}\\f_{20}&f_{21}&f_{22}\end{bmatrix}\begin{bmatrix}E_0\\E_1\\E_2\end{bmatrix} \tag{6-8}$$

式中：L_0、L_1和L_2以及E_0、E_1和E_2分别为反射辐射以及入射辐射的斯托克斯参量。

在可见光波段，主动非偏振光源照射条件下，探测器接收到的总辐射$\boldsymbol{L}_t$由两部分组成：①经目标散射后直接到达探测器的光辐射$\boldsymbol{L}_r$；②进入光电探测器的环境杂散光$\boldsymbol{L}_s$。于是有

$$\boldsymbol{L}_t=\boldsymbol{L}_r+\boldsymbol{L}_s \tag{6-9}$$

为了获取各种材料的光谱偏振BRDF数据，鉴于朗伯板的BRDF恒为ρ/π（ρ为半球反射率），可以用接近朗伯板的标准白板作为参考板，采用相对测量法来进行测量[14]。由于斯托克斯分量S_0可以近似表示成两个正交线偏振光强之和，因此可得到目标光谱偏振BRDF试验计算式为

$$\begin{bmatrix}f_{00}\\f_{10}\\f_{20}\end{bmatrix}_{(\lambda)}=\frac{\rho}{\pi((L_{t\_ref\perp}+L_{t\_ref\parallel})-(L_{s\_ref\perp}+L_{s\_ref\parallel}))}\times$$

$$\begin{bmatrix} \dfrac{(L_{t\_0}-L_{s\_0})+(L_{t\_90}-L_{s\_90})}{2} \\ (L_{t\_0}-L_{s\_0})-(L_{t\_90}-L_{s\_90}) \\ 2(L_{t\_45}-L_{s\_45})-(L_{t\_0}-L_{s\_0})-(L_{t\_90}-L_{s\_90}) \end{bmatrix} \tag{6-10}$$

式中：下标 ∥ 和 ⊥ 分别表示水平和垂直的偏振方向，即 0°和 90°。

由此可以进一步获得目标的线偏振度（degree of linear polarization，DoLP）和偏振角（angle of polarization，AoP）等偏振态信息：

$$\begin{cases} \mathrm{DoLP}(\lambda)=\dfrac{\sqrt{f^2{}_{10}(\lambda)+f^2{}_{20}(\lambda)}}{f_{00}(\lambda)} \\ \mathrm{AoP}(\lambda)=\dfrac{1}{2}\arctan\left(\dfrac{f_{20}(\lambda)}{f_{10}(\lambda)}\right) \end{cases} \tag{6-11}$$

6.2.2.2 光谱偏振双向反射分布特性测量系统

根据目标光谱偏振 BRDF 测量原理，研制了一套基于计算机控制的目标光谱偏振双向反射分布特性测量系统，如图 6-4 所示。系统主要由照射光源、驱动控制单元、偏振探测单元、载物台以及测试数据分析与处理软件等部分组成，能够满足开展土壤、植被、伪装目标及其他地物目标的光谱偏振 BRDF 特性室内或室外测量需要。系统主要指标是：①工作波段 380～1100nm；②光谱分辨率≤1.5nm；③角度范围方位 0～360°，俯仰±90°；④偏振解析精度优于 99%。

图 6-4　光谱偏振双向反射分布特性测量系统实物

利用该测量系统，开展了 16 类典型目标的光谱偏振 BRDF 特性测量与数值分析。图 6-5 是某伪装材料样品的一组测量结果。其中，图 6-5（a）是该样品在观测天顶角 $\beta=30°$，探测器中心波长 $\lambda_c=550\text{nm}$、带宽 20nm，光源入射天顶角 α 依次为 0°、10°、20°、30°、40°、50°时的偏振度变化曲线；图 6-5（b）是 β 依次为 5°、15°、25°、35°、45°、55°，$\alpha=35°$，$\lambda_c=700\text{nm}$ 时的偏振度变化曲线；图 6-5（c）是 $\alpha=30°$、$\beta=30°$时的偏振度随 λ_c 的分布曲线。可以看出，偏振特性不仅与观测几何条件密切相关，而且与探测波段有关。

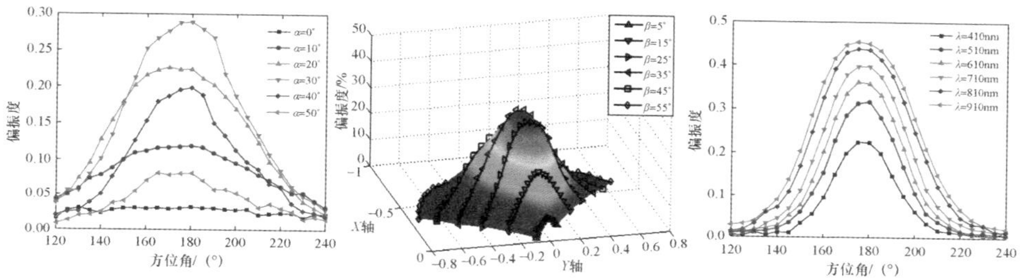

(a) (b) (c)

图 6-5　某伪装材料样品光谱偏振特性随探测条件变化曲线

（a）光源入射天顶角；（b）观测天顶角；（c）探测波段。

6.2.3 目标偏振特性的成像解析

在偏振探测领域，偏振的斯托克斯参量和米勒矩阵表述被广泛采用，分别用来表述光波的传播和辐射体本身特性。对于自然条件下目标的偏振特性研究，主要从测量其辐射光的斯托克斯参量着手，通常把式（6-3）定义的斯托克斯参量 $[S_0, S_1, S_2, S_3]^T$ 写成 $[I, Q, U, V]^T$。

6.2.3.1 偏振图像获取与信息解析

定量地测量和描述偏振特性需要使用偏振敏感器件。通常采用在探测器前加装偏振器件的方式来获取场景的偏振图像，如图 6-6 所示。

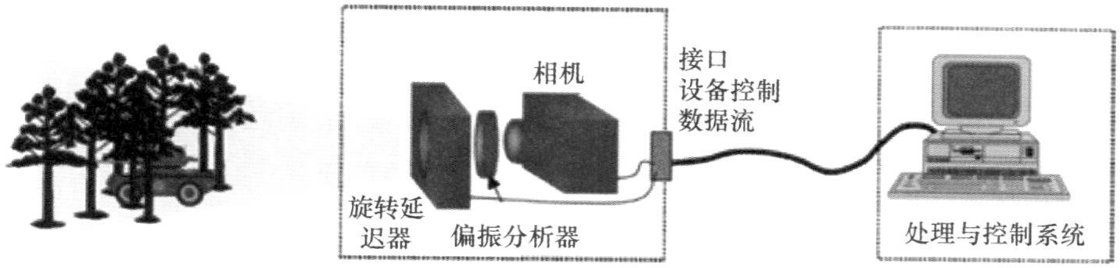

图 6-6　目标偏振特性成像获取示意图

斯托克斯参量（I，Q，U，V）都是具有强度的量纲，故可以进行测量。假设来自目标辐射偏振态的斯托克斯参量为 $\boldsymbol{S}_i=[I_i,Q_i,U_i,V_i]^{\mathrm{T}}$，光学系统的线偏振器件穆勒矩阵为 $\boldsymbol{M}_\alpha$，透过线偏振器件的出射光的偏振态的斯托克斯参量为 $\boldsymbol{S}_o=[I_o,Q_o,U_o,V_o]^{\mathrm{T}}$，$\alpha$ 是线偏振器件透过轴与参考坐标轴的夹角，则

$$\boldsymbol{S}_o=\boldsymbol{M}_\alpha\boldsymbol{S}_i \tag{6-12}$$

通常情况下地物目标的圆偏振分量 V 非常小而可以忽略不计，那么由式（6-12）可得

$$\boldsymbol{S}_o=\begin{bmatrix}I_o\\Q_o\\U_o\\V_o\end{bmatrix}=\boldsymbol{M}_\alpha\boldsymbol{S}_i$$

$$=\frac{1}{2}\begin{bmatrix}1 & \cos(2\alpha) & \sin(2\alpha) & 0\\ \cos(2\alpha) & \cos^2(2\alpha) & \sin(2\alpha)\cos(2\alpha) & 0\\ \sin(2\alpha) & \sin(2\alpha)\cos(2\alpha) & \sin^2(2\alpha) & 0\\ 0 & 0 & 0 & 0\end{bmatrix}\begin{bmatrix}I_i\\Q_i\\U_i\\V_i\end{bmatrix} \tag{6-13}$$

即有

$$I_o(\alpha)=\frac{1}{2}[I_i+Q_i\cos(2\alpha)+U_i\sin(2\alpha)] \tag{6-14}$$

线偏振度和偏振角分别为

$$\begin{cases}\mathrm{DoLP}=\dfrac{\sqrt{Q^2+U^2}}{I}\\[2ex] \mathrm{AoP}=\dfrac{1}{2}\arctan\dfrac{U}{Q}\end{cases} \tag{6-15}$$

由此可以看出，如果只要求获得入射光线偏振态的斯托克斯参数（I_i，Q_i，U_i），则只需要在 α 取三个不同角度位置上进行测量即可。例如，α 取 0°、60°和 120°，此时有

$$\begin{cases}I_o(0°)=\dfrac{1}{2}(I_i+Q_i)\\[2ex] I_o(60°)=\dfrac{1}{2}\left(I_i-\dfrac{1}{2}Q_i+\dfrac{\sqrt{3}}{2}U_i\right)\\[2ex] I_o(120°)=\dfrac{1}{2}\left(I_i-\dfrac{1}{2}Q_i-\dfrac{\sqrt{3}}{2}U_i\right)\end{cases} \tag{6-16}$$

对式（6-16）进行变换，即可得目标的线偏振态斯托克斯参量：

$$\begin{cases} I = \dfrac{2}{3}(I_o(0°) + I_o(60°) + I_o(120°)) \\ Q = \dfrac{2}{3}(2I_o(0°) - I_o(60°) - I_o(120°)) \\ U = \dfrac{2}{\sqrt{3}}(I_o(60°) - I_o(120°)) \end{cases} \tag{6-17}$$

6.2.3.2 偏振差分成像

在 Tyo 等[15]基于生物偏振视觉原理提出的偏振差分成像（polarization-difference imaging，PDI）中，首先将到达成像探测器上每一个像元（x，y）的偏振光进行正交分解，得到的两个正交线偏振分量 $I_0(x, y)$ 和 $I_{90}(x, y)$，然后采用下式进行偏振信息解析：

$$\begin{bmatrix} \mathrm{PSI}(x,y) \\ \mathrm{PDI}(x,y) \end{bmatrix} = \begin{bmatrix} 1 & 1 \\ 1 & -1 \end{bmatrix} \begin{bmatrix} I_{90}(x,y) \\ I_0(x,y) \end{bmatrix} \tag{6-18}$$

式中：PDI 为偏振差分成像信号；PSI 代表偏振求和信息，对于理想的线偏振分析器，PSI 图像相当于传统的强度图像 I。

从式（6-18）中可以看出，偏振差分成像的实质就是利用正交分解的两个偏振光分量进行差分。研究表明，PSI 和 PDI 图像通道就是具有均分分布的偏振角场景中的两个主成分，因此从信息论的观点来看，此时 PSI 和 PDI 就是具有最大不相关信息的最优通道[16]。然而，在实际应用中，场景的偏振方向和线偏振度往往并不满足均匀分布的统计规律，导致偏振差分结果并非目标探测的最佳信号。为了克服 Tyo 等提出的偏振差分成像方法的不足，下面介绍一种基于最小互信息的自适应偏振差分成像（adaptive PDI，APDI）方法[17]。

6.2.3.3 自适应偏振差分成像

对于偏振片透光轴与所选参考坐标的夹角成任意角度 φ_1 和 φ_2 时得到的出射光强度图像 $I_1 = I$（φ_1）和 $I_2 = I$（φ_2），其互信息为

$$\begin{aligned} \mathrm{MI}(I_1, I_2) = &-\sum_i p_i(I_1)\log_2 p_i(I_1) - \sum_j p_j(I_2)\log_2 p_j(I_2) \\ &+ \sum_i \sum_j p_{i,j}(I_1, I_2)\log_2 p_{i,j}(I_1, I_2) \end{aligned} \tag{6-19}$$

式中：p_i 为图像灰度级为 i 的分布概率；$p_{i,j}$（I_1，I_2）为两幅图像灰度的联合概率分布。

由互信息的定义可知，图像 I_1 和 I_2 的互信息 MI（I_1，I_2）表征了这两幅图像之间的相关程度的统计量，互信息越大，说明这两幅图像相关性越强。

因此，利用互信息可以找到具有最大不相关的两幅出射光强度图像 $I_1^* = I(\alpha)$ 和 $I_2^* = I(\beta)$，从而按照下面的表达式进行差分解析：

$$\mathrm{APDI}(x,y) = \left| I_1^*(x,y) - I_2^*(x,y) \right| \tag{6-20}$$

为了改善互信息对重叠区域的变化的敏感性，这里采用如下归一化形式的互信息来衡量两幅图像的相关性：

$$\mathrm{NMI}(I_1,I_2) = \frac{\sum_i p_i(I_1)\log_2 p_i(I_1) + \sum_j p_j(I_2)\log_2 p_j(I_2)}{\sum_i \sum_j p_{i,j}(I_1,I_2)\log_2 p_{i,j}(I_1,I_2)} \tag{6-21}$$

为了验证提出的自适应偏振差分成像方法的可行性和有效性，利用中国科学院安徽光学精密机械研究所研制的多波段偏振 CCD 相机拍摄多组偏振图像进行了试验。图 6-7（a）～（c）分别是 555nm 波段拍摄的网眼布在草地背景的 3 个偏振方向的强度图像，图 6-7（d）、（e）分别是偏振度图像和偏振角图像，图 6-7（f）、（g）分别是传统偏振差分（PDI）和提出的自适应差分成像 APDI 的结果。不难看出，草地背景由于单个草叶取向的随机性，造成其偏振角参数分布的离散性，体现在偏振角图像上草地背景呈现黑白夹杂的状态，因此在这种情况下采用传统的偏振差分成像的结果并不是目标探测的最佳信号。

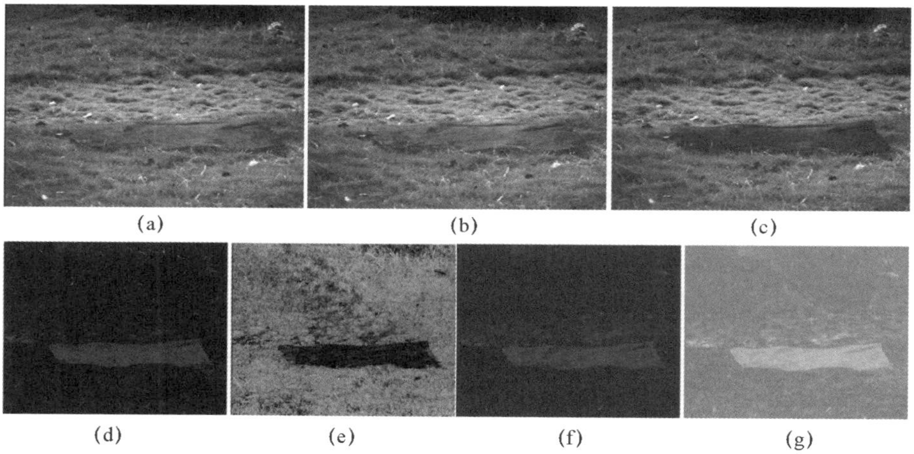

图 6-7　不同偏振差分成像方法得到的对比结果

（a）0°方向偏振图像；（b）60°方向偏振图像；（c）120°方向偏振图像；（d）偏振度图像；（e）偏振角图像；（f）PDI 图像；（g）APDI 图像。

为方便定量分析，对所获取的图像中的网眼布与草地背景的灰度值对比度 C 定义如下：

$$C=\frac{\left|\sum_{(x,y)\in R}W_{\mathrm{T}}(x,y)-\sum_{(x,y)\in R}W_{\mathrm{B}}(x,y)\right|}{\sum_{(x,y)\in R}W_{\mathrm{T}}(x,y)+\sum_{(x,y)\in R}W_{\mathrm{B}}(x,y)}\times 100\% \tag{6-22}$$

其中：$W_{\mathrm{T}}(x,\ y)$、$W_{\mathrm{B}}(x,\ y)$ 分别为网眼布和草地背景在图像的像素位置（x，y）所对应的灰度值；R 为选择区域。

C 越大，说明越容易从背景中识别目标；反之，则识别目标困难加大。

为定量描述图像的质量，分别计算了 PDI 图像和 APDI 图像的图像熵、灰度方差、图像平均梯度、罗伯茨（Roberts）清晰度以及拉普拉斯清晰度。以上客观评价指标取值越大，均表明图像质量越好，得到的结果如表 6-1 所列。可以看出，采用提出的自适应偏振差分成像方法得到的图像中，不仅目标与背景之间的对比度有了明显提高，而且图像质量也有显著改善。

表 6-1 不同偏振差分成像方法的计算结果

待评价图像	目标背景对比度/%	图像熵	灰度方差	图像平均梯度	罗伯茨清晰度	拉普拉斯清晰度
PDI 图像	6.6	2.227	2565.437	71.291	103.669	606.379
APDI 图像	15.9	2.345	2929.199	76.114	111.215	646.956

6.3 光谱偏振图像配准与融合

光谱偏振成像在光谱成像的基础上增加了偏振维，得到的多光谱偏振图像同时包含了光谱、偏振、空间和强度信息，然而维数的增多也导致信息的冗余和数据处理复杂性的增加，因此需要对多光谱偏振图像进行融合以减少数据量。

6.3.1 光谱偏振图像自动配准

由于光谱偏振成像传感器在获取时间、视点以及目标环境等方面存在差异，使得所获得的光谱偏振图像之间存在坐标位置等差异，从而造成像素不配准的问题。而在获取偏振信息时，通常检测的就是辐射测量较小的差别，它对像素的不配准有较大的敏感性，特别是对于高对比度的区域，更容易造成偏振信息的较大误差。因此，在进行光谱偏振信息融合处理之前，必须进行图像配准。

6.3.1.1 图像配准简介

图像配准（image registration）是指将两幅（或者多幅）在不同时刻、从不同视角拍摄的有关同一场景的图像进行匹配的过程，这些图像既可能来自相同类型的成像传感器，也可能来自不同类型的成像传感器[18]。图像配准是航空影像分析、偏振成像解析等领域的关键技术之一。

1. 图像配准的一般模型

若用 $I_1(x, y)$ 和 $I_2(x, y)$ 分别表示参考图像和待配准图像在像素点 (x, y) 处的灰度值，T 代表空间几何变换函数，H 表示灰度变换函数，那么图像 I_1、I_2 的配准关系可以用以下数学关系式来表示：

$$I_1(x,y) = H(I_2(T(x,y))) \tag{6-23}$$

配准的主要目的是确定最佳的 T 与 H，使得两幅图像在考虑畸变的前提下实现最佳匹配。常用的空间变换模型主要有刚体变换、仿射变换、投影变换以及多项式变换模型。通常情况下，图像配准的关键在于寻找空间变换函数关系 $T(x, y)$，而不考虑灰度变换关系。因此式（6-23）可以改写为

$$I_1(x,y) = I_2(T(x,y)) \tag{6-24}$$

2. 图像配准的一般过程

一般说来，图像配准过程可以分为以下三个步骤：

（1）提取图像特征。图像的特征可区分点特征、线特征、面特征和像素特征。其中：点特征是指具有明确的几何或物理意义且易于定位的点组成的特征，如 Harris 角点、SIFT、SURF 等；线特征通常指图像中的目标的边缘轮廓以及河流、建筑物的边缘等能够表达图像边缘纹理信息的特征；面特征是指图像中大面积出现的纹理特征相同的区域，如湖泊、森林、沙漠等；像素特征是直接取图像的所有像素作为特征，这种特征利用了图像的所有信息。

（2）确定空间变换关系，使经此变换后所得图像与参考图像的相似性程度在预先设定的范围内。在有些情况下，还需优化处理，优化处理的目的是使在该变换下，预先设定的相似性测度能够或更好地达到最优值。经过坐标变换后，两幅图像中相关的点已建立起一一对应关系，进一步的工作是寻求一种相似性测度来衡量两幅图像的相似性程度，进而通过不断地改变变换参数，使相似性程度达到最优，这样就转化为一个多参数、多峰值的最优化问题。空间变换是图像配准的关键问题之一，它直接决定了图像的配准精度。

（3）在确定空间变换模型的基础上，对待配准图像求输出图像各像素的灰度值，即进行几何变换和重采样。常用的重采样方法有最近邻插值、双线性插值和双三次插值方法。

6.3.1.2 光谱偏振成像失配影响分析

失配可定义为被量测像素之间的强度和斯托克斯参量的关系。由前面描述可知，对于 N 通道的光谱偏振图像，这种关系可以表示为

$$\begin{bmatrix} I_1 \\ I_2 \\ \vdots \\ I_N \end{bmatrix} = \begin{bmatrix} \tau_1 & \tau_1\cos(2\theta_1) & \tau_1\sin(2\theta_1) \\ \tau_2 & \tau_2\cos(2\theta_2) & \tau_2\sin(2\theta_2) \\ \vdots & \vdots & \vdots \\ \tau_N & \tau_N\cos(2\theta_N) & \tau_N\sin(2\theta_N) \end{bmatrix} \begin{bmatrix} I \\ Q \\ U \end{bmatrix} + \begin{bmatrix} \varepsilon_1 \\ \varepsilon_2 \\ \vdots \\ \varepsilon_N \end{bmatrix} \tag{6-25}$$

式中：τ 表示光路中总的信号衰减；θ 表示入射光与偏振分析器透光轴的夹角；ε 表示噪声。

由图像通道的强度测量来恢复斯托克斯参量可以用式（6-25）的逆变换来定义。显然，当发生失配问题时，强度 I 会相应发生改变，这时没有更正强度 I 将会导致斯托克斯参量估计的错误。因此，需要寻找一种配准方法，通过比较各通道之间的相似性来找到图像强度 I 之间的关系，然而像素间斯托克斯参量的变化会破坏上述相似性的建立。考虑一种极限的情况，入射光的偏振角在偏振成像起振范围以外，也就是说 $\alpha=\theta+\pi/2$。这样，首先用 α 和 P 重构 Q 和 U：

$$S = I\begin{bmatrix} 1 \\ P\cos(2\alpha) \\ P\sin(2\alpha) \\ 0 \end{bmatrix} \tag{6-26}$$

式中

$$\begin{cases} \cos(2\alpha) = \cos(2\theta_1 + \pi) = -\cos(2\theta_1) \\ \sin(2\alpha) = \sin(2\theta_1 + \pi) = -\sin(2\theta_1) \end{cases} \tag{6-27}$$

这样式（6-25）中第一通道的强度公式变为

$$I_1 = \tau_1 I - \tau_1 IP\cos^2(2\theta_1) - \tau_1 IP\sin^2(2\theta_1) + \varepsilon_1 = \tau_1 I(1-P) + \varepsilon_1 \tag{6-28}$$

对于通道 2，其有方向性，不平行于通道 1，这样目标的偏振态就会逐渐增加（$P\to 1$），通道 1 的信号会随着通道之间局部强度的逆转而逐渐减小。当 $P=1$ 时，信号会完全淹没在噪声中。当然，这种情况一般是不会发生的。在许多偏

振成像器件的应用中，高偏振态的区域更容易发生明显的对比度变化。因此，为了解决这些对比度的异常变化，必须对不同通道的光谱偏振图像进行配准。

6.3.1.3 基于区域互信息的光谱偏振图像配准

1. 互信息和区域互信息

基于互信息（mutual information，MI）的图像配准方法不需要选择标志点或提取图像特征，因此在图像配准中得到广泛的应用[19]。但是，互信息对于重叠区域的变化比较敏感，为此一般使用归一化互信息（normalized mutual information，NMI），它是边缘熵与联合熵的比值：

$$\mathrm{NMI}(A,B)=\frac{H(A)+H(B)}{H(A,B)} \tag{6-29}$$

当图像对齐程度不好时，边缘熵增大，联合熵也会增大，归一化互信息就不是最大；当逐渐接近于配准时，图像的联合熵减小，归一化互信息增大。互信息和归一化互信息都仅仅考虑每一个像素点的灰度值，而不关注像素点的位置信息，从而丢失了源图像的许多空间信息。为克服这一缺点，Russakoff 等[20]提出了一种更为合理的互信息形式，即区域互信息（regional mutual information，RMI），获得了比一般的互信息更为健壮的结果。区域互信息 RMI 的计算步骤如下：

（1）对于两幅大小均为 $M\times N$ 的图像 A 和 B，选取两个大小均为 $(2r+1)\times(2r+1)$ 的窗口 W_1 和 W_2，在两幅图像中以相同的步调同时移动，且移动过程中不能超出 A 或 B 的范围，这样窗口分别在两幅图像中移动过 K 个位置，$K=(M-2r)\times(N-2r)$。

（2）对于每一个位置，将窗口 W_1 和 W_2 中的像素分别按行排列成一个 $(2r+1)^2$ 维列矢量，然后把两个列矢量首尾相连，得到 K 个 d 维列矢量 $\boldsymbol{p}_i$，$d=2(2r+1)^2$，用矩阵表示为 $\boldsymbol{P}=[\boldsymbol{p}_1,\ \boldsymbol{p}_2,\ \cdots,\ \boldsymbol{p}_K]$。

（3）计算 K 个 d 维列矢量的协方差矩阵：

$$\boldsymbol{C}=\frac{1}{K}\boldsymbol{P}_0\boldsymbol{P}_0^{\mathrm{T}} \tag{6-30}$$

式中

$$\begin{cases}\boldsymbol{P}_0=[\boldsymbol{p}_1-\boldsymbol{\mu},\cdots,\boldsymbol{p}_K-\boldsymbol{\mu}]\\ \boldsymbol{\mu}=\dfrac{1}{K}\sum\limits_{i=1}^{K}\boldsymbol{p}_i\end{cases} \tag{6-31}$$

（4）计算区域互信息：

$$\mathrm{RMI}(A,B)=H_g(\boldsymbol{C}_A)+H_g(\boldsymbol{C}_B)-H_g(\boldsymbol{C}) \tag{6-32}$$

式中：$\boldsymbol{C}_A$ 为协方差矩阵 $\boldsymbol{C}$ 左上角 $0.5d\times0.5d$ 个元素构成的矩阵；$\boldsymbol{C}_B$ 为协方差矩阵 $\boldsymbol{C}$ 右下角 $0.5d\times0.5d$ 个元素构成的矩阵；函数 $H_g(\cdot)$ 为

$$H_g(\boldsymbol{X})=\lg((2\pi \mathrm{e})^{0.5d}\det(\boldsymbol{X})^{0.5}) \tag{6-33}$$

2. 参数寻优

若把区域互信息 RMI 作为测度函数，当区域互信息 RMI 达到最大值时，就认为已找到最佳的空间变换参数。因此，基于最大 RMI 的配准过程实际上是寻找空间变换参数的多参数优化过程，如何选择合适的优化策略，直接影响配准的速度和精度。常见的优化策略包括 Powell 搜索算法及其改进（Sargent 形式）、粒子群优化（particle swarm optimization，PSO）算法、遗传规划等。下面简要介绍 Powell 算法及其改进形式。

Powell 算法把整个计算过程分成若干个阶段，在每一阶段中先依次沿着 n 个已知的方向搜索，得到一个最好点，然后沿本阶段的初始点与该最好点连线方向进行搜索，求得这一阶段的最好点，再用最后的搜索方向取代前 n 个方向之一，开始下一阶段的迭代。Powell 算法容易选择接近线性相关的搜索方向，这就给收敛性带来严重后果。改进的 Powell 算法当初始搜索方向线性无关时，能够保证以后每轮迭代中前 n 个方向总是线性无关的，且随着迭代的延续，搜索方向接近共轭的程度逐渐增加，从而加快了逃离局部极值的速度。算法具体描述如下[21]：

（1）定初始点 $\boldsymbol{x}^{(0)}$，线性无关的方向 $\boldsymbol{d}^{(1,1)}$，$\boldsymbol{d}^{(1,2)}$，…，$\boldsymbol{d}^{(1,n)}$，给定允许误差 $\varepsilon>0$，置 $k=1$。

（2）置 $\boldsymbol{x}^{(k,0)}=\boldsymbol{x}^{(k,1)}$，从 $\boldsymbol{x}^{(k,0)}$ 出发，依次沿方向 $\boldsymbol{d}^{(k,1)}$，$\boldsymbol{d}^{(k,2)}$，…，$\boldsymbol{d}^{(k,n)}$，求指标 m，使得

$$f(\boldsymbol{x}^{(k,m-1)})-f(\boldsymbol{x}^{(k,m)})=\max_{j=1,\cdots,n}\{f(\boldsymbol{x}^{(k,j-1)})-f(\boldsymbol{x}^{(k,j)})\} \tag{6-34}$$

（3）求 λ_{n+1}，使得

$$f(\boldsymbol{x}^{(k,0)}+\lambda_{n+1}\boldsymbol{d}^{(k,n+1)})=\min_{\lambda} f(\boldsymbol{x}^{(k,0)}+\lambda\boldsymbol{d}^{(k,n+1)}) \tag{6-35}$$

令 $\boldsymbol{x}^{(k+1,0)}=\boldsymbol{x}^{(k)}=\boldsymbol{x}^{(k,0)}=+\lambda_{n+1}\boldsymbol{d}^{(k,n+1)}$，若

$$\|\boldsymbol{x}^{(k)}-\boldsymbol{x}^{(k-1)}\|\leqslant\varepsilon \tag{6-36}$$

则停止计算，得到点 $\boldsymbol{x}^{(k)}$；否则，进行（4）。

（4）若

$$|\lambda_{n+1}|>\sqrt{\frac{f(\boldsymbol{x}^{(k,0)})-f(\boldsymbol{x}^{(k+1,0)})}{f(\boldsymbol{x}^{(k,m-1)})-f(\boldsymbol{x}^{(k,m)})}} \tag{6-37}$$

则令 $\boldsymbol{d}^{(k+1,j)}=\boldsymbol{d}^{(k,j)}$，$j=1,\cdots,m-1$；$\boldsymbol{d}^{(k+1,j)}=\boldsymbol{d}^{(k,j+1)}$，$j=m,\cdots,n$；置 $k\leftarrow k+1$，转（2）；否则，令 $\boldsymbol{d}^{(k+1,j)}=\boldsymbol{d}^{(k,j)}$，$j=1,\cdots,n$；置 $k\leftarrow k+1$，转（2）。

3. 偏振图像配准算法流程

基于区域互信息的偏振图像配准算法的流程如图 6-8 所示，具体步骤如下：

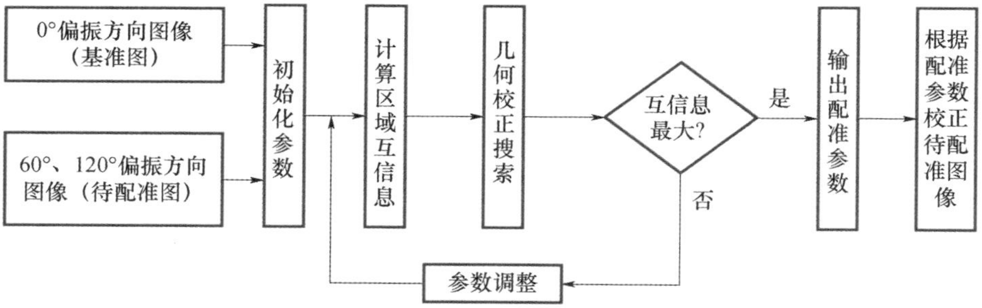

图 6-8 偏振图像配准算法流程

（1）输入有重叠区域的相同场景三个偏振方向图像，以 0°偏振方向的图像为基准图，60°和 120°偏振方向的图像为待配准图；

（2）计算待配准图与基准图之间的区域互信息；

（3）通过几何校正并选用改进的 Powell 算法或其他智能优化算法进行多参数寻优，搜索到 RMI 最大位置，计算出待配准图像的配准参数；

（4）根据获得的配准参数，对待配准图像进行几何校正。

4. 实验与结果分析

选取高楼拍摄的楼房图片，对小角度旋转加平移后的图像进行配准，结果如图 6-9 所示。试验表明，算法对于平移和旋转的偏振图像能够有效配准，且精度较高，能够满足偏振信息处理的需要。

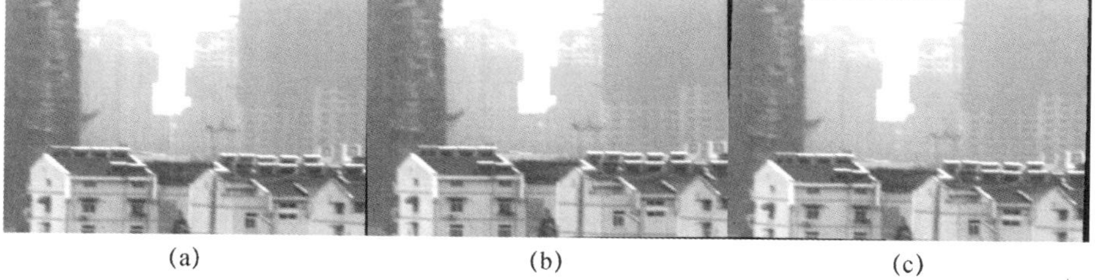

(a) (b) (c)

图 6-9 偏振图像配准结果

（a）原始图像；（b）小角度旋转加平移后的图像；（c）配准后的图像。

下面对一组实拍偏振图像分别进行配准前后的偏振信息合成，结果如图 6-10所示。可以看出，配准前合成的偏振信息由于存在偏差，导致不同目标边缘重叠，以致合成出的偏振信息在边缘处出现大量畸变，而目标内部的偏振信息却大量丢失；配准后的合成信息则细节丰富，灰度均匀。

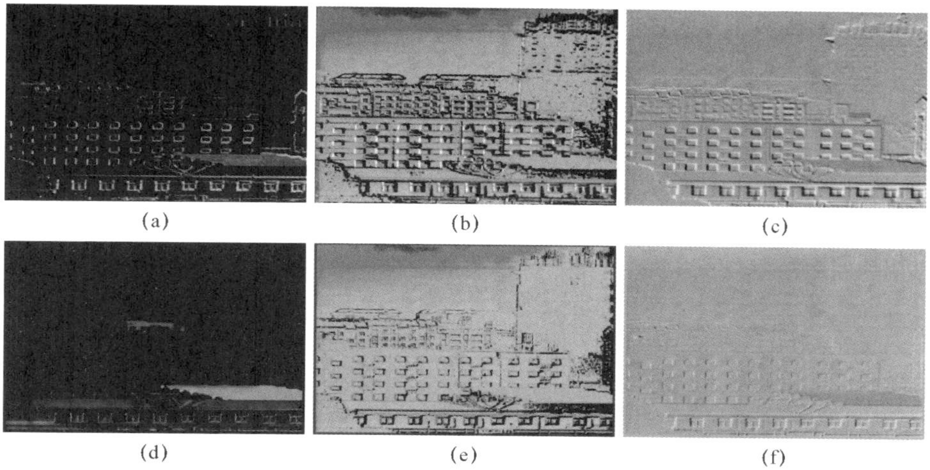

图 6-10　配准前后偏振信息解析结果对比

（a）配准前偏振度图；（b）配准前偏振角图；（c）配准前 U 图；（d）配准后偏振度图；（e）配准后偏振角图；（f）配准后 U 图。

为比较不同参数寻优算法的性能，选取已知实际偏差的图像进行测试，结果如表 6-2 所列。可以看出，大多数情况下 PSO 算法的配准结果要优于 Powell 算法得到的结果，但 PSO 算法耗时要多一些。

表 6-2　不同搜索算法的偏振图像配准结果

样本	实际偏差			Powell				PSO			
	x	y	θ	x	y	θ	t	x	y	θ	t
1	1	−2	−1	2	−2	−1	198.3	1	−2	−1	299.6
2	−2	2	0	−2	2	0	201.6	−2	2	0	301.5
3	3	−2	−0.5	4	−2	−0.6	210.5	3	−2	−0.6	306.5
4	−4	4	−0.5	−4	4	−0.5	206.4	−4	4	−0.5	305.7
5	5	6	0.8	5	6	0.9	220.6	5	6	0.8	315.6
6	−7	−6	0.8	−6	−6	0.8	227.7	−7	−6	0.8	317.6
7	−8	10	1	−9	10	1.1	230.3	−8	10	1	320.9
8	8	10	−1	9	10	−1	235.3	8	10	−1	330.5

6.3.2 基于金字塔变换的偏振参量图像融合

6.3.2.1 典型的图像金字塔变换方法

1. 拉普拉斯金字塔[22]

（1）建立图像的高斯塔形分解。以源图像 G_0 作为高斯金字塔的底层，将 $l-1$ 层图像 G_{l-1} 和具有低通特性的窗口函数 $w(m,n)$ 进行卷积，再隔行隔列降采样，即可得到第 l 层高斯金字塔图像 G_l：

$$G_l=\sum_{m=-2}^{2}\sum_{n=-2}^{2}w(m,n)G_{l-1}(2i+m,2j+n)$$
$$(0<l\leqslant N,0<i\leqslant C_l,0\leqslant j<R_l) \tag{6-38}$$

式中：N 为高斯金字塔顶层的层号；C_l 为高斯金字塔第 l 层图像的列数；R_l 为高斯金字塔第 l 层图像的行数；$w(m,\ n)$ 为 5×5 的窗口函数。G_0，G_1，…，G_N 就构成了高斯金字塔。

（2）引入放大算子 Expand 将 G_l 内插放大，得到放大图像 G_l^*，使 G_l^* 尺寸与 G_{l-1} 相同：

$$G_l^*=\text{Expand}(G_l) \tag{6-39}$$

Expand 算子定义为

$$G_l^*=4\sum_{m=-2}^{2}\sum_{n=-2}^{2}w(m,n)G_l'\left(\frac{i+m}{2},\frac{j+n}{2}\right)$$
$$(0<l\leqslant N,0<i\leqslant C_l,0\leqslant j<R_l) \tag{6-40}$$

式中

$$G_l'\left(\frac{i+m}{2},\frac{j+n}{2}\right)=\begin{cases}G_l\left(\frac{i+m}{2},\frac{j+n}{2}\right) & \left(\frac{i+m}{2},\frac{j+n}{2}\in Z\right)\\ 0 & (\text{其他})\end{cases} \tag{6-41}$$

尽管 G_l^* 的尺寸与 G_{l-1} 相同，但 G_l^* 所包含的细节信息少于 G_{l-1}，为此令

$$\begin{cases}\text{LP}_l=G_l-\text{Expand}(G_{l+1}) & (0\leqslant l<N)\\ \text{LP}_N=G_N & (l=N)\end{cases} \tag{6-42}$$

式中：LP_l 为拉普拉斯分解的第 l 层图像。由 LP_0，LP_1，…，LP_N 构成的金字塔即为拉普拉斯金字塔。

（3）由拉普拉斯金字塔重建源图像。由式（6-42）可得

$$\begin{cases}G_N=\text{LP}_N & (l=N)\\ G_l=\text{LP}_l+\text{Expand}(G_{l+1}) & (0\leqslant l<N)\end{cases} \tag{6-43}$$

令

$$G_{N,k} = \text{Expand}[\text{Expand}\cdots[\text{Expand}(G_N)]] \quad (\text{共 } k \text{ 个 Expand}) \tag{6-44}$$

$$\text{LP}_{l,k} = \text{Expand}[\text{Expand}\cdots[\text{Expand}(\text{LP}_l)]] \quad (\text{共 } k \text{ 个 Expand}) \tag{6-45}$$

因 $\text{LP}_N = G_N$，故可以记 $\text{LP}_{N,N} = G_{N,N}$，那么由式（6-43）可以递推得到

$$G_0 = \sum_{l=0}^{N} \text{LP}_{l,l} \tag{6-46}$$

2. 比率低通金字塔[23]

（1）建立图像的高斯塔形分解。具体步骤与拉普拉斯金字塔法中相同。

（2）由图像的高斯金字塔建立比率塔形分解。若比率金字塔的第 l 层图像记为 RP_l，则有

$$\begin{cases} \text{RP}_l = \dfrac{G_l}{\text{Expand}(G_{l+1})} & (0 \leqslant l \leqslant N-1) \\ \text{RP}_N = G_N & (l = N) \end{cases} \tag{6-47}$$

这样，RP_0，RP_1，…，RP_N 就构成了图像的比率塔形分解。

（3）由比率塔形分解图像重构源图像。根据式（6-47），比率塔形分解图像的重构方式如下：

$$\begin{cases} G_N = \text{RP}_N & (l = N) \\ G_l = \text{RP}_l * \text{Expand}(G_{l+1}) & (0 \leqslant l \leqslant N-1) \end{cases} \tag{6-48}$$

3. 对比度金字塔变换[24]

（1）建立图像的高斯塔形分解。具体步骤与拉普拉斯金字塔法中相同。

（2）由高斯金字塔建立图像的对比度金字塔。若对比度金字塔的第 l 层图像记为 CP_l，则有

$$\begin{cases} \text{CP}_l = \dfrac{G_l}{\text{Expand}(G_{l+1})} - I & (0 \leqslant l \leqslant N-1) \\ \text{CP}_N = G_N & (l = N) \end{cases} \tag{6-49}$$

式中：I 为单位灰度值图像。这样，由 CP_0，CP_1，…，CP_N 就构成了图像的对比度塔形分解。

（3）由对比度金字塔重构源图像。由式（6-57）变换得

$$\begin{cases} G_N = \text{CP}_N & (l = N) \\ G_l = (\text{CP}_l + I) * \text{Expand}(G_{l+1}) & (0 \leqslant l \leqslant N-1) \end{cases} \tag{6-50}$$

从对比度金字塔的顶层 CP_N 开始，按照上式递推，最终可以精确重构原始图像。

4. 梯度金字塔变换

（1）建立图像的高斯塔形分解。具体步骤与拉普拉斯金字塔法中相同。

（2）对图像高斯分解层（最高层除外）分别进行梯度方向滤波，得到其梯度塔形分解：

$$GP_{lk} = d_k * (G_l + w_g * G_l) \quad (0 \leqslant l < N, k = 1,2,3,4) \tag{6-51}$$

式中：GP_{lk} 为第 l 层第 k 方向梯度塔形图像；w_g 为窗口函数；d_k 为第 k 方向上的梯度滤波算子。

（3）由梯度金字塔重构源图像。首先由方向梯度塔形图像建立方向拉普拉斯塔形图像：

$$LP_l \approx [1 + w] * \sum_{k=1}^{4} \left(-\frac{1}{8} d_k * GP_{lk} \right) \tag{6-52}$$

然后根据式（6-43），由拉普拉斯塔形图像重构源图像。

5. 形态金字塔变换[25]

设 $A \subseteq \mathbf{Z}$ 是一个表示图像信号分解的指标集；在每级 $j(j \in J)$ 上信号的值域是 V_j，信号分解将信号向 j 增加的方向进行，用分解算子 $\psi^{\uparrow}: V_j \to V_{j+1}$ 实现；而信号合成向 j 减少的方向进行，用合成算子 $\psi^{\downarrow}: V_{j+1} \to V_j$ 实现。设 $\sigma^{\uparrow}$ 和 $\sigma^{\downarrow}$ 分别是上采样和降采样算子，并且记：

$$\delta_A(x)(n) = (x \oplus A)(n), \varepsilon_A(x)(n) = (x \odot A)(n) \tag{6-53}$$

式中：x 为输入信号；n 为采样间隔；A 为平顶结构元素。

显然 δ_A 是膨胀运算，ε_A 是腐蚀运算。于是分解算子 $\psi^{\uparrow}$ 和合成算子 $\psi^{\downarrow}$ 可以写成

$$\psi^{\uparrow} = \sigma^{\uparrow} \varepsilon_A, \psi^{\downarrow} = \delta_A \sigma^{\downarrow} \tag{6-54}$$

图像分解算子等于先腐蚀后再用 $\sigma^{\uparrow}$ 采样，图像的合成算子等于先膨胀后再用 $\sigma^{\downarrow}$ 进行降采样实现。由此可以得到多尺度形态金字塔：

$$\alpha_A^{(k)} = \underbrace{\delta_A^{\downarrow} \delta_A^{\downarrow} \cdots \delta_A^{\downarrow}}_{k\text{-times}} \overbrace{\varepsilon_A^{\uparrow} \varepsilon_A^{\uparrow} \cdots \varepsilon_A^{\uparrow}}^{k\text{-times}} \quad \beta_A^{(k)} = \underbrace{\varepsilon_A^{\downarrow} \varepsilon_A^{\downarrow} \cdots \varepsilon_A^{\downarrow}}_{k\text{-times}} \overbrace{\delta_A^{\uparrow} \delta_A^{\uparrow} \cdots \delta_A^{\uparrow}}^{k\text{-times}} \tag{6-55}$$

6. 方向可操纵金字塔变换

方向可操纵金字塔（steerable pyramid）[26]分解和重构过程如图 6-11 所示。其中，$H_0(\omega)$ 为无方向高通滤波器，$L_1(\omega)$ 为窄带低通滤波器，$L_0(\omega)$ 为低通滤波器，$B_k(\omega)$ 为带通方向滤波器。

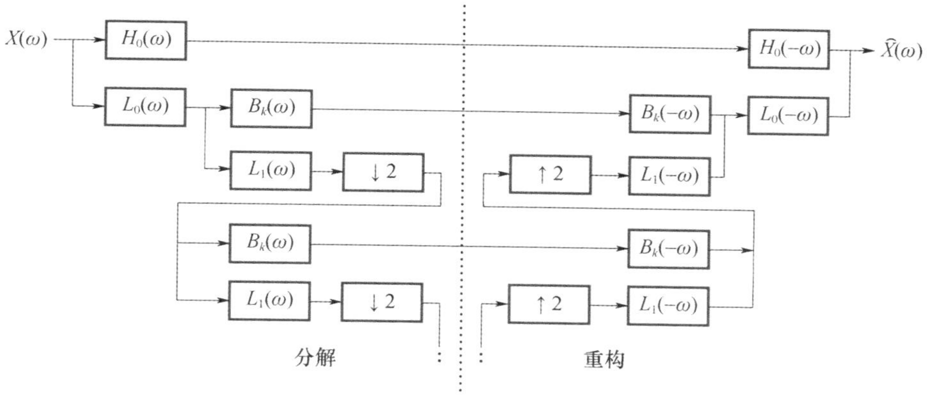

图 6-11　方向可操纵金字塔分解与重构

6.3.2.2　基于金字塔变换的偏振参量图像融合方法

以两幅图像为例，设 A、B 为两幅偏振参量图像，基于金字塔变换的偏振参量图像融合由以下步骤组成：

（1）对源图像 A、B 分别进行金字塔形分解，建立各图的金字塔；

（2）对图像金字塔的各个分解层分别进行融合处理，最终得到融合后图像的金字塔；

（3）对融合后得到的金字塔进行图像重建，所得到的重建图即为融合图像 F。

6.3.2.3　融合规则

在图像融合过程中，融合方式及融合算子的选择对于融合的质量至关重要。图像融合的方式可大致分为两大类，即基于像素的融合方式和基于区域的融合方式，基本原理如图 6-12 所示。

1. 基于像素的融合方式

从图 6-12 中可以看出，基于像素的融合方式的突出特点是仅根据图像分解层上对应位置像素的灰度值大小来确定融合后图像分解层上该位置的像素灰度值。对像素的融合方式主要有：对应的像素灰度值选大；对应的像素灰度值选小；对应的像素灰度值加权平均。

2. 基于区域的融合方式

基于区域的融合方式的基本思想：在对某一分解层图像进行融合处理时，不仅考虑参加融合的源图像中对应的各像素，而且考虑参加融合的像素的局

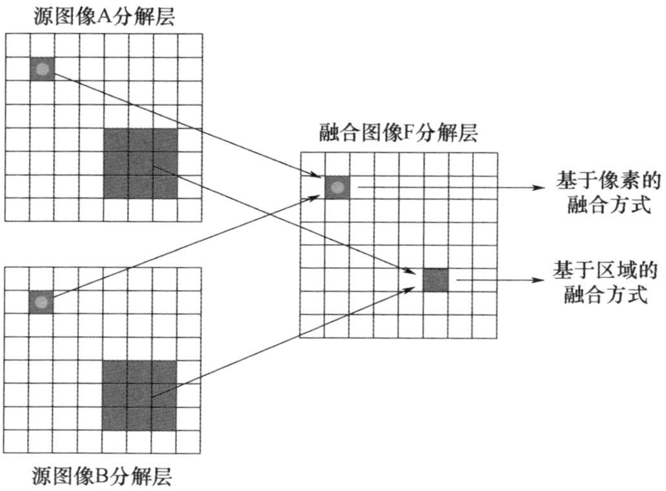

图 6-12　图像融合主要方式

部邻域。即通过比较源图像的某方面特征，动态地选取这方面特征突出的源图像组成融合结果。一般可以选取下列特征作为区域特征：

（1）以区域信息含量为特征量的融合方式。主要指标有区域的方差 Dev(X)和熵值 $E(X)$：

$$\mathrm{Dev}(X)=\frac{1}{J\times K}\sum_{m=0}^{J-1}\sum_{n=0}^{K-1}(G(X_{m,n})-\bar{G}(X))^2 \tag{6-56}$$

$$E(X)=-\sum_{i=0}^{L-1}P_i\log(P_i) \tag{6-57}$$

式中：X 为 $J\times K$ 的区域；$G(X_{m,n})$ 为 X 中（m，n）点的灰度值；$G(X)$ 为 X 中各点灰度值的平均；P_i为 X 中灰度值为 i 的像素点所占的比例；L 为灰度值的共有级数。

在进行源图像分解层的融合中，来自哪个区域的方差或熵值大，就将该区域中心像素点的灰度值作为融合后图像分解层上该位置的像素灰度值。

（2）以区域各点灰度值的统计结果为特征量。例如，可以以区域各点灰度值之和或灰度值之和的平均值为特征量，来自哪个区域的特征量的值大，就将哪个区域中心像素点的灰度值作为融合后图像分解层上该位置的像素灰度值。

（3）以区域能量作为特征量的融合方式。采用这种融合方式的一般处理步骤如下：

首先分别计算两幅图像相应分解层上对应局部区域的能量 $E_{l,\mathrm{A}}$ 和 $E_{l,\mathrm{B}}$：

$$E_l(m,n)=\sum_{m'\in J,n'\in K}w^l(m',n')\left[L_1(m+m',n+n')\right]^2 \tag{6-58}$$

式中：E_l（m，n）为金字塔第 l 层，以（m，n）为中心位置的局部区域能量；L_l 为金字塔的第 l 层图像；w^l（m'，n'）为一个加权矩阵算子；J、K 定义了局部区域的大小，而 m'、n' 的变换范围在 J、K 内。

然后计算两幅图像对应局部区域的匹配度 M_{AB}：

$$M_{l,\mathrm{AB}}(m,n)=\frac{2\sum_{m'\in J,n'\in K}w^l(m',n')L_{l,\mathrm{A}}(m+m',n+n')L_{l,\mathrm{B}}(m+m',n+n')}{L_{l,\mathrm{A}}(m+m',n+n')+L_{l,\mathrm{B}}(m+m',n+n')} \tag{6-59}$$

最后定义一个匹配度阈值 T，通常取（0.5～1），则融合后金字塔的第 l 层图像 $L_{l,\mathrm{F}}$ 为

若 $M_{l,\mathrm{AB}}(m,n)<T$，则

$$\begin{cases}L_{l,\mathrm{F}}(m,n)=L_{l,\mathrm{A}}(m,n) & (E_{l,\mathrm{A}}(m,n)\geqslant E_{l,\mathrm{B}}(m,n))\\ L_{l,\mathrm{F}}(m,n)=L_{l,\mathrm{B}}(m,n) & (E_{l,\mathrm{A}}(m,n)<E_{l,\mathrm{B}}(m,n))\end{cases} \tag{6-60}$$

若 $M_{l,\mathrm{AB}}(m,n)\geqslant T$，则

$$\begin{cases}L_{l,\mathrm{F}}(m,n)=W_{l,\max}(m,n)L_{l,\mathrm{A}}(m,n)+W_{l,\min}(m,n)L_{l,\mathrm{B}} & (E_{l,\mathrm{A}}(m,n)\geqslant E_{l,\mathrm{B}}(m,n))\\ L_{l,\mathrm{F}}(m,n)=W_{l,\min}(m,n)L_{l,\mathrm{B}}(m,n)+W_{l,\max}(m,n)L_{l,\mathrm{B}} & (E_{l,\mathrm{A}}(m,n)<E_{l,\mathrm{B}}(m,n))\end{cases} \tag{6-61}$$

式中

$$\begin{cases}W_{l,\min}(m,n)=\dfrac{1}{2}-\dfrac{1}{2}\left(\dfrac{1-M_{l,\mathrm{AB}}(m,n)}{1-T}\right)\\ W_{l,\max}(m,n)=1-W_{l,\min}(m,n)\end{cases} \tag{6-62}$$

6.3.2.4 实验与结果分析

1. 不同金字塔类型对融合效果的影响

图 6-13 给出了一组草地背景下的网眼布融合的实例，融合过程都采用了相同的分解层和融合方式，分解层数均为 4 层，高频部分采用基于像素的融合方式，低频部分采用直接平均法。

为定量比较不同金字塔融合方法的效果，采用信息熵、标准差、平均梯度作为融合质量的客观评价指标，结果如表 6-3 所列。直观上看，在比率低通金字塔融合结果中目标要更加突出一些。

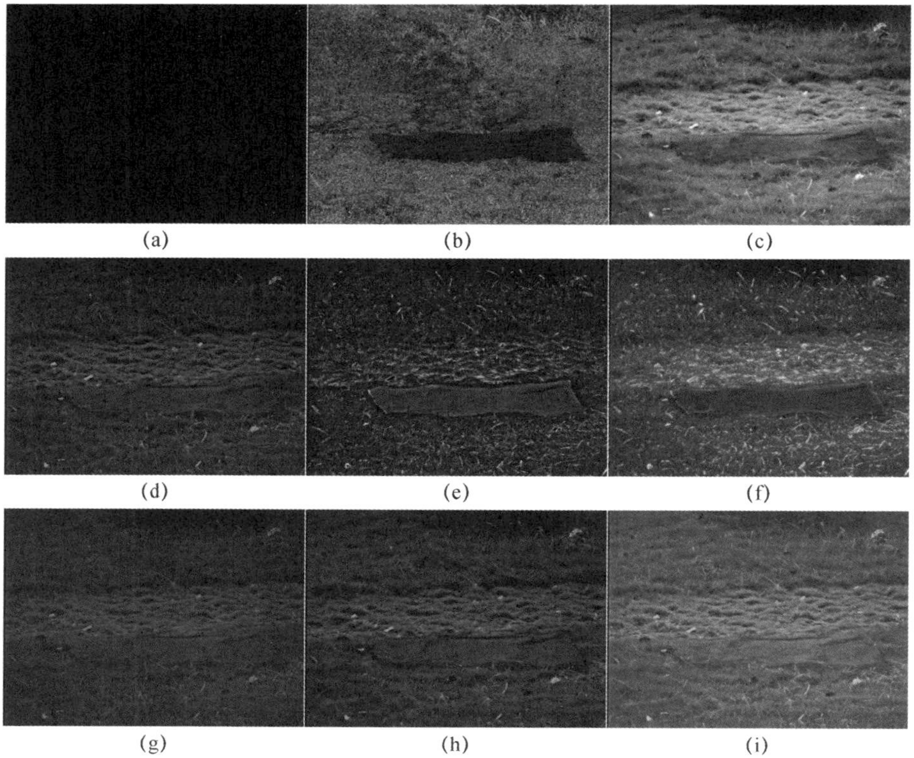

图 6-13 不同金字塔融合方法得到的融合图像

(a) 偏振度图像；(b) 偏振角图像；(c) 合成强度图像；(d) 拉普拉斯金字塔；(e) 比率低通金字塔；(f) 对比度金字塔；(g) 梯度金字塔；(h) 形态金字塔；(i) 方向可操纵金字塔。

表 6-3 不同的金字塔融合效果的客观评价指标

不同的金字塔	信息熵	标准差	平均梯度
拉普拉斯金字塔	2.92	37.12	49.25
比率低通金字塔	3.14	55.51	71.07
对比度金字塔	3.14	45.12	52.75
梯度金字塔	2.83	35.92	48.33
形态金字塔	2.96	38.21	50.33
方向可操纵金字塔	2.89	39.89	53.02

2. 分解层数对融合效果的影响

为测试金字塔分解层数对融合结果的影响，采用基于像素的融合方式研究了拉普拉斯金字塔和形态金字塔融合方法，结果如图 6-14 和图 6-15 所示。

可以看出，随着分解层数的增加，特征信息更加明显，融合图像的质量得到增强，但是源图像的基本信息在融合图像中出现了较为明显的缺失。

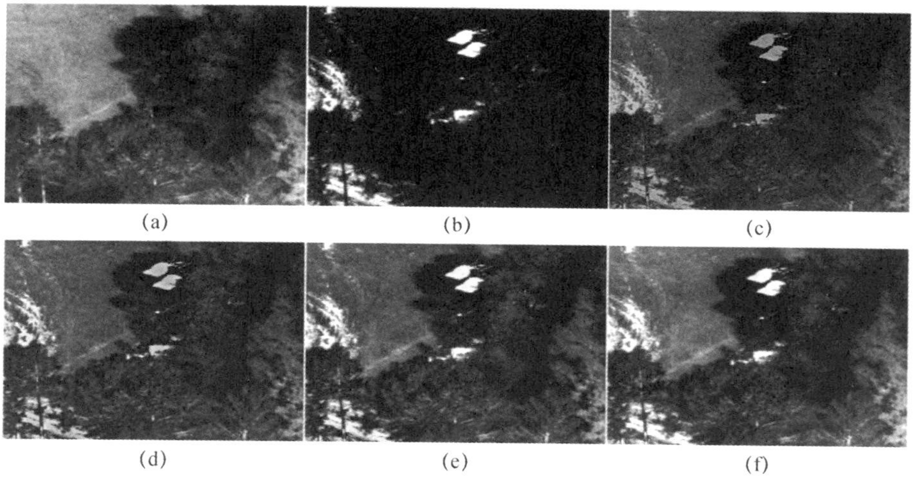

图 6-14　基于拉普拉斯金字塔融合方法的不同分解层所得融合图像

(a) 红外辐射强度图像；(b) 红外偏振度图像；(c) 拉普拉斯金字塔 1 层分解；(d) 拉普拉斯金字塔 3 层分解；(e) 拉普拉斯金字塔 5 层分解 ；(f) 拉普拉斯金字塔 7 层分解。

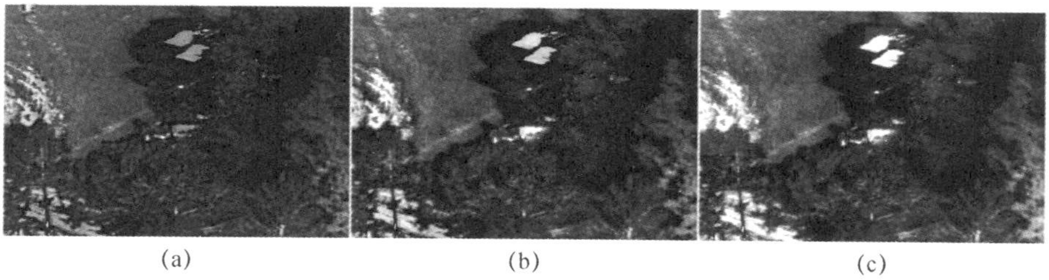

图 6-15　基于形态金字塔融合方法的不同分解层所得融合图像

(a) 形态金字塔 1 层分解；(b) 形态金字塔 3 层分解；(c) 形态金字塔 5 层分解。

3. 不同融合方式对融合效果的影响

为对比不同融合方式对图像融合效果的影响，测试了基于像素和基于区域两种融合方式。在基于像素的融合方式中，选取“对应的像素灰度值选大的融合方式”；而在基于区域的融合方式中，选取“以区域能量作为特征量的融合方式”，区域的大小选择为 3 × 3 的窗口，塔形分解层数为 4 层。评价指标的结果见表 6-4。可以看出，基于区域的融合方式一般要优于基于像素的融合方式。

表 6-4　不同融合方式所得的融合图像的评价指标比较

不同分解层所得融合图像		信息熵	标准差	平均梯度
拉普拉斯金字塔	基于像素	2.95	37.5	45.9
	基于区域	2.99	41.2	46.8
低通比率金字塔	基于像素	3.06	50.5	68.5
	基于区域	3.08	52.1	70.6
对比金字塔	基于像素	3.05	46.5	50.2
	基于区域	3.07	50.3	52.7
梯度金字塔	基于像素	2.85	40.2	48.3
	基于区域	2.92	41.3	50.2
形态金字塔	基于像素	2.98	39.8	52.3
	基于区域	3.01	41.5	53.5
方向可操纵金字塔	基于像素	2.97	59.8	83.6
	基于区域	3.01	61.7	85.8

6.3.3 基于五株采样提升小波的多波段偏振图像融合

在对各种信息进行多分辨分析时，较为常用的方法是可分离情况的多分辨率分析方法，其优点是引入直接、算法简便，但它突出的是 x、y 两个方向，对其他方向不够敏感。更具一般性的多分辨率分析法并不是把 $L^2(\boldsymbol{R}^2)$ 空间分解成两个一维空间的张量积 $L^2(\boldsymbol{R}) \otimes L^2(\boldsymbol{R})$，也就是“不可分离情况”。自然界许多自然生成的景象其图像信息多集中在二维频谱的“钻石形”区域中，而采用五株采样栅格能够较好地提取这一区域内的信息[27]，为此，在多分辨率分析思想的基础上，下面介绍一种基于五株采样提升小波变换的多波段偏振图像融合方法[28]。

6.3.3.1　五株采样提升小波

五株采样（quincunx sampling）具有以下特点：①简单实用；②可消除在重建分解过程中抽样及插值时出现的频率混叠现象；③该方案的低通滤波器的截止频率正好在图像的对角线上，而人的视觉对图像的对角线方向敏感性最差，不会降低视觉效果，符合人的视觉特性。五株采样提升算法与一维信号二抽取提升算法极为类似，其变换过程如图 6-16 所示。

6.3.3.2　单一波段偏振参量图像融合

由地物反射的光波的偏振特征可用斯托克斯参量图像 I、Q、U 及线偏振

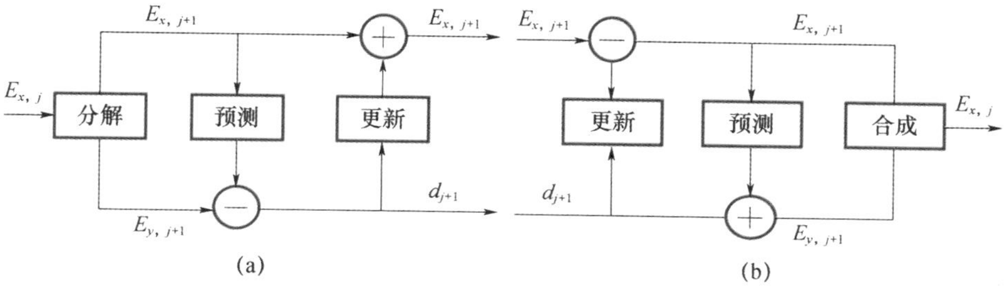

图 6-16 五株采样提升方案

(a) 正变换；(b) 逆变换。

度图像（DoLP）和偏振角图像（AoP）来刻画，其中：I 表示反射光的总强度，不同的光强表示不同的地物具有的不同反射率；线偏振度（DoLP）表示反射光中线偏振成分的多少；偏振角（AoP）表示反射光两分量之间的相位差，两者都反映了地物表面的粗糙度、纹理等特性，并且均包含了斯托克斯参量 Q 和 U。因此，偏振参量图像之间存在一定的信息冗余性和互补性。为此，提出了如下单一波段偏振参量图像融合算法。

1. 对 DoLP 和 AoP 进行融合，得到 PI

由于 DoLP 和 AoP 的取值范围不同，因此首先将参与融合的 DoLP 和 AoP 分别进行归一化处理：

$$\begin{cases} \mathrm{DoLP}^* = \dfrac{\mathrm{DoLP} - \min(\mathrm{DoLP})}{\max(\mathrm{DoLP}) - \min(\mathrm{DoLP})} \\ \mathrm{AoP}^* = \dfrac{\mathrm{AoP} - \min(\mathrm{AoP})}{\max(\mathrm{AoP}) - \min(\mathrm{AoP})} \end{cases} \tag{6-63}$$

鉴于 DoLP 和 AoP 均反映了地物表面的粗糙度、纹理等特性，两者包含的信息是冗余和互补的，因此对 DoLP 和 AoP 进行基于能量的融合：

$$\mathrm{PI} = \frac{\left(\sum_{i=1}^{M}\sum_{j=1}^{N}\mathrm{DoLP}^*(i,j)^2\right)\mathrm{DoLP}^* + \left(\sum_{i=1}^{M}\sum_{j=1}^{N}\mathrm{AoP}^*(i,j)^2\right)\mathrm{AoP}^*}{\sum_{i=1}^{M}\sum_{j=1}^{N}\mathrm{DoLP}^*(i,j)^2 + \sum_{i=1}^{M}\sum_{j=1}^{N}\mathrm{AoP}^*(i,j)^2} \tag{6-64}$$

式中：M、N 分别为对应图像的宽度和高度。

2. 对偏振特征图像 PI 和合成强度图像 I 进行融合，得到融合图像 FI

为了保留合成强度图像 I 中丰富的细节信息，这里采用基于五株采样提升小波的融合方法，融合步骤如下：

（1）对待融合的偏振特征图像PI和合成强度图像I分别进行N层五株采样提升小波分解，最终得到每个源图像在各层对应的细节子图像和最后一个分解层的近似子图像构成的子图像系列。

（2）分别对分解得到的低频和高频子图像采用相应的融合规则进行融合处理，得到对应于融合图像FI的低频和高频子图像。

（3）对融合后的低频和高频子图像进行提升小波逆变换，重构得到融合图像FI。

选择适当的预测和更新算子可以有效保持形态和去相关。考虑到人类视觉对相位失真比较敏感，这里采用Neville滤波器进行线性预测和更新[29]，其预测与更新算子为

$$P(z) = P^{N_d}(z), \quad U(z) = 0.5P^{N_c}(z) \tag{6-65}$$

式中：$P(\cdot)$为预测算子；$U(\cdot)$为更新算子；N_d为五株采样提升小波的分解层数；N_c为重构层数。

3. 融合规则

对合成强度图I和偏振特征图像PI进行五株采样提升小波分解后，分别得到低频系数$I_{\mathrm{L}}(x, y)$和$\mathrm{PI}_{\mathrm{L}}(x, y)$，以及高频系数$I_{\mathrm{H}}(x, y)$和$\mathrm{PI}_{H}(x, y)$。由于偏振特征图像PI和合成强度图像$I$所包含的能量和细节信息不同，因此融合后的图像应该保留合成强度图像I所表现的低频特性，又突出偏振特征图像FI所体现的目标的高频特征。为此对于低频图像，这里采用基于主成分分析的融合策略：

$$\mathrm{FI}_{\mathrm{L}}(x,y) = \frac{1}{c_1 + c_2}(c_1 I_{\mathrm{L}}(x,y) + c_2 \mathrm{PI}_{\mathrm{L}}(x,y)) \tag{6-66}$$

式中：c_1和c_2分别为合成强度图像I和偏振特征图像PI的主特征矢量。

为了保留待融合图像的细节信息，这里采用基于区域能量作为特征量的高频子图像融合策略。首先分别计算偏振特征图像PI和合成强度图像I在相应分解层l上对应局部区域的能量$E_{l,\mathrm{PI}}$和$E_{l,I}$：

$$\begin{gathered} E_{l,\mathrm{FI}}(x,y) = \sum_{i \in M, j \in N} G(i,j)\left[\mathrm{FI}_l(x+i, y+j)\right]^2, \\ E_{l,I}(x,y) = \sum_{i \in M, j \in N} G(i,j)\left[I_l(x+i, y+j)\right]^2 \end{gathered} \tag{6-67}$$

式中：$E_l(x, y)$表示五株采样提升小波变换第l层以(x, y)为中心的局部区域能量；FI_l和I_l分别表示PI和I五株采样提升小波分解后的第l层图像；M、N表示局部区域大小；$G(i, j)$为高斯核函数。

然后计算偏振特征图像 PI 和合成强度图像 I 对应局部区域的匹配测度 M_l：

$$M_l(x,y)=\sum_{i\in M,j\in N}\frac{G(i,j)\left|\mathrm{PI}_l(x+i,y+j)I_l(x+i,y+j)\right|}{\left|\mathrm{PI}_l(x+i,y+j)I_l(x+i,y+j)\right|} \tag{6-68}$$

融合后的第 l 层图像 FI_l 为

$$\begin{cases}\mathrm{FI}_l(x,y)=\max\{\mathrm{PI}_1(x,y),I_1(x,y)\} & (M_1(x,y)\leqslant T)\\ \mathrm{FI}_l(x,y)=\dfrac{M_1(x,y)-T}{1-T}\max\{\mathrm{PI}_1(x,y),I_1(x,y)\}+ & \\ \dfrac{1-M_1(x,y)}{1-T}\min\{\mathrm{PI}_1(x,y),I_1(x,y)\} & (\text{其他})\end{cases} \tag{6-69}$$

可以看出：当 PI 和 I 在分解层 l 上对应局部区域之间的匹配测度小于阈值 T 时，说明两幅图像在该区域上的能量差别较大，此时选择能量大的区域中心像素作为融合后图像在该区域上的中心像素；反之，说明两幅图像在该区域上的能量相近，此时采用加权融合算子确定融合后图像的灰度值。

6.3.3.3 多波段偏振图像融合方案

假设选择了不同频谱波段的 L 幅偏振图像，且已经过精确的配准，图像的大小也相同，F 为融合后的结果图像。基于五株采样提升小波，在 Piella[30] 提出的多分辨率图像融合框架的基础上，给出基于五株采样提升小波变换的偏振图像融合框架（图 6-17），具体的融合步骤如下：

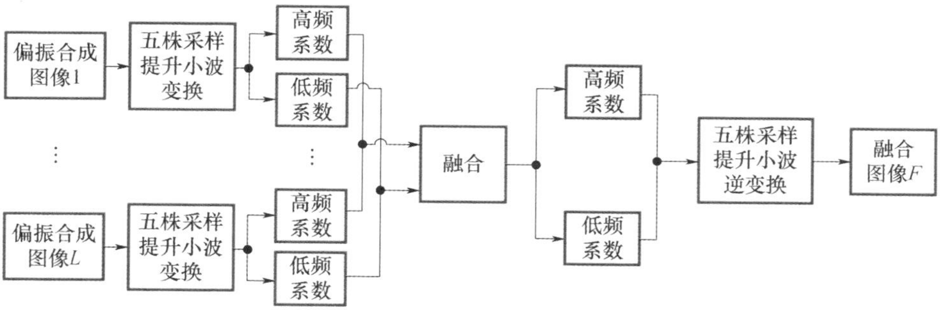

图 6-17 基于五株采样提升小波变换的偏振图像融合框架

（1）单一波段偏振参量图像融合。首先进行斯托克斯参量计算，得到合成强度图像 I、偏振度图像 DoLP 及偏振角图像 AoP，然后利用前面介绍的方法进行图像融合，得到偏振合成图像。

（2）对待融合的 L 幅不同波段的偏振合成图像，分别进行 N 层五株形小波分解，最终将分别得到源图像的 1 个低频子图像和 N 个高频子图像。

(3) 分别对分解得到的低频和高频子图像采用相应的融合规则及融合算子进行融合处理，得到对应于融合图像 F 的低频和高频子图像。

(4) 对融合后的低频和高频子图像进行提升小波逆变换，重构得到融合图像 F。

在上述融合过程中，这里采用一种基于边缘检测的融合策略，其基本思想是，由于低频图像反映原图像的近似和平均特性，集中原图像的大部分信息，而高频子图像则反映原图像的细节信息，主要体现原图像的突变特性，因此，为突出待融合图像的细节信息，融合应该在高频部分进行。

设小波系数区域中心点 $W(i,\ j)$ 的主窗口区域和子窗口区域方差分别为 $\sigma_{\mathrm{w}}(i,\ j)$ 和 $\sigma_{\mathrm{sw}}(i,\ j)$，则利用主窗口区域和子窗口区域方差 $\sigma_{\mathrm{w}}(i,\ j)$ 和 $\sigma_{\mathrm{sw}}(i,\ j)$ 的大小，将小波系数分类为重要边缘点和非重要边缘点。调整原理是采用概率上的多数原则，即像素邻域中多数像素是重要边缘点，则该区域是有效边缘区；像素邻域中多数像素为非重要的边缘点，则该区域是有效平滑区。中心点 $W(i,\ j)$ 的方差可取为

$$\begin{cases}\sigma(i,j)=\sigma_{\mathrm{sw}}(i,j) & (\sigma_{\mathrm{sw}}(i,j)\geqslant\sigma_{\mathrm{w}}(i,j))\\ \sigma(i,j)=\sigma_{\mathrm{w}}(i,j) & (\sigma_{\mathrm{sw}}(i,j)<\sigma_{\mathrm{w}}(i,j))\end{cases} \tag{6-70}$$

为突出待融合图像中的细节信息，首先应对分离的高频小波系数进行相应的融合处理，利用式（6-70）分别计算待融合高频子图像对应局部方差，然后利用局部方差准则进行边缘区和平滑区的区分，再分别进行对应高频子图像的融合，设融合后图像高频为 $f(i,\ j)$，则对于有效边缘区则取方差最大的高频系数；对于有效平滑区则加权，如下式所示：

$$f(i,j)=\sum_{m=1}^{L}\frac{\sigma_m}{\sum\limits_{k=1}^{L}\sigma_k}W_m(i,j) \tag{6-71}$$

对于待融合图像对应的低频小波系数的融合，则直接进行平均作为融合后图像的低频小波系数。最后将融合变换获得的小波系数进行五株采样提升小波变换的逆变换即可得到融合后的图像。

6.3.3.4 实验结果与分析

为检验基于五株采样提升小波变换的多波段偏振图像融合方法的可行性与有效性，选用了若干组多波段偏振图像进行了融合实验。图 6-18 为利用多波段偏振成像系统获取的以菜地和树林为背景的伪装目标的图像及融合结果。其中图 6-18（a）、（b）分别是基于 650nm 和 750nm 两个光谱波段对 3 个伪装

目标（编号分别为 1、2、3）进行成像探测所得到的偏振图像，图 6-18（c）是利用五株采样提升小波变换对图 6-18（a）、（b）两幅偏振图像进行融合得到的结果。从试验结果中不难发现，在 650nm 波段偏振图像中仅能比较容易辨认出 3 号伪装目标，而在 750nm 波段偏振图像中 1 号和 2 号伪装目标比较明显，但 3 号伪装目标却不明显，然而在融合后的结果图像中，这 3 个伪装目标均比较容易辨认，并且在 750nm 波段不易区分的小土路在融合后的图像中也变得较为明显。

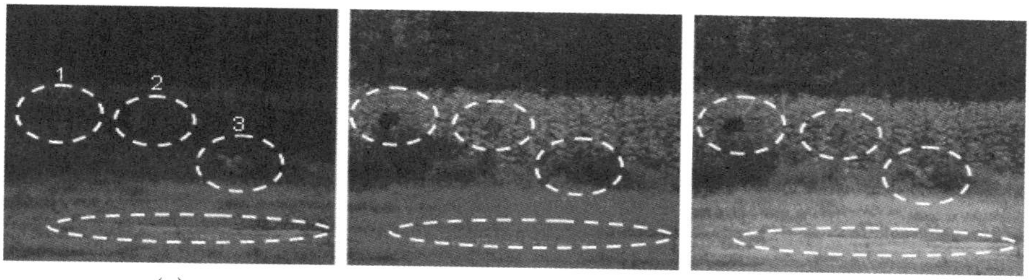

(a) (b) (c)

图 6-18 基于五株采样提升小波变换的多波段偏振图像融合结果

（a）650nm 偏振图像 ；（b）750nm 偏振图像；（c）融合结果。

为检验不同图像融合方法的优劣，在相同的融合参数设置情况下，选用了几种典型的正交小波基进行比较，采用融合图像与源图像的 MI、标准差、平均梯度、EIPV 作为融合客观评价指标，结果如表 6-5 所列。可以看出，与选取的几种离散小波变换方法相比，本节提出的基于五株采样提升小波变换的偏振图像融合方法具有一定的优势。

表 6-5 基于不同融合方法的客观评价结果

融合方法	MI	标准差	平均梯度	EIPV
db3	2.98	35.12	47.25	0.4306
Sym4	2.96	47.51	70.07	0.4295
Coif3	3.04	45.12	50.45	0.4088
Bior4.4	3.03	43.92	49.33	0.4131
本节提出的方法	3.12	48.21	50.33	0.4325

6.3.4 光谱偏振图像伪彩色融合

由于仅靠人的肉眼并不能直接观察到物体的偏振信息，就需要以某种形式予以显示出来，以便为人眼所感知或者方便计算机的后续处理。人眼大概能识别 128 种不同的色调和 130 种不同的色饱和度级，根据不同的色调，还可以识别若干种明暗变化，因此人眼可以识辨出上万种不同的颜色。然而，人眼一般能区分的灰度等级只有 20 多个，也就是说人的视觉对彩色更加敏感。根据这一特点，可以将颜色信息用于伪装目标光谱偏振图像融合中，以提高伪装目标的可鉴别性。

6.3.4.1 基于 HSI 颜色空间的偏振信息伪彩色融合

由于色调、色饱和度和光强可以较好地描述人眼对颜色的视觉作用，因此采用由色调、色饱和度和光强度组成的 HSI 颜色模型对伪装目标进行偏振信息伪彩色融合处理。具体来说，可以将线偏振度 DoLP 映射到色饱和度、偏振角 AoP 映射到色调、合成光强 I 映射到强度 3 个颜色通道，从而将偏振信息融合转换到 HSI 颜色空间，再由 HSI 颜色空间转换到 RGB 颜色空间，就可以实现偏振信息的有机融合与伪彩色可视化。映射方式如下式，处理结果如图 6-19 所示。

$$\begin{cases} I_1 = I \\ S_1 = \mathrm{DoLP} \\ H_1 = 2 * \mathrm{AoP} \end{cases} \tag{6-72}$$

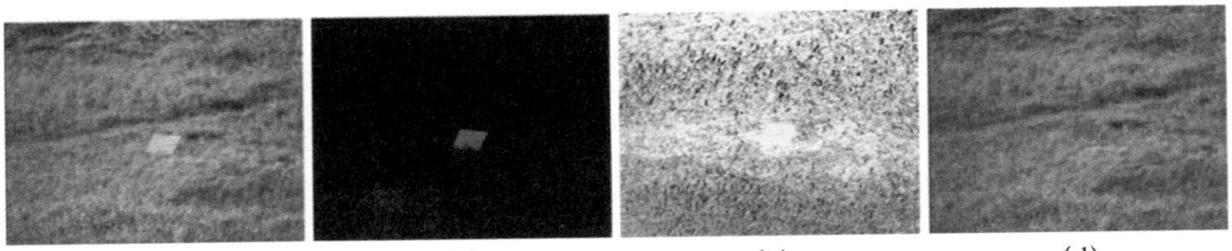

(a)　(b)　(c)　(d)

图 6-19　555nm 波段军绿漆板 HSI 彩色融合结果图像

(a) 强度图像；(b) 偏振度图像；(c) 偏振角图像；(d) 融合结果图像。

6.3.4.2 基于非负矩阵分解的偏振信息伪彩色融合

为了减少或消除各偏振参量图像之间存在的信息冗余性，以便能够用更稀疏的量来表征物体的偏振特性，下面介绍一种基于非负矩阵分解（non-negative matrix factorization，NMF）理论的偏振信息伪彩色融合方法[31]。非负矩阵分解是国际上在 20 世纪 90 年代末提出的一种矩阵分解方法，其基本原理是：给定 $n \times m$ 的数据矩阵 $\mathbf{V}$，其中 $V_{ij} \geqslant 0$（$i=1, 2, \cdots, n$；$j=1, 2, \cdots, m$），和预先定义的正整数 r，其中 $r < \min(m, n)$，NMF 算法就是要找

到两个非负矩阵 $\boldsymbol{W}\in\mathbf{R}^{n\times r}$ 和 $\boldsymbol{H}\in\mathbf{R}^{r\times m}$，使得

$$\boldsymbol{V}\approx\boldsymbol{W}\boldsymbol{H} \tag{6-73}$$

式（6-73）又可以写成

$$V_{ij}\approx(\boldsymbol{W}\boldsymbol{H})_{ij}=\sum_{a=1}^{r}W_{ia}H_{aj}\quad(\forall i,j) \tag{6-74}$$

由于分解前后的矩阵中仅包含非负元素，因此原矩阵 $\boldsymbol{V}$ 中的一列矢量可解释为对基矩阵 $\boldsymbol{W}$ 中所有列矢量（称为基矢量）的加权和，而权重系数为系数矩阵 $\boldsymbol{H}$ 中对应列矢量中的元素。非负矩阵的求解是通过迭代使 $\boldsymbol{V}$ 和 $\boldsymbol{W}\boldsymbol{H}$ 之间的重构误差最小，通常采用最小化剩余的 Frobenius 范数作为目标函数：

$$\begin{aligned}&\min_{\boldsymbol{W},\boldsymbol{H}}f(\boldsymbol{W},\boldsymbol{H})\equiv\frac{1}{2}\sum_{i=1}^{n}\sum_{j=1}^{m}(V_{ij}-(\boldsymbol{W}\boldsymbol{H})_{ij})^2\\&\text{s.t. }W_{ia}\geqslant 0,H_{bj}\geqslant 0,\forall i,a,b,j\end{aligned} \tag{6-75}$$

对于这类问题的求解，可采用如下形式的交替乘法更新规则进行求解[32]：

$$\begin{cases}W_{ia}\leftarrow W_{ia}\sum_{\mu}\dfrac{V_{i\mu}}{(\boldsymbol{W}\boldsymbol{H})_{i\mu}}\boldsymbol{H}_{a\mu}\\[2ex] W_{ia}\leftarrow\dfrac{W_{ia}}{\sum_{j}W_{ja}}\\[2ex] H_{a\mu}\leftarrow H_{a\mu}\sum_{i}W_{ia}\dfrac{V_{i\mu}}{(\boldsymbol{W}\boldsymbol{H})_{i\mu}}\end{cases} \tag{6-76}$$

根据非负矩阵分解理论，可以首先将各偏振参量图像数据组成原始偏振数据矢量集合 $\boldsymbol{V}$：

$$\boldsymbol{V}=[\boldsymbol{I}\quad\boldsymbol{Q}\quad\boldsymbol{U}\quad\textbf{DoLP}\quad\textbf{AoP}]=\begin{bmatrix}I_{11}&Q_{11}&U_{11}&\mathrm{DoLP}_{11}&\mathrm{AoP}_{11}\\I_{12}&Q_{12}&U_{12}&\mathrm{DoLP}_{12}&\mathrm{AoP}_{12}\\\vdots&\vdots&\vdots&\vdots&\vdots\\I_{M\times N}&Q_{M\times N}&U_{M\times N}&\mathrm{DoLP}_{M\times N}&\mathrm{AoP}_{M\times N}\end{bmatrix} \tag{6-77}$$

利用非负矩阵分解的有关方法，可以将反映了物体本征信息的原始偏振数据矢量集合 $\boldsymbol{V}$ 近似分解为矩阵 $\boldsymbol{W}_{n\times r}$ 和矩阵 $\boldsymbol{H}_{r\times m}$ 的乘积。如果选择的 r 小于 m 或 n，那么得到的 $\boldsymbol{W}$ 和 $\boldsymbol{H}$ 将会小于原始偏振数据矩阵 $\boldsymbol{V}$，这就相当于用相对少的基矢量来表示原始偏振数据矢量，算法得到的非负基矢量组 $\boldsymbol{W}$ 具有一定的线性无关性和稀疏性。鉴于此，下面给出偏振参量图像伪彩色融合方法：

（1）将偏振参量图像 I、Q、U、DoLP 和 AoP，按照式（6-77）构成数据矢量集合 $\mathbf{V}$。

（2）取 $r=3$，根据式（6-75）的目标函数，采用式（6-76）所示的乘法更新规则进行迭代求解，得到 3 个特征基矢量图像 $\boldsymbol{W}=[\boldsymbol{w}_1, \boldsymbol{w}_2, \boldsymbol{w}_3]$。

（3）根据图像清晰度和方差，将 $\boldsymbol{W}$ 中的特征基矢量图像按降序排列，得到第 1 特征基矢量图像 FI_1、第 2 特征基矢量图像 FI_2 和第 3 特征基矢量图像 FI_3。

（4）利用第 1 特征基矢量图像 FI_1 的灰度直方图，分别对第 2 特征基矢量图像 FI_2 和第 3 特征基矢量图像 FI_3 进行直方图规定化处理。

（5）将直方图规定化处理后的第 1 特征基矢量图像 FI_1 映射为亮度分量 I，第 2 特征基矢量图像 FI_2 映射为色调分量 H，第 3 特征基矢量图像 FI_3 映射为色饱和度分量 S，得到融合后的图像 $F\mathrm{p}$。

（6）将融合图像 $F\mathrm{p}$ 从 HSI 颜色空间变换到 RGB 空间，最终得到偏振伪彩色融合结果 F。

为了验证提出的偏振参量图像伪彩色融合方法的可行性和有效性，利用多波段偏振成像探测系统拍摄了偏振图像数据进行试验。图 6-20（a）～（c）是采用 555nm 波段拍摄的网眼布在草地背景下对应于 3 幅不同偏振方向的强度图像，图 6-20（d）～（h）分别是进行偏振信息解析后得到的偏振参量图像。

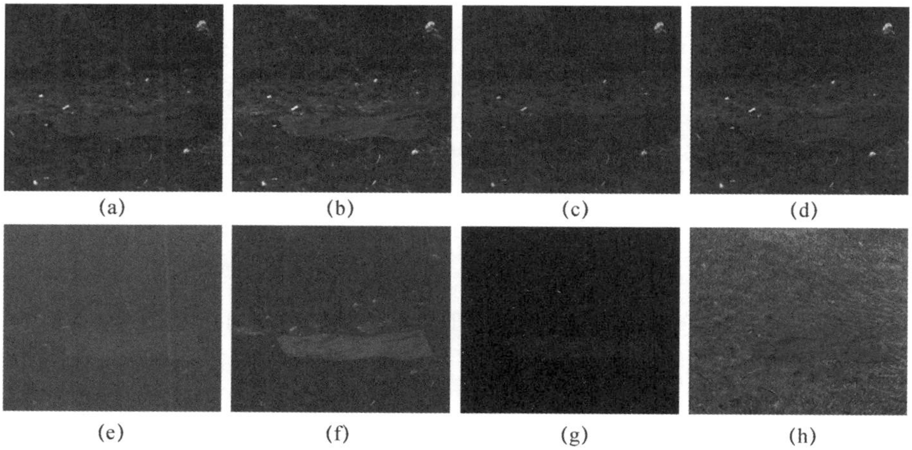

图 6-20　网眼布对应的偏振图像

（a）I（0°）；（b）I（60°）；（c）I（120°）；（d）I；（e）Q；（f）U；（g）DoLP；（h）AoP。

图6-21（a）～（c）给出的是采用非负矩阵分解得到的三幅特征基矢量图像。不难发现，在这三幅特征基矢量图像中网眼布与周围草地背景之间均具有较大的反差，网眼布的轮廓边缘非常清晰，并且表面几何形状、纹理等细节信息保持较好。

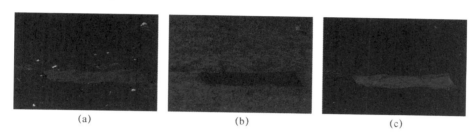

(a) (b) (c)

图6-21 利用NMF得到的三幅基矢量图像

（a）FI_1；（b）FI_2；（c）FI_3。

利用这三幅特征基矢量图像，采用前面介绍的伪彩色融合方法（简称NMF方法），并与Wolff提出的伪彩色融合方法（简称HSI方法）[33]、Olsen等提出的伪彩色模型方法（简称IPQ方法）[34]进行比较，结果如图6-22所示。从目视效果来看，NMF方法得到的融合结果中，场景的颜色搭配更加合理，色彩信息更加鲜明、突出，渲染效果较好，目标更容易从背景中区分出来。

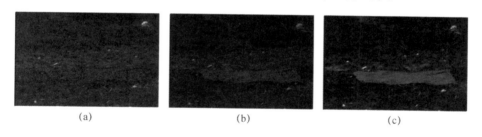

(a) (b) (c)

图6-22 不同伪彩色融合方法的对比效果

（a）HSI方法；（b）IPQ方法；（c）NMF方法。

6.3.4.3 基于颜色迁移和聚类分割的偏振图像融合

为了使偏振信息伪彩色融合图像具有近自然的色彩表现形式，下面借鉴Reinhard提出的颜色迁移技术[35]，利用白天拍摄的自然场景图像对偏振参量图像的伪彩色融合结果进行颜色修正[36]。为了减少计算量，这里采用YIQ颜色空间进行颜色传递，具体融合过程描述如下：

（1）利用式（6-76）将偏振参量图像映射到HSI空间，得到初步伪彩色结果$FI_1=(I_1, S_1, H_1)$。

（2）将伪彩色结果 FI_1 转换到 RGB 颜色空间，得到伪彩色融合图像 FI_2。

从 HSI 颜色空间转换到 RGB 颜色空间有多种方法，这里采用如下形式的线性变换函数[37]：

$$\begin{bmatrix} R \\ G \\ B \end{bmatrix} = \begin{bmatrix} -1/\sqrt{2} & 1 & 1/\sqrt{2} \\ -1/\sqrt{2} & 1 & -1/\sqrt{2} \\ \sqrt{2} & 1 & 0 \end{bmatrix} \begin{bmatrix} S_1 \cdot \dfrac{1}{\sqrt{1+(\tan H_1)^2}} \\ I_1 \\ S_1 \cdot \dfrac{\tan H_1}{\sqrt{1+(\tan H_1)^2}} \end{bmatrix} \tag{6-78}$$

（3）选择一幅具有相似背景的自然场景图像作为参考图像 RI，在 YIQ 颜色空间利用 RI 对 FI_2 进行颜色迁移，得到融合结果 FI_3。

首先分别将图像 RI 和 FI_2 转换到 YIQ 颜色空间：

$$\begin{bmatrix} Y \\ I \\ Q \end{bmatrix} = \begin{bmatrix} 0.299 & 0.587 & 0.114 \\ 0.596 & -0.274 & -0.322 \\ 0.211 & -0.523 & 0.312 \end{bmatrix} \begin{bmatrix} R \\ G \\ B \end{bmatrix} \tag{6-79}$$

然后利用 RI 在 Y、I 和 Q 通道的均值和标准差分别对 FI_2 在对应的颜色通道上进行颜色调整：

$$\begin{cases} Y_F = \dfrac{\sigma_R^Y}{\sigma_S^Y}(Y_S - \mu_S^Y) + \mu_R^Y \\ I_F = \dfrac{\sigma_R^I}{\sigma_S^I}(I_S - \mu_S^I) + \mu_R^I \\ Q_F = \dfrac{\sigma_R^Q}{\sigma_S^Q}(Q_S - \mu_S^Q) + \mu_R^Q \end{cases} \tag{6-80}$$

式中：下标 S、R 和 F 分别代表图像 FI_2、参考图像 RI 以及处理结果；μ 和 σ 分别为相应颜色通道的均值和标准差。得到的结果（Y_F，I_F，Q_F）记为 FI_3。

（4）将 FI_3 由 YIQ 空间变换至 RGB 空间，得到融合结果 FI_4 =（R_F，G_F，B_F）：

$$\begin{bmatrix} R_F \\ G_F \\ B_F \end{bmatrix} = \begin{bmatrix} 1.000 & 0.956 & 0.621 \\ 1.000 & -0.272 & -0.647 \\ 1.000 & -1.106 & 1.703 \end{bmatrix} \begin{bmatrix} Y_F \\ I_F \\ Q_F \end{bmatrix} \tag{6-81}$$

通过采用上述颜色迁移技术，可以使得融合图像与所选的自然场景图像具有相似的颜色统计分布规律，从而使得偏振参量图像伪彩色融合结果的色彩外观接近或者与人眼视觉的感知习惯相一致。

由于人工目标表面大体上是一种非自然的光滑，因此与自然地物表面相比，它将产生较大的线偏振度。为了突出自然地物背景下的人工目标，提高目标与背景之间的颜色对比度，考虑到 HSI 颜色模型与人的颜色感知相对应，下面基于线偏振度图像提出颜色对比度增强方法[38]。

（1）将伪彩色融合结果 FI_4 变换到 HSI 颜色空间，即 $FI_4=(I_4, S_4, H_4)$。

（2）利用模糊 C-均值聚类算法对线偏振度图像进行聚类分割，得到的图像分割结果记为 sP。记线偏振度图像 DoLP 中所有像素构成的集合为 $X=\{x_i\}$（$i=1, 2, \cdots, n$，n 为图像上的像素总数），C 为设定的类别数目，v_j（$j=1, 2, \cdots, C$）为第 i 个聚类的中心，u_{ji} 为第 i 个像素 x_i 对第 j 类的隶属度函数，则模糊 C-均值聚类的目标就是最小化如下全局代价函数

$$\begin{aligned}&\min J(\boldsymbol{U},\boldsymbol{V})=\min\left\{\sum_{i=1}^{n}\sum_{j=1}^{C}u_{ji}^{b}\ \|x_i-v_j\|^2\right\}\\&\text{s. t.}\quad \sum\nolimits_{j=1}^{C}u_{ji}=1,,\forall i=1,2,\cdots,n\end{aligned}\tag{6-82}$$

式中：b 为用来控制不同类别的混合程度的自由参数；$\boldsymbol{U}=\{u_{ji}\}$ 为隶属度矩阵；$\boldsymbol{V}=(v_1, v_2, \cdots, v_C)$ 为聚类中心的集合。

为进一步改善模糊 C-均值聚类分割的效果，对聚类分割后的结果进行数学形态学腐蚀和膨胀运算，并采用中值滤波器进行平滑处理。

（3）为了提高目标与背景之间的颜色对比度，利用模糊 C-均值聚类分割结果 sP 分别对 FI_4 的色调分量 H_4 和色饱和度分量 S_4 进行如下调整：

$$\begin{cases}H_5(i,j)=H_4(i,j) & (\mathrm{sP}(i,j)=0)\\ H_5(i,j)=\dfrac{E(H_4)+H_4(i,j)}{2}+180^\circ & (\mathrm{sP}(i,j)=1)\end{cases}\tag{6-83}$$

$$\begin{cases}S_5(i,j)=S_4(i,j) & (\mathrm{sP}(i,j)=0)\\ S_5(i,j)=\dfrac{|S_4(i,j)-E(S_4)|}{E(|S_4(i,j)-E(S_4)|)} & (\mathrm{sP}(i,j)=1)\end{cases}\tag{6-84}$$

式中：$E(\cdot)$ 为求平均值。

调整的基本思路是：若当前像素属于目标区域，则其色调采用整幅图像的平均色调与当前像素的色调的平均值的补色进行修正，而色饱和度分量则是利用该像素点的色饱和度与整幅图像的平均色饱和度的偏差与该偏差的平均值的比值来调整。

（4）将结果（I_4，S_5，H_5）由 HSI 颜色空间变换回 RGB 空间，得到最终的伪彩色融合结果 FI。

为了验证提出的偏振图像伪彩色融合方法的可行性和有效性，利用多波

段偏振成像探测系统拍摄的多组偏振图像数据进行了测试。图 6-23（a）～（c）给出的是其中一组采用 665nm 波段拍摄的绿草地背景下的伪装网偏振图像数据，经偏振信息解析得到的合成强度、线偏振度以及偏振角图像。

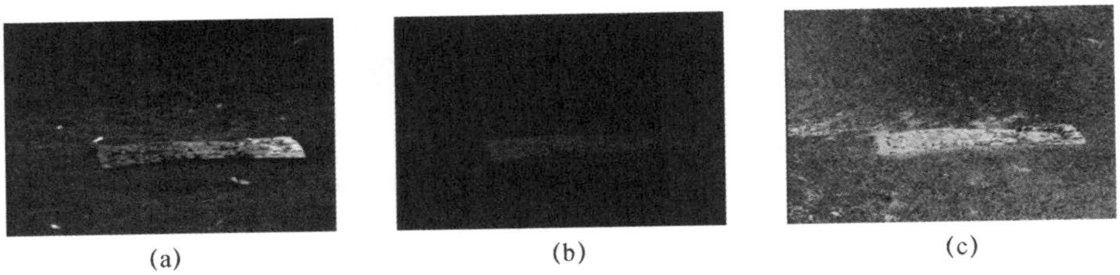

图 6-23　伪装网对应的不同偏振参量图像

（a）I；（b）DoLP；（c）AoP。

图 6-24 是采用不同伪彩色融合方法得到的结果。其中，图 6-24（a）是利用 Wolff 提出的融合方案[33]得到的结果，图 6-24（b）是基于 Olsen 等提出的融合方法[34]得到的结果，图 6-24（c）是采用 Zhao 等提出的融合方法[39]，图 6-24（d）是选取的自然场景彩色图像，图 6-24（e）是基于 Toet 等[40]提出的基于 $l\alpha\beta$ 颜色空间得到的伪彩色融合结果，图 6-24（f）是利用本节提出的方法得到的结果。

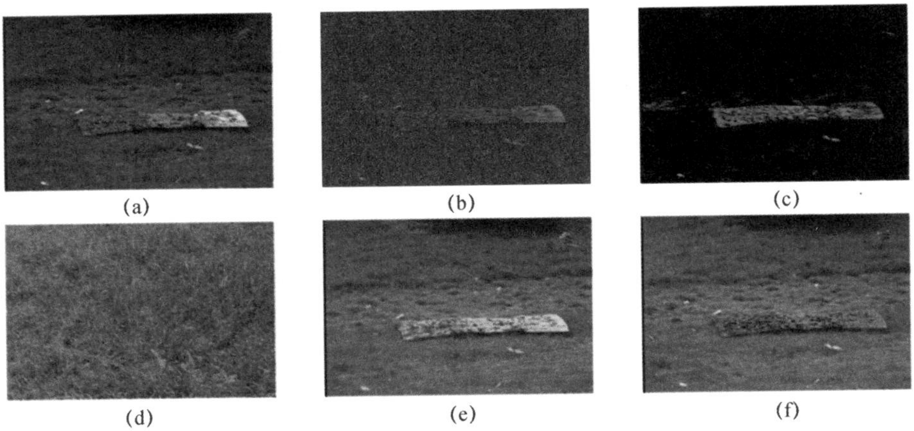

图 6-24　不同伪彩色融合方法得到的结果

（a）Wolff 方法；（b）Olsen 方法；（c）Zhao 方法；（d）参考图像；（e）Toet 方法；（f）本节提出的方法。

从目视效果来看，本节提出的方法以及 Toet 方法均能获得接近自然彩色的渲染效果，场景的颜色搭配更加合理，与人眼的视觉感知习惯接近得较好。

同时通过比较图 6-24（e）和图 6-24（f）可以看出，在利用本节提出的方法得到的融合结果中，伪装网与草地背景之间的颜色差异更大，使得伪装网更加显著和突出。

为定量比较不同偏振图像伪彩色融合方法的性能，先将不同图像融合结果变换到 HSI 颜色空间，再从两个方面进行比较：一方面比较不同融合结果分别对应于光强分量 I 的图像质量，这里选择图像熵（EntrP）、图像灰度标准差（AvD）和平均梯度（AvG）三个评价指标；另一方面采用 Tseng 等提出的 HSI 彩色空间的彩色差公式[41]来计算目标与背景之间的相对颜色对比度，具体定义为

$$D_{\text{color}} = \sqrt{(I_{\mathrm{T}} - I_{\mathrm{B}})^2 + S_{\mathrm{T}}^2 + S_{\mathrm{B}}^2 - 2S_{\mathrm{T}}S_{\mathrm{B}}\cos\theta} \tag{6-85}$$

式中：T 为目标；B 为背景；θ 为目标和背景对应于色调分量之间的夹角，即

$$\theta = \begin{cases} |H_{\mathrm{T}} - H_{\mathrm{B}}| & (|H_{\mathrm{T}} - H_{\mathrm{B}}| \leqslant \pi) \\ 2\pi - |H_{\mathrm{T}} - H_{\mathrm{B}}| & (|H_{\mathrm{T}} - H_{\mathrm{B}}| > \pi) \end{cases} \tag{6-86}$$

基于上述定量评价指标计算得到的结果如表 6-6 所列。可以看出，利用本节提出的方法得到的融合结果的图像熵、灰度标准差以及平均梯度均有一定幅度的提高。结果表明，本节提出的方法得到的融合结果不仅图像质量较好，而且目标与背景的颜色对比度也有较大幅度的提高，从而使得目标的特征明显异于自然背景，目标可探测性得到显著改善。

表 6-6　不同伪彩色融合图像的定量评价结果

融合方法	EntrP	AvD	AvG	D_{color}
Wolff 方法	2.787	42.6	58.3	0.257
Olsen 方法	2.269	42.8	60.27	0.467
Zhao 方法	2.584	16.9	19.5	0.502
Toet 方法	2.759	45.5	62.2	0.238
本节提出的方法	2.901	45.9	62.1	0.913

6.4　基于成像机理的光谱偏振特征提取

由于光谱偏振成像特殊的成像方式，使得到的光谱偏振图像不如光学图像那么直观，并且目标的光谱偏振图像具有易变性；同时，光谱偏振图像本

身也是高维矢量。因此，必须通过有效的特征提取技术才能从光谱偏振图像中获得对目标健壮、紧凑的描述，以提高目标识别的效率和性能。

6.4.1 光谱偏振图像特征分析

光谱偏振图像具有区别于其他图像的特有属性，光谱偏振图像的目标是非稳定的，受到光照条件、探测波段、表面粗糙度、天气以及观测几何条件等多种因素的影响。因此，下面根据光谱偏振图像的特点，提取多种图像特征，以尽可能准确、完备地表示和刻画光谱偏振图像中的不同目标。

6.4.1.1 偏振度图像特征

偏振度表征了光线中所包含的完全偏振光的比例，其数值范围分布在 0～1 之间，被测物材质、含水量、表面特性、光源照射角度等都会影响被测物表面偏振度的分布，因此可以将偏振度信息运用于目标识别、对比度增强、遥感监测等领域。在偏振度图像中像素的灰度值与一般光学图像中的灰度值具有本质的区别，它反映了地物表面特性对入射光的偏振态的影响。在对地观测图像中，不同的地表目标含有不同的几何结构、表面粗糙度和潮湿等级，因此对入射光偏振态的影响也不尽相同，在偏振度图像中将表现出不同的灰度值。

令 $\boldsymbol{X}=\{x_1, x_2, \cdots, x_N\}$ 表示输入的地物偏振度的灰度值，则偏振度图像的灰度特征可直接通过将输入图像的灰度值线性归一化到 [0, 1] 来得到，其操作如下：

$$x_i=\frac{x_i-\min(\boldsymbol{X})}{\max(\boldsymbol{X})-\min(\boldsymbol{X})} \tag{6-87}$$

式中：x_i（$i=1, 2, \cdots, N$）表示每个像素对应的灰度特征；min（·）和 max（·）分别为计算集合中的最小和最大值。

像素灰度值是偏振度图像最基本的特征，提供了图像最主要的信息。物体之间都有不同的灰度分布特点和规律，对灰度信息的理解也构成了偏振度图像解译的基础。常见的灰度值统计特征有：

均值特征

$$\text{Mean}=\frac{1}{MN}\sum_{i=1}^{M}\sum_{j=1}^{N}f(i,j) \tag{6-88}$$

方差特征

$$\text{var}=\frac{1}{MN}\sum_{i=1}^{M}\sum_{j=1}^{N}[f(i,j)-\text{Mean}]^2 \tag{6-89}$$

图 6-25 显示了同一天不同时刻不同天气条件下获得的三幅海上岛屿偏振度图像，可以看到不同的地面目标在灰度上是有一定差异的，特别是表面散射特性差异较大的目标，偏振度差异尤为明显，如图中的水体和船只。同时也可以注意到：不同的目标也具有相似的灰度值，如岸边的电线杆和海岸；相同的地物在不同时刻的偏振度也不相同，如远处的海上岛屿。因此，目标的偏振度特征非常不稳定，仅仅靠偏振度这一特征很难对其进行有效区分。

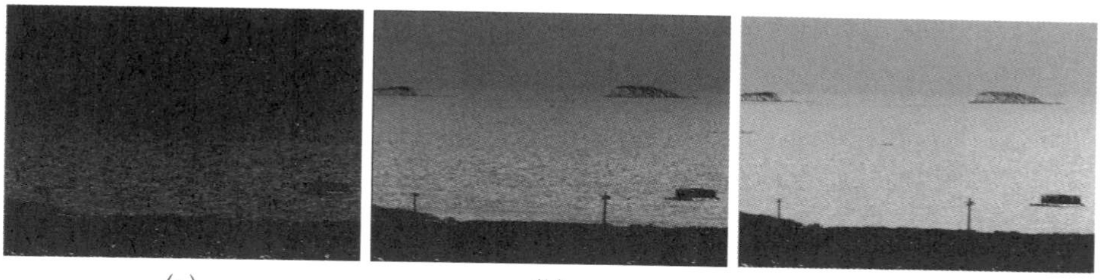

(a) (b) (c)

图 6-25 不同时刻不同天气条件下岛屿的 750nm 波段偏振度图像

（a）上午 9：30 多云；（b）上午 10：30 多云转晴；（c）上午 11：20 晴。

6.4.1.2 偏振角图像特征

一般情况下，来自地物的光波是部分偏振的，可以看成自然光和线偏振光的混合。线偏振和圆偏振是椭圆偏振光的特例，因此，结合椭圆偏振光来分析问题具有普遍意义。对于椭圆偏振光，其电场振动轨迹如图 6-26 所示，传播方向 OZ 垂直于坐标平面 OXY（OZ 垂直纸面向外）。

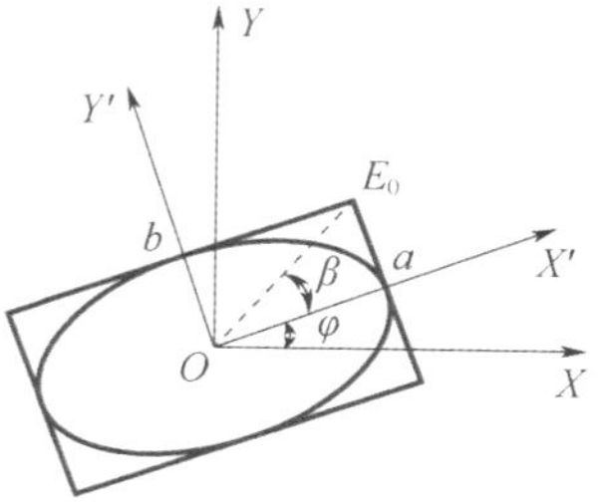

图 6-26 椭圆偏振光的电场振动轨迹示意图

通常情况下，偏振椭圆的长轴和短轴并不正好在 OX 和 OY 坐标轴上，因此相对于原坐标系旋转 φ 角来得到一个新坐标系 $OX'Y'Z$，使得 OX' 和 OY' 轴与椭圆的长轴（$2a$）和短轴（$2b$）方向一致，则有

$$\begin{cases} I = \langle a_x^2 \rangle + \langle a_y^2 \rangle = \boldsymbol{E}_0^2 \\ Q = \langle a_x^2 \rangle - \langle a_y^2 \rangle = \boldsymbol{E}_0^2 \cos(2\beta)\cos(2\varphi) \\ U = \langle 2a_x a_y \cos\delta \rangle = \boldsymbol{E}_0^2 \cos(2\beta)\sin(2\varphi) \\ V = \langle 2a_x a_y \sin\delta \rangle = \boldsymbol{E}_0^2 \sin(2\beta) \end{cases} \tag{6-90}$$

式中：＜·＞表示时间平均效果；a_x、a_y表示电矢量的两个正交分量的瞬时振幅；$\delta=\delta_y-\delta_x$，δ_x、δ_y是两分量的初位相；$\boldsymbol{E}_0$为电矢量；β为偏振椭圆的椭率；正负号表示椭圆旋转方向，φ表示椭圆的取向角，即偏振角 AoP。

由此可见，偏振角反映了椭圆偏振光长轴与水平横轴之间的夹角。

偏振角 AoP 的数值分布具有特殊性，一般地，偏振角 AoP 取 0°～180°，但 0°偏振角和 180°偏振角代表的物理意义是相同的，因此利用灰度图像不能很好地表示其分布，一般采用伪彩色图像表征该范围内的偏振角分布。图 6-27 是常用的两种偏振角伪彩色编码分布图例，利用循环的颜色信息，可以将偏振角的分布比较直观的展示出来。

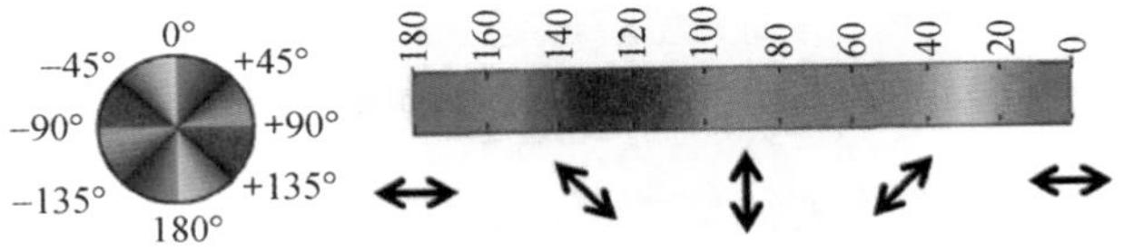

图 6-27　常用的偏振角伪彩色编码方式

图 6-28 给出了两组草地背景下伪装目标的偏振角图像，图 6-28（a）、（b）分别对应于 443 nm 波段得到的涂覆迷彩涂料的样板的强度图像和偏振角图像，图 6-28（c）、（d）分别对应于 555nm 波段得到的网眼布强度图像和偏振角图像。在 443nm 波段，由于照度很低，表面平滑的样板与毛面的草地反射辐射能量较弱，表现为强度图像比较暗，整个图像灰度值太低，此时样板和草地表面状态信息不能直接表现出来。分析图 6-28（b）以灰度图像显示偏振角特征，整个偏振角图像的灰度值远高于强度图像，样板和草地表面状态特征明显，草地区域由于单个草叶取向的随机性，造成其偏振角参数分布的离散性，在偏振角图像上，草地区域呈现黑白夹杂的状态。同理，网眼布的偏振角分布比较均匀，而周围草地背景的偏振角分布则比较杂乱没有规律。由此可知，偏振角图像对目标微观面元取向非常敏感，人工目标和自然地物在偏振角图像所表现出的纹理和粗糙度分布明显不同。

6.4.1.3　斯托克斯参数 *Q* 和 *U* 图像特征

根据部分偏振光的斯托克斯矢量表达式，结合式（6-15）容易推导得到

(a) (b) (c) (d)

图 6-28 两组伪装目标的强度与偏振角图像

(a)、(c) I 图；(b)、(d) AoP 图。

$$\begin{cases} Q = \mathrm{DoLP} \times I \times \cos(2\mathrm{AoP}) \\ U = \mathrm{DoLP} \times I \times \sin(2\mathrm{AoP}) \end{cases} \tag{6-91}$$

由此可见，斯托克斯参数 Q 和 U 仅相差固定的位相 $\pi/2$。图 6-29 给出了一组草地背景下林地伪装网的斯托克斯参数 U 和 Q 图像。不难发现，Q 图像能够抑制杂乱背景干扰，突出伪装目标边缘特征。U 图像也具有突出伪装目标边缘特征的特点，但是它对杂乱背景环境的细节特征有一定程度的描述。因此，斯托克斯参数 Q 和 U 图像具有非常丰富的目标边缘信息。与基于外观的信息（如灰度和纹理）相比，这些边缘信息具有独有的优势。光谱偏振图像中的地物目标往往是非稳定的，目标的外观信息常常具有歧义性，单纯依靠目标外观信息很难正确辨别，而边缘却可以准确、快速地对这些目标进行区分。因此，有效利用这些边缘信息可以提高目标分割结果的准确度。

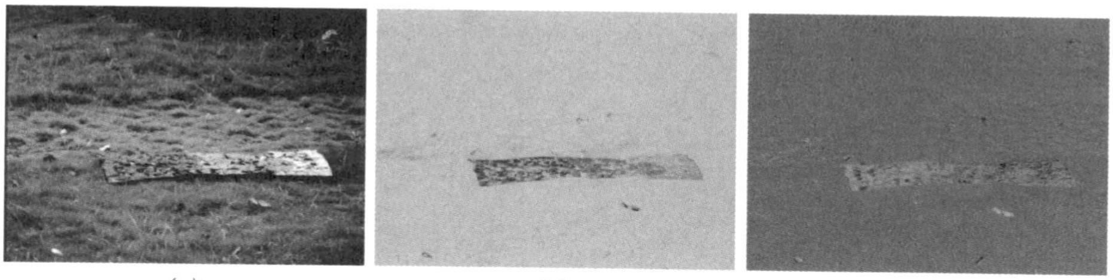

(a) (b) (c)

图 6-29 林地伪装网的斯托克斯参数 Q 和 U 图像

(a) I 图；(b) Q 图；(c) U 图。

6.4.1.4 光谱强度图像特征

物体的光谱反射率随波长变化的形状反映了地物的反射光谱特征，其中蕴含地物的本质信息，这是基于地物反射光谱特征进行物质探测与识别的基础。图 6-30 给出了一组林地背景下迷彩“猎豹”车的光谱强度图像。可以看出，光谱强度图像反映了场景的光谱反射强度信息，不同的强度表示不同的目标具有不同的反射率，且地物的光谱反射率随波长而改变，表现在同一物体在不同光谱波段下其强度值并不相同。因此，可以利用不同光谱波段图像上地物的光谱强度变化特征进行地物的区分。此外，尽管与全色图像相比，光谱强度图像的细节特征有所下降，但场景的整体信息仍然得到较好的保留，与人眼视觉感知习惯较为一致，因此也可借鉴传统的特征提取算法从中提取图像特征。

图 6-30　迷彩猎豹车的多光谱图像

(a) 443nm；(b) 555nm；(c) 665nm；(d) 750nm；(e) 865nm；(f) 全色图像。

6.4.2 光谱偏振图像分形特征

研究表明，自然景物与人造目标在分形特征上的本质区别[42]，分形模型在一定程度范围内可很好地与自然背景相吻合，而人造物体却不能，因此若研究对象符合分形模型则可判定为自然背景。

6.4.2.1 分形的概念

分形理论描述了自然界物体的自相似性，这种自相似性既可以是确定的，也可以是统计意义上的。分形几何学的基本思想是：客观事物具有自相似的层次结构，局部与整体在形态、功能、时间、空间等方面具有统计意义上的自相似性。用分形维数可以有效度量物体的复杂性，因此分形与图像之间存在着一种自然的联系，正是这种联系奠定了分形理论用于图像处理的基础，开辟了图像应用的新领域。分形图像处理技术在分形理论方面的技术主要集中在迭代函数系统和分维数两个方面。

分形可以分为两类：一类是规则分形，它是按一定规则构造出来的具有严格自相似的分形；另一类是无规则分形，其特点是不具有严格的自相似性，只是在统计意义上的自相似性。分形是自然形态的几何抽象，在实际应用中，自然界不存在真正的“分形”，一般是无规则的分形。

6.4.2.2 **分形参数的估计**

一幅灰度图像可以看作由二维坐标和灰度值构成的三维曲面，曲面的高低对应于灰度值的大小，曲面的起伏对应于纹理的变化。分形维数（fractal dimension，FD）不仅能度量复杂程度，而且与人类视觉对图像表面纹理粗糙程度的感知是一致的，即分形维数越大，对应的图像表面越粗糙，反之，分形维数越小，对应的图像表面越光滑。分形维数估计方法大致分为两类：一类是基于某种模型的计算，具有代表性的工作是 Petland 利用分形布朗运动（FBM）描述自然纹理，并用 FBM 的一些性质估计分形维数；另一类是从维数的定义或等价形式出发，直接计算分形维数，典型的有双毯法、基于盒子模型的 Kelle 法等。限于篇幅，下面重点介绍盒子维[43]。

对于 n 维欧几里得空间中的有界集合 A，若 A 可以表示为其自身的 N_r 个互不覆盖的子集的并时，则 A 是自相似的。记 r 是所有坐标方向上的尺度因子，A 的分形相似维数 D 由下式给出：

$$D=\frac{\log(N_r)}{\log(1/r)} \tag{6-92}$$

对于一幅大小为 $M\times M$ 的图像，把它划分为 $s\times s$ 大小的区域，其中 s 是整数，$1<s<M/2$，度量尺度 $r=s/M$。可以把图像看成由（x，y）表示二维坐标空间和由（z）表示灰度的三维空间。（x，y）表示的二维空间被划分成大小为 $s\times s$ 的许多小栅格，（z）表示的灰度空间也相应被划分成间隔为 s' 的许多层，这些栅格和这些灰度层就组成了许多体积为 $s\times s\times s'$ 的小盒子。如果灰度总值为 G，那么 $[G/s']=[M/s]$。如图 6-31 所示，不妨把盒子编号为 1、2、3、4、…，对第（i，j）个栅格来说，如果它的最高灰度值跨越盒子 l，最低灰度值跨越 k，那么这个栅格在尺度 r 下跨越的盒子总数为

$$n_r(i,j)=l-k+1 \tag{6-93}$$

对于整个图像来说，在某个尺度 r 下跨越的总盒子维数为各个栅格跨越的盒子的总数为

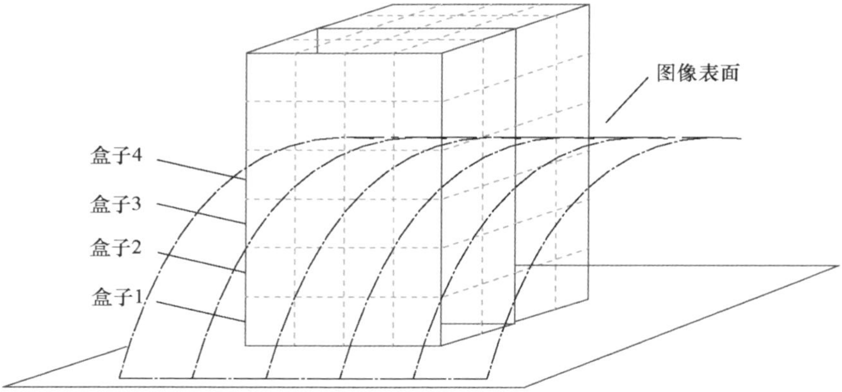

图 6-31　盒子维法示意图

$$N_r = \sum_{i,j} n_r(i,j) \tag{6-94}$$

由式（6-94），对不同的 N_r 和 r 在对数坐标中即可求出图像的分形维数 D。

6.4.2.3　伪装目标光谱偏振图像的分形特征

人造目标通常有较简单的几何外形，表面一般较光滑且具有表面纹理一致性的特点；而自然目标通常有不规则的外形和纹理，且表面一般比较粗糙，其纹理边缘因不满足分形模型而产生异常值。所以利用分形模型对图像上的各点求分形维数，根据其取值可以判断相应像素点的归属。选择两幅伪装目标的偏振图像作为试验样本，如图 6-32 所示，分别进行分形维数的估计，结果如表 6-7 所列。

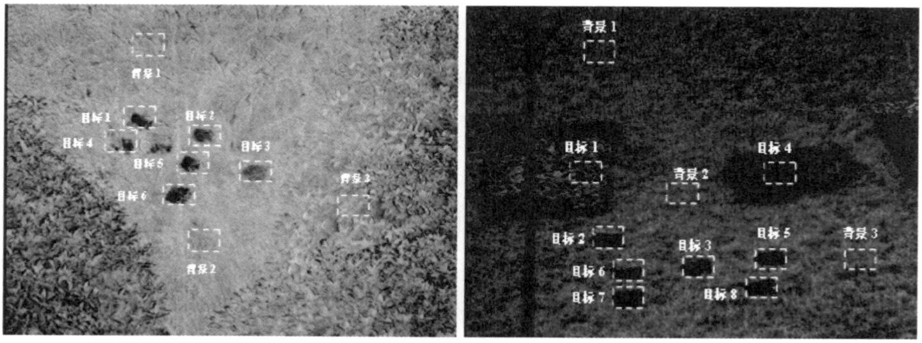

(a)　　　　　　　　　　(b)

图 6-32　不同植被背景下的伪装目标

（a）高密度草丛下的伪装目标；（b）低密度草丛下的伪装目标。

表 6-7 各区域分形维数估算值

图 6-32（a）		目标 1	目标 2	目标 3	背景 1	背景 2	背景 3
	分形维数	2.287555	2.284573	2.290155	2.425935	2.383425	2.416203
		目标 4	目标 5	目标 6			
	分形维数	2.156871	2.2748512	2.292415			
图 6-32（b）		目标 1	目标 2	目标 3	目标 4	目标 5	目标 6
	分形维数	2.330672	2.11017	2.280564	2.270516	2.035781	2.312543
		目标 7	目标 8	背景 1	背景 2	背景 3	
	分形维数	2.105647	2.214518	2.419532	2.471873	2.397284	

可以看出，目标相对于背景区域，其分形维数具有明显差别。对大量植被背景下伪装目标偏振图像进行了类似的维数估算，分形维数的确可作为区分图像中伪装目标与背景的特征参数。在不同图像中，由于环境与成像条件的不同，目标与背景表现出来的分形维数也是不一样的，但通过对比分析不同图像的分形维数，就植被背景与伪装目标而言，伪装目标区域的分形维数较小，而且变化幅度较大，一般位于 2.0～2.3 之间，背景区域的分形维数一般较大，变化幅度小，且与目标区域的分形维数差值在 0.2 左右。由此可以看出，利用分形维数作为特征能够较好地区分伪装目标和植被背景。

6.4.3 光谱偏振图像植被指数特征

为了区分隐藏在草地、灌木丛、林地等植被背景下的伪装目标，下面基于获取的多光谱偏振图像数据，给出一种光谱偏振植被指数。使用该光谱偏振植被指数可以取得不错的区分效果[44]。

6.4.3.1 植被指数

植被指数（vegetation index）是指利用卫星不同波段数据组合而成，能反映植被长势的指数。目前比较常用的植被指数有 40 多种，下面重点介绍其中两种典型的植被指数。

1. 消除大气影响的植被指数

Kanfman 和 Tanre 根据大气对红光的影响比近红外大得多的特点，引入大气调节参数 r，由此提出了抗大气植被指数（ARVI）：

$$\mathrm{ARVI} = \frac{P_{\mathrm{ir}} - (P_{\mathrm{r}} - r(P_{\mathrm{blue}} - P_{\mathrm{r}}))}{P_{\mathrm{ir}} + (P_{\mathrm{r}} - r(P_{\mathrm{blue}} - P_{\mathrm{r}}))} \tag{6-95}$$

式中：P_r 为红光波段反射率；P_{ir} 为近红外波段反射率；P_{blue} 为蓝光波段反射率。

2. 消除土壤影响的植被指数

为了消除土壤背景的影响，Kauth 和 Thomas 提出了基于土壤线的垂直植被指数（PVI）：

$$\text{PVI} = \frac{1}{\sqrt{a^2+1}}(P_{ir} - aP_r - b) \tag{6-96}$$

式中：a 为研究区土壤线的斜率；b 为研究区土壤线的截距。

为了降低土壤和植被冠层对植被指数的干扰，Huete 提出了土壤调节植被指数（SAVI）：

$$\text{SAVI} = \frac{P_{ir} - P_r}{P_{ir} + P_r + L_1}(1+L) \tag{6-97}$$

该指数添加了一个土壤亮度调节系数 L，L 的取值大小取决于植被的密度，但它是有范围限制的，可以在 0～1 之间变化，Huete 建议 L 的最佳数值为 0.5。为减小土壤调节植被指数 SAVI 中裸土的影响，Huete 等又提出了修正的土壤调节植被指数（MSAVI）。MSAVI 与 SAVI 最大的区别在于：在 MSAVI 中，L 值可以随植被密度进行自动调节，这样有利于消除土壤背景的影响，增强植被信号。

$$\text{MSAVI} = \frac{1}{2}\left(2P_{ir} + 1 - \sqrt{(2P_{ir}+1)^2 - 8(P_{ir} - P_r)^2}\right) \tag{6-98}$$

6.4.3.2 光谱偏振植被指数

对于波长为 λ 的单色光，当线偏振分析器透光轴与参考坐标轴夹角为 θ 时，其透过光强为

$$I(\lambda,\theta) = \frac{1}{2}(I(\lambda) + Q(\lambda)\cos(2\theta) + U(\lambda)\sin(2\theta)) \tag{6-99}$$

令 $K=3$，$\theta_1=0°$，$\theta_2=60°$，$\theta_3=120°$，根据式（6-99）可得

$$\begin{cases} I(\lambda) = \dfrac{2}{3}(I(\lambda,0°) + I(\lambda,60°) + I(\lambda,120°)) \\ Q(\lambda) = \dfrac{2}{3}(2I(\lambda,0°) - I(\lambda,60°) - I(\lambda,120°)) \\ U(\lambda) = \dfrac{2}{\sqrt{3}}(I(\lambda,60°) - I(\lambda,120°)) \end{cases} \tag{6-100}$$

考虑 MSAVI 有利于消除土壤背景的影响，这里引入光谱偏振植被指数（pMSAVI），具体定义为

$$\mathrm{pMSAVI}(\theta) = I(\mathrm{NIR},\theta) + \frac{1-\sqrt{(2I(\mathrm{NIR},\theta)+1)^2 - 8\,(I(\mathrm{NIR},\theta)-I(\mathrm{VIS},\theta))^2}}{2} \tag{6-101}$$

式中：$I(\mathrm{NIR},\theta)$ 表示偏振方向为 θ 时的近红外偏振图像；$I(\mathrm{VIS},\theta)$ 表示可见光波段图像。

若取 $\theta_1=0°$、$\theta_2=60°$、$\theta_3=120°$，就可以得到包含有光谱偏振植被指数特征的偏振参量信息：

$$\begin{cases} \mathrm{VI} = \dfrac{2}{3}(\mathrm{pMSAVI}(0°) + \mathrm{pMSAVI}(60°) + \mathrm{pMSAVI}(120°)) \\ \mathrm{VQ} = \dfrac{2}{3}(2\mathrm{pMSAVI}(0°) - \mathrm{pMSAVI}(60°) - \mathrm{pMSAVI}(120°)) \\ \mathrm{VU} = \dfrac{2}{\sqrt{3}}(\mathrm{pMSAVI}(60°) - \mathrm{pMSAVI}(120°)) \\ \mathrm{VDoLP} = \dfrac{\sqrt{\mathrm{VQ}^2 + \mathrm{VU}^2}}{\mathrm{VI}} \\ \mathrm{VAoP} = \dfrac{1}{2}\arctan\left(\dfrac{\mathrm{VU}}{\mathrm{VQ}}\right) \end{cases} \tag{6-102}$$

6.4.3.3 试验结果与分析

图 6-33 给出了一组草地背景下瑞典伪装网的多波段偏振成像探测结果，在试验中分别获得了 443nm、555nm、665nm、750nm 和 865nm 共 5 个波段的光谱偏振图像。下面以 750nm 和 555nm 两个波段为例，原始三个偏振方向的图像分别如图 6-33(a) ～ (c) 和图 6-33(d) ～ (f) 所示，按照式 (6-101) 进行光谱偏振植被指数计算，得到的 pMSAVI 指数图像如图 6-33(g) ～ (i) 所示。从目视效果来看，在光谱偏振指数图像中，伪装目标与草地背景的差别更加明显，特别是伪装目标轮廓更加清晰、凸显。

为了进一步验证光谱偏振植被指数的有效性，根据式 (6-100) 和式 (6-102) 分别计算了 750nm 的线偏振度图像、555nm 的线偏振度图像以及包含有光谱偏振植被指数特征的偏振度，结果如图 6-34 (a) ～ (c) 所示。为定量化分析，利用伪装目标 I_{T} 与周围背景 I_{B} 的对比度进行比较：

$$\mathrm{Contrast} = \frac{|I_{\mathrm{T}} - I_{\mathrm{B}}|}{I_{\mathrm{T}} + I_{\mathrm{B}}} \tag{6-103}$$

从图 6-34 中不难看出，在包含有光谱偏振植被指数特征的偏振度图像

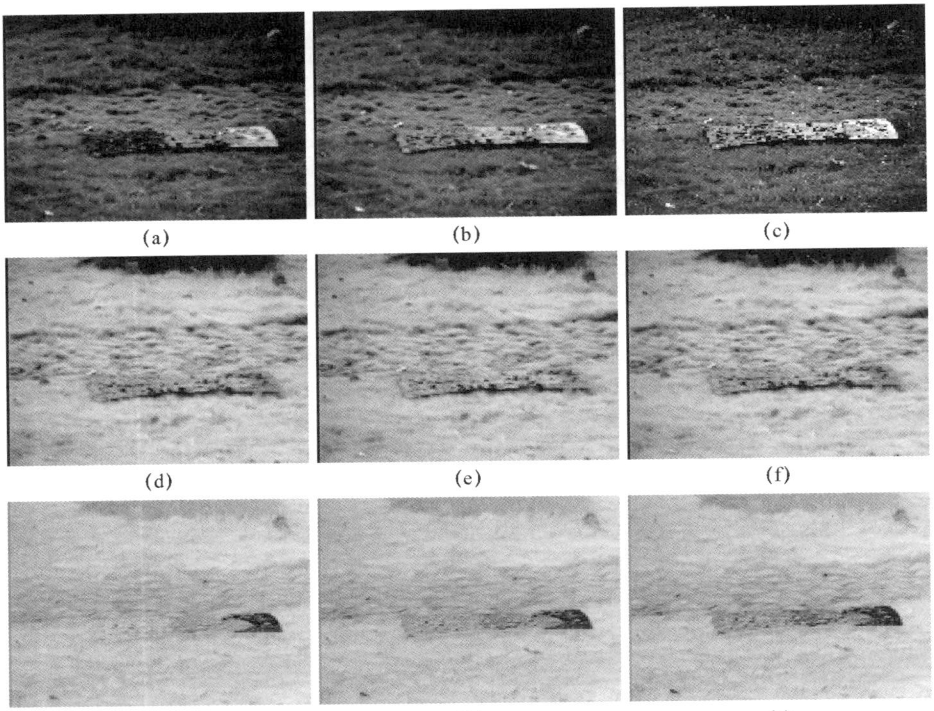

(a) (b) (c) (d) (e) (f) (g) (h) (i)

图 6-33 伪装目标的光谱偏振植被指数计算结果

(a) I (555, 0°); (b) I (555, 60°); (c) I (555, 120°); (d) I (750, 0°); (e) I (750, 60°); (f) I (750, 120°); (g) pMSAVI (0°); (h) pMSAVI (60°); (i) pMSAVI (120°)。

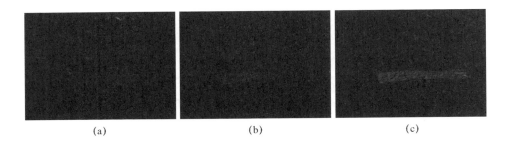

(a) (b) (c)

图 6-34 不同方式得到的伪装目标偏振度图像

(a) DoLP (555); (b) DoLP (750); (c) VDoLP (pMSAVI)。

VDoLP 中，伪装目标与周围背景的对比度更加明显，伪装目标的轮廓与周围背景差别更加显著、清晰，更加有利于将伪装目标从周围背景中检测出来。从表 6-8 给出的对比度计算结果中也可以印证上述结论。

表 6-8 伪装目标与植被背景的对比度值

处理方式	伪装目标灰度值	背景灰度值	目标背景对比度
DoLP (555)	17.36	6.98	0.426
DoLP (750)	43.93	12.94	0.545
VDoLP (pMSAVI)	41.75	7.43	0.698

6.5 基于光谱偏振特征融合的目标检测

从本质上说，目标检测是一个典型的二元决策问题，它将信号划分为目标与背景两个部分，或者将目标从背景中分离出来。基于光谱偏振图像的伪装目标检测，就是依据从光谱偏振图像中提取的各种特征信息，将伪装目标从其背景中分离出来，因此可以将其归结为图像分割问题。

6.5.1 伪装目标光谱偏振图像分割的特点

由于伪装目标表面相对较光滑，因此具有较高的偏振度。植被通常表面杂乱无章，造成偏振特征较弱且分布不均匀。此外，在伪装目标偏振图像中其表面纹理呈现一定的规律性，而背景的纹理则相对杂乱，因此纹理特征也是实现伪装目标与植被背景分割的重要依据。但是，由于自然景物的复杂多样性，对于植被背景下的伪装目标分割与识别还存在一些困难。

1. 光谱偏振特征的高维易变性

当目标的特征出现较大变化、背景空间非一致性或包含其他混淆目标时，图像分割性能将会降低。目标光谱偏振特征的变化差异主要来自以下因素：①目标姿态的变化。当目标与光谱偏振成像探测系统之间的空间位姿发生变化时，探测系统获取的目标光谱偏振特征将会随之发生改变。②目标自身几何形态的变化。大部分的军事车辆，如坦克、自行火炮、导弹发射车等，有可以活动或者拆卸的部件，如炮塔顶盖、舱门、火炮身管、导弹发射架等，这些活动部件的活动状态将影响目标自身的几何形状和获取的光谱偏振特征信息。

2. 背景复杂性

目标的光谱偏振特性不仅受自身因素所影响，而且与环境光照条件、大气影响、背景干扰等有关。背景的变化范围非常广泛，难以建模。背景中可能包括目标或者不感兴趣目标，这些目标的先验信息在对抗环境中往往很难事先获得。

6.5.2 基于分形维数和模糊聚类的伪装目标分割

由于分形特征能充分利用自然背景与人造物体的表面纹理在分形模型中所表现的差异性，并通过分形参数来体现，因此对于自然背景下的人工目标识别具有独特的优势。为此，这里介绍一种伪装目标偏振分割检测算法[45]：首先基于模糊聚类和形态学分析进行偏振图像粗分割，然后基于分形维数对粗分割结果进行优化，得到最终的分割结果（以下简称两阶段分割算法）。

6.5.2.1 基于模糊聚类和形态学分析的偏振图像粗分割

1. 基于模糊 C-均值聚类的图像分割

基于模糊 C-均值（fuzzy C-means，FCM）聚类的分割算法属于无监督的分类方法，下面基于 FCM 聚类进行图像分割。设样本集 $\boldsymbol{X}=\{\boldsymbol{x}_1,\boldsymbol{x}_2,\cdots,\boldsymbol{x}_n\}\subset\boldsymbol{R}^r$ 是 r 维实数空间中的一个未标记子集，$\boldsymbol{X}$ 中的每个对象 $\boldsymbol{x}_k$（$1\leqslant k\leqslant n$）用 m 个参数来表征其特征，则 $\boldsymbol{x}_k=(x_{k1},x_{k2},\cdots,x_{km})\in\boldsymbol{R}^r$ 称为特征矢量或模式矢量。假设用某种聚类算法把 $\boldsymbol{X}$ 硬划分成 c 个模式子集 S_i（$i=1,2,\cdots,c$），则有

$$\boldsymbol{X}=\bigcup_{i=1}^{c}S_i,S_i\cap S_j=\varnothing\quad(i\neq j,1\leqslant i,j\leqslant c)\tag{6-104}$$

实现样本集划分的常用算法即为 FCM 算法，该算法所定义的代价函数为

$$J_m(\boldsymbol{U},\boldsymbol{V},\boldsymbol{X})=\sum_{i=1}^{c}\sum_{k=1}^{n}u_{ik}^{m}\;\|\boldsymbol{x}_k-\boldsymbol{v}_i\|^{p}\tag{6-105}$$

式中：$\boldsymbol{U}=[u_{ik}]_{c\times n}$ 为模糊划分矩阵，它将数据样本点和聚类模式联系起来，u_{ik} 表示 $\boldsymbol{x}_j$ 属于 i 类 S_i 的隶属度；$\boldsymbol{V}=\{\boldsymbol{v}_1,\boldsymbol{v}_2,\cdots,\boldsymbol{v}_c\}$ 为各类模式的聚类中心；$\|\boldsymbol{x}_k-\boldsymbol{v}_i\|^p$ 表示 $\boldsymbol{x}_j$ 与 $\boldsymbol{v}_i$ 的距离，它度量的是数据点和聚类原型的相似性；m 为模糊加权指数，它控制数据划分过程的模糊程度，经验取值范围为 [1.5，5]。极小化式（6-105）所得到的模式划分即为 FCM 的分类结果。极小化代价函数 J_m 是通过迭代优化算法来实现的。初始化聚类中心矢量 $\boldsymbol{V}^{(1)}=\{\boldsymbol{v}_1^{(1)},\boldsymbol{v}_2^{(1)},\cdots,\boldsymbol{v}_c^{(1)}\}$，初始化迭代计数 $t=1$，则算法步骤如下：

第 1 步：计算更新模糊划分矩阵 $\boldsymbol{U}^{(t)}$：

$$\boldsymbol{U}^{(t)}=u_{ik}^{(t)}\frac{\{\parallel\boldsymbol{x}_k-\boldsymbol{v}_i^{(t)}\parallel\}^{\frac{-p}{m-1}}}{\sum_{i=1}^{c}\{\parallel\boldsymbol{x}_k-\boldsymbol{v}_i^{(t)}\parallel\}^{\frac{p}{m-1}}}\quad(\forall i,k)\tag{6-106}$$

第 2 步：更新聚类中心 $\boldsymbol{v}^{(t+1)}$：

$$\boldsymbol{v}_i^{(t+1)}=\frac{\sum_{k=1}^{n}(u_{ik}^{(t)})^m\boldsymbol{x}_i}{\sum_{k=1}^{n}(u_{ik}^{(t)})^m}\quad(\forall i)\tag{6-107}$$

第 3 步：若 $\parallel\boldsymbol{x}^{(t+1)}-\boldsymbol{v}^{(t)}\parallel^P>\varepsilon$ 或 t 小于迭代阈值 T，令 $t\leftarrow t+1$，转第 1 步；否则，结束。

2. 形态学后处理

经过 FCM 聚类分割后的结果仍然存在部分噪声，基于形态学的后处理可以将图像中细小的噪声去除。基于二值图像的腐蚀和膨胀是最基本的形态学运算。其中，腐蚀后的结果是目标沿其周边比原物体小一个像素的面积。若目标是圆的，则其直径在每次腐蚀后将减少两个像素；若目标任一点的宽度少于 3 个像素，则它在该点将变为非连通的。任何方向的宽度不大于 2 个像素的目标将被除去。腐蚀的运算符是“Θ”，图像集合 A 被集合 B 腐蚀，表示为 $A\Theta B$，其定义为

$$A\Theta B=\{x:B+x\subset A\}\tag{6-108}$$

膨胀是将与目标接触的所有背景点合并到该目标中的过程，处理结果是使目标的面积增大了相应数量的点。若目标是圆的，则直径在每次膨胀后增大两个像素；若两个目标在某一点相隔少于 3 个像素，则它们将在该点连通起来。膨胀的运算符为“$\oplus$”，如果用 A^c 表示 A 的补集，那么图像集合 A 被集合 B 膨胀，可以表示为 $A\oplus B$，其定义为

$$A\oplus B=[A^c\Theta(-B)]^c\tag{6-109}$$

由于上述膨胀过程使得图像目标区的面积扩大，要将目标区恢复为原大小，就要进行腐蚀处理。针对二值图像的不同特点，腐蚀和膨胀可以减小图像中较小的噪声。然而对于分割图像中的较大区域的错误判断，这里利用误判区域和目标区域的纹理差异即分形维数的差异对分割结果进行优化。

6.5.2.2 基于分形维数的分割结果优化

这里选择差分盒维数法估计分形维数。该方法基本思想是：将一幅图像视为三维空间中的一个表面（x，y，$f(x,y)$），把（x，y）平面分为 $S\times S$ 个区域，以图像的总灰度级 G 除以 r，将三维空间中的竖轴划分为高度 $h=G/r$ 的盒

子，从上到下给盒子逐一编号，给出第 i 个区域中灰度值最大值 $B_{i\max}$ 和最小值 $B_{i\min}$，并记它们落入盒子的序号分别为 I_i 和 k_i，可得

$$n_r = I_i - k_i + 1 = \frac{B_{i\max} - B_{i\min}}{h} + 1 \tag{6-110}$$

遍历整幅图像的所有区域，得到 $N_r = \sum_{i=1}^{S*S} n_r$，且可进一步表示为

$$\begin{aligned} N_r &= \sum_{i=1}^{S*S} n_r = \sum_{i=1}^{S*S} [(B_{i\max} - B_{i\min})/h + 1] \\ &= \sum_{i=1}^{S*S} [(B_{i\max} - B_{i\min}) \times r/G + 1] \\ &= r^2 + r/G \sum_{i=1}^{S*S} n_r (B_{i\max} - B_{i\min}) \end{aligned} \tag{6-111}$$

计算每一个尺度 r 便可以得到一个新的 N_r。根据最小二乘法，用一条直线去拟合 $\log N_r$ 和 log（$1/r$）这些点，所得直线的斜率就是对应图像的分形维数 D。由于人造目标的分形维数一般为 2.0～2.3，而自然背景则通常具有比人造目标粗糙的纹理特性，其分形维数大于人造目标，因此只需用分形模型对图像上的各点求分形维数 D，根据 D 的取值就可以判断相应像素点的归属。

6.5.2.3 两阶段分割算法描述

为了减少运算时间，在计算分形维数之前先对原始图像进行模糊 C-均值聚类分割，具体流程如下：

（1）对图像进行去噪处理；

（2）对图像进行 FCM 聚类分割；

（3）对分割结果进行形态学运算，去除较小的干扰；

（4）对（3）中的不同区域进一步处理，计算不同区域内的分形特征；

（5）根据分形特征排除自然背景奇异区域的干扰，从而检测出复杂自然背景的伪装目标。

6.5.2.4 实验结果及分析

为了检验所提的两阶段分割算法的效果，针对不同场景中的伪装目标偏振图像进行了实验，并与常用的迭代阈值分割算法进行比较。图 6-35（b）中可以看出，迭代阈值分割算法难以得到有效的边缘结果。从图 6-35（c）中可以看出，去除了一部分背景的干扰，但图像中仍存在大量噪声，无法准确判断目标。图 6-35（d）为经过本节算法后最终结果，由于伪装目标和植被背景的偏振特征和分形维数存在较大差异，利用其差异进行分割，结果基本上反映了目标的轮廓。

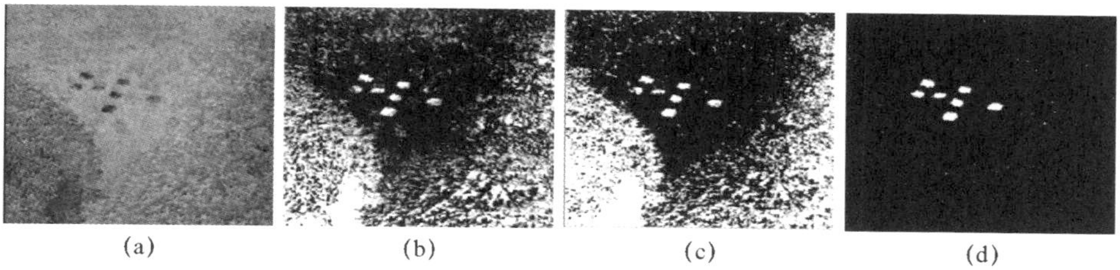

图 6-35 高密度草丛背景下伪装目标分割检测结果

（a）原始图像；（b）迭代阈值分割结果；（c）模糊 C-均值聚类分割结果；（d）两阶段分割结果。

图 6-36 是中密度草丛的伪装目标分割检测结果。由于背景纹理具有一致性，与目标有较大的差别，因此两阶段分割算法得到的分割结果最好。

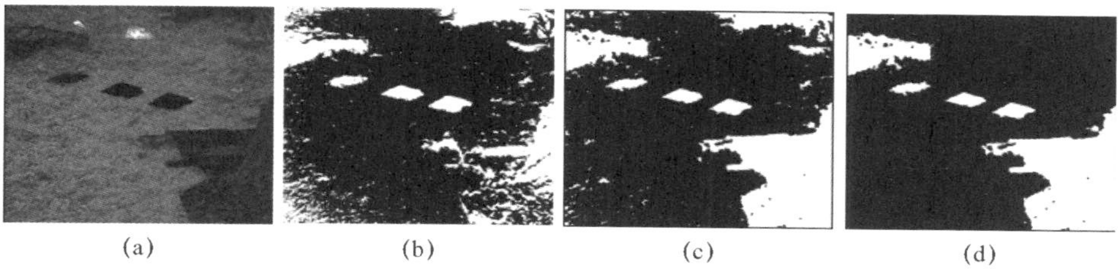

图 6-36 中密度草丛背景下伪装目标分割检测结果

（a）原始图像；（b）迭代阈值分割结果；（c）模糊 C-均值聚类分割结果 ；（d）两阶段分割结果。

图 6-37 是低密度草丛的伪装目标分割检测结果。由于图中伪装网表面花纹较杂乱，因此无法检测到伪装网的完整轮廓。但是从已分割出的部分来看，仍然可以得到足以表征目标属性的轮廓结构。

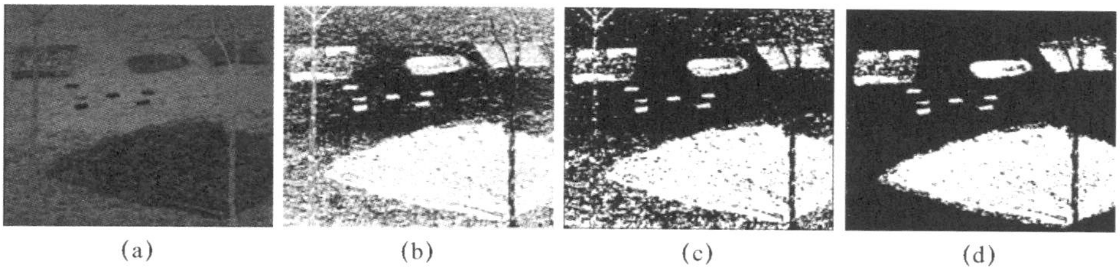

图 6-37 低密度草丛背景下伪装目标分割检测结果

（a）原始图像；（b）迭代阈值分割结果；（c）模糊 C-均值聚类分割结果；（d）两阶段分割结果。

6.5.3 基于谱聚类的伪装目标分割

传统的图像聚类分割算法（如 FCM、期望最大、均值漂移）往往不考虑图像的空间信息，导致分割的区域不连续，并且在很多情形下无法得到全局最优解。而基于谱聚类的图像分割不但可以结合图像的多种特征（如灰度、纹理、颜色等），而且该方法还能够处理具有复杂结构的图像[46]，从而有利于将待检测的伪装目标从复杂植被背景中分离出来。

6.5.3.1 谱图划分理论

谱聚类算法的思想来源于谱图划分理论。假定将每个数据样本看作图中的顶点 V，根据样本间的相似度将顶点间的边 E 赋权重值 W，这样就得到一个基于样本相似度的无向加权图 $G=(V, E)$，那么在图 G 中就可将聚类问题转化为图划分问题。

1. 最优分割准则

最优划分准则应当使划分成的两个子图内部相似度最大、子图之间的相似度最小，常见的划分准则有最小割集（Minimum cut）准则、规范割集（Normalized cut）准则、平均割集准则、最小-最大割集准则、比率割集准则、多路规范割集准则等。限于篇幅，下面简要介绍最小割集准则和规范割集准则。

（1）最小割集准则：将图 G 划分为 A、B 两个子图（其中 $A\cup B=V$，$A\cap B=\phi$）的代价函数为

$$\mathrm{cut}(A,B)=\sum_{u\in A,v\in B} w(u,v) \tag{6-112}$$

通过最小化 cut 函数来划分图 G，这一划分准则称为最小割集准则，虽然利用该准则能够产生较好的分割效果，但是容易出现歪斜（即偏向小区域）分割。

（2）规范割集准则：Shi 和 Malik 在 2000 年根据谱图理论建立了 2-way 划分的目标函数[47]：

$$\mathrm{Ncut}(A,B)=\frac{\mathrm{cut}(A,B)}{\sum\limits_{a\in A,v\in V} w(a,v)}+\frac{\mathrm{cut}(A,B)}{\sum\limits_{b\in B,v\in V} w(b,v)} \tag{6-113}$$

最小化 Ncut 函数称为规范割集准则。

2. 图划分问题的求解

虽然规范割避免了最小割的缺陷，但求解规范割的最优解是一个 NP-hard 问题，通常是将原问题转换成求解相似矩阵或拉普拉斯矩阵的谱分解问题。相似矩阵 $\boldsymbol{W}$ 也称为亲合矩阵（affinity matrix），将相似矩阵的每行元素相加，即得到该顶点的度，以所有度值为对角元素构成的对角矩阵即为节点度矩阵 $\boldsymbol{D}$，由此可得到非规范拉普拉斯矩阵 $\boldsymbol{L}=\boldsymbol{D}-\boldsymbol{W}$。转化后的式（6-113）就变成如下形式：

$$(\boldsymbol{D}-\boldsymbol{W})\boldsymbol{y}=\lambda\boldsymbol{D}\boldsymbol{y} \tag{6-114}$$

根据瑞利熵的性质，式（6-113）所示的目标函数的极小值问题，可以转化为求取式（6-114）的极小特征值对应的特征矢量问题。由于极小特征值为0，因此利用第二小特征值对应的特征矢量去逼近，并且利用第二小特征值能够将图像分为两类。最后通过迭代，就可以完成图像的 k 类划分。

6.5.3.2 图像分割的谱聚类算法

谱聚类的主要思想是将模式从高维空间映射到一个低维空间，再利用传统方式（如 k-均值）或其他方式聚类。在降维过程中，将高维空间的模式结构映射到低维空间中，保持代数性质或几何性质不变，通过局部结构来计算和度量全局结构。以 Ncut 算法为例，图像 k 类划分的具体步骤如下：

（1）将图像 $m\times n$ 映射为一个图 G，图 G 中的每一个节点 i 对应一个像元。令 $N=m\times n$，把这个图用邻接矩阵的形式表示出来，组成一个 $N\times N$ 的相似矩阵 $\boldsymbol{W}$，$\boldsymbol{W}$ 中每个元素的值 w_{ij} 表示像元对之间的相似度（亦节点 i 和 j 之间的边权重 w_{ij}），这里定义为特征相似指数函数与空间邻近指数函数的乘积：

$$w_{ij}=\begin{cases}\exp\left[-\dfrac{(F(i)-F(j))^2}{2\sigma_1{}^2}\right]\exp\left[-\dfrac{d\ (X(i),X(j))^2}{2\sigma_2{}^2}\right] & (d\leqslant r)\\ 0\quad (d>r)\end{cases} \tag{6-115}$$

式中：σ 为事先指定的参数；X（i）为节点 i 的空间位置；F（i）为像元的灰度、纹理特征或颜色特征矢量。

可见，w_{ij} 仅仅表示区域 r 中像元间的局部相似性，当节点 i 和 j 之间的距离 $d>r$ 时，$w_{ij}=0$。

（2）把 $\boldsymbol{W}$ 的每一列元素加起来得到 N 个数，把它们放在对角线上（其他地方都是零），得到矩阵 $\boldsymbol{W}$ 的节点度矩阵 $\boldsymbol{D}$，并令 $\boldsymbol{L}=\boldsymbol{W}-\boldsymbol{D}$，得到拉普拉斯稀疏矩阵；

（3）求出 $\boldsymbol{L}$ 的前 k 个最大的特征值 $\lambda_{1\cdots k}$ 以及其对应的特征矢量 $\boldsymbol{v}_{1\cdots k}$；

（4）把这 k 个特征（列）矢量排列在一起组成一个 $N\times k$ 的矩阵，将矩阵中的每一行看作是 k 维空间中一个单独的矢量，并采用 k-均值算法进行聚类。

6.5.3.3 基于谱聚类的光谱偏振图像分割

由于谱聚类是基于图论、以相似性为基础的聚类方法，因此在利用谱聚类进行特征图像分割时，需要计算图像中每对像素点之间的相似性来构造赋权图。像素点之间的边权应当针对特征图像的不同特点进行构造，例如，图像 FI 包含了场景丰富的细节信息，可选用灰度、梯度等特征；在线偏振度图像中，由于自然地物和人工目标之间通常具有不同的线偏振度，因此可采用灰度统计特征。由于特征图像比较大，因此直接计算相似性矩阵和求解相应的特征值和特征向量将是很困难和耗时的。为此，先采用模糊 C-均值聚类算法对特征图像进行分割，然后利用谱聚类算法进行聚类。

6.5.3.4 试验结果与分析

这里利用基于多尺度图规范割的聚类分割方法（MSNCut）[48]、基于核图割的聚类分割算法（KernelCut）[49]两种谱聚类分割方法进行试验，只采用灰度相似关系构建相似矩阵，并且与几种传统的图像分割方法进行了对比，包括 Otsu 方法、C-均值聚类分割方法、模糊 C-均值聚类分割方法、微粒群优化（PSO）分割方法、基于均值漂移的分割算法，分割结果如图 6-38 所示。

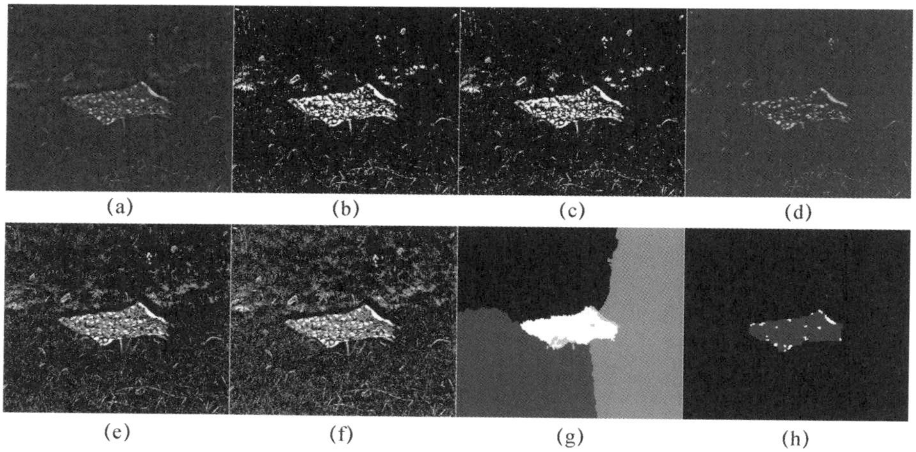

图 6-38 不同图像分割方法的伪装目标检测结果

（a）偏振度图像；（b）Otsu 方法分割结果；（c）PSO 方法分割结果；（d）基于均值漂移的分割结果；（e）C-均值聚类分割结果；（f）模糊 C-均值聚类分割结果；（g）MSNCut 分割结果；（h）KernelCut 分割结果。

可以看出，基于谱聚类的图像分割方法结合图像的多种特征，而且像素点之间的相似度借助图中顶点之间的边从图的一个顶点传到另一个顶点，能够处理具有复杂结构的图像，因此该方法能够将伪装网从草地背景中较为完成地分割出来，并且得到的轮廓比较清晰。

6.5.4 基于商空间粒度计算的谱聚类分割融合检测

由于伪装目标的光谱偏振特性比较复杂，依靠单一的图像分割方法往往难以获得好的结果，因此有必要将多种分割结果合并和优化，以获得更好的检测结果。不同的谱聚类分割结果实际上对应着从不同角度对伪装目标及其背景的观察，将这些不同的观察对应到不同的粒度空间，则合并不同谱聚类分割结果的问题就可归结为对不同粒度空间的合成问题，因此可以基于商空间粒度合成原理，即根据不同多光谱偏振图像的特点采用不同的谱聚类分割算法进行图像分割，得到问题的不同粗粒度空间，然后对结果进行综合优化和加权融合，得到细粒度空间，进而得到最优的检测结果。

6.5.4.1 粒度计算和商空间理论

粒度计算是人工智能领域的一个研究方向[50]，其目的是在误差允许的范围内，尽量找到计算复杂度最小的足够满意的可行近似解，而商空间理论[51]是粒度计算的主要方法之一。可以用一个三元组（X，f，T）来表示商空间的模型，其中 X 表示问题的论域，f 表示论域（元素）的属性，T 表示论域上的拓扑结构，它表示论域中各元素之间的关系。求解问题（X，f，T）就是通过了解、分析、研究、综合和推理等方法对论域 X 及其相关属性 f 和结构 T 进行分析和研究。

引用数学中的商集模型来描述不同的粒度世界，在论域给定一个等价关系 R，可以得到 X 对应于 R 的商集 $[X]$，形成一个对应的三元组（$[X]$，$[f]$，$[T]$），称为原空间对应于 R 的商空间。不同的等价关系会得到问题的不同粒度空间，也就是不同的粒度是对论域进行不同的划分。商空间理论就是分析或求解问题（X，f，T）针对不同粒度下的论域 X 及其属性 f 和结构 T，从而得出事物本质的性质和结论。由此可以看出，利用商空间理论求解一个问题，有两个基本问题需要解决：

（1）给定一个问题空间（X，f，T）和 X 上的一个等价关系 R，找到相应空间（$[X]$，$[f]$，$[T]$），将其称为投影问题；

（2）当在不同粒度世界求解一个问题时，如何将所有的结果合并，即合成问题。

一个复杂的问题（X，f，T）通常可以形成多个粒度空间，以两个为例，设（$[X_1]$，$[f_1]$，$[T_1]$）和（$[X_2]$，$[f_2]$，$[T_2]$）是（X，f，T）的商空间，其合成空间记为（$[X_3]$，$[f_3]$，$[T_3]$）。下面分别讨论论域 X 和属性函

数 f 的合成[52]。

1. 论域的合成

假设 $[X_1]$ 和 $[X_2]$ 对应的等价关系分别为 R_1 和 R_2，$[X_1]$ 和 $[X_2]$ 的合成论域 $[X_3]$ 对应的等价关系为 R_3，R_3 是 R_1 和 R_2 的最小上界。如果用划分来表示合成，设划分 $[X_1]=\{a_i\}$，$[X_2]=\{b_i\}$，那么 $[X_1]$ 与 $[X_2]$ 的合成 $[X_3]$ 可以表示为

$$[X_3]=\{a_i \cap b_j \mid a_i \in [X_1], b_j \in [X_2]\} \tag{6-116}$$

2. 属性函数的合成

对于（$[X_1]$，$[f_1]$，$[T_1]$）和（$[X_2]$，$[f_2]$，$[T_2]$）及其合成空间（$[X_3]$，$[f_3]$，$[T_3]$），设 D（f，$[f_1]$，$[f_2]$）是某一给定的最优判别准则，则有

$$D([f_3],[f_1],[f_2])=\min_f[d_1(p_1 f-[f_1])^2+d_2(p_2 f-[f_2])^2] \tag{6-117}$$

式中：d_i 为 $[Y_i]$ 上的距离函数；$[Y_i]$ 为 $[X_i]$ 上一切属性函数的全体；min（·）为 $[X_3]$ 上的一切属性函数 f 取值。

6.5.4.2 基于商空间粒度合成的伪装目标检测

基于商空间粒度合成的目标检测基本思想[53]是：对于一般的图像，可以利用简单数值分类方法实现图像分割，而对于复杂的图像，一般可以首先提取图像中像素或区域的一致性特征，然后构造出某种等价关系，最后利用数值分类或聚类方法实现目标和背景的区分。

由于伪装目标的光谱偏振特性比较复杂，依靠单一的图像分割方法难以获得好的结果，有必要将多种分割结果合并和优化，以期获得更好的检测结果。因此，下面根据商空间粒度合成的原理，介绍一种基于商空间粒度计算的谱聚类分割融合检测方法，首先分别利用各种光谱偏振特征和检测方法进行目标检测，得到问题的不同粗粒度空间，然后对结果进行综合优化和加权融合，得到细粒度空间，进而得到最优检测结果。算法的基本过程：首先采用核模糊 C-均值（KFMC）聚类算法对提取得到的光谱偏振特征图像进行粗分割；然后采用谱聚类算法对粗分割后的结果进行细分割；最后基于商空间粒度合成原理，将聚类分割结果进行加权融合，得到目标的最终分割检测结果。基于商空间粒度合成的伪装目标检测算法流程如图 6-39 所示。

具体步骤如下：

（1）偏振图像获取。获取不同植被背景下伪装目标的多光谱偏振图像数据：

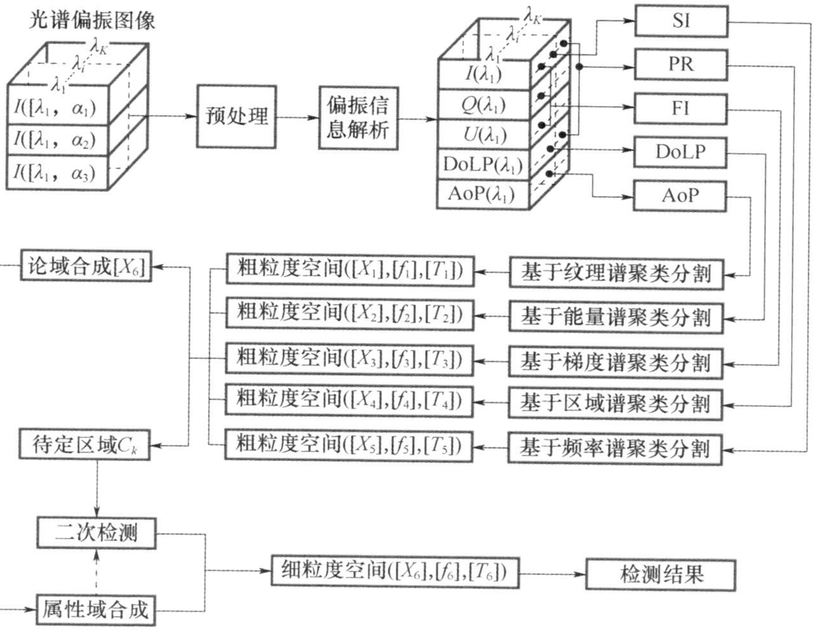

图 6-39　基于商空间粒度合成的伪装目标检测流程

$$\boldsymbol{F}=\{\mathrm{Im}(\lambda_i,\alpha_j)\}\quad(i=1,2,\cdots,K;j=1,2,3)\tag{6-118}$$

式中：λ_i为第 i 个光谱波段；α_j为第 j 个偏振方向；K 为光谱波段的个数。

（2）偏振图像预处理。对 $\boldsymbol{F}$ 进行辐射校正、偏振定标、几何配准等预处理之后进行偏振信息解析，得到光谱偏振图像集 $\boldsymbol{W}$：

$$\boldsymbol{W}=\{I(\lambda_i),Q(\lambda_i),U(\lambda_i),\mathrm{DoLP}(\lambda_i),\mathrm{AoP}(\lambda_i)\}\quad(i=1,2,\cdots,K)\tag{6-119}$$

（3）偏振参量图像像素级图像融合。分别对光谱偏振参量图像 $I(\lambda_i)$、$Q(\lambda_i)$、$U(\lambda_i)$，线偏振度图像 DoLP(λ_i) 和偏振角图像 AoP(λ_i)（i=1，2，…，K）采用前面介绍的方法进行像素级图像融合，得到的偏振参量图像融合结果分别记为 FI、DoLP 和 AoP。

（4）光谱偏振图像特征提取。根据光谱偏振成像探测机理，基于多光谱偏振参量图像 $I(\lambda_i)$ 和线偏振度图像 DoLP(λ_i)，反演得到表观折射率特征图像 PR；基于光谱偏振特征先验信息，从多光谱偏振参量图像 $I(\lambda_i)$ 中分析并提取光谱异常特征，得到的结果记为 SI。

（5）特征图像粗分割。根据提取的不同图像特征，采用谱聚类分割算法进行粗分割，得到问题的粗粒度空间（$[X_1]$，$[f_1]$，$[T_1]$）～（$[X_5]$，$[f_5]$，$[T_5]$）。

（6）不同粒度空间的论域合成。根据式（6-118）所示的论域合成准则，分别对 5 个粒度空间中的各个元素进行比较，如果两者具有相同的属性（目标或者背景），则其属性保持不变，此类目标得到合成论域 $[X_6]$；否则，将该像素设定为待定区域，用 C_k 表示该类像素组成的集合。

（7）根据属性合成准则对 C_k 中的元素进行再划分。由于不同特征参数的数值范围不一样，因此需要对 5 个粒度空间进行特征值归一化，计算合成论域中目标中心和背景中心，然后对待定区域进行重新判定。以两个粗粒度空间为例，首先在特征空间中，分别计算论域合成得到的空间的目标中心（t_1，t_2）和背景的中心（s_1，s_2）。C_k 中的某个像素在特征空间中的位置为（c_1，c_2），分别计算其到目标中心和背景中心的距离。由于不同特征参数的物理意义不同，因此在目标检测过程中其权重也不相同，再加上两个粒度空间中特征本身的目标和背景之间的距离也不同，因此需要进行加权修正。对不同参数设定不同权重，其加权值可以设为

$$w=\frac{|t_2-s_2|}{|t_1-s_1|+|t_2-s_2|} \tag{6-120}$$

也可以根据特征在判据中的重要性进行权重的调整。这样，C_k 中的像素在特征空间的位置（c_1，c_2）到目标中心（t_1，t_2）的距离 d_t，到背景中心（s_1，s_2）的距离 d_b 为

$$\begin{cases} d_t = w|c_1-t_1|+(1-w)|c_2-t_2| \\ d_b = w|c_1-s_1|+(1-w)|c_2-s_2| \end{cases} \tag{6-121}$$

其中：d_t 和 d_b 即为式（6-116）所示的准则函数 $D(f, [f_1], [f_2])$，然后依据最优判决准则 $D([f_3], [f_1], [f_2]) = \min D(f, [f_1], [f_2])$ 来决定属于目标还是背景。

（8）属性域合成。根据以上再划分方法，对 C_k 中每个像素都进行再次划分，得到的结果与 $[X_6]$ 空间合并为细粒度空间（$[X_6]$，$[f_6]$，$[T_6]$），即为伪装目标分割检测结果。

6.5.4.3 试验结果与分析

为了验证提出的基于商空间粒度计算的谱聚类分割方法的有效性，图 6-40 给出了一组草地背景下伪装目标（网眼布）的检测试验，其中，图 6-40（a）～（c）分别是 443nm 波段 0°、60°和 120°偏振图像；图 6-40（d）～（f）分别是 555nm 波段 0°、60°和 120°偏振图像；图 6-40（g）～（i）分别是

665nm 波段 0°、60°和 120°偏振图像；图 6-40（j）～（l）分别是 750nm 波段 0°、60°和 120°偏振图像。图 6-40（m）～（o）分别是采用 Bartlett 方法[54]、Zhao 方法[55]以及提出的方法的检测结果，可以看出，采用本节提出的算法分割检测精度更高。

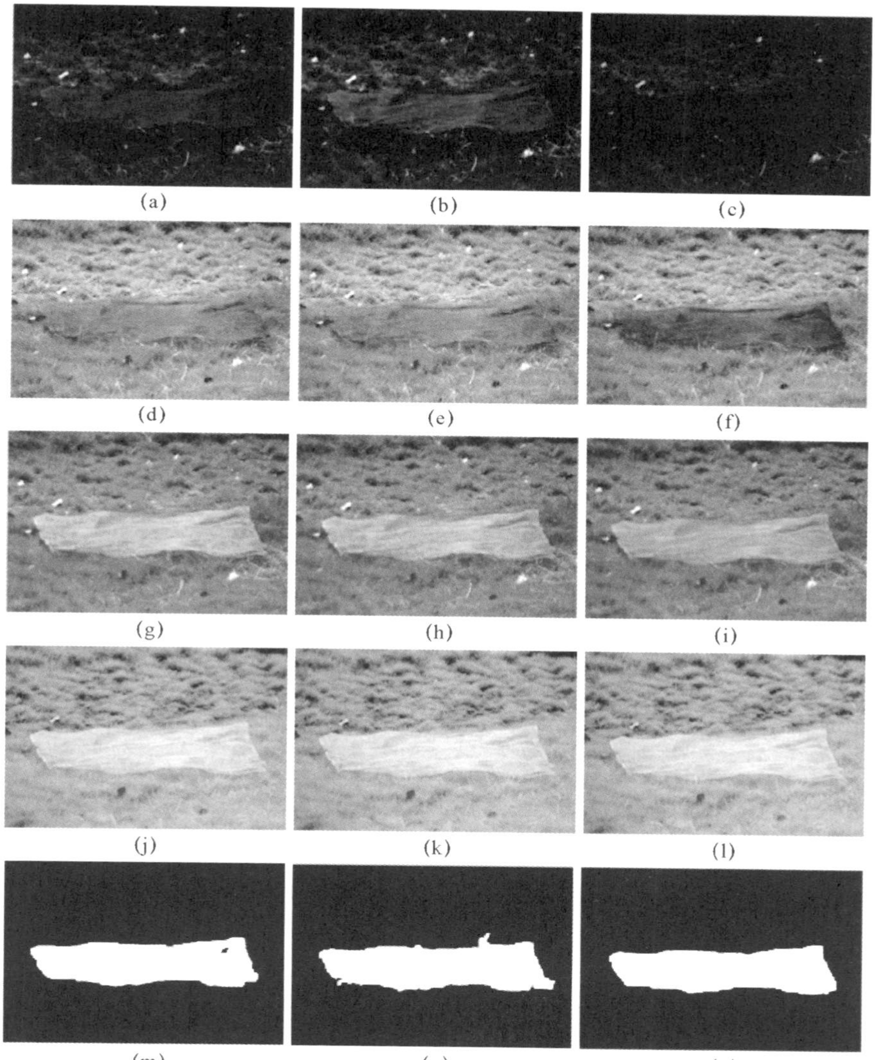

(a) (b) (c)

(d) (e) (f)

(g) (h) (i)

(j) (k) (l)

(m) (n) (o)

图 6-40　不同方法的伪装目标融合检测结果

（a）*I*（443，0°）；（b）*I*（443，60°）；（c）*I*（443，120°）；（d）*I*（555，0°）；（e）*I*（555，60°）；（f）*I*（555，120°）；（g）*I*（665，0°）；（h）*I*（665，60°）；（i）*I*（665，120°）；（j）*I*（750，0°）；（k）*I*（750，60°）；（l）*I*（750，120°）；（m）Bartlett 方法检测结果；（n）Zhao 方法检测结果；（o）本节提出的方法检测结果。

参考文献

[1] YADAV D，ARORA M K，TIWARI K C，et al. Detection and identification of camouflaged targets using hyperspectral and LiDAR data [J]. Defence Science Journal，2018，68 (6)：540-546.

[2] VALERO S，SALEMBLER P，CHANUSSOT J. Object recognition in hyperspectral images using binary partition tree representation [J]. Pattern Recognition Letters，2015，56 (1)：45-51.

[3] WU C，ZHANG L P，DU B. Hyperspectral anomaly change detection with slow feature analysis [J]. Neurocomputing，2015，151：175-187.

[4] MARCO D，MATTEO M，GIOVANNI C. Improved alpha residuals for target detection in thermal hyperspectral imaging [J]. IEEE Geoscience and Remote Sensing Letters，2018，15 (5)：779-783.

[5] BARTA V，RACEK F. Hyperspectral discrimintation of camouflaged target [C]. Proc of SPIE，2017：10432.

[6] TYO J S，GOLDSTEIN D L，CHENAULT D B，et al. Review of passive imaging polarimetry for remote sensing applications [J]. Applied Optics，2006，45 (22)：5453-5469.

[7] YUAN H W，ZHOU P C，WANG X L. Research on polarization imaging information parsing method [C]. Proc of SPIE，2016：10141.

[8] DOMINGO M A，VALERO E M，JAVIER H A，et al. Image processing pipeline for segmentation and material classification based on multispectral high dynamic range polarimetric images [J]. Optics Express，2017，25 (24)：73-90.

[9] 周浦城，杨钒. 利用光学偏振特性改善水下目标探测效果的方法研究 [J]. 炮兵学院学报，2008，28 (2)：45-48.

[10] 刘晓诚. 荒漠伪装目标红外偏振成像检测方法研究 [D]. 合肥：陆军军官学院，2014.

[11] ZHOU P C，LIU C C. Camouflaged target separation by spectral-polarimetric imagery fusion with Shearlet transform and clustering segmentation [C]. Proc of SPIE，2013：8908.

[12] 刘晓. 林地背景下伪装目标偏振成像检测方法研究 [D]. 合肥：解放军炮兵学院，2009.

[13] 廖延彪. 偏振光学 [M]. 北京：科学出版社，2003.

[14] 赵永强，潘泉，程咏梅．成像偏振光谱遥感及应用［M］．北京：国防工业出版社，2011.

[15] TYO J S，ROWE M P，PUGH E N，et al. Target detection in optically scattering media by polarization-difference imaging［J］. Applied Optics，1996，35（11）：1855-1870.

[16] YEMELYANOV K M，LIN S S，PUGH E N，et al. Adaptive algorithms for two-channel polarization sensing under various polarization statistics with nonuniform distributions［J］. Applied Optics，2006，45（22）：5504-5520.

[17] 韩裕生，周浦城，乔延利，等．基于最小互信息的自适应偏振差分成像方法［J］．红外与激光工程，2011，40（3）：487-491.

[18] ENZO F，NIKOS P. Slice-to-volue medical image registration：A survey［J］. Medical Image Analysis，2017，39：101-123.

[19] LEGG P A，ROSIN P L，MARSHALL D，et al. Feature neighbourhood mutual information for multi-modal image registration：An application to eye fundus imaging［J］. Pattern Recognition，2015，48（6）：1937-1946.

[20] RUSSAKOFF D，TOMASI C，ROHLFING T，et al. Image similarity using mutual information of regions［C］. Proc of European Conference on Computer Vision，2004.

[21] 王开荣，刘琼芳，肖剑．最优化方法［M］．北京：科学出版社，2012.

[22] 郭雷，李晖晖，鲍永生．图像融合［M］．北京：电子工业出版社，2008.

[23] TOET A. Image fusion by a ratio of low-pass pyramid［J］. Pattern Recognition Letters，1989，9（4）：245-253.

[24] TOET A，RUYVEN L J，VALETON J M. Merging thermal and visual images by a contrast pyramid［J］. Optical Engineering，1989，28（7）：789-792.

[25] FLOUZAT G. Multiresolution analysis and reconstruction by a morphological pyramid in the remote sensing of terrestrial surfaces［J］. Signal Processing，2001，81（10）：2171-2185.

[26] LIU Z，HO Y K，TSUKADA K，et al. Using multiple orientational filters of steerable pyramid for image registration［J］. Information Fusion，2002，3：203-214.

[27] 杨福生．小波变换的工程分析与应用［M］．北京：科学出版社，2001.

[28] 申慧彦，周浦城．一种基于人眼视觉特性的偏振图像融合方法［J］．光电工程，2010，37（8）：76-80.

[29] KOVAČEVIĆ J，SWELDENS W. Wavelet families of increasing order in arbitrary dimensions［J］. IEEE Trans. on Image Processing，2000，9（3）：480-496.

[30] PIELLA G. A general framework for multiresolution image fusion：From pixels to regions［J］. Information fusion，2003，4（4）：259-280.

[31] 周浦城，韩裕生，薛模根，等. 基于非负矩阵分解和HSI颜色模型的偏振图像融合方法 [J]. 光子学报，2010，39 (9)：1682-1687.

[32] LEED D，SEUNG H S. Learing the parts of objects by non-negative matrix factorizaiton [J]. Nature，1999，401 (21)：788-791.

[33] WOLFF L B. Polarization vision：A new sensory approach to image understanding [J]. Image and Vision Computing，1997，15 (3)：81-93.

[34] OLSEN R C，EYLER M，PUETZ A M，et al. Initial results and field applications of a polarization imaging camera [C]. Proc of SPIE，2009：7461.

[35] REINHARD E，ASHIKHMIN M，GOOCH B，et al. Color transfer between images [J]. IEEE Computer Graphics and Applications，2001，21 (5)：34-41.

[36] 周浦城，张洪坤，薛模根. 基于颜色迁移和聚类分割的偏振图像融合方法 [J]. 光子学报，2011，40 (1)：149-153.

[37] TU T M，SU S C，SHYU H C，et al. A new look at IHS-like image fusion methods [J]. Information Fusion，2001，2 (2)：177-186.

[38] SHEN H Y，ZHOU P C. Near natural color polarimetric imagery fusion approach [C]. Proc of International Congress on Image and Signal Processing，2010，6：2802-2806.

[39] ZHAO Y Q，ZHANG L，ZHANG D，et al. Object separation by polarimetric and spectral imagery fusion [J]. Computer Vision and Image Understanding，2009，113：855-865.

[40] TOET A. Natural colour mapping for multiband night vision imagery [J]. Information Fusion，2003，4 (3)：155-166.

[41] TSENG D C，CHANG C H. Color segmentation using perceptual attributes [C]. Proc of IEEE International Conference on Pattern Recognition，1992，3：228-231.

[42] SZYPERSKI P D，ISKANDER D R. New approaches to fractal dimension estimation with application to gray-scale images [J]. IEEE Access，2020，8：1383-1393.

[43] BARNSLEY M F，MASSOPUST P R. Bilinear fractal interpolation and box dimension [J]. Journal of Approximation Theory，2015，192：362-378.

[44] ZHOU P C，WANG F，ZHANG H K，et al. Camouflage target detection based on visible and near infrared polarimetric imagery fusion [C]. Proc of SPIE，2011：8194.

[45] 刘晓，薛模根，王峰，等. 林地背景下伪装目标偏振成像检测算法 [J]. 红外与激光工程，2011，40 (11)：2290-2294.

[46] XIA K，GU X，ZHANG Y. Oriented grouping-constrained spectral clustering for medical imaging segmentation [J]. Multimedia Systems，2020，26 (1)：27-36.

[47] SHI J，MALIK J. Normalized cuts and image segmentation [J]. IEEE Trans. on Pat-

tern Analysis and Machine Intelligence，2000，22（8）：888-905.

[48] COUR T，BENEZIT F，SHI J B. Spectral segmentation with multiscale graph decomposition [C]. Proc of IEEE Conference on Computer Vision and Pattern Recognition，2005.

[49] SALAH M B，MITICHE A，AYED I B. Multiregion image segmentation by parametric kernel graph cuts [J]. IEEE Trans. on Image Processing，2011，20（2）：545-557.

[50] CIUCCI D，YAO Y. Synergy of granular computing，shadowed sets，and three-way decisions [J]. Information Sciences，2020，508：422-425.

[51] 张铃，张钹. 问题求解理论及应用——商空间粒度计算理论及应用 [M]. 北京：清华大学出版社，2007.

[52] 张向荣，谭山，焦李成. 基于商空间粒度计算的 SAR 图像分类 [J]. 计算机学报，2007，30（3）：483-490.

[53] 张腊梅. 极化 SAR 图像人造目标特征提取与检测方法研究 [D]. 哈尔滨：哈尔滨工业大学，2010.

[54] BARTLETT B D，SCHLAMM A. Anomaly detection with varied ground sample distance utilizing spectropolarimetric imagery collected using a liquid crystal tunable filter [J]. Optical Engineering，2011，50（8）：1-9.

[55] ZHAO Y Q，GONG P，PAN Q. Unsupervised spectropolarimetric imagery clustering fusion [J]. International Journal of Applied Remote Sensing，2009，3（3）：172-195.